中国科学院年度报告系列

2015
中国可持续发展报告
——重塑生态环境治理体系

China Sustainable Development Report 2015

Reshaping the Governance for Sustainable Development

中国科学院可持续发展战略研究组

科学出版社

北　京

图书在版编目(CIP)数据

2015中国可持续发展报告：重塑生态环境治理体系/中国科学院可持续发展战略研究组.—北京：科学出版社，2015.5
（中国科学院年度报告系列）
ISBN 978-7-03-044431-8

Ⅰ.①2… Ⅱ.①中… Ⅲ.①生态环境-环境管理-研究报告-中国-2015
Ⅳ.①X321.2

中国版本图书馆CIP数据核字（2015）第103019号

责任编辑：侯俊琳　杨婵娟/责任校对：李　影
责任印制：张　倩/封面设计：众聚汇合
编辑部电话：010-64035853
E-mail：houjunlin@mail.sciencep.com

科学出版社 出版
北京东黄城根北街16号
邮政编码：100717
http://www.sciencep.com
中国科学院印刷厂 印刷
科学出版社发行　各地新华书店经销
*
2015年6月第　一　版　开本：787×1092　1/16
2015年6月第一次印刷　印张：23 3/4　插页：2
字数：560 000

定价：88.00元

（如有印装质量问题，我社负责调换）

中国科学院《中国可持续发展报告》

总策划 曹效业 潘教峰

中国科学院可持续发展战略研究组

《2015 中国可持续发展报告》起草组

组长兼首席科学家 王 毅

研究起草组成员 （按姓氏笔画排序）

王凤春 王 华 王奋宇 卢阳旭
苏利阳 吴昌华 何光喜 范培培
周宏春 郝 亮 骆建华 夏 光
郭红燕 崔智如 蔡含多

技术报告首席科学家 陈劭锋

研究起草组成员 陈劭锋 刘 扬 郝 亮 陈 卓
张静进 马建新 王英姿 宋敦江
陈虹村

推进科技创新　建设生态文明*

（代序）

白春礼

随着现代化进程的不断推进，人类发展从原始文明走向生态文明。但人类的工业化进程也造成自然资源迅速枯竭、生态环境日趋恶化，直接威胁到人类的生存和发展。传统工业文明追求与自然资源供给能力和生态环境承载能力的矛盾日益尖锐，迫切需要创新发展模式，强烈呼唤科技的重大创新突破，支撑生态文明建设。

现代化进程需求、科技发展内生需求以及呈现的新特征，共同驱动新一轮科技革命和产业变革，孕育着若干学科领域的重大突破。科技进步将深刻改变人类生产、生活的方式和质量，深刻改造人们的思维方式和世界观；科技进步也加速了现代化和可持续发展进程，推动人类逐步从工业文明向生态文明迈进，成为人类文明发展的必然趋势。

一、我国生态文明建设方针

党的十八大报告提出了“五位一体”的生态文明建设方针，要求全面落实经济建设、政治建设、文化建设、社会建设、生态文明建设“五位一体”总体布局，促进现代化建设各方面相协调，促进生产关系与生产力、上层建筑与经济基础相协调，不断开拓生产发展、生活富裕、生态良好的文明发展道路。该方针的确立为生态文明建设总体布局奠定了基础。2013年11月，十八届三中全会提出了“生态文明制度体系”，对加强生态文明

* 原文刊于2014年6月30日出版的《学习时报》上，本序言有较大删减调整。

建设提出了更高、更具体的要求。会议决定明确指出：完善发展成果考核评价体系，纠正单纯以经济增长速度评定政绩的偏向；对限制开发区域和生态脆弱的国家扶贫开发工作重点县取消地区生产总值考核；探索编制自然资源资产负债表，对领导干部实行自然资源资产离任审计；建立生态环境损害责任终身追究制。

我国生态文明建设机遇与挑战并存，任重而道远。具体体现在：一是世界范围内生态环境保护出现新态势、新特征，生态环境保护已成为各国追求可持续发展的重要内容、国际竞争的重要手段，绿色发展已成为全球可持续发展的大趋势；二是我国生态文明建设已取得巨大成就，初步建立了能源资源节约、生态环境保护的制度框架和政策体系，资金投入力度持续加大，节能减排、循环经济和生态环境保护工作不断加强；三是我国生态文明建设仍面临严峻挑战，生态环境总体恶化的趋势尚未根本扭转，表现在能源资源约束强化、环境污染比较严重、生态系统退化问题突出、国土开发格局不够合理、应对气候变化面临新的挑战；四是推进生态文明建设是一项长期任务，我国将长期处于社会主义初级发展阶段，发展是第一要务，也是解决我国所有问题的关键，推进生态文明建设要打持久战。

针对生态文明建设面临基本形势，我国生态文明建设任务艰巨。一是加快优化国土空间开发格局，坚定不移实施主体功能区战略，大力提高城镇化绿色低碳水平；二是有效减轻经济活动对资源环境带来的压力，下大决心化解产能过剩，加快推进产业转型升级，大力发展循环经济；三是推动资源利用方式转变，狠抓节能减排降低消耗，狠抓水资源、矿产资源、土地节约集约利用；四是切实提高生态环境质量和水平，坚决治理大气污染，大力治理水污染，加紧治理土壤污染，切实保护生态系统，积极应对气候变化；五是加快生态文明制度建设，健全生态文明建设的法律法规，完善发展成果考核评价体系，健全市场体制机制和经济政策；六是加快形成推进生态文明建设的良好社会氛围，加快培养生态文明意识，积极倡导绿色生活方式，有效发挥公众监督作用。

二、生态文明建设对科技发展和创新的需求

科技进步与知识发展是人类应对各种挑战永不枯竭的源泉。近现代史表明，科技进步与创新始终在推动人类进步方面发挥着革命性的作用。至今人类社会已经历了五次科技革命，每一次重大的科技创新与突破，都会极大地提高社会生产力，重塑人类的思想观念、改变人类的生产方式和生活方式，为可持续发展创造了更大的空间，从而深刻地影响人类文明的发展进程。

生态文明建设实践也呼唤相关科技创新战略的部署和实施。联合国教科文组织受联合国可持续发展委员会委托撰写的《科学促进可持续发展》报告（1997）指出："没有科学就没有可持续发展。"事实上，第六次科技革命将以绿色、智能为关键词。因此，生态文明建设与科技创新相互促进，生态文明建设为科技创新明确了方向，科技创新为生态文明建设提供保障和支撑。

为了实现我国"山清水秀天蓝宜居，山川秀美，江山如画"的生态文明建设愿景，科技发展和创新应在以下方面取得突破。

依靠科技创新，在全球气候变化应对、流域环境质量、城市环境质量、生物多样性与生态系统取得突破，构建我国生态与环境保育体系。重点围绕在不同时间和空间尺度上认知环境演变规律，发展生态系统修复与污染控制技术，建立生态系统与环境质量演变的立体监测网络，系统布局典型实验示范保育区四个方面，解决核心科学问题，突破关键技术问题，进行系统集成，实现示范推广。

依靠科技创新，大幅提高能源与资源利用效率，大力发展战略资源的大陆架和地球深部勘查与开发，大力发展新能源、可再生能源与新型替代资源，构建我国可持续能源与资源体系。一是重点瞄准非油交通、煤的洁净高效利用、电网、生物质能、可再生能源、深层地热工程化、氢能、天然气水合物勘探和开采、新型核电和核废料处理、具有潜在发展前景的能源技术（包括海洋能、新型太阳电池和核聚变）十个重要技术方向，着力

突破关键技术，推进相关技术集成。二是深化认识油气富集规律，开拓油气勘探新领域、新层系，发展油气分布预测技术，大幅度提高油气采收率，重点突破一系列油气勘探开发关键技术，研发拥有自主知识产权的先进仪器装备与软件技术。三是以提高水资源利用效率和改善水质为重点，解决流域水体复合污染机理和水生态恢复原理科学问题，突破水资源高效与循环利用、水体富营养化、突发性重大水灾害的综合防治等技术问题，建立水量水质监测与评估、水灾害预警、需水管理与信息系统三个综合集成平台，实现水的良性循环。

依靠科技创新，加速材料与制造技术绿色化、智能化、可再生循环的进程，促进我国制造业产业结构升级和就业结构调整，有效保障我国现代化进程材料与装备的有效供给与高效、清洁、可再生循环利用，构建先进材料与智能绿色制造体系。一是揭示资源高效利用的物质转化多尺度机制、调控方法和工程优化放大原理，突破绿色过程工程技术，创建新工艺、新流程、新设备；二是建立产品绿色设计与全生命周期评价新方法，突破资源循环与环境控制技术、机电等产品可拆卸易回收技术、CO_2 低成本分离与资源化利用技术，建立动脉产业与静脉产业互动合作的生产系统；三是进行工程示范与技术集成。

三、中国科学院生态文明科技创新布局及发展思路

习近平总书记 2013 年 7 月 17 日在中国科学院调研考察工作时，希望中国科学院不断出创新成果、出创新人才、出创新思想，实现“四个率先”，即率先实现科学技术跨越发展，率先建成国家创新人才高地，率先建成国家高水平科技智库，率先建设国际一流科研机构。为全面贯彻落实“四个率先”要求，中国科学院将进一步增强责任感和使命感，整合资源、凝聚力量，组织实施《“率先行动”计划暨全面深化改革纲要》。

面向国家生态文明建设的新形势、新需求，中国科学院把生态文明科技创新作为“率先行动”计划的重要内容，通过推进战略性科技先导专项等重点工作，力图为国家生态文明建设做出应有的创新贡献。

推进战略性先导科技专项。战略性先导科技专项是中国科学院“率先行动”计划的一项重大举措，是促进重大创新突破和形成集群优势的战略科技行动。中国科学院已启动若干先导专项，其中低阶煤清洁高效梯级利用、未来先进核裂变能、应对气候变化的碳收支认证及相关问题、热带西太平洋海洋系统物质能量交换及其影响、大气灰霾追因与控制、青藏高原多层圈相互作用及其资源环境效应、典型污染物的环境暴露与健康危害机制等与生态文明建设密切相关。

推动四类机构改革。研究所分类改革的目标是构建适应国家发展要求、有利于重大成果产出的现代科研院所治理体系，形成创新研究院、卓越创新中心、大科学研究中心、特色研究所四类机构。通过遴选，已先期启动若干试点，其中，海洋信息技术创新研究院、先进核能创新研究院等与生态文明紧密相关；青藏高原地球系统科学卓越创新中心与生态文明科技相关；先期启动的特色研究所，包括生态文明领域。

遴选新的战略研究方向。中国科学院从以下方面强化新的战略研究方向的遴选，进一步服务生态文明建设：一是从状况监测评估到政策咨询维度，将已有研究成果和结论凝练提升为咨询建议；二是从自然生态到城市生态维度，系统深入开展城市生态研究，服务国家城镇化建设；三是从环境污染到人体健康效应维度，加强环境污染人体健康效应的研究；四是从近海表层到大洋深处维度，重视海洋蓝色国土；五是从常规能源到非常规能源维度，重视在页岩气、天然气水合物等非常规能源研究；六是从国内环境到全球资源环境保障维度，关注境外资源环境问题的研究；七是从公益性研究到提供系统性技术解决方案维度，针对产业系统攻关，为产业全链条生产过程“绿色化”“智能化”提供系统性技术解决方案。

构建科技服务网络。中国科学院积极探索新的研发模式与转化机制，建立健全辐射全国的科技服务网络。中国科学院聚焦五方面的市场需求，分别是新兴产业培育、支柱产业升级、现代农业发展、自然资源与生态环境治理和城镇化与城市环境治理；开展五类科技服务活动，分别是成套技术示范与转移、公共检测与平台试验、专项研发与联合攻关、委托研究与专项咨询和知识产权运用与专项服务；构建五类分中心，分别是区域中心、专业中心、工程实验室/工程中心、多所联合中心以及与企业共建中心。通过试点建立科技服务网络，进一步畅通成果转移转化渠道，构建“科技”和“社会经济”间的桥梁，服务国家经济社会发展，惠及广大人民群众。

中国科学院的研究部署，在支撑生态文明建设中的作用日益凸显。例如，与国家有关部门、地方政府、高等院校紧密合作，启动了“大气灰霾追因与控制”专项，在大气灰霾成因、控制技术等领域取得了重要进展：发现 SO_2-NO_2 复合致霾效应，提出优先控制氮氧化物排放的策略；根据 $PM_{2.5}$ 动态源解析结果，提出了京津冀大气污染防治策略的近期、中长期策略。中国科学院已将“大气灰霾追因与控制”作为长期的研究领域进行重点支持，争取为国家的大气灰霾治理持续提供坚实的科技支撑。

中国科学院可持续发展战略研究组的《中国可持续发展报告》今年是连续第三年关注我国的生态文明建设的相关议题，通过研究给出未来十年我国生态文明建设的路线图，提出生态文明基本制度框架的构建以及改善生态环境治理体系。希望通过这些努力为国家下一步生态文明体制机制改革奠定研究基础和提供政策咨询建议。

前言与致谢

建设生态文明已经成为我国未来发展中最重要的目标愿景之一，而作为其核心内容的生态环境保护更是重中之重。《2015中国可持续发展报告》选择“重塑生态环境治理体系”作为主题，因为治理研究不仅已成为政府部门和学术研究的热点，而且还具有极大的挑战性。同时，这也是本年度报告连续第三年聚焦生态文明建设的研究，并把重点集中在生态文明建设领域的“深化改革”“制度创新”等议题。过去十年，我国的节能环保工作取得了很大成绩，但过于偏重指标目标的实现，而忽视了治理能力的提高和治理结构的改善。我们希望今后在推进国家治理体系和治理能力现代化的进程中，把重塑生态环境治理体系作为其中的一个重要内容和突破口。

当前，我国的生态文明建设已经进入关键时期，其中制度建设至关重要。制度建设是生态环境治理体系的核心，而加强生态文明制度的顶层设计是推进生态文明建设的基础。一方面，由于历史惯性和体制机制障碍等原因，在过去两年多时间里生态文明建设进展并不尽如人意；另一方面，有关生态文明制度建设的讨论和加快体制改革的呼声日渐浓郁。我们必须注意，由于制度建设的重要性和复杂性，生态文明制度体系需要更加科学的顶层设计，必须遵循改革、发展和生态系统自身的演化规律，必须与现行的法律法规和行政管理体制改革相适应，必须以解决资源环境问题和突破体制机制障碍为导向，必须与基层试点实践相结合并逐步完善，必须进行充分的讨论和多方论证，不能因为加快制度建设进程而出现战略偏差，从而导致改革事倍功半。

生态环境治理体系的改革进程正在全面深化改革框架下逐步推进当中。但是，考虑到生态环境治理体系改革措施涉及众多法律规范且跨部门领域，牵涉不同诉求的利益主体，加之各种新制度尚在研究试行阶段，未来的改革进程绝不会一帆风顺。一方面，当前各个部门仍然依照传统的惯性思维开展工作，以巩固和强化部门地位为基本诉求，生态环境治理体系改革过程中的制度建设、体制改革、立法保障、能力提高等任务之间及其内部缺乏统筹协调，成为构建治理体系的重大障碍；另一方面，由于缺乏扎实的理论基础和普适性的实践经验，许多问题仍需要进一步研究和凝聚共识，这反过来又为强化部门利益留下空间。因此，要实现2020年在重要领域和关键环节的改革取得决定性成果，我们的任务仍非常繁重，需要进一步加强研究，强化统筹协调，理顺体制机制，提出总体实施方案。

基于上述认识，我们邀请来自国内外常年从事可持续发展、环境保护、公共治理、法律制度研究的官方和民间智库的专家与学者组成研究团队。围绕我国全面深化改革背景下建立政府、企业和社会共同保护生态环境的治理体系开展专题研究，识别问题与挑战，提出生态环境治理体系改革的主要目标、基本原则和总体框架，并对生态环境治理体系改革所涉及的法制保障、行政管理体制、企业责任、社会治理、创新治理、全球治理及重大制度安排等方面开展分析研究。

报告由起草组成员分章撰写，主题报告由王毅修改、审定，技术报告由陈劭锋组织完成，全书最后由王毅统稿。

在此，我要特别感谢全国人大环境与资源保护委员会法案室王凤春副主任、全国工商联环境服务业商会骆建华秘书长、环保部环境与经济政策研究中心夏光主任、中国科技发展战略研究院王奋宇副院长、气候组织大中华区吴昌华总裁、国务院发展研究中心周宏春研究员等对本年度报告研究的积极参与和热情支持。感谢整个研究团队对本年度报告工作的支持。

我们要特别感谢中国科学院白春礼院长、李静海副院长对报告的指导；感谢曹效业副秘书长、潘教峰局长对报告选题及报告修改提出的意见、建议；感谢院发展规划局刘清处长、张月鸿副研究员等在起草过程中提供的意见和帮助；感谢孙鸿烈院士、葛全胜研究员、穆荣平研究员对报告进行的审议。

在研究过程中，我们还得到了国家发展和改革委员会原副主任解振华、原副秘书长赵家荣的指导和帮助。作为中国国际经济交流中心委托课题“国家生态环境治理体系研究”的课题指导，解振华先生参加了几乎所有课题组讨论，并提出指导性的意见、见解；课题组长赵家荣女士对每一次草稿都进行精细的修改，在此特别表示感谢。同时感谢国家发改委资源节约和环境保护司吕文斌副司长、王善成副司长、吕侃处长，中科院地理科学与资源研究所于秀波研究员、姜鲁光副研究员，中国人民大学环境学院马中教授，环保部环境规划院王金南研究员，北京大学城市与环境学院王学军教授，他们参与了上述课题的研究和讨论，他们提出的许多观点已被吸收到本报告中。感谢中国环境科学学会王玉庆理事长及其领导的“生态文明建设背景下的环境保护制度体系创新研究”课题组，他们的研究成果使本报告研究受益匪浅。

感谢中科院战略性先导科技专项“应对气候变化的碳收支认证及相关问题”(XDA05140000)、中科院科技政策与管理科学研究所“一三五”重大项目“中国绿色低碳发展路线图研究”，以及中国国际经济交流中心基金课题“国家生态环境治理体系研究”所提供的资金支持。

此外，我还要感谢吴昌华女士对报告英文目录的翻译所提供的帮助。

感谢科学出版社科学人文分社侯俊琳社长对本书出版提供的支持和帮助。特别感谢责任编辑杨婵娟，她高效的编辑工作是本书出版的重要保障。

由于时间仓促，本报告一定还存在不少问题，无论如何其责任应由作者承担，在此也欢迎广大读者批评指正，并希望能引起进一步研究讨论。

最后，请允许我代表研究团队向所有为本年度报告做出贡献和提供帮助的朋友和同仁一并表示衷心的感谢！

王　毅
2015 年 5 月 20 日

首字母缩略词

缩写	英文全称	中文全称
3R	Reduce，Reuse，Recycle	减量化、再利用和资源化
ADB	Asian Development Bank	亚洲开发银行
AIIB	Asian Infrastructure Investment Bank	亚洲基础设施投资银行（简称亚投行）
BaU	Business as Usual	照常情景
BEV	Battery Electric Vehicle	纯电动汽车
C40	C40 Cities Climate Leadership Group	C40 城市气候领袖群，全球有 40 个城市成员
CAS	Chinese Academy of Sciences	中国科学院
CC	Conservation Concession	特许保护
CCS	Carbon Capture and Storage	碳捕集与封存
CCUS	Carbon Capture，Utilization，and Storage	碳捕集、利用与封存
CDM	Clean Development Mechanism	清洁发展机制
CE	Circular Economy	循环经济
CERs	Certified Emission Reductions	经核证的减排量
CNC	Critical Natural Capital	关键自然资本
CO_2	Carbon Dioxide	二氧化碳
CO_2e	Carbon Dioxide Equivalent	二氧化碳当量
COD	Chemical Oxygen Demand	化学需氧量
COP	Conference of the Parties	（联合国气候变化框架公约）缔约方会议

续表

缩写	英文全称	中文全称
CSDR	China Sustainable Development Report	中国可持续发展报告
CSR	Corporate Social Responsibility	企业社会责任
DfE	Design for the Environment	为环境而设计
DSM	Demand-Side Management	需求侧管理
EC	Ecological Civilization	生态文明
EC	European Commission	欧盟委员会
EcoAP	Eco-innovation Action Plan	（欧盟）绿色创新行动计划
EE	Emerging Economies	新兴经济体
EE	Energy Efficiency	能源效率
EG or GSD	Environmental Governance or Governance for Sustainable Development	环境治理或生态环境治理或可持续发展治理
EGS	Environmental Goods and Services	环境产品和服务
EIA	Environmental Impact Assessment	环境影响评价（简称环评）
EKC	Environmental Kuznets Curve	环境库兹涅茨曲线
EU	European Union	欧洲联盟（简称欧盟）
EU ETS	European Union Emission Trading Scheme	欧盟排放交易体系
EV	Electric Vehicle	电动汽车
FCEV	Fuel Cell Electric Vehicle	燃料电池电动汽车
FDI	Foreign Direct Investment	外国直接投资
GD	Green Development	绿色发展
GDP	Gross Domestic Product	国内生产总值
GE	Green Economy	绿色经济
GEF	Global Environment Facility	全球环境基金
GEO-5	Global Environmental Outlook-5	全球环境展望 5
GHGs	Greenhouse Gases	温室气体
GSDR	Global Sustainable Development Report	全球可持续发展报告
HDI	Human Development Index	人类发展指数

续表

缩写	英文全称	中文全称
HEV	Hybrid Electric Vehicle	混合动力电动汽车
ICLEI	International Council for Local Environmental Initiatives 或 Local Governments for Sustainability	倡导地区可持续发展国际理事会
ICT	Information and Communication Technology	信息与通信技术
IEA	International Energy Agency	国际能源署
IMF	International Monetary Fund	国际货币基金组织
IPCC	Intergovernmental Panel on Climate Change	政府间气候变化专门委员会
IPM	(CAS) Institute of Policy and Management	（中国科学院）科技政策与管理科学研究所
IPR	Intellectual Property Right	知识产权
ISO	International Organization for Standardization	国际标准化组织
KP	Kyoto Protocol	京都议定书
LCE	Low Carbon Economy	低碳经济
LED	Light Emitting Diode	半导体照明（发光二极管照明）
MDGs	Millennium Development Goals	千年发展目标
MEAs	Multilateral Environmental Agreements	多边环境协议
NIMBY	Not in My Back Yard	邻避效应
NH_3-N	Ammonia-Nitrogen	氨氮
NGO	Non-Governmental Organization	非政府组织
NO_x	Nitrogen Oxides	氮氧化物
ODA	Official Development Assistance	官方发展援助
OECD	Organization for Economic Cooperation and Development	经济合作与发展组织（简称经合组织）
OHSAS	Occupational Health and Safety Assessment Series	职业安全健康管理体系系列标准
OTA	Office of Technology Assessment	（美国）技术评估办公室

续表

缩写	英文全称	中文全称
PES	Payment for Ecosystem Services	生态系统服务付费
PHEV	Plug-in Hybrid Electric Vehicle	插电式混合动力汽车
$PM_{2.5}$	Particulate Matter less than 2. 5μm	细颗粒物（大气中空气动力学当量直径小于或等于 2. 5 微米的颗粒物）
PM_{10}	Particulate Matter less than 10μm	可吸入颗粒物（大气中空气动力学当量直径小于或等于 10 微米的颗粒物）
POPs	Persistent Organic Pollutants	持久性有机污染物
PPP	Public-Private Partnership	政府和社会资本合作或公私合作伙伴关系
PSS	Product-Service Systems	产品服务系统
PTS	Persistent Toxic Substances	持久性有毒污染物
PV	Photovoltaic	光伏
R&D	Research and Development	研究与试验发展（简称研发）
REEFS	Resource-Efficient and Environment-Friendly Society	资源节约型、环境友好型社会（简称两型社会）
REPI	Resource and Environmental Performance Index	资源环境综合绩效指数
里约+20	The 20th Anniversary of the 1992 United Nations Conference on Environment and Development in Rio de Janeiro	“里约+20”，特指为 1992 年里约联合国环发大会 20 周年召开的联合国可持续发展大会
SDGs	Sustainable Development Goals	可持续发展目标
SEA	Strategic Environmental Assessment	战略环境评价
SG	Smart Growth	智能增长
SRI	Social Responsible Investment	社会责任投资
SO_2	Sulfur Dioxide	二氧化硫
TCE	Ton of Coal Equivalent	吨标准煤
TMDL	Total Maximum Daily Load	最大日负荷量
TOE	Ton of Oil Equivalent	吨标准油或油当量

续表

缩写	英文全称	中文全称
TSP	Total Suspended Particulate	总悬浮颗粒物（大气中粒径小于或等于100微米的颗粒物）
UHV	Ultra-High Voltage	超高压
UNCED	United Nations Conference on Environment and Development	联合国环境与发展大会（简称里约环发大会）
UNCSD	United Nations Commission on Sustainable Development	联合国可持续发展委员会
UNDESA	United Nations Department of Economic and Social Affairs	联合国经济及社会理事会（简称联合国经社理事会）
UNDP	United Nations Development Programme	联合国开发计划署
UNEP	United Nations Environment Programme	联合国环境规划署
UNESCAP	United Nations Economic and Social Commission for Asia and the Pacific	联合国亚洲及太平洋经济与社会理事会（简称亚太经社会）
UNFCCC	United Nations Framework Convention on Climate Change	联合国气候变化框架公约
USEPA	United States Environmental Protection Agency	美国环境保护局
VC	Venture Capital	创业投资或风险投资
VOCs	Volatile Organic Compounds	挥发性有机化合物
WB	World Bank	世界银行
WCED	World Commission on Environment and Development (Brundtland Commission)	世界环境与发展委员会（也称布伦特兰委员会）
WEF	World Economic Forum	世界经济论坛
WTO	World Trade Organization	世界贸易组织（简称世贸组织）
WWF	World Wide Fund for Nature	世界自然基金会

报告摘要*

20 世纪 70 年代以来，我国的生态环境保护已走过四十多年的历程，尽管取得了不可否认的成绩，但存在的问题也十分突出。特别是在实现全面小康社会目标的压力下，建设良好的生态环境显得尤为紧迫。与此同时，我们还看到生态环境保护正步入新的发展阶段和历史时期。一方面，随着收入提高和经济开始向新常态过渡，公众环境意识逐步觉醒，新一轮以绿色、智能为代表的科技革命正在孕育，这些社会经济背景的巨大变化，为推动环境与发展关系向新的阶段转变奠定了基础；另一方面，随着《中共中央关于全面深化改革若干重大问题的决定》（简称三中全会决定）和《中共中央关于全面推进依法治国若干重大问题的决定》（简称四中全会决定）发布，治国理念发生了重大转变，国家治理体系和治理能力现代化成为国家目标，生态文明建设全面融入经济社会发展过程；2015 年 5 月公布的《中共中央国务院关于加快推进生态文明建设的意见》进一步提出和强调“绿色化”的理念，充分体现了我国经济社会发展全方位绿色转型，以及通过投资生态环境促进全面“绿色化”的思路转变。无论如何，在未来相当一段时间内，建立健全生态环境治理体系，奠定实现绿色转型发展和解决重大资源环境问题的制度基础，实现政府、企业和社会的协同共治，已成为生态文明建设的核心工作。

尽管我国建设生态环境治理体系的方向明确，但在改革路径与现行制度关系、顶层设计与基层实践结合、全面推进与制度建设优先领域、目标导向与治理能力提高、改革步骤节奏和行动方案等方面仍存

* 报告摘要由王毅、苏利阳执笔，作者工作单位为中国科学院科技政策与管理科学研究所。

争议。我们必须认识到，生态环境治理体系的建设是一个系统工程，需要凝聚全社会的共识和采取协同的行动，全面转变观念、克服部门分割和既得利益束缚、解决理论和实践难题，把握节奏，系统推进。正因为如此，在历经三中全会以来的“将改革任务按部门进行分解细化”的实践后，中央全面深化改革领导小组（简称深改组）在2014年12月30日第八次全体会议提出“要抓好改革任务统筹协调，更加注重改革的系统性、整体性、协同性，……生态文明体制改革要稳慎探路”。站在新的历史起点上，我们要抓住国家推动治理体系现代化和全面依法治国的历史性机遇，制定推进生态环境治理体系改革的有效战略、实施步骤和支持政策，塑造一个系统完整、运转高效的生态环境治理体系，为重现碧水蓝天奠定有效的制度基础。

一、我国生态文明建设方针

（一）健全生态环境治理体系的作用和地位

从西方的实践经验看，建立健全生态环境治理体系是应对资源环境问题的有效手段。特别是20世纪70年代以后，在历经政府、企业及各种社会主体之间的对抗与合作互动，西方国家建立了比较完整的生态环境保护的法律法规和管理体制，基本上形成了由政府、企业和社会共同参与生态环境保护的制度体系。对我国来说，在严峻的资源环境形势下，借鉴西方经验，健全生态环境治理体系是不二的选择。一方面，建立系统完整的生态保护和污染防治制度体系，进而引导和监督政府、企业、社会的生态环境保护行为，有效解决政府失灵和市场失灵；另一方面，生态环境治理体系作为国家治理体系的有机组成部分，与经济、社会、政治和文化领域的治理体系相互交叉联系，有助于把生态文明建设融入社会经济发展的各个环节。

健全生态环境治理体系也是生态文明建设的突破口和核心任务。无论生态环境保护、生态文明建设或“绿色化”，都是一个实践过程，是理念、制度、行动的综合，其中制度建设是重中之重（Wang，2006；严耕等，2009；中国科学院可持续发展战略研究组，2010）；现实中，随着人均收入水平的提高，在近年来灰霾控制、垃圾焚烧厂建设等公共事件的驱动下，全社会对生态环境问题关注程度大大提高，社会参与生态环境保护的意愿正逐步形成。在这种情况下，构建生态环境治理体系，具有事半功倍的效果。

（二）生态环境治理体系的内涵特征

党的十八届三中全会之后，治理体系和治理能力成为学术界和政府部门的热门话题。但作为一个从西方引入的概念，如何把治理体系应用于中国仍有不同的理解。狭义上，认为国家治理体系是一整套治国理政的制度体系（俞可平，2014）；广义上，认为国家治理体系不仅包括制度，还包括了涉及理念层面的价值取向，以及具体的政策行动等（郑吉峰，2014；宣晓伟，2014）。但无论是狭义的还是广义的定义，现有定义与西方学界强调的“治理是一个过程”的动态视角不一致（俞可平，2001）。显而易见，从治理体系和治理能力两方面综合考虑，仅强调静态的体制、制度是不够的，难以涵盖治理发挥作用的过程。综合各方面研究，我们认为所谓国家治理体系，是指政府、市场和社会等多方利益主体共同参与的制度框架体系及合作互动过程的整体，是在制度框架体系下政府、市场和社会等多方利益主体合理配置政治、经济、社会权利，管理公共事务的过程，运转良好的治理也称作“良治”（good governance）。

生态环境治理体系是国家治理体系在生态环境保护领域的具体体现。其核心理论框架建立在生态学、经济学和行政管理学三个学科的一些重要理论基础上，并考虑我国自身的自然历史文化和现实基础。据此，现代生态环境治理体系可理解为政府、市场和社会在法律规范和文化习俗基础上，依照生态系统的基本规律，运用行政、经济和社会管理的多元手段，协同保护生态环境的体制、制度体系及其互动合作过程，既强调体制、制度和机制建设，也强调治理能力、过程和效果，既重视普适的生态环境价值观，也重视特定的历史文化条件。

与传统的以政府行政管制为主的生态环境管理体系相比，一个运转良好的现代生态环境治理体系具有以下基本内涵和特征。治理主体上，形成政府、企业、社会共担责任、共同参与的格局；治理手段上，以法治为基础，采用多元手段，形成一整套相互协调、相互配合的政策工具；治理机制上，基于协商民主，实现多方互动，从对抗走向合作，从管制走向协调；

治理功能上，实现生态环境系统及其服务功能的整体性和多样性保护，保证生态环境公共产品和服务有效提供（见第二章）。

（三）现行生态环境治理体系的问题与差距

我国现行生态环境治理体系，是在传统计划体制下萌发，并伴随着改革开放特别是经济体制和行政体制的改革，以及生态环境问题的日益突出而逐步形成的。经过多年的发展和实践，我国初步形成了以政府为主、企业和社会组织有所参与的生态环境保护格局。从政府、企业和社会协同治理的意义上讲，现代意义上的生态环境治理体系开始出现。

尽管经过多年努力，我国生态环境治理体系建设取得进展，但仍存在很多问题，政府、企业和社会共治合作格局尚未建立。受长期以来"发展是第一要务"理念的影响，环境与发展失衡，以牺牲环境来换取发展成为实际行动的主流，政府公共管理职能配置中的经济管理职能非常强大，生态环境保护的职能过小、过弱；政府和市场关系方面，受传统计划经济体制的影响，我国的认识和把握仍远远不到位，在进行公共事务管理时片面倚重政府力量和行政手段；部门体制方面，尽管形成了综合经济部门、资源管理部门和环境保护部门"三大部门板块"，但部门之间及各部门内部的分割局面并没有很大改变，生态环境统一监管体系和协调合作机制尚未形成，导致过度管制和行政失效；央地关系上，由于缺乏有效的监督引导手段，独立的监测评估和监管体制难以确立，法律法规难以有效实施；政府、企业和社会协同治理上，企业和社会力量相对于政府而言仍然非常薄弱，参与决策监督的作用没能充分发挥（见第一章）。

三中全会决定提出，到2020年形成系统完备、科学规范、运行有效的制度体系。这期间还有一个五年规划及政府换届，改革生态环境管理体制和构建治理体系的任务非常紧迫和艰巨。以立法为例，按人大常委会每两个月一次会议的法律审议程序和进程看，远不能满足建立健全生态环境法律体系的实际需求。此外，无论是生态红线、生态补偿、生态文明建设问责制度，还是陆海统筹的生态系统保护修复机制，都没有成熟的理论研究和普适性的实践经验作为基础，采取"摸着石头过河"的地方探索模式，也需要一定的时间来积累。在治理主体的能力培育上，也不可能一蹴而就，需要长期坚持和不懈努力。因此，经过充分酝酿和科学论证的顶层设计，正确运用好每一次法律修改、制度出台、机构调整和实践探索的机会至关重要（中国科学院可持续发展战略研究组，2014）。

二、生态环境治理体系的改革目标、原则和总体方向

生态环境治理体系建设是一项在我国现有制度安排的基础上，参考国际上的生态环境保护实践经验，在治理理念、公共管理和生态学理论的指导下制定新型游戏规则，进而实现政府、企业和社会共管共治的创新性工作。在综合本报告研究的基础上，我们提出生态环境治理体系的改革目标、原则和总体方向。

（一）生态环境治理体系的改革目标

按照国家治理体系和治理能力现代化、生态文明建设和依法治国的总体要求，针对当前国家生态环境治理体系存在的主要问题，提出改革和构建生态环境治理体系的基本目标如下：

在完善现代市场体系、转变政府职能、推进法制建设、强化社会治理的大背景下，通过改革政府管理体制，建立分权制衡、相互协调、运行高效的生态环境管理体制；通过强化行政执法和健全市场机制，建立有效约束和引导企业与公众行为的生态环境制度体系；通过推进信息公开和社会互动，建立公众有序参与的生态环境社会治理机制，最终形成“政府调控、市场引导、企业负担、社会协作”的现代生态环境治理格局。

（二）构建生态环境治理体系的基本原则

基于现代生态学、经济学与管理学的基本理论和发达国家生态环境保护的经验，基于现代生态环境治理体系所具有的内涵和特征，根据当前我国建立现代生态环境治理体系的目标和要求，构建生态环境治理体系应遵循以下原则。

1）以环境与发展相协调为前提，进行治理主体的职能配置和理念重塑。环境与发展的关系是中国生态环境保护中最为关键的一对关系，也是难点所在，对于发展中经济体而言，两者皆不能偏废。构建生态环境治理体系，需要把环境与发展相协调的理念纳入其中。政府需要在公共管理职能配置、财政预算安排和干部考核制度中全面考虑生态环境保护的要求，建立环境与发展综合决策机制；企业需要在追求企业利益和保护公共环境

利益方面取得平衡，遵循国家法律规范和承担企业社会责任；社会需要共担生态环境保护责任，培育可持续的、绿色的消费方式。

2）以政府、企业和社会责任共担为基础，合理匹配职能与资源。政府、企业和社会是现代生态环境治理体系的三个基本主体。从现代治理理论和国际经验看，需要依法规范政府、企业和社会三种主体在生态环境治理中的权利、义务，合理配置政府调控、市场配置和社会参与三种调节机制在生态环境治理中的职能，以有效发挥协同作用。当前我国生态环境治理中政府职能相对比较明确，在有效发挥政府职能的同时，下一步需要重点培育和壮大企业、社会组织、公民个人的力量，并通过改革决策过程和利用市场机制，充分发挥企业和社会的作用。

3）从生态系统特征、规律及问题导向出发，改革和完善生态环境保护制度与体制机制。生态环境治理体系的目标是处理好人与自然、人与人之间的双重关系。建设生态环境的制度和体制机制，要充分尊重生态系统的特征和演化规律。自然生态系统经过长期演化表现出空间上的完整性，即各种生物与其生存环境形成相互作用的有机整体；随着人类社会经济活动的影响，环境问题产生并扩展为局地、区域和全球性问题。

基于上述规律，构建生态环境治理体系，既要考虑生态环境的跨介质的整体特征，也要考虑生态系统各要素（水、土、气等）的自然、社会和地域属性；既要考虑自然资源和生态系统服务的经济属性，更要考虑其生态和公益属性；既要考虑资源环境的数量问题，也要注重质量问题；既要考虑生态环境物品和服务的外部性和公共品属性，又要考虑这些公共属性的时空尺度，包括全球性、区域性、地区性功能及作用时间，并且还要针对存在的各类生态环境问题，进行统筹协调，实现综合防治与分类分级施治相结合。例如，生物资源同矿产资源的管理不能简单机械地合并在一起；再如水，它既可以提供淡水资源，又可以用来发电，还能够提供各种生态服务功能，既存在水质问题也存在水量和空间布局问题，需要进行综合管理。因此，要在充分认知这些规律的基础上，认真识别政府和市场的作用及其局限性，设计好生态环境保护制度体系和管理体制机制。

当前，不同研究已提出多种生态环境制度体系框架，如有专家解读三中全会决定的制度建设思路为“源头严防、过程严控、后果严惩”（杨伟民，2013），也有研究提出从“决策和责任、执行和管理、道德和自律”角度进行制度建设（夏光，2013），还有学者认为制度建设主要涉及“确定规模、分配产权、市场交易”三个相互关联的环节（诸大建，2013）。目前看，这些分类都没有充分考虑自然生态系统的复杂性和多样性，也没有从更积极的角度推进经济转型升级和绿色化。无论如何，在未来的制度建设中，我们需要在保证生态环境保护完整性的同时，针对不同类型的生态环境问题及体制机制障碍，强化、创新并完善生态环境保护的重大制度安排。

（三）生态环境治理体系改革的总体方向

如前所述，生态环境治理体系是一个系统工程，需要形成政府、企业和社会多元主体共同参与生态环境决策和实施的制度安排。生态环境治理体系改革的总体方向包括：

生态环境法律保障上，应把生态环境治理体系改革的各项任务同立法项目有效结合起来。一是研究探索法律体系的“绿色化”或者“生态文明化”，把生态文明建设和可持续发展的原则和规范纳入宪法、民商法、行政法、刑法、诉讼与非诉讼程序法等诸多法律中。二是加快制定和修改资源和环境的综合和单行法的进程，并消除现行各单行法之间存在的重叠、矛盾和冲突。在大气、水、土壤污染防治法的制定或修改中，需要调整现行的以污染排放浓度达标和总量控制为核心的法律制度体系，转向以环境风险评价为基础、以环境质量改善为基本导向，制定针对污染物精细化管理的制度，强化刚性约束和惩罚规定。在自然资源和生态保护法律方面，要制定自然资源管理和生态保护的基本法律，根据自然资源产权和资产管理体制改革的要求，进一步健全有关自然资源所有权、使用权及相关民事权利的规定，制定有关国有经营性自然资源资产管理的法律及其配套规定等。在绿色转型发展和国土空间规划领域，研究修改循环经济促进法等法律，研究制定有关国土空间规划的法律等（见第二章）。

政府行政管理体制上，要从生态系统的完整性出发，按照所有者和管理者分开、开发与保护分离的原则，坚持大部制的改革方向，把当前分散在十多个部门的污染防治、生态保护、自然资源管理等职能集中到环境保护、自然资源、综合经济等少数几个部门。目前看，不同的重组方案各有利弊，本报告建议未来国家生态环境管理相关职能配置可形成“相对集中、集中与分散相结合”的所谓“二委一部一局”的格局，即把生态环境保护的有关职能相应整合到国家发展和改革委员会、自然资源资产管理委员会、资源与环境保护部、国家生态环境质量监测评估局；在体制改革的基础上，加强环境与发展综合决策机制、协调合作机制和监督机制建设，最终形成分权制衡、相互协调、运转流畅的体制机制框架。在跨行政区和流域方面，构建区域和流域生态环境治理体系，组建多样性的区域和流域管理体制，并根据其职能进行授权：对以监督为主要职能的跨行政区域机构，考虑由作为生态环境部门的派出机构，改为监察机构、生态环境保护机构及综合部门的共同派出机构，赋予其监督和执法权力；对于强调协调的联防联控机制，应赋予决策权和执行权，为实现统一规划、标准和防治措施奠定基础（见第三章）。

企业生态环境保护方面，在强化环保执法的基础上，实现在政府监管下市场作用得以充分发挥的生态环境保护格局，企业和政府的关系从“猫捉老鼠”转向合作互助的关系。对于环保企业，要强化科技创新支撑，通过政府和社会资本合作（PPP）、环境污染第三方治理等特许经营方式，引导企业提供环境公共产品和服务，从而共同提高环境公共产品的有效供给能力，促进企业的绿色转型和发展绿色产业。对于一般企业，要采用强制、市场和自愿手段相结合的综合手段，监督和引导企业遵守国家规定的生态环境法律法规和标准，切实承担和履行企业社会责任（见第四章）。

生态环境社会治理上，要根据治理理念的要求，转变自上而下的管制模式，全方位发动社会力量，综合运用社会手段做好生态环境保护工作。实现政府的有限分权，确保社会拥有参与经济和环境决策过程的议政权、对政府及企业社会责任履行的监督权、获取基本生态环境信息的知情权、对受到污染损害的索赔权，并在法律法规中固定下来。在赋予权利的同时，社会组织、媒体、公众这三大社会主体应承担起生态环境保护义务，加强自律，包括树立生态意识、践行绿色生活、增强和传播科学知识、开展绿色教育（见第五章）。

生态环境全球治理上，在与自身能力相适应的范围内，参与甚至引领生态环境全球治理，促进中国更好地融入世界，讲好中国的生态文明故事，设置中国的全球议程。理念上，以国内加快推进生态文明建设为基础，构建以生态文明价值观为主旨的中国对外话语体系及其传播渠道，向国际社会传播生态文明理念和重要实践。重点领域上，应把握当前国际热点，把全局性的应对气候变化、区域性环境问题作为当前及未来相当时间内的重点工作。制度建设上，要总结国内实践经验，探索建立全球生态红线制度、区域性生态补偿制度、区域性统一环境要素市场，补充全球环境治理体系的制度框架。治理机制上，利用亚洲基础设施投资银行和金砖银行，重塑全球金融制度，并结合南南合作、一带一路建设，推进环境友好型、气候有益型技术和公共服务产品输出，提升全球技术转移能力和水平（见第七章）。

重大制度和政策上，应注重从问题导向出发，综合运用政府“有形之手”、市场“无形之手”和社会“自治之手”，形成一整套紧密联系的制度框架，对政府、企业和社会的生态环境行为进行有效规范、引导和监督。目前看，从生态环境对象领域的角度出发，制度建设涉及以下五个方面的内容：一是基于国土安全和环境风险管理，确定不同尺度上的生态空间、自然资源和环境容量，从而划定红线和开展空间规划；二是按照公共产品属性，对这些生态空间、自然资源和环境容量进行有效的分类，并确立产权制度；三是针对具有竞争性的排他性的自然资源，通过完善市场制度来解决，即利用价格杠杆推动资源高效利用，或者创建碳排放、排污权交易等新型市场；四是对于那些具有公共物品属性的自然资产和难以货币化的环境资源与生态服务，无法利用市场解决问题，则需要通过改善信息质量和治理结构，鼓励利益相关方和公众参与，采取基于长远、利益均衡和达成共识的集体行动（World Bank，1997；世界银行，2003）；五是建立自然资源资产核算和环境审计等一系列考核、问责制度。

生态环境治理的重大制度框架见表 0.1。其中有些制度已经在相关法律中作了规定，如生产者责任延伸制度等，需要进一步落实完善；有些制度则尚未予以规定，如绿色设计、清洁发展机制等重要制度安排，需要在未来的制度设计中予以考虑。

表 0.1　生态环境治理的重大制度与政策

生态环境领域＼制度安排＼不同主体	政府	市场	社会
绿色化 绿色生产方式 绿色消费方式 绿色价值观	绿色设计制度 生产者责任延伸制度 绿色低碳产品标准 化石能源和碳排放总量控制制度 可再生能源发展政策 环境与发展综合决策机制 绿色考核评价问责机制	环境价格形成机制 清洁发展机制 绿色金融政策 环境产权交易制度 政府绿色采购制度 合同能源管理制度	绿色产品认证和标识制度 企业社会责任制度 公众参与机制（包括价格听证、监督举报等） 生态文明宣传教育制度
污染防治 大气环境 水环境 土壤环境 ……	环境保护责任制 排污许可证和总量控制制度 环境标准体系 环境损害赔偿和责任追究制度 有害化学品登记制度 环境监测和信息发布制度 区域和流域环境综合防治制度	环境税费制度 排污权交易制度 环境特许经营制度 PPP 模式 污染第三方治理	环境信息公开制度 环境举报责任制度 环境公益诉讼制度
生态保护 水土保持 荒漠化防治 生物多样性 ……	自然保护区制度 生态空间规划制度 生态保护红线制度 生态修复制度 重点保护名录 保护许可证制度（如禁止、限制渔猎等）	生态补偿制度 生态服务付费制度 特许保护制度	同上
自然资源管理 公益性资源 自然保护区等 商业性资源 建设用地等	自然资源产权制度 自然资源用途管制制度 自然资源保护制度 自然资源资产考核评价制度 空间规划和用途管制制度	资源价格形成机制 资源税费制度 资源有偿使用制度 资源产权交易制度	同上

注：一些跨领域制度，如标准、价格、金融、考核问责等，可能有所重复或未予列出

三、生态环境治理体系的改革路径和优先领域

构建生态环境治理体系是一个全方位的系统改革和创新过程，不可能一蹴而就。鉴于制度的基础性、引领性及一些基本问题的不确定性，生态环境保护制度建设更不应急于求成。必须遵循自然规律、发展转型的规律，并与现有法律和管理体制相适应。必须意识到，在一个新旧体系转轨与过渡的改革过程中，明确改革目标和总体方向固然重要，但寻找符合客观规

律的实施路径和步骤更加不可忽视。因此，我们必须要明确改革实施路线图和优先领域，踏踏实实做好每一项工作，争取到2020年全面实现系统改革任务。

（一）生态环境治理体系改革路径的复杂性

由于生态环境治理体系改革涉及众多法律规范、跨部门领域，以及不同诉求的利益主体，面临复杂多变的现实情况，加之各种新制度尚在研究试行阶段，要在理论上勾画出明确的具体实施路径，非常困难。

从过去经济体制和环境体制改革的经验教训来看，要明确生态环境治理体系改革路径，应当处理好以下三大关系。

1）制度创新与体制改革关系。这里的制度指法律和具体制度安排。制度和体制相辅相成，没有体制改革，制度建设很难找到明确的责任主体。当前，许多制度改革都具有跨行政部门的属性，需要多个甚至所有的资源环境部门进行合作协调。目前生态环境体制机制改革举步维艰，很大程度上是“分散的权威”的管理体制造成的。尽管各部门可以在大部分制度改革内容上达成共识，但由哪个部门主管却争论不休。这从之前有关生态文明试点示范、特许经营制度的划分、环境信息的统筹等方面都可见一斑。因此，体制不改革，制度建设就难以推动；或者是制度设计先行，但在实践中受到现有体制和法律的制约。在这个意义上，应当推动管理体制改革先行，为制度建设奠定体制基础。

体制改革更是涉及方方面面的利益诉求，又以制度建设及实践为前提。为了有效推进改革，加强生态环境制度的可实施性，应当把有关生态环境制度改革及立法，同行政管理体制改革、公共财政预算编制相衔接。理论上，应评估生态环境制度的预期实施效果和社会成本，包括行政执法部门因新设立职责所需新增的人员编制和预算经费，把制度同行政部门职能设置和预算编制结合起来，从而为生态环境治理体系改革和相关制度的实施，奠定良好的体制改革基础。不仅如此，各部委内部机构设置时，也需要与具体制度安排相衔接。

2）顶层设计和摸着石头过河的关系。当前，生态环境治理体系改革正采取“顶层设计”与“摸着石头过河”相结合的改革路径。一方面，深改组下设了经济体制和生态文明体制专项小组，作为生态文明体制改革的统筹机构，力图加强顶层设计和整体谋划；另一方面，鼓励地方、基层和群众大胆探索，加强重大改革试点工作，在实践中不断积累经验，并逐步上升到制度层面。目前看，实行自上而下和自下而上互动互进的改革模式，无疑是正确的。但在实践操作中，遇到相当多的困难和挑战。

在顶层设计上，出于部门利益考虑或者学术背景的差异，有关生态环境治理的方案设计出现两种倾向：一是过于执着概念和理论框架，基本上从生态文明概念和理论框架出发去设计制度方案；二是过于迁就现有制度体系，改革形成路径依赖，只注意在现有制度体系下进行部门职能的重新组合。两种倾向都不可取，前者可能导致难以找到从现行制度过渡到目标方案的可行路径，使顶层设计出现偏差甚至引起新的冲突，后者则容易导致“头痛医头，脚痛医脚”而忽视制度创新。

在地方探索上，对于一些涉及自然资源和环境要素价值评估与核算的制度，包括自然资源资产负债和资产审计、环境损害赔偿、生态补偿等制度，国际组织和一些国家历经多年研究探索尚无定论，特别需要开展前期研究和地方试验。从生态文明先行示范区的进展看，相当部分承担制度创新任务的地方缺乏足够的能力来进行制度设计。

因此，生态文明治理体系改革应当基于国内外成熟经验和以实际问题导向为主，认真提炼总结地方的实践探索，再辅之以改革、发展和环境演化规律及相关理论分析的引导，并充分听取各利益相关方的意见，尽可能全面系统地进行顶层设计，明确突破口，并由点到面示范推广，再分阶段及时总结、反思、修正，通过实践纠正错误并修订原先的顶层设计，如此反复，最终才有可能取得改革的成功（仇保兴，2015）。

3）治理主体能力与制度改革步伐的关系。生态环境治理体系建设既需要进行制度体系建设，也要开展治理主体的能力培育，两者相辅相成，不能只有制度或目标而治理主体没有能力，反之亦然。否则生态环境治理体系的效力和作用会大大缩减。从目前三大主体的能力看，尽管都有所欠缺，但受政治体制、价值观念的长期影响，社会方面更是短板，发展壮大企业、社会组织、公民个人在生态环境保护中的作用已成为基本共识。虽然生态环境治理体系改革方向较为明确，但我们仍面临挑战，即在整体的政治体制下，政府多大程度上向企业和社会分权（使其参与生态环境决策和监督）、如何控制和把握改革步骤的轻重缓急，既避免步子迈得过快，也避免改革受旧有体制和既得利益影响而进度缓慢，这是一个亟待解决的重大课题。

处理好上述任何一个关系都相当复杂和困难，但只有做好这三方面的工作，才能为勾勒出生态环境治理体系的改革路径奠定更好的基础。

（二）生态环境治理体系的改革路径及优先领域

综合本报告的研究，图 0.1 给出了生态环境治理体系改革路径的简化示意图。目前看，生态环境治理体系改革的优先领域包括：

第一，加快《大气污染防治法》和《水污染防治法》的修改进程及力度，特别是《大气污染防治法》要进行大幅度修订，使之成为中国版的《清洁空气法》。建议组织多部门联合起草组，尽快出台修订草案，并进一步向社会公开征求意见，为在更短的时间内消除灰霾、再现蓝天奠定法律基础（骆建华等，2013），并为其他生态环境法律的制定或修改，提供重要的立法模板。

第二，在体制改革方面，加快推进不动产统一登记，将其作为解决自然资源产权和资产管理方面部门分割和政资不分的突破口，为有效分离自然资源产权管理和监管奠定基础。对于生态环境相关行政部门，要优先解决“重审批、轻监管”的痼疾，改革审批制度，精简下放审批权，减少对市场和社会中介组织自行管理的事务的干预，同时加快监管制度的确立并加强监管，为进一步推动行政管理体制改革奠定基础；推进生态环境监测体制改革，建立信息共享平台，划清中央和地方在生态环境监测方面的事权、财权，以此作为理顺中央和地方关系的重点。

第三，在企业和社会方面，积极探索 PPP 和污染第三方治理，及时总结经验，完善监管方式。积极培育生态价值观和生态文化，把生态文明教育作为素质教育的重要内容，纳入国民教育体系和干部教育培训体系。完善公众参与制度。

第四，重大制度建设方面，建立统一的国土空间规划制度和生态红线制度，以此为切入点，有效整合各种相关规划，为促使各方按生态系统和国土空间布局的规律办事奠定基础。对重大的、尚不成熟的生态环境制度开展地方试点示范，及时总结经验，并加强宣传。

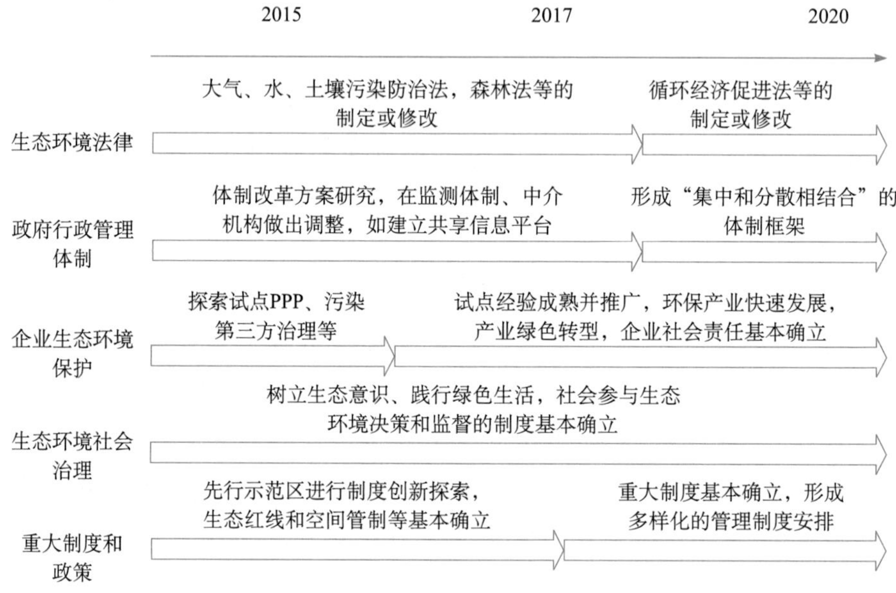

图 0.1　生态环境治理体系改革路径简化示意图

参 考 文 献

国家生态环境治理体系研究课题组 . 2014. 国家生态环境治理体系研究(综合报告)，中国国际经济交流中心基金课题 . 2014 年 12 月

骆建华，王毅 . 2013. $PM_{2.5}$污染的治理路径与绿色低碳发展 . 见：薛进军，赵忠秀 . 中国低碳经济发展报告(2013). 北京：社会科学文献出版社：34-52

仇保兴 . 2015. 如何使“顶层设计”获得成功? 清华管理评论，(4)：8-13

世界银行 . 2003. 2003 世界发展报告 . 北京：中国财政经济出版社

习近平 . 2014-01-01. 切实把思想统一到党的十八届三中全会精神上来 . 人民日报，2

夏光 . 2013-11-14. 建立系统完整的生态文明制度体系. 中国环境报，2

宣晓伟 . 2014. 国家治理体系和治理能力现代化的制度安排：从社会分工理论观瞻 . 改革，(4)：151-159

严耕，杨志华 . 2009. 生态文明的理论与系统建构 . 北京：中央编译出版社

杨伟民 . 2013-11-23. 建立系统完整的生态文明制度体系 . 光明日报，2

俞可平 . 2001. 治理和善治：一种新的政治分析框架. 南京社会科学，(9)：40-44

俞可平．2014. 推进国家治理体系和治理能力现代化. 前线，(1)：5-8

郑吉峰．2014. 国家治理体系的基本结构与层次. 重庆社会科学，(4)：18-25

中国科学院可持续发展战略研究组．2010. 2010 中国可持续发展战略报告——绿色发展与创新. 北京：科学出版社

中国科学院可持续发展战略研究组．2014. 2014 中国可持续发展战略报告——创建生态文明的制度体系．北京：科学出版社

诸大建．2013-12-21. 深入理解生态文明的制度建设. 新民晚报，A04

Wang Yi. 2006. China's environment and development issues in transition. Social Research，73(1)：277-291

World Bank. 1997. Five Years after Rio：Innovations in Environmental Policy. Washington，DC：World Bank

目　　录

第二部分 技术报告——可持续发展能力与资源环境绩效评估

CONTENTS

第一部分

主题报告——重塑生态环境治理体系

Reshaping the Governance for Sustainable Development

第一章 生态环境治理体系的地位与作用*

构建生态环境治理体系对我国的生态文明建设具有至关重要的作用。然而，对于生态环境治理（environmental governance）这一新概念仍然存在不同的理解。“治理”概念自西方引入我国，早期一直用于公司层面的研究和管理，其后才在行政学和政治学方面逐步得到重视（俞可平，2008）。一般而言，治理是指多元主体对公共事务的共治，是一种新的公共管理模式。在生态环境领域，关于环境治理、生态环境治理或者可持续发展治理的研究是“十一五”时期才逐步增多的。目前研究取得的共识是，建立政府、企业、社会的共治格局是保护生态环境的必要条件。2013 年 11 月，党的十八届三中全会站在关键的历史节点上，做出了全面深化改革的决定，并把“完善和发展中国特色社会主义制度，推进国家治理体系和治理能力现代化”作为全面深化改革的总目标，同时按照“五位一体”的要求，对生态文明建设做出了一系列总体部署。自此，建立健全生态文明领域的治理体系开始从研究走向实践，生态环境治理体系无疑在其中扮演极其重要的角色。

一、生态环境治理与国家治理体系

（一）以制度建设为核心的国家治理体系现代化建设正积极推进落实

所谓国家治理体系，广义上包括了价值取向、制度安排与政策行动，即“以价值塑造制度，以制度督导行动，以行动彰显价值”，构成一个完整的体系（郑吉峰，2014）。狭义上把国家治理体系聚焦于制度建设（如俞可平，2014）。根据我国的实际情况，习近平总书记指出，国家治理体系和治理能力是一个国家制度和制度执行能力的集中体现（习近平，2014）。因此，制度作为治理体系的核心已成共识。具体而言，国家治理体系是完善各领域法律法规、体制机制和具体管理制度，形成一整套紧密相连、相互协调、运行流畅的制度体系，支撑和推动国家与社会发展。

建立健全国家治理体系，是我国全面深化改革的总目标之一，是宪法规定的工

---

* 本章由苏利阳、王凤春、郝亮执笔，作者工作单位为中国科学院科技政策与管理科学研究所、全国人民代表大会环境与资源保护委员会、中国科学院科技政策与管理科学研究所。本章研究同时得到了中国国际经济交流中心委托项目“国家生态环境治理体系研究”的资助。

业、农业、国防和科学技术“四个现代化”之外的第五个现代化目标，也为实现“两个一百年”和“三步走”战略目标奠定坚实的制度基础。为此，党的十八届三中全会做出了战略部署，成立了中央全面深化改革领导小组，进行了任务分工，确立了时间表，把三中全会对全面深化改革的总体部署落实下来。

2014 年，中央在深改组下设立了 6 个专项小组，包括经济体制和生态文明体制改革、民主法制领域改革、文化体制改革、社会体制改革、党的建设制度改革和纪律检查体制改革。根据《中共中央关于全面深化改革若干重大问题的决定》，在深改组第二次全体会议上，明确 2014 年 80 项改革任务（朱隽等，2014）。2014 年 12 月 30 日，深改组第八次全体会议召开，审议通过了中央全面深化改革领导小组 2015 年工作要点，提出“要抓好改革任务统筹协调，更加注重改革的系统性、整体性、协同性，……生态文明体制改革要稳慎探路”。

作为主要执行单位的国务院各部委，也成立了部所属体制改革领导小组。除了积极配合深改组的工作外，也结合自身工作创新性地推进体制改革。例如，在编制生态文明先行示范区实施方案时，国家发展和改革委员会等部委一再强调要突出制度创新。2014 年 7 月发布《关于开展生态文明先行示范区建设（第一批）的通知》，共提出了包括自然资源产权管理、体现生态文明要求的领导干部评价考核体系等在内的 30 多项创新性制度。

从未来看，推进国家治理体系现代化的改革任务将陆续落实，在经济、政治、文化、社会、生态文明建设等领域形成一整套制度体系。但是，未来的改革进程绝不会一帆风顺，一方面，许多问题仍需要进一步研究和寻求共识，另一方面，要破除既得利益干扰，谨防部门利益不利影响，避免改革走样。因此，要实现三中全会决定要求的 2020 年在重要领域和关键环节改革上取得决定性成果，我们的任务仍非常繁重，需要进一步统筹协调和提出总体实施方案。

（二）生态环境治理体系是国家治理体系的有机组成部分

在建设国家治理体系的同时，把治理体系框架应用于生态文明领域，形成解决污染防治、生态破坏、应对气候变化、环境与发展冲突等问题的制度体系，构建生态环境治理体系，是当前的重要工作，也是国家治理体系的重要组成部分。

促进国家治理体系现代化，涉及经济、社会、政治、文化、生态、文明各个领域，改善生态环境作为生态文明建设的主要目标，也需要构建良好的治理体系和完善的制度框架。正因为如此，党的十八届三中全会对生态环境领域做出了一系列部署，提出“紧紧围绕建设美丽中国深化生态文明体制改革，加快建立生态文明制度，健全国土空间开发、资源节约利用、生态环境保护的体制机制，推动形成人与自然和谐发展现代化建设新格局”的重要指导思想，还进一步提出“建立系统完整的生态文明制度体系，实行最严格的源头保护制度、损害赔偿制度、责任追究制度，完善环境治理和生态修复制度，用制度保护生态环境”。

不仅如此，建立健全生态环境治理体系，还与国家治理体系的其他方面（如经济、政治、文化、社会等领域）相互交叉，紧密联系在一起（图 1.1）。健全生态环境治理体系，要求建立自然资源产权体系，充分发挥市场在配置生态环境资源上的作用，完善资源性产品的价格形成机制，这与经济体制改革有所交叉；而健全生态环境法律法规体系，构建分权制衡、相互协调、上下联动的行政管理体制，又要依托于整体的政治和行政体制改革；弘扬生态文明主流价值观，需要把生态文明纳入社会主义核心价值体系；同时，发挥社会组织、公众和媒体对生态环境保护的监督作用，这与推动社会治理的目标是一致的。

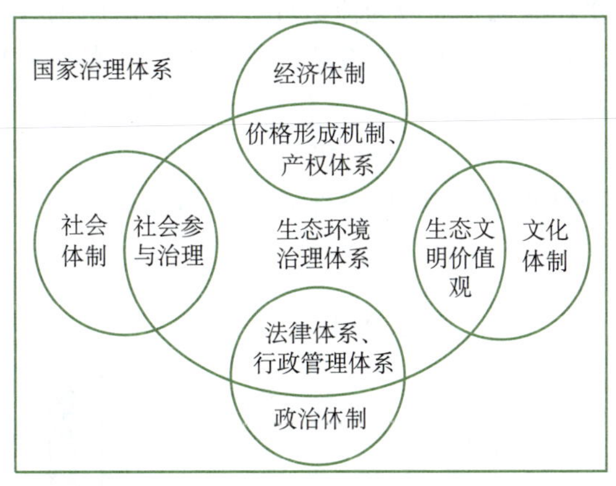

图 1.1　生态环境治理体系与经济、政治、文化、社会等领域的交叉示意图

总之，以改善生态环境质量、建设美丽中国为目的的生态环境治理体系，是国家治理体系的重要组成部分，并与经济、政治、文化、社会等领域的治理体系相互协调、相互作用，共同构成完整的国家治理体系，服务于实现全面小康社会和现代化战略目标。

二、建设生态环境治理体系与资源环境保护

改革开放以来，我国在生产发展、生活富裕等方面取得了巨大成就，但与此同时，生态领域的问题和矛盾也在不断累积激化，生态环境代价日益增加。我国生态环境问题的形成既与自然因素、经济发展阶段有关，也与主观认识、法治和体制机制等因素密不可分（王毅等，2011；张高丽，2013）。建立健全生态环境治理体系，能够通过重塑制度体系，规范生态环境保护的行为，积极应对当前严峻的资源环境问题。

（一）我国正面临极其严峻的资源环境挑战

当前，大气、水、土壤等常规污染正形成区域性、流域性、系统性和跨行政区污染格局。而且，在常规污染问题未解决的情况下，持续性毒害污染等新型环境污染不断涌现和加剧。可以说，我国生态环境问题的严峻性和复杂性已成为“全球之最”。

从常规污染看，大气污染方面，以 $PM_{2.5}$ 为主的区域性大气细颗粒物污染及其形成的长时间灰霾天气已成常态，主要分布在京津冀、长三角、珠三角、四川盆地等地区。2014 年，74 个重点城市中，只有 8 个城市的 6 项污染物年均浓度均达标，其他 66 个城市存在不同程度超标现象，京津冀、长三角、珠三角地区的年均 $PM_{2.5}$ 浓度分别达 93μg/m³、60μg/m³、42μg/m³，均远远超出国家标准（环境保护部，2015）（图 1.2）。水问题方面，水污染已发展成为流域性污染问题（中国科学院可持续发展战略研究组，2007），2013 年十大流域的国控断面中，Ⅳ～Ⅴ类和劣Ⅴ类（后者为丧失使用功能的水）水质断面比例分别为 19.3% 和 9.0%，其中黄河、海河、辽河的劣Ⅴ类水质断面占比分别为 33.3%、62.7% 和 42.9%，污染十分严重（环境保护部，2014）；地下水污染不断加剧，全国 4778 个地下水监测点中，约六成水质较差和极差（国土资源部，2015）。

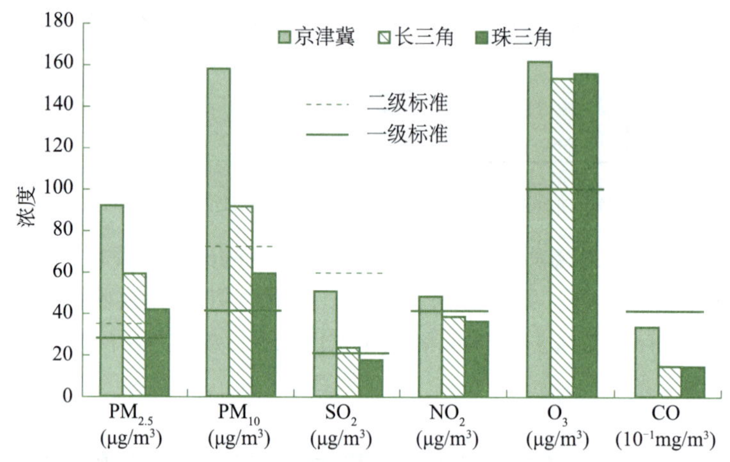

图 1.2　2014 年重点地区主要空气污染物浓度

注：①$PM_{2.5}$、PM_{10}、SO_2、NO_2 为年均浓度，O_3 为最大 8 小时均值第 90 百分位浓度，CO 为日均值第 95 百分位浓度；②NO_2 的一级和二级标准均为 40μg/m³；CO 的一级和二级标准均为 4 mg/m³

数据来源：环境保护部，2015

新型环境污染也在常规污染问题未得到解决的情况下不断出现，多种污染物短期内集中体现。近年来，挥发性有机化合物（volatile organic compounds，VOCs）、持久性有机污染物（persistent organic pollutants，POPs）、有毒有害污染物、场地污染、土壤污染、汞污染、电子垃圾等接踵而至。据估计，我国每年人为源的大气汞排放达 500～700 吨（杨金田等，2010），是全球最大的汞排放国；挥发性有机化合物排放量也位居世界第一，并逐年增加（表 1.1）。各类新旧污染物相互叠加相互影响，不断加剧我国业已恶化的环境形势，环境污染防治工作面临的形势极为复杂严峻。

表 1.1　我国不同来源 VOCs 排放量（2003～2008 年）　（单位：万吨）

年份	2003	2004	2005	2006	2007	2008
总计	1523	1669	1733	1882	1976	2014

资料来源：卢亚灵等，2012

在经过了十多年天然林保护、退耕还林、生物多样性保护工作，我国许多地区的生态质量得到改善，但由于我国人类活动的强度依然在提高，生态系统面临的压力巨大，森林质量改善、水土保持、湿地保护、草地沙化和石漠化防治等工作任务依然繁重。由于气候、地貌等地理条件因素，我国西北干旱荒漠区、青藏高原高寒区、黄土高原区、西南岩溶区、西南山地区、西南干热河谷区、北方农牧交错区等不同类型的生态脆弱区需要进行系统的保护和恢复（中国可持续发展战略研究组，2013）。许多地区形成了生态退化与经济贫困化的恶性循环，严重制约其区域经济和社会发展（孙鸿烈等，2011），这些地区的脱贫致富与生态改善成为全面实现小康社会的最大挑战。

全面建成小康社会是我国“第一个一百年”的目标，其中生态环境是衡量全面小康社会的重要方面。即使人均收入、社会治安达到既定要求，一个重度灰霾时常发生、水体污染严重、土壤质量令人担忧的生活环境也使得小康社会大打折扣。因此，在全面建成小康社会的奋斗过程中，必须高度重视生态环境保护，充分利用技术、制度等多种手段，应对环境污染和生态破坏。

（二）建立健全生态环境治理体系是应对资源环境挑战的系统解决方案

在导致我国生态环境问题的众多因素中，体制和制度安排不合理，政府、企业和社会共治格局尚未建立，以及由此导致的政府失灵和市场失灵是极为重要的根源。受传统计划经济体制的影响，我国生态环境制度过于强调政府的责任，对市场、社会组织和公众的力量不够重视，并且即便如此，政府作用依然有待更好地发挥。

就政府而言，其在处理环境与发展、理清政府和市场关系、建立协调一致、上下联动的管理体制上还存在诸多不足之处。例如，在生态环境保护的手段上，过去总体上还是以开展各类单项工程等技术性解决方案为主，对制度的作用重视不够；在管理体系方面，尽管环保主管部门的行政地位不断升格，但对其他中央部门和地方政府仍缺乏有效制约；在法律实施方面，尽管环保法律法规陆续颁布实施，但有法不依、执法不严、违法不究的现象普遍存在。

对企业而言，其作为市场主体，理应发挥生态环境保护的重要作用。改革开放以来，社会主义市场经济体系逐步建立，但仍未完善，特别是环境保护领域，存在严重的市场失灵。生态环境的外部性未被纳入私人成本，导致经济发展过程中的污染排放和生态破坏远远超出社会最优水平。

至于社会公众，考虑到环境污染与公众感受紧密相关，社会的作用不容忽视。但受制于政治体系，我国社会公众参与和影响政策制定、进行环境污染监督的渠道不足。在环境信息公开、公益诉讼等有利于公众参与环境保护的制度安排上，一直缺乏突破性进展；尽管今年开始实施的新环保法规定了公益诉讼制度，但其执行完善还需一个过程。环保社会组织培育不足，能力和人员配置薄弱，难以担当起相应责任；媒体受制于自身官方身份和审查制度，对于环境污染企业的监督也极其有限。

针对上述问题根源，完善生态环境治理体系，用制度引导和监督政府、企业、社会的生态环境保护行为，是应对当前严峻资源环境挑战的需要，也是全面建成小康社会的重要保障。

三、 生态环境治理体系与生态文明建设

关于生态文明，学术界和政府部门均从不同角度对其进行了诠释和解读，但由于缺少基础研究和基本理论，对于生态文明的认识并不统一（潘岳，2006；薛晓源等，2007；周生贤，2012；国家发展和改革委员会等，2012）。总体上，生态文明可以从广义和狭义两个角度来理解。广义的生态文明是指人类社会继原始文明、农业文明、工业文明后的新型文明形态（沈国明，2005；王金南等，2010；夏光，2009）。狭义的生态文明是指与物质文明、政治文明（制度文明）和精神文明相并列的现实文明形态之一，是社会文明的一个方面，着重强调人类在处理与自然关系时所达到的文明程度。目前来看，还缺少足够的证据证明可以从广义角度，将其视为未来具有统治地位的高级文明形态。当前实践意义中的生态文明，更倾向于狭义上的理解，特别是侧重包括节约资源、防治污染和应对气候变化在内的生态环境保护（中国科学院可持续发展战略研究组，2013）。

生态文明建设，是迈向或实现生态文明的操作途径和实践过程。考虑到生态文明本身是一个结构复杂、内涵丰富、意蕴深刻的综合性概念，建设生态文明必然涉及自然、社会文化、经济、政治（制度）等多个维度和要素，跨越意识和行为两大层面，包括先进的生态伦理观念、发达的生态经济、完善的生态制度、良好的生态环境（周生贤，2009；2010）等。有研究从类似的角度出发，认为生态文明建设具体表现为生

态物质文明建设、生态制度文明建设和生态精神文明建设（严耕等，2009）。还有一些研究聚焦于制度建设，把生态文明建设理解为生态理念在人类行动中的具体体现，是人类社会开展各种决策或行动的生态规则，或者人类通过法律、经济、行政、技术等手段及自然本位的风俗习惯，以生态理论和方法指导人类各项活动，实现人与自然和谐和可持续发展（中国科学院可持续发展战略研究组，2013）。

由此可知，生态文明建设是理念、制度、行动的综合，是政府、企业和社会的共同努力。理念上，应该牢固树立尊重自然、顺应自然、保护自然的生态文明理念，充分认识到“绿水青山就是金山银山”；制度上，应深化生态文明体制改革，建立系统完整的制度体系，把生态文明建设纳入制度化、法治化轨道；行动上，则要在理念的指导及制度的约束下，推动政府、企业和社会的合作，共同保护生态环境，走出一条有中国特色的生态文明建设道路（中国科学院可持续发展战略研究组，2014）。

综上所述，生态文明建设的关键是建立健全治理体系，特别是把制度建设作为重中之重，发挥不同利益主体的积极性。正因为如此，党的十八大和十八届三中、四中全会对生态文明建设做出了顶层设计和总体部署，在制度和法制建设中花费大量笔墨。在这个意义上，推进生态环境治理体系现代化建设，是生态文明建设的核心任务。尽管生态文明涵盖的领域更广，涉及资源、环境以外的其他事项，但生态环境保护无疑是其中最为核心的内容。

从现实情况看，把健全生态环境治理体系作为生态文明的突破口和核心任务，也具有一定的现实基础。一方面，资源环境问题的严峻性与全面小康社会要求的差距，要求把其作为优先任务；另一方面，随着人均收入水平的提高，在近年来灰霾控制、垃圾焚烧厂建设等公共事件的驱动下，全社会对生态环境问题关注程度大大提高，社会参与生态环境保护的意愿已经形成。在这种情况下，建设生态环境治理体系，具有事半功倍的效果。

四、 现行生态环境治理体系存在的问题

（一）现行生态环境治理体系

我国现行生态环境治理体系，是在传统计划体制下开始萌发的，并伴随着改革开放特别是经济体制和行政体制的改革，以及生态环境问题的日益突出而逐步形成的。经过多年的发展和实践，我国初步形成了以政府为主、企业和社会组织有所参与的生态环境保护格局。从政府、企业和社会协同治理的意义上讲，现代意义上的生态环境治理体系开始出现。

1. 行政管理体制形成行政管理主导、多部门分管、多层次决策实施的格局

在历次经济体制和行政体制改革中，我国逐步形成了一套行政管理主导、多部门分管、多层次决策实施的生态环境管理体制机制。环境保护的管理体系逐步建立和形成，资源管理部门的生态和资源保护职能逐步成为其主要职能之一，区域、流域监督管理体系初步建立，基层环境保护的监督管理能力开始具备。

横向上，形成了综合经济部门、农林水土等部门、环境保护行政机构“三大部门板块”（图 1.3）。其中，综合经济部门始建于 1952 年，早期包括国家计划委员会、国家经济委员会、国家基本建设委员会和财政部等部门，而后分分合合形成当前的国家发改委、财政部等。在这一过程中，综合经济部门在生态环境领域的规划制定、政策指导和预算分配职能基本确立。例如，自“六五”计划（1981～1985 年）起，生态环境保护纳入国民经济与社会发展规划编制过程，纳入相关区域、产业规划和区域、产业政策的制定过程。

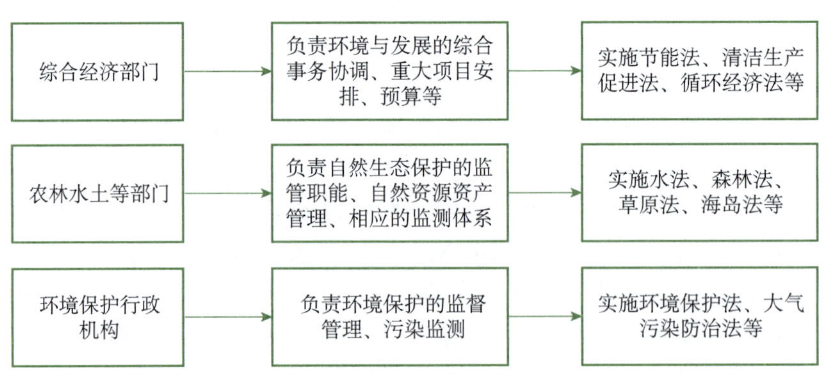

图 1.3　生态环境行政管理体制的“三大部门板块”

农林水土等部门包括国土、农业、水利、林业、海洋等，这些部门负责资源和生态保护职能。其最初作为资源开发部门而成立，但在历次改革过程中，出于资源与环境保护的需要，原有的资源生产管理体系逐步向资源生产和资源保护并重的体制转变。这些部门相继加强了资源保护和生态环境保护的公共管理职能。与此同时，随着我国在土地、矿产等领域推进资源有偿使用和市场化改革进程，自然资源管理部门依照法律规定，逐步区分自然资源行政管理和自然资源资产管理职能，建立和形成了不动产资源的登记体系，代表国家收取资源有偿使用费，对纳入市场的资源资产建立了市场交易平台，形成了多种形态的自然资源资产管理职能。

污染防治管理职能主要由环境保护部负责，但工信、住建、水利、交通、海洋等部门承担各自领域的污染防治职能。从环境保护部门的发展历程看，1982 年组建城乡建设环境保护部，内设环境保护局并实行计划单列，1988 年组建国家环境保护局，

1998年组建国家环境保护总局，2008年组建环境保护部。环境保护部门在历年改革中逐步强化了环境保护行政监督职能，并扩展了综合管理和规划、政策协调的职能，建立了监测体系。

纵向上，央地管理体系形成了四级的结构。其中，中央政府负责政策、规划制定和审批、监督等事项，并在环保、流域等领域设置了流域管理和区域督查机构；省级政府既负责实施中央政策，也负责本级规划制定和审批、监督等事项；市县一级主要负责具体的实施和监管（图1.4）。地方政府在省、市、县三级普遍设立了国土（一般包括土地和矿产）、环保、农业、水利、林业、海洋渔业等管理机构和监察、监测机构，部分地方政府在乡镇一级也设立了资源管理和生态环境保护的派出机构和专职管理人员。一些地方还在污染物总量控制的基础上，设置了排污权交易的管理机构和机制。

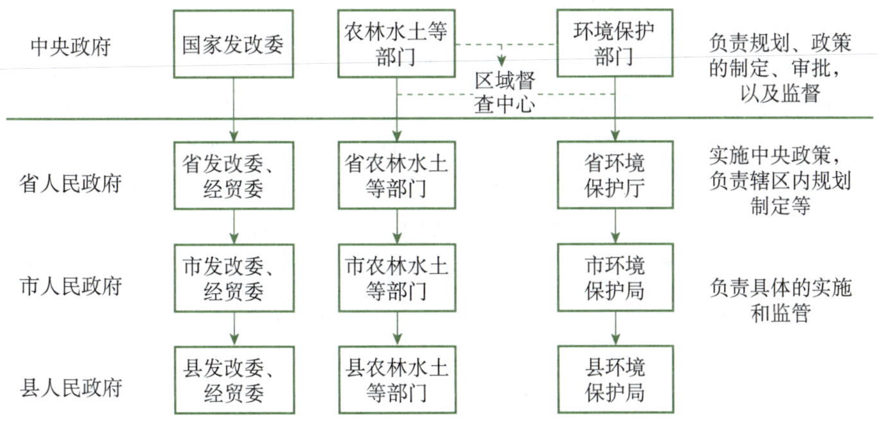

图1.4　生态环境行政管理体制的纵向架构

2. 企业和社会的参与生态环境保护的现状

经过过去30多年的发展，企业和社会组织已经在生态环境保护方面发挥着重要的作用。一些跨国企业和国内央企、大型民企开展了“绿色”行动计划，支持和赞助民间的一些环境保护行动；环境保护企业通过各种专业服务，广泛进入城市污水处理和一些工业企业的污染治理活动中，开始成为各地方生态环境保护的重要合作伙伴；节能环保产业成为战略性新兴产业，既推动生态环境保护，又促进了经济发展。

环保民间组织也迅速发展起来。据统计，包括民办非企业单位和大量没有注册的民间团体，目前已经达到6000多家，其中民政部本级登记的环境保护社会组织36家，省级和计划单列市民政部门登记的环境保护组织有362家（2013年年底）。它们在环境教育、环境信息公开、环境决策参与、环境监督、环境维权、环境和野生动植物保护等各领域，开展了一系列的活动，引起了社会各界的广泛关注。

3. 法律和制度体系现状

生态环境保护的法律体系基本形成。一是制订了涉及土地、森林、水、草原、海洋、大气等各个环境要素的自然资源、生态保护和污染防治的法律，以及《循环经济促进法》等绿色转型法律，总计二十多部。这些法律由不同的职能部门主导实施。二是在《宪法》和宪法相关法、《民法通则》、《刑法》等基本法律中，设置了一系列生态环境保护的条款，并与生态环境保护专项法律相互衔接。三是在上位法的支持下，国务院及各部委颁布了生态环境的法规规章。迄今为止，我国初步形成了资源与生态环境保护的法律制度体系，在推进资源有效利用与保护、环境污染防治和生态保护方面发挥了显著的作用和效力。

（二）存在的问题与差距

尽管经过多年努力，我国生态环境治理体系建设取得进展，但仍然存在很多问题。部门体制方面，实际形成的彼此相互关联的“三大部门板块”生态环境行政管理体系，其综合经济部门、资源管理部门和环境保护部门之间及各部门内部的分割局面并没有很大改变，生态环境统一监管体系尚未形成；法律、政策和规划方面，其有效实施成为突出的问题；政府、企业和社会协同治理上，企业和社会力量作用相对于政府而言，仍然非常薄弱。受各利益方制约和影响，生态环境治理体系发展方向尚不确定，治理能力仍然明显不足。我国生态环境治理体系何去何从，仍然是摆在我们面前的重大课题。具体差距如下。

1. 环境与发展失衡，过度追求经济增长，重发展，轻环保

近年来，受国际环保理念影响和国内环境问题的冲击，我国在理论认识上已逐步从“发展优先”调整到环境与发展并重，直到近年来将节约和保护优先逐步纳入法律和政策、规划的文件中，然而，这些原则在实际行动上并未完全落到实处，保护优先很大程度上仍然停留在字面上，经济发展实际上处于优先地位。

在政府的管理体制上，横向看，政府公共管理职能配置中的经济管理职能非常强大，生态环境保护职能相对弱小，权威性不足；纵向看，各级政府及其有关部门对市场经济活动干预的职能仍然保留过多，权力过大，预算支出过多。相比而言，在监管市场公平竞争秩序、实施社会和环境保护等公共管理、提供社会和环境保护等基本公共服务方面，政府发挥的职能作用不够，预算支出明显偏低。特别是过度偏重经济增长的干部考核机制，鼓励各级地方政府追求经济增长，充当产业项目的投资主体，鼓励了地方政府把生态环境保护让位于经济增长。

企业和社会主体也存在类似的问题。企业受利润驱动，社会责任意识薄弱，不愿

意配套建设环保设施，或者停用设施，偷排漏排情况严重。尽管国家制定一系列政策措施推动执法监督，但企业仍与政府玩起“猫捉老鼠”的游戏，违法违规现象极其普遍。社会公众的环保意识还远远不足，即使意识上逐步提高，但依然口号重于行动，一方面利益驱动下倾向于购买非环境友好型产品，另一方面铺张浪费的现象严重。

2. 政府和市场错位，片面强调行政手段，经济激励手段远远不足

作为一个曾长期实行计划经济的国家，我国对政府和市场关系的认识和把握仍远不到位。在进行公共事务管理时，受制于长期以来形成的思维惯性，我国一般倾向于使用和依赖政府而非市场的力量。在生态环境领域处理好政府和市场的关系，对我国而言仍是相当大的挑战。

生态环境保护的公共管理与资产市场的运营机制界限模糊，政府与市场关系错位。由于未形成各种生态环境资源的资产管理制度，对公益性和商业性资源的界定不够明晰，监管不够严格，导致一方面，对完全可以纳入市场交易的各种商业性资源资产仍然采用行政审批等手段管理，如对各种建设用地采用无偿或低价出让的方式管理，对工业用地、水资源、能源等领域价格采取政府定价的方式，市场扭曲长期存在；另一方面，热衷于对公共性、公益性生态环境资源实行商业性经营，过度追求部门和地方资源收益，忽视其公益绩效和目标。

各生态环境资源的行政管理部门中，一些公共管理职能和资源经营管理职能混淆不清。各级政府部门既履行行政管理职能，又代行相关的资源资产的运行管理职能；既有资源保护和生态建设的职能，又有资源开发和经营管理的职能。这些职能之间潜藏着很多矛盾冲突，后果是既没有很好地保障国有自然资源所有者和利用者的资产权益，也没有很好地实现生态环境保护的公益性。一些情况下地方政府及相关部门为了获取资产收益有意忽视生态环境保护，借行政权力干预正常的资产出让和转让过程，损害了社会公共利益，这些职能在行政管理部门内很难相互平衡和制约。还有一些生态环境管理部门过多介入相关的产业活动，借助技术规范、技术评价等手段直接干预相关产业的经营活动。

在生态环境管理过程中，行政管制的手段和措施使用多，市场调节、社会管理的手段和措施应用少，没有形成良好的公共管理或者治理结构所需要的制度体系。实际中，除国有土地使用权、矿业权出让和转让中市场机制作用相对较强外，在其他领域，以行政规划、行政许可、行政检查、行政强制等为主的行政管制制度和措施占有压倒性的地位和作用，各种财政、税费、价格、信贷、产业、贸易等方面的制度和措施还比较零散，对生态环境利用行为的调节作用不大，如排污收费、资源费和资源税基本上只是起到了筹集政府财政收入的作用，在调节资源环境利用行为方面作用微不足道。

3. 部门间职能交叉冲突，缺乏有效的协调与合作机制，导致过度管制和行政失效

我国现行的生态环境管理体制是历史上形成的。由于开始阶段认识上的局限性，并没有完善的总体设计，基本是随着问题而不断成长，单项制度走在综合性立法的前面，相关管理职能也分散于各个部门并固化为部门利益，综合管理和协调只停留在口头上（中国科学院可持续发展战略研究组，2014）。生态环境行政管理的“三大部门板块”，在职能建设中都力求“小而全”、“大而全”，要承担该领域所有的管理职能，如水利部门要求承担所有与水资源相关的职能，而环保部门又要求负责与水污染相关的职能。这导致相关部门在生态环境规划、政策、标准等制定、监管和实施上职能重叠交叉，机构重复设置和能力重复建设等问题比较突出。

据中国环境科学研究院的报告，中央政府53项生态环境保护职能，环境保护部门承担约40%，其他9个部门承担60%，环境保护部门承担的21项职能中，环境保护部门独立承担的占52%，与其他部门交叉的占48%，其中比较突出的表现在水资源保护与水污染防治、生物多样性保护与自然保护区管理及环境监测等领域。特别是监测管理的基础设施低水平重复建设现象突出。环保、国土、住建、水利、农业、卫生、海洋等部门多年来独立建立了部门所属的各类环境监测网络（图1.5），其在覆盖范围、监测内容、指标标准设定、质量控制等方面具有互补性，但因缺乏统一规划和布局，各监测网基本都依据自身需要进行设施建设和人员配备，不仅加重各级财政负担，而且造成严重的低水平重复建设，但追究起来各部委都有相关法规依据（表1.2）。

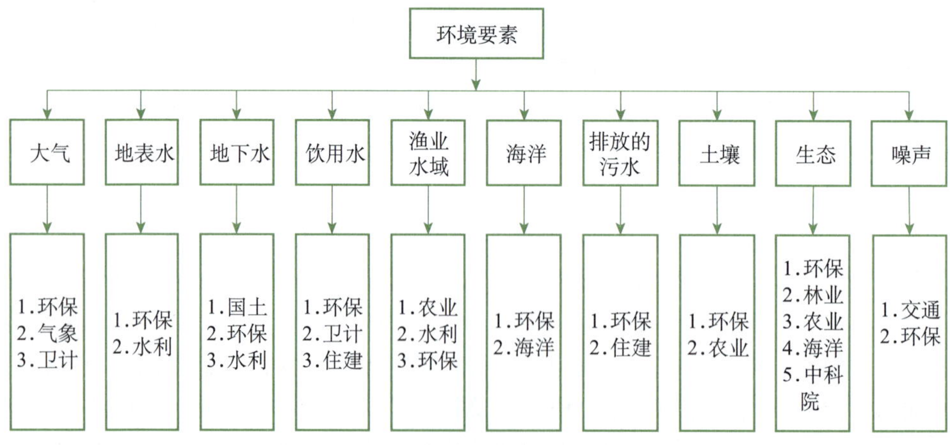

图1.5 生态环境监测布局

表 1.2　生态环境监测的法律依据

部门	依据法律	监测条款
环保部门	《环境保护法》(2014 年)	第 17 条：国务院环境保护主管部门制定监测规范，会同有关部门组织监测网络，统一规划国家环境质量监测站（点）的设置
国土资源部门	《地质环境监测管理办法》(2014 年)	第 9 条：国土资源部负责组织编制全国地质环境监测规划； 第 12 条：国土资源部所属地质环境监测机构统筹规划和组织建设全国地质环境监测网络
住建部门	《城镇排水与污水处理条例》(2014 年)	第 24 条：城镇排水主管部门委托的排水监测机构，应当对排水户排放污水的水质和水量进行监测，并建立排水监测档案
交通运输部	《防治船舶污染海洋环境管理条例》(2009 年)	第 7 条. 海事管理机构应当根据防治船舶及其有关作业活动污染海洋环境的需要，会同海洋主管部门建立健全船舶及其有关作业活动污染海洋环境的监测、监视机制
水利部门	《水法》(2002 年)	第 2 条：本法所称的水资源包括地表水和地下水； 第 16 条规定“县级以上人民政府水行政主管部门和流域管理机构应当加强对水资源的动态监测”，“基本水文资料应当按照国家有关规定予以公开”； 第 32 条：县级以上地方人民政府水行政主管部门和流域管理机构应当对水功能区的水质状况进行监测
农业部门	《农业法》(2012 年)	第 58 条：县级以上人民政府农业行政主管部门应当对耕地质量进行定期监测
卫计委	《生活饮用水卫生监督管理办法》(1997 年)	第 16 条：县级以上人民政府卫生行政部门负责本行政区内饮用水卫生监督监测工作
气象部门	《气象法》(2000 年)	第 15 条：各级气象主管机构所属的气象台站，应当按照国务院气象主管机构的规定，进行气象探测并向有关气象主管机构汇交气象探测资料
海洋部门	《海洋环境保护法》(2000 年)	第 5 条：国家海洋行政主管部门负责海洋环境的监督管理，组织海洋环境的调查、监测、监视、评价和科学研究
林业局	《森林法》(1998 年)	第 14 条：各级林业主管部门负责组织森林资源清查，建立资源档案制度，掌握资源变化情况

生态环境保护管理体制上的交义重叠，反映在法律制度上则是较为突出的部门化和碎片化，反映生态环境系统完整性的法律制度被管理部门人为切割。例如，把一系列功能相同或相互联系的水资源保护制度和水污染防治制度人为划分开来，如有流域综合规划和水资源保护规划，也有流域水污染防治规划；有水体纳污能力指标，也有水环境容量指标。各部门相互“学习借鉴”，建立了一系列相同或相近、内容互有交叉的制度，在规划、功能区设定、项目管理等方面，相互重叠和交叉管理的现象比较突出，给有关部门和机构造成不必要的行政负担。例如，从建设项目的环境影响评价制度，衍生出了防洪评价、水土保持评价、节能评价、节水评价等行政许可制度，迫使项目的业主重复进行一系列项目技术论证，反复接受各行政部门的审查审批。

部门内部管理制度人为分割和碎片化现象也比较严重，如在环境保护部环境数据信息管理制度上，就有分属不同司局的环境监测、环境统计、排污申报及核定、污染物减排和污染源普查五套数据信息体系，各套数据信息的收集、处理、上报、审核和最终生成也分别在各司局内部进行，不同数据渠道之间存在明显的交叉且不一致的问题。

4. 央地事权不清，独立的监测评估和监管体制难以确立，相关制度和政策无法有效实施

我国的生态环境管理体系依托于整体行政体制，并脱胎于传统计划经济体制，因此延续了“条块分割”的管理方式。由于中央和地方之间的“职责同构”，中央和地方事权划分不清、相机抉择的现象普遍。更为主要的是，由于缺乏有效的实施和监督机制，我国一直难以确立独立的监测评估和监管体制，数据和执法受干扰极为明显。

目前，各级政府之间生态环境保护方面的事权划分主要依据法律法规和政府部门“三定”方案，但中央事权、中央和地方共同事权和地方事权并没有清楚的界定和划分。地方政府对所辖区域环境质量负责的法律规定同地方生态环境保护的事权和支出责任不匹配。虽然近年来中央政府通过提供一般性转移支付和专项转移支付，提高了地方生态环境保护能力，但多数地方尚难有与法律规定相应的财力，不少地方政府履行生态环境保护职责得不到财政支出保障。以国家环境空气质量自动监控点为例，监测 6 项污染物指标（PM_{10}、$PM_{2.5}$、O_3、SO_2、NO_2、CO）的仪器，一年的运行费用大约 20 万元，但中央只出 2 万～5 万元，其余都需地方财政支出。

在中央和地方的行政决策和执行机制中，各级地方政府主要领导决策权力和执行权力过大，而中央缺乏对地方政府及其有关部门实施法律、政策和规划的有效行政和财政控制手段。在地方政府的体制框架内，地方各级政府的生态环境部门难以形成独立监管的体制机制，“不能管，管不了，不敢管”和“环境保护为经济发展保驾护航”的情况比比皆是，很多情况下资源与环境保护机构很难正常履行法律规定的管理职责。

在区域和流域层面，近年来尽管中央采取了设置区域督查机构（如环境保护部的区域环保督查中心和国土部的地区土地督察局）、加强流域水资源保护机构职能等措施，强化中央对地方生态环境保护工作的引导和监督，但尚没有形成配套的、规范的行政监督和财政引导的制度安排，特别是在处理跨行政区的区域性、流域性重大生态环境问题时，国务院有关部门设置的区域督查和流域管理机构基本上发挥不了重要的协调和调解作用。

5. 社会参与制度不完善、渠道不畅，社会主体参与监督的作用没能充分发挥

近年来，治理的理念在国内广泛传播，社会组织和公众对生态环境保护的作用也日益得到重视，但总体上受制于国内体制局限，社会参与生态环境保护的制度不完

善，其参与决策、进行监督的作用没能很好地发挥。

现行有关环保公益类社会组织管理制度不完善。长期以来，国内环保类社会组织不能以环保公益组织或社会组织注册，多数要到工商部门按照企业注册，公众难以有效组建具有综合能力和专业水平的民间公益组织来参与生态环境保护。而且，国家对环保公益组织的财税政策不配套，草根型环保公益组织和环保类基金会普遍面临筹资困难。

社会组织与公众参与决策、监督的渠道不畅通。生态环境管理的行政、司法程序化规定还很少。很多的行政决策，都在内部封闭的情况下开展，决策过程不开放。在参与决策上，尽管规定了价格论证会等机制，但很大程度上都是“走过场”，难以发挥制约作用。很多情况下，社会公众只能借上访、群体事件和媒体报道来影响政府及其相关部门的决策。

6. 治理主体能力不足，政府、企业、社会等主体能力有待全面提升

目前，生态环境保护的三大主体在能力上都难以满足生态环境保护的要求。

由于生态环境保护长期不能得到足够重视，无论是中央政府还是地方政府，相关部门的人员、设备及财政配置等，都不足以应对繁重的生态环境保护需要。例如，环境保护部机关行政编制为 311 名，即使加上环境监测总站和区域督查中心的事业编制人员，也不足千人，导致很多行政职能或工作由事业单位承担。相比较而言，美国国家环境保护局的人员有超过 18 000 人（表 1.3）。经费保障方面也是一样。

表 1.3　国外环境保护机构人员数与全国总人口数比较

国家名称	中央环保机构名称	人员数[a]	全国总人口数[b]
加拿大	环境部	6800	3542 万（2014 年）
丹麦	环境与能源部	超过 1300	561 万（2013 年）
德国	联邦环境、自然保护、建筑与核安全部	1200	8065 万（2013 年）
日本	环境省	1134	1.27 亿（2013 年）
新西兰	环境部	300	444 万（2013 年）
美国	国家环境保护局	超过 18 000	3.16 亿（2013 年）

资料来源：a. INTERNET 网及实际调研；b. World Bank，2015

县级和乡镇基层政府生态环境保护的管理能力尤为薄弱，行政执法受地方政府的严重制约。在现有国家、省、市、县四级政府体系下，其中层级越低，管理对象越具体，越需要专业管理人才和能力，但实际上层级越低，相应的财政支出和人员配备越少，管理能力越差。虽然近年来各级政府加强了基层专业执法和技术人员队伍，加强了专业监测装备的配备，基层能力建设有很大提升，但很多地区特别是中西部地区基层管理和执法能力依然非常薄弱。考虑到中央和省一级主要负责规划、政策、标准的制定，相关压力都集中在市一级政府。

在社会参与上，国内环保类社会组织总体能力薄弱，难以满足公众有效参与环保事业的需要。公众在参与环保事业方面的基本情况是，关注度很高，但参与性不强；要求很高，但主动性不够；权益增加，但责任淡薄。环保类社会组织发育不良、专业化程度不高等，已成为公众参与环保的瓶颈。现阶段，政府缺乏对环保类社会组织的指导、扶持和服务等方面的有效政策措施，环保类社会组织多处于“自生自灭”的状态。

参考文献

国家发展和改革委员会，环境保护部，农业部，等．2012. 关于生态文明建设与可持续发展．见：朱之鑫，刘鹤．中央“十二五”规划《建议》重大专题研究（第二册）. 北京：党建读物出版社

国家生态环境治理体系研究课题组．2014. 国家生态环境治理体系研究（综合报告），中国国际经济交流中心基金课题．2014 年 12 月

国土资源部．2015. 2014 年国土资源公报．http://www.mlr.gov.cn/zwgk/tjxx/ [2014-4-22]

环境保护部．2014. 2013 年中国环境状况公报．http://jcs.mep.gov.cn/hjzl/zkgb/2013zkgb/ [2014-12-12]

环境保护部．2015. 2014 年重点区域和 74 个城市空气质量状况．http://news.xinhuanet.com/energy/2015-02/05/c_1114265538.htm [2015-2-5]

卢亚灵，等．2012. 中国主要污染源 VOCs 排放清单分析与趋势预测研究．见：王金南，陆军，吴舜泽，等．中国环境政策（第九卷）. 北京：中国环境科学出版社：245-283

潘岳．2006. 论社会主义生态文明．绿叶，(10)：10-18

沈国明．2005. 21 世纪生态文明：环境保护．上海：上海人民出版社

孙鸿烈，等．2011. 中国生态问题与对策．北京：科学出版社

王金南，张惠远．2010. 关于中国生态文明建设体系的探析．环境保护，(4)：35-38

王毅，陈劭锋，刘扬，等．2011. 中国环境问题成因综合分析．见：中国工程院，环境保护部．中国环境宏观战略研究：综合报告卷．北京：中国环境科学出版社

习近平．2014-01-01. 切实把思想统一到党的十八届三中全会精神上来．人民日报，2

夏光．2009.“生态文明”概念辨析．政研参考，(3)：5

薛晓源，李惠斌．2007. 生态文明研究前沿报告．上海：华东师范大学出版社

严耕，杨志华．2009. 生态文明的理论与系统建构．北京：中央编译出版社

杨金田，严刚，郑伟．2010. 中国大气汞污染防治现状及控制对策分析．见：王金南，陆军，吴舜泽，等．中国环境政策（第七卷）. 北京：中国环境科学出版社：159-175

俞可平．2008. 中国治理变迁 30 年（1978—2008）. 吉林大学社会科学学报，48(3)：5-17，159

俞可平．2014. 推进国家治理体系和治理能力现代化．前线，(1)：5-8

张高丽．2013. 大力推进生态文明，努力建设美丽中国．求是，(24)：3-18

郑吉峰．2014. 国家治理体系的基本结构与层次．重庆社会科学，(4)：18-25

中国科学院可持续发展战略研究组．2007. 2007 中国可持续发展战略报告——水：治理与创新．北京：

科学出版社

中国科学院可持续发展战略研究组．2013. 2013 中国可持续发展战略报告——未来 10 年的生态文明之路．北京:科学出版社

中国科学院可持续发展战略研究组．2014. 2014 中国可持续发展战略报告——创建生态文明的制度体系．北京:科学出版社

周生贤．2009. 积极建设生态文明．今日中国论坛,(11):17-19

周生贤．2010. 探索环保新道路 大力推进绿色发展．中国环境管理,(2):3-4

周生贤．2012. 中国特色生态文明建设的理论创新和实践．求是,(19):16-19

朱隽,顾仲阳．2014-12-10. 2014 年计划完成 80 项三中全会改革任务．人民日报,6

IMF. 2012. Data and Statistics. http://www. imf. org/external/data. htm[2012-12-03]

World Bank. 2015. World Development Indicators. http://databank. worldbank. org/ddp/home. do[2015-4-8]

第二章　生态环境治理体系基本框架与法律保障*

近年来，我国生态文明理念和依法治国方略逐步发展和成型，为探索适应我国国情的生态环境治理体系，确立了基本方向和改革路径，也扩展和丰富了生态治理体系的理论内涵与体制和制度框架①。特别是十八届三中全会通过的《中共中央关于全面深化改革若干重大问题的决定》，明确提出了加快生态文明制度建设的各项具体任务，为改革现行的生态环境治理体系，相应提出了一系列具体目标和制度措施；十八届四中全会通过的《中共中央关于全面推进依法治国若干重大问题的决定》，在有关“加强重点领域立法”的论述中，更进一步明确了同各项重大改革相对应的立法任务，并通过行政执法体制和司法体制改革，进一步确立了全面深化改革同依法治国的紧密联系。

改革生态环境治理体系，有赖于强有力的法治保障，包括完整有效的法律和制度体系保障，完整有效的行政执法和司法保障，以及全社会遵守法律的社会意识和行动。在今后改革生态环境治理体系的过程中，非常有必要同步构建相应的法律和制度体系，使生态环境治理体系改革和相应法律制度建设形成互动互进的良好局面。

一、现代生态环境治理体系的基本内涵和特征

当代行政学和公共管理学意义上的现代生态环境治理体系，基本是指现代市场经济条件下政府、企业和社会各方协同进行生态环境治理的体制和制度体系及其合作共治过程，是各种“良治”理论和政策在生态环境保护领域的具体应用，既强调体制和制度体系构架，也强调实际治理能力、过程和效果，既强调一些国际普适的价值理念，也强调各国具体的发展条件。如果单纯强调体制和制度体系构架而忽视实际治理过程、能力和效果，单纯强调国际普适价值理念而忽视各国具体发展条件，单纯强调制度创新而忽视既有体制和制度存在的合理性并有效衔接，就很容易导致生态治理体

* 本章由王凤春、苏利阳执笔，作者单位分别为全国人民代表大会环境与资源保护委员会、中国科学院科技政策与管理科学研究所。

① 本章所讨论的制度，主要指法律法规和具体制度安排，而体制机制是与之并列的术语；本书其他各章如未作特殊说明，则体制机制一般包括在制度体系内。

系的失效。特别在当前我国生态环境治理体系与治理能力存在较大失衡的情况下，强调两者的结合具有非同寻常的意义。

（一）治理体系的基本涵义

“治理”一词在西方由来已久，其英文 governance 源自拉丁文和古希腊语，原意是控制、引导和操纵。世界银行 1989 年在讨论非洲援助问题时首提“治理危机”，1992 年发布的年度报告又以“治理与发展”为主题并对治理赋予新的含义，使治理一词的涵盖范围远远超出了政治学和行政管理学的传统涵义。20 世纪 90 年代以来，随着治理理论成为研究热点，西方学界对这一概念的界定出现了多种说法（表 2.1）。总体看，西方学者认为治理通常具有以下特征：第一，治理是一个过程，有赖于持续的相互作用，并且这种互动是在一定规则制度下进行的；第二，治理的建立不以单方支配为基础，而以协调为基础；第三，治理不仅包括政府，更要求私人部门参与公共事务的管理（俞可平，2001）。西方学界之所以提出治理理论，试图在公共领域实现“由统治到共治”的转换，主要是为应对市场失灵和政府失灵，特别是公共管理失效的问题。

表 2.1　西方学者关于治理较为经典的定义

作者	定　义
联合国全球治理委员会（1995 年）	治理是各种公共的或私人的个人和机构管理其共同事务的诸多方式的总和，是使相互冲突的或不同的利益得以调和并且采取联合行动的持续的过程
詹姆斯·N. 罗西瑙（2001 年）	治理是一系列活动的管理机制，虽未得到正式授权却能有效发挥作用，而管理主体既可以是政府，也可以是社会主体
格里·斯托克（1999 年）	治理所偏重的统治机制并不依靠政府的权威和制裁，它之发挥作用，是要依靠多种进行统治的以及互相发生影响的行为者的互动
R. Rhodes（1996 年）	至少有六种不同意义的“治理”：作为最小国家的管理活动的治理、作为公司管理的治理、作为新公共管理的治理、作为善治的治理、作为社会——控制体系的治理、作为自组织网络的治理

进入 21 世纪，“治理”也成为我国学界的重要概念。治理一词首先被经济学家引入，讨论“公司治理”等问题，其后才逐步在政府管理、公共管理等领域被广泛采用。但是，鉴于我国与西方历史文化和经济政治体制的巨大差异，面对的治理问题也基本不同，西方学界的治理理论难以直接套用，否则难免产生“治理失灵”的后果，不能实现中国特色的良治（郭永园等，2015）。特别是在十八届三中全会首提国家治理体系和治理能力现代化后，探索研究适合我国基本政治制度、社会经济体制和历史文化背景的本土化的治理理论，显得尤为重要和紧迫。

国内已有的国家治理体系研究，基本有两种视角。一是狭义上，认为国家治理体系是制度体系。俞可平（2014）认为国家治理体系就是规范社会权力运行和维护公共秩序的一系列制度和程序；习近平总书记也在有关论述中提出，“国家治理体系是在党领导下管理国家的制度体系，包括经济、政治、文化、社会、生态文明和党的建设等各领域体制机制、法律法规安排，也就是一整套紧密相连、相互协调的国家制度”（习近平，2014）。二是广义上，以制度为核心，把价值等因素也纳入其中。郑吉峰（2014）认为国家治理体系是由价值、制度和行动三个层面构成的一种橄榄型的结构，价值包括民主、法治、科学三大基本价值理念，制度涵盖行政体制、经济体制、社会体制三部分，行动则细化为政策制定和政策执行。与此类似，宣晓伟（2014）认为国家治理体系包含着三个层面的内容：理念、制度和器物，综合起来就是一国在自身文化传统和价值观念影响下，为其集体行动所采取的政治、经济等制度安排和具体技术手段。

总体看，国内学界与西方学界对国家治理体系的理解有所不同。无论是广义还是狭义的理解，国内学界更多采取静态视角，将国家治理体系视为基于特定价值取向而形成的一整套理想化的、具有“科学合理性”的体制、制度框架体系。西方学界则强调治理是在一系列制度规则下政府、企业、社会等主体进行合作互动、共同管理公共事务的过程。显而易见，从治理体系和治理能力两方面综合考虑，仅强调静态的体制、制度是不够的，难以涵盖治理发挥作用的过程。据此，本报告认为所谓治理体系或国家治理体系，通常是指政府、市场和社会等多方利益主体共同参与的制度、机制框架体系及合作互动的功能作用过程的整体，是在制度框架体系下政府、市场和社会等多方利益主体合理配置政治、经济、社会权利，共同管理公共事务的过程，运转良好的治理也称作“良治”。

（二）现代生态环境治理体系及其结构特征

生态环境治理体系是国家治理体系在生态环境保护领域的具体体现。现代生态环境治理体系首先建立在世界各国环境保护实际做法和经验基础上。目前，现代生态环境治理体系在西方一些国家已经获得比较全面的发展，特别是在20世纪60年代以后，历经政府、企业和其他各种社会主体之间长期的对抗与合作互动，已经建立起比较完整的生态环境保护的法律和制度体系，构建起了由中央政府、地方政府和各种流域、区域机构所组成的政府管理网络，基本上形成了由政府、企业和民间团体共同参与生态环境保护的体制、制度和机制。

其中值得关注的是，国际上生态环境保护的市场专业服务体系和民间公益服务体系已经获得比较广泛的发展，各种市场主体和社会组织已经成为生态环境保护的主要支柱。例如，在自然保护领域，美国和欧洲等国家和地区的政府机构同民间组织已经建立了形式多样的合作机制，在一些重要物种和自然保护地的保护过程中，民间组织在资金、专业技术和管理、公众教育等方面都发挥了非常重要的作用；在地方层次民间组织通过购买土地建立保护区、购买“开发权”等方式，对政府的自然保护网络发挥了重要的补充作用。

多元化的生态环境保护手段也获得比较广泛的应用，行政协商和契约、绿色标志、企业环境管理认证、环境税费、环境权交易、信息公开、公众咨询与听证、公益诉讼与公民诉讼等各种市场和社会化的管理手段已经成为政府行政管制手段的重要补充。

从各国实际经验看，我们目前尚难准确判断生态环境治理体系的具体模式和治理效果之间到底存在多大的相关性，但我们还是可以基本识别出政府、市场和社会多元主体共同参与，行政、经济和社会管理等多元手段共同应用，强化自愿行动和合作协商等基本特征，并且可以看到这些国家在建立现代生态环境治理体系和推进生态环境“良治”方面，已经取得了显著进展。

现代生态环境治理体系也是可持续发展和“良治”理论在各国发展应用的结果，其核心理论框架是建立在生态学、经济学和行政管理学三个学科的一些重要理论基础之上的，主要包括现代生态学有关生态系统结构、功能及其服务价值的理论，现代经济学有关外部性和公共品的理论，以及现代管理学有关公共治理的理论。

生态系统结构、功能及其服务价值理论强调生态系统的整体性、相互关联性和服务功能多样性，在应对各种生态环境问题时，必须充分考虑其上述三种特性，包括充分考虑其服务功能价值中的直接利用价值、间接利用价值、选择价值以及生态系统自身的存在价值。生态系统整体性、相互关联性受到破坏，将直接导致生态系统功能和服务价值的下降乃至消亡，并导致全球、区域、国家和地方各个层面上的生态环境危机甚至社会经济危机。因此，在改革生态环境治理体系的过程中，应当按照生态系统的整体性、相互关联性和服务功能多样性的要求，去构建相应的生态环境治理体制和法律制度体系。

外部性和公共品的理论，强调生态环境领域普遍存在外部性和公共性，包括外部不经济性和外部经济性，即负外部性和正外部性，以及与外部性相关联的生态环境的公共品特征，包括公共品和准公共品特征。公共品具有明确的非排他性，准公共品具有有限的非排他性和一定的竞争性。生态环境的外部性和公共品特性，在制度构建上明确了政府在提供生态环境公共产品和服务中的主导地位与作用，明确了市场的从属地位和作用。同时需要指出的是，许多生态系统服务功能涉及价值判断，难以用货币化的方式去衡量其价值，其产生的问题无法用市场化手段有效解决。因此，在生态环境治理体系改革中，应当全面考虑政府和市场在提供生态环境公共产品和服务中的各自地位和作用，合理配置政府和市场的职能作用。

公共治理理论，强调政府及其他组织共同参与公共事务管理，共同承担治理责任。公共治理的实质是在主体多元化、方式民主化、管理协作化基础上，形成上下互动的新型治理模式。公共治理理论要求政府、企业、公众和社会组织之间分享公共权力，在遵守法制、维护公共利益和尊重市场原则基础上开展协商合作。因此，在生态环境治理体系改革中，应当按照政府、企业、公众和社会组织多元共治方式，有效采取一些非管制性的政策手段，包括利用合同、协商和信息交流等方式，促成公共政策的形成、执行与发展（马中等，2014）。

生态环境治理体系改革，也有我国自身的历史文化和现实基础。从 20 世纪 70 年代开始，各级政府及其有关部门在借鉴美国、日本、西欧的环境保护行政管理制度和总结地方经验做法的基础上，逐步建立起了相应的生态环境保护的管理体系和制度体系。但在引进西方的环境技术和法律、行政管理制度的过程中，很大程度上忽略了我国传统文化中有关生态环境保护的价值观念和社会工具，虽然其在民间和边远村落仍然发挥着一些生态环境保护方面的社会调节功能作用。从当前我国面临的各种环境问题来看，很有必要回头关注传统文化在环境保护方面的价值和作用，发掘和利用基于传统文化和数千年农耕历史总结出来的合理环保要素，并予以现代解释，重建我国生态环境保护的社会文化和道德规范。同时，进一步总结提升地方、企业和草根社会在生态环境保护方面的经验做法，为改革生态环境治理体系找到活水源头。

综合上述讨论，我们可以把现代生态环境治理体系理解为政府、市场和社会在法律规范和文化习俗基础上，依照生态系统的基本规律，运用行政、经济和社会管理的多元手段，协同保护生态环境的体制、制度体系及其互动合作过程，既强调体制、制度和机制建设，也强调治理能力、过程和效果，既重视普适的生态环境价值观，也重视特定的历史文化条件。与传统的以政府行政管制为主的生态环境管理体系相比，一个运转良好的现代生态环境治理体系应当具有以下基本内涵和特征。

1）治理主体上，形成政府、企业、社会共担责任、共同参与的格局。所谓治理主体，是生态环境治理的实施者和利益相关者，包括负责和参与制度构建、政策执行及监督的所有组织和公民个人。治理中的政府是大政府的概念，包括所有同企业和社会组织、公民个人相对应的中央和地方层面的权力机构，执政党机关、行政机关、立法机构、司法机构。企业是指所有以追求盈利为目的的组织机构，包括不同性质的企业，如国有企业、私有企业、外资企业等。社会的构成更为复杂多样，基本可分为社会组织、公民个人及媒体三大类型。基于治理理念的要求，生态环境保护要从政府主导的局面，转向政府调控、市场推动、企业实施、公众广泛参与的模式，将生态环境保护融入和贯穿到经济、政治、文化、社会建设之中，治理主体通过合作互动、相互监督、互相制约，共同保护生态环境。在治理主体共同参与的情况下，需要在以下几点做出制度安排。第一，明确各治理主体在生态环境保护中的职责，处理好政府和市场、政府和社会的关系，并考虑各自的能力，循序渐进地推进改革进程；第二，实现治理主体之间的制衡，遵循法治的原则，实现相互监督、相互制约；第三，在治理主体之间不仅要有制衡，更要有合作、协调和达成共识的意愿和行动；第四，要保证治理体系的逐步完善，需要有制度实施的时间表和路线图，用制度保障协同共治的有序开展、循序渐进。

2）治理手段上，以法治为基础，采用多元手段，形成一整套相互协调、相互配合的政策工具。治理手段是指治理主体借由其作用于治理对象的中介，包括法律、行政、经济、技术乃至自律等手段。构建生态环境治理体系，需要采用多元手段，从而提高治理效率。建立健全生态环境保护法律法规体系，促进治理过程制度化、规范化和程序化，综合运用法律、经济、技术和行政等手段，推动强制性、市场化、自愿性手段相结合，有效发挥各种手段的协同效应，以最小的治理成本获取最大的治理收益。建立多元化的生态环境治理手段，还要避免相互冲突，促进相互协调、相互配合。因此，在健全治理手段的过程中，要考虑不同群体的利益，建立健全交流互动机制，促进治理主体间的平等民主协商（梁芷铭等，2014）。

3）治理机制上，基于协商民主，实现多方互动，从对抗走向合作，从管制走向协调。治理机制，可以理解为治理主体间互动、制衡、合作和达成共识的方式。这既包括传统“统治”或者“管理”要求的自上而下的服从和威权，也包括治理理念更为强调的自下而上和横向互动，实现平等协商。在生态环境治理体系中，需要各主体之间的关系更为平等和相互依赖，因此他们之间的互动也应更加强调采用协商民主的方式，避免以简单粗暴的方式追求共识。这一过程中，将促进各方从相互对抗走向相互合作，从自上而下的管制走向相互之间的协调。要保障各治理主体拥有充足、公平的参与机会和权利，达成共识，依法保护生态环境。

4）治理功能上，实现生态环境系统及其服务功能的整体保护，保证生态环境公共产品和服务有效提供。治理的功能作用主要是为社会提供有效的生态环境公共产品和服务。理论上，生态环境的整体性、相互关联性和服务功能多样性，决定了只有通过系统的自适应演化或者从整体出发优化配置各组成要素，才能产生最优服务功能。实践上，只有在生态环境治理体制和制度构架中充分考虑生态环境的完整性和关联性，通过政府、市场、社会等各种政策措施的综合应用，才能保障自然生态环境系统的供给服务（如提供食物和水）、调节服务（如调节环境质量和控制洪水）、文化服务（如提供精神、娱乐和文化收益）及支持服务（如维持地球生命系统的物质循环）功能作用的全面发挥，最大限度地提供规模化、优质化、多样化的生态环境公共产品和服务，满足社会日益提高的环境、健康需求。

二、构建现代生态环境治理体系的基本原则及框架体系

构建现代生态环境治理体系是一个长期的过程，需要政府、市场和社会自上而下

和自下而上反复地互动互进。当前，在深化生态文明体制和制度改革的社会背景下，我国生态环境治理体系正处在一个关键性转轨阶段，需要社会各方认真总结经验教训，有效借鉴国际经验，研究探索适应我国生态环境保护总体目标和具体国情的现代生态环境治理体系的发展道路。本报告综合近年来国内有关研究成果，尝试提出改革和构建我国生态环境治理体系的一些初步设想。

（一）构建现代生态环境治理体系的总体目标

根据三中全会决定、四中全会决定的指导思想，按照国家治理体系和治理能力现代化、生态文明建设和依法治国的总体要求，针对当前国家生态环境治理体系存在的主要问题，提出改革和构建生态环境治理体系的基本目标如下：

在完善现代市场体系、转变政府职能、推进法制建设、强化社会治理的大背景下，通过改革政府管理体制，建立分权制衡、相互协调、运行高效的生态环境管理体制；通过强化行政执法和健全市场机制，建立有效约束和引导企业与公众行为的生态环境制度体系；通过推进信息公开和社会互动，建立公众有序参与的生态环境社会治理机制，最终形成“政府调控、市场引导、企业负担、社会协作”的现代生态环境治理格局。

（二）构建现代生态环境治理体系的基本原则

基于现代生态学、经济学与管理学的基本理论和发达国家生态环境保护的经验，基于现代生态环境治理体系所具有的内涵和特征，根据当前我国建立现代生态环境治理体系的目标和要求，改革和构建国家生态环境治理体系应遵循以下原则。

1. 以生态环境保护为前提，实行经济社会发展与生态环境保护相协调的战略

环境与发展的关系是中国生态环境保护中最为关键的一对关系，也是难点所在。改革开放以来，“发展是第一要务”、“发展是硬道理”的理念深入人心，生态环境的总体定位是服务和支撑经济增长。随着我国进入中等收入国家行列而环境退化压力有增无减，党和国家提出“五位一体”建设方针，要求尊重自然、顺应自然、保护优先，其核心是坚持经济社会发展要以生态环境保护为前提，要与生态环境保护相协调，同时也要充分考虑我国现阶段快速增长和结构转型升级的基本特征。

对政府而言，需要在公共管理职能配置、财政预算安排和干部考核制度中全面考虑经济社会发展与生态环境保护的要求；对企业而言，需要在追求企业利益和保护公共环境利益方面取得平衡，遵循国家法律规范和承担企业社会责任；对公众而言，需要共担生态环境保护责任，培育可持续的、绿色的生活和消费方式。

2. 以政府、企业和公众责任共担为基础，合理匹配政府调控、市场配置和社会参与的职能

政府、企业和社会是现代生态环境治理体系的三个基本主体，政府调控、市场配置和社会参与是现代生态环境治理体系的三种基本调节机制。传统的生态环境管理过多地强调了政府部门的作用和行政管制手段，存在政府职能错位、行政效率低下的现象。从现代治理理论和国际经验看，需要依法规范政府、企业和社会三种主体在生态环境治理中的权利义务，合理配置政府调控、市场配置和社会参与三种调节机制在生态环境治理中的职能，以有效发挥三个主体和三种调节机制在生态环境保护中的协同作用。

当前我国生态环境治理中政府职能相对比较明确，在有效发挥政府职能的同时，下一步需要重点培育和壮大企业、社会组织、公民个人的力量，并通过决策执行过程的透明公开，发挥企业、社会组织、公民个人的作用，并利用界定产权、征税、补贴、特许经营等市场机制，激励和引导企业和公众行为。

3. 从生态系统特征和规律出发，改革和完善生态环境保护制度与体制机制

生态环境治理体系的目标是处理好人与自然、人与人之间的双重关系。建设生态环境的制度和体制机制，要充分尊重生态系统的特征和演化规律，既要考虑生态环境的跨介质、区域性、流域性的整体特征，也要考虑生态系统各要素（水、土、林、气等）各异的自然、社会和地域属性；既要考虑自然资源和生态系统服务功能的经济属性，更要考虑其生态和公益属性；既要考虑生态环境物品和服务的外部性和公共品属性，也要考虑这些公共属性的时空尺度，包括全球性、区域性、地区性功能及作用时间。在充分认知这些规律的基础上，处理好政府和市场的关系，构建生态环境保护制度体系和管理体制机制。

4. 充分考虑治理主体的能力，把握节奏，有序推进生态环境治理体系改革

生态环境治理体系建设是一个系统工程，既需要进行制度体系建设，也要开展治理主体的能力培育，两者相辅相成，不能只有制度而治理主体没有能力或者反之，否则会使生态环境治理体系的效力和作用大大缩减。从目前三大主体的能力看，尽管都有所欠缺，但受政治体制、价值观念的长期影响，社会方面更是短板。因此，在探索生态环境治理体系改革方向的同时，更要把握改革步骤的轻重缓急，既要避免步子迈得过快，也要避免改革受旧有体制和既得利益影响，进度缓慢、流于表面，因此需要更系统的顶层设计，统筹协调和整体推进改革进程。

（三）构建现代生态环境治理体系的基本框架

在生态环境治理制度层面，形成政府、企业和社会多元主体共同参与决策和实施的制度安排。在政府主导制定和实施生态环境重大决策的过程中，企业、社会能够通

过法定渠道参与到决策过程，对政策议程设定、政策制定和实施形成必要的影响，在政府、企业和社会三个主体及三种调节手段之间就生态环境治理形成相互制约、协同推进的格局（图 2.1）。

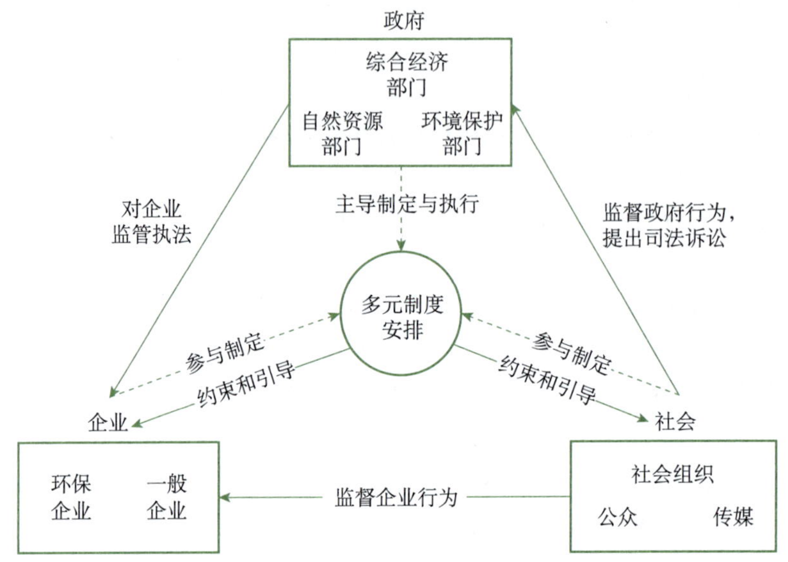

图 2.1　政府—企业—社会协作推动生态环境保护的治理体系

在生态环境治理主体层面，对政府而言，需要适当把当前分散在十多个部门的污染防治、生态保护、自然资源管理、应对气候变化等职能集中到环境保护、自然资源、综合经济等少数几个部门，并在它们之间就生态环境保护的制度供给、执行、监督、协调和提供公共品等职责形成相互制衡、相互支撑的体制框架；加快建立跨行政区和流域的协调机制及中央对地方政府的监督机制，有效化解地方政府层面阻碍生态环境保护法律、规划和政策实施的问题，增强生态环境治理的统一性、独立性和有效性。

对企业而言，需要依法监督和引导其严格遵守国家规定的生态环境法律法规和标准，切实承担企业社会责任，同时采取政府和社会资本合作（PPP）、第三方治理等方式，积极培育环保企业，发展绿色产业，从而共同提高环境公共产品和服务的有效供给能力。

对环保公益组织、公众人群、大众媒体等社会主体而言，一方面要遵守国家生态环境方面的法律法规，增强环境保护意识，倡导绿色、低碳的生活方式，自觉履行环境保护义务；另一方面要为他们参与生态环境保护公共事务，参与环境决策、监督、诉讼、承接政府委托的环保服务提供渠道和各类支持。

（四）改革和构建现代生态环境治理体系应当注意的几个问题

如前所述，改革和构建现代生态环境治理体系需要一个长期过程。当前，出于部门利益或者学术背景的差异，各部门和学界在有关生态文明建设及生态环境治理的理论研究和方案设计中还存在很大的争议，其中应当注意防止两种倾向：一种是过于迁就现有体制和制度体系及改革路径依赖，只注意在现有体制和制度体系下进行部门职能的重新组合，忽视了政府职能转变和制度创新；另一种是过于执著于有关生态文明的概念和理论框架，基本上从概念和理论框架出发去设计制度方案，忽视了与现行体制和制度的联系，难以找到从现行体制和制度过渡到目标方案的可行路径。当前有关生态文明体制和制度建设，包括生态环境治理体系创新方面，举步维艰，进展迟缓，既与各部门和学界意见不一有关，也与当前理论研究和方案设计中普遍存在上述两种倾向有关。

加快生态文明制度建设，改革和构建现代生态环境治理体系，实际是一个体制和制度改革和新旧体系转轨与过渡过程，目标和制度创新固然重要，但寻找符合客观规律的改革方案、实施路径和步骤可能更为重要。由于目前一些生态文明建设改革措施涉及众多法律规范、跨部门领域，以及不同诉求的利益主体，面临复杂多变的现实情况，加之各种新制度尚在研究试行阶段，很难在理论上勾画出明确的具体实施路径。因此，在重视理论研究和方案设计的同时，更应重视改革路径选择的实践摸索，重视地方和部门试点，重视地方和部门经验总结。从过去经济体制和环境体制改革的经验教训来看，加快生态文明制度建设，改革和构建现代生态环境治理体系，应当注意以下几个问题。

1. 改革是理论导向还是问题导向

生态文明制度建设和生态环境治理体系改革需要加强顶层设计和整体谋划，坚持现实问题导向。以解决现实资源环境问题及相应的生态环境治理体系存在的重大问题为出发点，从问题出发去开展顶层设计，去研究制定具体的改革方案和实施步骤，以重大问题的具体改革方案为突破口，找到全面改革的可行路径。

例如，自然资源产权和资产管理方面部门分割和政资不分，是当前自然资源产权和资产管理领域的突出问题，不动产统一登记可以说是打破这种体制的突破口。国土和资源、环境规划领域同样部门分割严重，没有按照生态系统和国土空间布局的规律办事，各种规划重叠交叉，既大量浪费行政资源，也明显增加了社会负担，而按照统一的国土空间规划去整合各种相关规划，可以说是理顺规划体系的重要突破口。生态环境领域行政部门过多插手该由市场和社会中介组织自行管理的事务，行政审批过多过滥，部门之间重复审批，相互争夺审批权，重审批轻监管也是当前行政管理体制方面的突出问题，精简下放审批权的审批制度改革，可以说是推动行政管理体制改革的重要突破口。

在改革过程中过于关注概念化的总体方案，可能既缺乏现实针对性，也因涉及的任务过多和执行部门众多，而难以有效贯彻实施。

2. 制度改革依据是创新优先还是实际效果

在改革的方案设计中，应当注意遵循客观的生态规律和经济规律，从生态规律和经济规律出发去设计方案和组织实施，既不能过于迁就现有行政部门职责配置，按照部门职责进行设计和实施，也不能过于讲求概念和理论框架的系统性，围绕某些概念和理论框架设计方案和组织实施。

如各种资源要素组合构成生态环境系统的有机整体，资源节约利用和环境保护是互为一体的，在有关方案设计中要统筹考虑资源节约利用和环境保护的制度措施。同时各种资源和环境要素各有其经济和生态属性，要根据其特征考虑有关体制和制度改革方案，如生物资源同矿产资源的方案不能简单机械地合并在一起。在市场经济条件下，自然资源的产权界定、市场交易、价格形成相互关联，产权界定后才能产生供求、价格和交易，不能把自然资源产权改革同市场交易、价格机制的改革人为分开，自然资源产权或者资产交易具有统一性，不应分行政部门设立所谓的土地交易所、水权交易所、环境权交易所。自然资源和环境资源的有偿使用与生态补偿，是产权和市场交易缺位时政府可以采取的经济管理手段，在建设用地、矿产资源等方面已经开始形成产权和市场交易制度，已经初步形成市场交易价格的情况下，没有必要再研究讨论其有偿使用问题。

此外，许多资源环境的确权及市场配置存在困难，市场机制不一定能发挥有效作用，采用不同经济手段及政策组合是解决方案，因此我们应对利用创建市场来解决资源环境问题有正确的分析判断，必须综合考虑不同经济手段和制度的有效性，通过实际效果而非行政手段推行相关经济制度。

3. 改革过程中的中央和地方关系问题

改革过程中，应当坚持中央改革方案设计与地方创新和试验相结合，实行自上而下和自下而上互动互进。习近平总书记在十八届三中全会决定的说明中指出："全面深化改革需要加强顶层设计和整体谋划，加强各项改革的关联性、系统性、可行性研究。"同时，决定中也提出要鼓励地方、基层和群众大胆探索，加强重大改革试点工作，及时总结经验。特别是由于生态文明制度建设和生态环境治理体系改革的各种方案尚在研究和试行的过程中，一些涉及自然资源和环境要素价值评估与核算的制度，包括自然资源资产负债和资产审计制度，历经国际组织和一些国家多年研究探索尚无定论，特别需要开展前期研究和地方试验，奠定好其科学和实践基础。

另外，随着生态环境问题日益凸显，逐步形成了具有全球性、区域性和地区性的生态环境问题，因此需要合理划分中央与地方政府承担的生态环境保护方面的事权，在不同层次实行相应的公共管理或者提供对应的公共产品和服务；并通过中央政府施加的政策引导、制度建设和激励措施等手段，建立一套既能维护中央权威又能调动地方政府积极性的有效机制，合理规范各级政府的职责范围及自主行动。

4. 体制改革和制度建设关系问题

在改革过程中，应当注意体制改革和制度建设结合，没有体制改革，制度建设很难找到责任主体，很难落实到位。目前生态文明制度建设和治理体系改革举步维艰，很大程度上是“多龙闹海”的体制造成的，体制不改革，制度建设就难以推动。目前有不少生态环境领域的改革方案，各部门可以在90%的内容上达成共识，但由哪个部门主管却争论不休。例如，不动产统一登记在《物权法》上早有原则规定，但在部门职能和人员编制调整以前，有关规定很难实施。近年来在国务院的强力推动下，把制定条例和实施办法同各级政府有关部门的职能和编制调整结合起来，不动产的统一登记才开始逐步实施到位。在自然保护方面，各有关部门分别根据其职能设立名目众多的各类保护地，如何合理规划和整合，既是制度设计问题，更是体制调整问题，不调整部门职责，改革部门分割管理的体制，自然保护地的合理整合及国家公园体制设立也难以取得有效进展（专栏2.1）。在生态文明建设方面，不同部门对于生态文明示范区的管理主导方面有分歧，导致关于加快推进生态文明建设的意见迟迟难以出台。

5. 体制改革和制度建设同立法的关系问题

在改革过程中，应当注意各项体制和制度改革措施与立法结合。四中全会决定明确了全面建成小康社会、全面深化改革、全面推进依法治国的逻辑联系，进一步确立了依法治国的总目标和各项重大任务，提出了同各项重大改革任务相关联的立法任务。按照依法治国的基本要求，改革要于法有据。如果改革要突破现行法律规定，应当先行修改法律或者获得立法机关授权，因此，改革推进中，要注意通过立法来引领改革进程。新的《环境保护法》中已经把一部分生态文明制度建设的内容纳入了法律规定，为生态文明制度建设提供了必要的法律保障，为其他相关环境保护法律修改中充分考虑生态文明制度建设和生态环境治理体系改革，创立了重要立法先例。

三、现代生态环境治理体系的法律保障

改革和构建现代生态环境治理体系，有赖于强有力的法治保障。当前，随着生态

文明制度建设和生态环境治理体系改革的逐步进行，同步改革和重构生态环境治理的法律和制度体系，也逐步提上立法工作日程，并在四中全会决定的任务分解方案和全国人大常委会立法规划调整方案中得到体现和落实。

（一）我国现行生态环境治理的法律和制度体系及其存在问题

从生态环境治理体系的内涵和外延来看，其对应的法律和制度体系基本类同于当前学界所称的生态文明法律和制度体系，或者说“广义的环境法体系”，不仅包括环境保护和资源利用方面的法律，还包括一部分有关国土空间规划、产业发展、绿色循环低碳发展方面的法律规范，但其核心仍然是环境保护、资源利用两方面的法律。从生态环境治理体系的角度评价其对应的法律和制度体系，不仅要评价体系构成是否完整，制度是否相互配套，更要评价是否适应社会经济发展与生态环境保护的要求，是否具备现实可行性和执行有效性。

改革开放30多年来，中国先后修改和制定了《宪法》《民法通则》《物权法》《侵权责任法》《刑法》等基本法律，在这些基本法律中规定了一系列有关生态环境保护和资源利用的法律规范。例如，《民法通则》《物权法》对自然资源的所有权和各种用益物权做出了比较全面完整的规范，《侵权责任法》设置了专章对环境污染损害的侵权责任做出规定，《刑法》也用专章形式规定了“破坏环境资源保护罪”，为保障自然资源产权，保护生态环境，推进资源合理利用，制定了一系列的基本法律规范。

我国还先后制定了《环境保护法》《海洋环境保护法》《水污染防治法》《大气污染防治法》《固体废物污染环境防治法》《环境噪声污染防治法》《放射性污染防治法》《环境影响评价法》《野生动物保护法》《水土保持法》《防沙治沙法》《海岛保护法》12部环境保护与污染防治方面的法律，形成了比较完整的环境保护法律和制度体系。分别制定了《土地管理法》《矿产资源法》《海域使用管理法》《煤炭法》《节能法》《可再生能源法》《森林法》《水法》《草原法》《渔业法》10部资源利用和管理方面的法律，奠定了资源利用与管理的法律框架体系。制定了《清洁生产促进法》《循环经济促进法》《城乡规划法》3部有关推进产业、能源绿色转型和国土空间规划的法律，为推进经济发展转型和国土空间合理规划奠定了一定的法律基础。

目前，我国已经形成以环境保护、资源利用、绿色转型发展与国土空间规划领域的法律为核心，涉及宪法和宪法相关法、民商法、经济法、行政法、社会法、刑法、诉讼与非诉讼程序法7个法律部门，由法律、行政法规、地方性法规等多个层次制度规范所构成的生态环境治理的法律和制度体系（表2.2，表2.3）。

表 2.2　生态环境治理的现行法律体系框架

部门	宪法和宪法相关法	民商法	经济法	行政法	社会法	刑法	诉讼与非诉讼程序法
环境保护	相关条文规定	民法通则、侵权责任法	水土保持法、防沙治沙法、海岛保护法	环境保护法、海洋环境保护法、水污染防治法、大气污染防治法、固体废物污染环境防治法、环境噪声污染防治法、放射性污染防治法、环境影响评价法、野生动物保护法	条文规定	条文规定	条文规定
资源利用	相关条文规定	民法通则、物权法	土地管理法、矿产资源法、海域使用管理法、煤炭法、森林法、水法、草原法、渔业法、节能法、可再生能源法	相关条文规定	相关条文规定	条文规定	条文规定
绿色转型发展和国土空间规划	相关条文规定	相关条文规定	清洁生产促进法、循环经济促进法、城乡规划法	相关条文规定	相关条文规定	条文规定	条文规定

注：相关条文规定指宪法和有关法律部门中有涉及环境保护、资源利用、绿色转型发展和国土空间规划的法律条文规定

表 2.3　生态环境治理的现行主要法律制度

部门	行政管制制度	市场配置制度	社会参与制度
环境保护	环境保护规划和流域污染防治规划制度、环境标准制度、环境监测制度、环境影响评价制度、现场检查制度、跨行政区污染协调制度、地方人民政府环境质量责任制度、“三同时”制度、排污申报登记制度、排污总量控制制度、排污许可制度、限期淘汰制度、限期治理制度、污染事故应急制度、禁止产生严重污染的设备转移制度	环境权制度、排污收费制度、污染损害赔偿制度等	环境权和公众参与制度、环境状况公报制度、环境信息公开制度
	海洋环境保护规划制度、海洋功能区划制度、排污总量控制制度、海洋自然保护区	船舶油污损害和保险、基金制度等	

续表

部门	行政管制制度	市场配置制度	社会参与制度
环境保护	海岛保护规划制度、无居民海岛使用许可制度	无居民海岛使用金制度	
	水土保持规划制度、建设项目水土保持方案制度	水土保持补偿费制度	
	防沙治沙规划制度等		
	野生动物国家所有制度、重点保护野生动植物名录制度、特许猎捕证和采集证制度、禁止和限制经营制度、自然保护区制度		
资源利用	水资源规划及流域规划制度、水功能区制度、饮用水源保护区制度、水供求规划及水量分配制度、取水许可制度、用水总量控制和定额管理制度等	水资源国有与有偿使用制度	
	土地利用总体规划制度、土地用途管制制度、基本农田保护制度、土地复垦制度	占用耕地补偿制度，土地有偿使用和出让转让制度等	
	森林限额采伐制度、采伐许可证制度	育林费或育林基金制度、森林生态效益补偿基金制度	
	草原限制和禁止开垦制度、以草定畜制度		
	采矿许可证制度、采矿复垦制度	探矿、采矿权制度及有偿转让制度、资源税	
	海域使用许可制度	海域使用权及有偿使用制度	
	投资项目节能评估和审查制度、产品能耗限额标准制度、重点用能单位节能管理制度	能源合同管理、节能技术、产品税收优惠政策，节能产品、设备政府优先采购制度，节能价格政策	
	可再生能源总量目标制度、可再生能源并网和全额收购制度	可再生能源优惠上网电价和全社会分摊费用制度、可再生能源发展基金制度	能效标识制度、节能产品认证、节能自愿协议
绿色转型发展和国土空间规划	循环经济发展规划制度、循环经济评价指标体系和考核制度、以生产者为主的责任延伸制度、重点企业监督管理制度	循环经济税收优惠政策、综合利用优惠上网电价政策、废物回收押金制度	
	清洁生产技术工艺设备和产品导向目录制度、产品和包装物强制回收制度、清洁生产审核制度	废物利用的减免增值税政策	节约资源和污染减排自愿协议制度、环境管理体系认证制度

续表

部门	行政管制制度	市场配置制度	社会参与制度
绿色转型发展和国土空间规划	城乡规划编制和审批制度、城乡规划编制单位资质制度、城乡规划公告和征求专家与公众意见的制度、建设用地规划许可制度、建设工程规划许可制度、乡村建设规划许可制度		

从生态环境治理体系及其合理性、有效性而言，我国现行生态环境治理的法律和制度体系尚存在三大类型问题。

1. 法律和制度体系同社会经济发展脱节或者滞后

目前很多有关生态环境保护的法律规定滞后于社会主义市场经济发展过程。资源与生态环境领域产权制度不健全，政府针对自然资源的公共管理职能同自然资源资产市场的运营机制尚未明确区分；政府和市场定位不清，仍然采用计划经济体制的管理手段和措施，过于依赖项目行政审批、行政指标分配和行政指标考核。

很多法律规定滞后于社会发展过程，忽视公众环境权益保障的社会意义和作用，忽视社会参与生态环境治理的不可或缺的社会价值和作用；现行的一些相关规定要么过于讲原则，缺乏可操作性，要么附加了较为严格的限制性条件，使社会参与和监督难以落实到位。总体而言，行政管制方面的手段和措施应用多，市场调节、社会参与方面的手段和措施应用少，很多领域基本没有社会参与和社会管理方面的制度措施，没有形成良好的公共管理或者治理结构所需要的法律和制度体系。

2. 法律和制度体系同公共管理体系改革脱节

目前很多有关生态环境保护的法律规定同样与公共管理体系的改革相互脱节，其核心问题是在很多法律规定中政府部门实施“行政规制和控制”的观念仍然压抑了提供“公共产品和服务”的观念，行政管理职能和行政管理责任不匹配，行政部门主导立法和行政管理权过度延伸的问题仍然非常突出，各个行政部门在立法中首先强调其行政管理职责和权力，“管理法”和“监管法”的框架遮蔽了“公共产品法”和“公共服务法”的内容，权力遮蔽了责任。

另外，立法部门在行政管理体制改革和预算安排上缺乏必要的权力，立法、行政管理体制设置和公共财政预算安排基本上脱节，导致很多立法规定没有相匹配的行政执行机构和经费预算。行政管理的职能和责任同拥有的行政管理手段不匹配，使很多法律条文难免成为一纸空文。即使是 2014 年 4 月通过并广受各方赞誉的环境保护法修订案，也充斥了不少没有明确行政管理主体和具体制度规范的内容，使相当多的法律条文中看不中用。总体而言，法律和制度体系构架上似乎先天缺乏有效提供公共服务和有效实施法律的价值导向和制度规范。

3. 法律和制度体系自身尚存在一系列重大缺陷

当前环境学界对生态环境保护法律和制度体系存在哪些问题，已经有长久讨论，形成的基本共识包括：法律体系尚不完善，一些污染防治和生态保护的重要领域法律空白，如土壤污染防治、有毒有害化学物质管理、自然保护地管理和生物多样性保护等；法律体系的部门化和碎片化特点突出，交叉重叠非常普遍，法律冲突并不鲜见，如自然保护方面，物种保护和栖息地保护分离，动物和植物分开，陆生和水生分割；法律制度构建上重规划、评价和审批，轻过程和后果的管理监督，用规划、评价和审批替代监督管理；注重实体规定，轻程序规定，很多法律制度缺乏必要的实施程序，法律制度的严格性和可操作性受到很大损害；法律责任体系不够严格完整，责任追究不能严格到位，生态环境领域违法常态化。这些问题既是前述两大类型问题在法律上的体现，也与立法制度和立法部门的一些固有立法观念有关。

（二）加强生态环境治理体系改革与法律和制度体系建设的有效结合

从三中全会决定提出加快生态文明制度建设的任务后，各部门和社会各界从生态文明体制改革和制度建设等不同角度，开始深入研究探索生态环境治理体系和治理能力现代化问题。如何有效化解生态环境治理的法律和制度体系所存在的上述问题，如何把生态环境治理体系改革的各项任务同当前立法规划的各项立法任务有效结合起来，是当前生态环境治理体系法律和制度建设的重大课题。

1. 十八届三中、四中全会决定对生态环境治理法律制度体系提出的目标和要求

针对生态文明建设，三中全会决定提出了四大领域的改革措施。对当前资源与生态环境保护领域存在的各种问题，特别是在体制改革和重大制度建设方面，一是在深化改革的总体构架上，通过制度安排把生态文明建设融入经济建设、政治建设、文化建设、社会建设各方面和全过程；二是对生态文明建设本身，从体制和重大制度建设两个层面，从源头严防、过程严控、后果严惩各个环节，提出一系列解决当前资源与生态环境领域制度性问题的改革措施。根据三中全会决定和四中全会决定，在有关加强重点领域立法的任务中，明确提出："用严格的法律制度保护生态环境，加快建立有效约束开发行为和促进绿色发展、循环发展、低碳发展的生态文明法律制度，强化生产者环境保护的法律责任，大幅度提高违法成本。建立健全自然资源产权法律制度，完善国土空间开发保护方面的法律制度，制定完善生态补偿和土壤、水、大气污染防治及海洋生态环境保护等法律法规，促进生态文明建设。"这些既是对生态文明法律制度建设的总体要求，也是对生态环境治理的法律和制度体系建设的总体要求。

2. 加强生态环境治理体系改革同立法项目的对接

总体而言，三中全会决定、四中全会决定有关生态文明制度建设和立法的任务是明确的。目前中共中央、全国人大和国务院有关部门正在根据决定的任务分解方案，把制度建设和立法任务落实到具体的立法项目中。但从当前实际操作过程来看，由于经济界、环境界、资源界和法律界的学术背景、理论概念和政策研究方式上存在较大的差异，经济决策、环境管理决策、资源管理决策和生态环境立法各项工作间存在比较大的脱节，各方面对生态文明制度建设及生态环境治理体系的理解还有比较大的差异，把各项改革任务同具体立法项目有效结合起来面临比较多的难题。

例如，关于自然资源产权制度，经济学的理论源头是马克思的地租理论和制度经济学的产权理论，法学的理论源头是物权理论。有关产权的概念不一，理论框架不一，即使各方对自然资源产权改革存在基本共识，如何把自然资源产权制度的方案转化为法律语言，如何把这项制度改革落到《物权法》和各项资源法的修改中，仍需要进行大量研究论证工作。

关于生态补偿制度，实际情况同样如此。生态补偿是生态系统服务功能经济价值和资源开发权经济价值的综合体现，是生态服务市场价格和财政转移支付的综合体现。目前，部分类型的生态补偿已经在各种资源法律和行政法规中通过资源有偿使用、专项基金和财政转移支付等方式得到一定体现；在《环境保护法》等法律中也有原则规定。要进一步把生态补偿制度完整建立起来，把生态补偿全面体现在各种自然资源和环境要素的利用过程中，就需要把这项制度建设纳入各项环境保护和资源利用的法律中，同样需要进行大量研究论证工作。

为了把生态环境治理体系改革的各项任务同立法项目有效结合起来，当前亟待抓紧开展两方面的基础性工作，一是全面梳理现行法律和行政法规中有关生态文明建设各项制度的规定，二是系统研究把生态文明建设各项制度全面纳入各相关法律和行政法规中的立法思路和工作方案。在此基础上，把目标导向同问题导向相结合，按照改革的总体目标和任务，调整完善立法规划和计划。

在环境保护领域，加快修改大气污染防治法、水污染防治法等，研究制定土壤污染防治、有毒有害化学物质管理法、环境损害赔偿法、生物多样性保护及自然保护区保护（或者国家公园保护）等方面的法律；在自然资源领域，研究修改土地管理法、矿产资源法、森林法、草原法、水法、海域使用管理法、节能法、可再生能源法等法律，研究制定有关国有自然资源资产管理等方面的法律法规；在绿色转型发展和国土空间规划领域，研究修改循环经济促进法等法律，研究制定有关国土空间规划的法律等。在各项法律修改和制定中，研究和整合各种规划、评价和许可制度，消除法律制度间的不协调，逐步建立健全有关自然资源产权和资产管理，自然资源行政监管，主体功能区规划、空间规划和用途管制，自然资源有偿使用和生态补偿，资源和环境承载力与生态红线，排污许可和排放总量控制，公众参与和社会监督，生态环境损害赔偿和责任追究等重大法律制度，为逐步形成政府调控、市场引导、公众参与的生态环境治理体系和治理能力奠定必要的法律制度基础。

3. 改进立法机制，把公共管理体制改革同法律制度建设有效结合起来

有关生态环境治理的法律和制度体系不仅仅是一套书面的法律文件与制度规范，更应是一套有利于生态环境治理预期目标实现的法律制度措施体系，其在行政上、司法上和社会守法上应当是有基本保障的。但当前情况远非如此。由于政府机构和职能设置非由法定，其产生的问题已在前文进行了分析。不少事例表明，制度建设同行政管理体制改革脱节，同立法过程脱节，已经对生态文明制度建设及相关立法造成很大障碍（专栏 2.1）。

专栏 2.1 “国家公园体制”改革及其立法困境

经过 60 多年的发展，我国已经基本形成了以自然保护区和风景名胜区为核心，以多部门分管、地方管理为主的保护区体系。从管理情况看，现行有关法律中设定了 11 种保护区，包括自然保护区，风景名胜区，饮用水水源保护区，基本农田保护区，海洋特别保护区，种质资源保护区，畜禽遗传资源保种场（保护区），禁猎区，天然林保护区，沙化土地封禁保护区，洪泛区、蓄滞洪区和防洪保护区；有关行政法规和规章中设定了森林公园、地质公园、湿地公园和水利风景区等。依照有关国际公约，在国内各种保护区的基础上设立了世界自然遗产、世界地质公园和国际重要湿地等。其中比较接近国外国家公园模式的有风景名胜区、森林公园和地质公园等，可以在保护的前提下较大程度地开展旅游等活动。各种保护区涉及的管理部门有林业、环保、住建、国土、农业、海洋、水利、科技、教育、旅游、中医药等十多个部门，管理的层级通常有国家级和地方级两个级别，有些在地方级中还分设省、市（县）级，其中自然保护区的情况比较典型。在各种保护地中，国有土地及其附属的资源占主导地位，但在东、中部自然保护区中的集体土地、林地也占相当比重。

目前我国保护区管理中存在的主要问题。

（1）各种保护区缺乏总体的、科学完整的技术规范体系。各部门制定自己的技术规范和标准，分类体系混乱，功能定位不够合理，自然保护区、风景名胜区“过度保护”和“过度利用”的现象并存。例如，一些自然保护区严格禁止在核心区开展必要的人工生态修复，一些区域又热衷于包装上市，进行商业性开发。

（2）各类保护区的公共管理职责不够明确。中央、地方事权划分不清，财政支出

责任不合理，相关行政管理部门过多、过乱，基层管理能力薄弱，不少保护区管理机构难以开展基本的巡护管理、资源调查等活动。

(3) 各类保护区土地及其相关资源的产权不明确。保护区界线内土地等各种国有资产的代理权和使用权归属不清，缺乏相应的资产登记、核算和管理体系，部分集体土地及其资源没有按照合理程序征收征用或者租用并予以合理补偿。

(4) 对各种保护区及其管理机构的社会公益属性和公共管理属性定位不明确。不少地方实际上把一些保护区当作“摇钱树”，过度追求门票和商业收入，损害了保护区的生态保护和公共服务功能。

(5) 忽视各种保护区生态系统的整体性，部门割裂现象严重。例如，同一个湿地生态系统保护区，水文、水位由水利部门管理，鱼类资源和水生动物保护由农业（水产）部门管理，候鸟与陆生野生动植物由林业部门管理；如果该区域还是风景名胜区，旅游部门也参与管理。加上各种保护区空间分布上存在不少交叉重叠，助长了保护区管理上的部门矛盾。

(6) 除部分旅游开发比较好的区域外，各种保护区及其周边地区经济发展大多较为落后。按照法律和规划，保护区所在地很多经济活动受到比较严格限制，缺少相应的补偿或经济激励政策，当地居民没有获得合理经济权益和公共服务保障问题比较突出。

从上述问题来看，在优先保护、严格管理和可持续利用的前提下，改革现行自然保护区、风景名胜区、地质公园和森林公园等各类保护区体系混杂、社会功能定位不清、管理机构交叉重叠的体制，按照保护的类别、严格程度和可持续性，研究建立统一的分类体系及相应的技术规范和标准体系，合理整合我国各种保护区，建立健全有效的管理体制，是十分必要的。为了填补保护区立法方面的空白，全国人大环境与资源保护委员会（简称环资委）参考国际自然保护联盟（IUCN）和有关国家的分类体系，在2003年启动了自然保护区法的研究起草工作，先后以“自然保护地法”、“自然保护区域法”和“自然遗产法”等法律框架设计，试图整合自然保护区、风景名胜区等不同形式的保护区，形成相对完整统一的保护区管理体系和制度规范。但受现行保护区行政管理体制的限制，在法律起草过程中无法在上述问题的有效解决上取得实质性进展，并因主要管理部门之间在法律框架和部门职责等方面意见分歧严重，而一再搁置。十届全国人大期间，因有关部门强烈反对，全国人大环资委自己搁置了研究起草的“自然保护区域法（草案）”；十一届全国人大期间，同样因有关部门强烈反对，“自然遗产法（草案）”在报送全国人大常委会后未被审议就被搁置。综合性的保护区立法的困境，显示了行政管理体制改革同制度建设与立法的紧密联系。

当前，按照《中共中央关于全面深化改革若干重大问题的决定》提出的建立国家公园体制的要求，中共中央和国务院有关方面正在制订方案，开展试点。从上述问题来看，研究制定统一的保护区或者“国家公园”的分类和技术规范体系，研究建立综合性的行政管理体系，明确保护区土地及其附属资源资产的产权归属及其管理体制，并研究修改现行相关法律和行政法规的有关规定，是有效整合各种保护区和建立“国家公园体制”的重要前提条件。上述问题解决了，综合性的保护区法律或者“国家公园法”立法也就可以比较顺利地开展下去。

（资料来源：国家生态环境治理体系研究课题组，2014a）

为了有效推进改革，加强生态环境治理法律和制度体系的可实施性、目标有效性，提高相关领域的公共行政管理效率，应当研究探索把有关生态环境治理体系改革、生态环境保护立法同行政管理体制改革、公共财政预算编制相衔接的体制机制。当前应当首先研究建立行政部门“三定”方案同行政部门预算联合审定的工作机制，并研究建立法律案的预评估制度，把评估法律案的预期实施效果和社会成本（包括行政执法部门因新设立职责所需新增的人员编制和预算经费）列为立法必经程序，把法律案的起草和审议同行政部门职能设置和预算编制结合起来，为生态环境治理体系改革和相关法律的制定与实施，奠定良好的体制改革基础。

四、 当前我国生态环境治理的立法重点和制度安排

2013 年，全国人大常委会发布了“十二届全国人大常委会立法规划”，共有立法项目 68 件，其中直接涉及资源与生态环境保护的法律有 11 部，包括修改土地管理法、森林法、矿产资源法、环境保护法、大气污染防治法、水污染防治法和野生动物保护法，制定土壤污染防治法、核安全法、深海海底区域资源勘探开发法和海洋基本法等。四中全会决定通过后，为了落实决定提出的有关改革任务，全国人大常委会正在调整立法规划，进一步强化生态文明建设及生态环境治理的法律和制度建设，是立法规划调整的重要内容。当前，需要在生态文明建设总体目标和任务的引领下，深入开展相关领域重大立法项目和重大法律制度的研究论证工作，为构建生态环境治理的法律和制度奠定良好的基础。

（一）环境保护领域

当前大气污染防治法、水污染防治法修订和土壤污染防治法制定已经列入全国人大常委会立法规划，全国人大常委会、全国人大专门委员会和国务院有关部门正在按照规划和计划要求，开展有关法律案的起草和审议工作。从这三项立法的总体目标来看，需要从生态文明建设和生态环境治理的角度，重新思考立法目的和思路，调整现行的以环境污染排放浓度达标和总量控制为核心的法律制度体系，以环境风险评价为

基础，以环境质量保护和管理为基本导向，加快建立起以保护公众身体健康和实现区域、流域环境质量改善为导向的法律制度体系；进一步明确和落实政府、企业和公众的环境保护权利和义务，构建起包括各种社会主体的权利和义务体系；强化有关产业结构调整和资源、能源利用方面的调控措施，增补有关财税、排放权市场与交易、价格、金融等方面的经济制度措施；有效整合各种审批管理制度，探索建立以许可证及其实施为核心的环境监管制度体系，并相应完善从中央到地方的行政督察体制；加大环境污染的行政处罚力度，完善有关污染损害赔偿和责任追究的规定，有效解决“守法成本高、违法成本低”的问题，为扭转环境质量继续恶化的局面，创造必要的法律制度保障。

当前危险废物管理和有毒有害化学物质管理尚未引起各级政府及其有关部门的高度重视，其现实的和潜在的环境危害已经相当严峻。危险废物管理已经在固体废物污染环境防治法及其配套规定中有比较完整的规定，重点是加强执法和监管，强化危险废物处理处置的技术研发和基础设施建设。有毒有害化学物质管理法的制定尚未列入立法日程，亟待加强立法前期研究论证工作，早日把该法制定纳入立法规划（专栏2.2）。

专栏 2.2 有毒有害化学物质问题及其立法

我国目前有超过4.5万种化学物质在生产和使用，大多数化学物质对健康和生态环境的危害特性尚未识别。我国目前公布的45 000多种现有化学物质，90%以上的物质危害性未知，一些具有明确危害性的有害化学物质仍在大量生产使用，对人体健康和生态环境带来不容忽视的风险。

近几十年来，有毒有害化学物质的控制和管理已经引起国际社会高度关注，陆续通过了《关于持久性有机污染物的斯德哥尔摩公约》《关于对某些危险化学品和农药采用事先知情同意程序的鹿特丹公约》《关于汞的水俣公约》等国际公约及相关决议。发达国家和部分发展中国家已制定相应的法律法规，如欧盟的《化学品注册、评估、许可和限制指令（REACH）》、美国的《有毒物质控制法》、日本的《化学物质审查与生产控制法》、韩国的《有毒化学品控制法》等。欧盟REACH指令建立的化学品注册、评估、授权和限制等政策体系，对有害化学物质在生产、进口、贸易、使用、废弃等全生命周期过程中的人体健康和环境风险提出了明确控制要求。

20世纪90年代初，国家环境保护局就已开始对化学品实施专项管理，颁布实施了《新化学物质环境管理办法》《危险化学品环境管理登记办法》，初步实现了化学品进出口环境管理与国际的接轨。“十二五”期间，环境保护部组织发布了《全国主要行业持久性有机污染物污染防治“十二五”规划》《化学品环境风险防控“十二五”规划》，制定、发布了《化学品测试导则》《化学品测试合格实验室导则》《新化学物质危害评估导则》等技术规范，为研究制定相关法律奠定了一定基础。目前，新的《环境保护法》原则规定了生产、储存、运输、销售、使用、处置化学物品应遵守国家有关规定；《清洁生产促进法》原则规定采用无毒、无害或者低毒、低害的原料替代毒性大、危害严重的原料；《大气污染防治法》《水污染防治法》《固体废物污染环境防治法》等原则规定了化学品污染控制的条款，但基本上侧重于末端控制，缺少对其本身危害识别和源头管控的法律制度规定。《危险化学品安全管理条例》作为国内首部化学品综合性管理法规，对生产安全与事故防范做出了规定，但对化学品人体和生态环境影响未予关注。目前，很有必要制定有关有毒有害化学物质的专门法律，明确规定化学物质危害识别与风险评估、新化学物质申报登记制度及化学品“市场准入”、高风险化学品的限制、淘汰及各类产品中有毒有害化学物质含量限制等基本法律制度和措施，对有毒有害化学物质及产品从研发、生产、使用、消费、进出口、运输、储存、废弃到最终处置，实行全生命周期过程管理，在其造成人体健康和生态环境危害前就有效加以防控。

（转引自环境保护部提供的资料）

（二）资源利用领域

目前修改土地管理法、森林法、矿产资源法已经列入全国人大常委会立法规划。随着三中全会决定、四中全会决定各项任务的分解落实，还将有一些资源能源立法项目纳入立法规划。从当前资源利用领域有关立法项目的总体情况来看，有两个基本的调整方向：一是修改完善现行各项法律中有关自然资源产权及其资产管理的各项规定，逐步形成适应社会主义市场经济发展和生态文明建设要求的自然资源产权制度和资产管理制度体系；二是修改完善各项法律中有关资源节约和资源保护的规定，形成有效限制资源消耗和鼓励资源节约的行政的、经济的与社会的管理制度体系，包括有关自然资源资产核算、自然资源资产审计和考核等制度，使现行各项“资源利用法”和“资源管理法（律）”，真正转化为“资源保护法”和名副其实的“资源基本法”。

建立健全自然资源产权法律制度是一项十分复杂和艰巨的立法任务。改革开放以来，在宪法规定的自然资源国家所有和集体所有的基本制度规定基础上，通过改革和相应的修宪、修法过程，并通过物权法颁布实施，有关自然资源产权法律制度基本形成，自然资源所有权和占有、使用和收益权逐步分离，形成了新的公私混合财产权体制，可以说没有这种所有权和占有、使用和收益权逐步分离，就没有经济改革的可行基础。目前，这一改革进程仍然没有完结，法律上自然资源产权归属不清、权责不明的情况在各资源领域都程度不同地存在着，统一登记体系刚刚开始设立，资产核算和监管体系没有建立，独立完整的自然资源资产管理体系尚未形成。

通过完善自然资源产权制度及其配套的统一登记、资产核算、市场交易和定价制度等，改革自然资源资产管理体制，分离资源行政管理和资产管理职能，既对完善基本经济制度和现代市场体系、转变政府职能具有重要的意义，也对清除资源管理领域"政资不分"、"政企不分"的传统计划经济体制残余，处理好资源领域政府和市场关系，有效改变现行体制资源资产管理和资源行政管理合一、行政管理手段和资产管理手段合一的现象具有决定性作用。从当前改革的总体方向来看，有必要进一步修改完善物权法及各项资源法中有关自然资源产权的具体规定，进一步明确自然资源产权体系，完善统一确权登记制度，建立统一规范的产权交易市场，并在此基础上，研究建立自然资源资产的分类管理体系，完善自然资源资产市场营运和监管体制，研究制定有关自然资源资产管理的法律和制度体系（专栏 2.3）。

专栏 2.3　自然资源资产分类管理及其立法任务

十八届三中全会决定明确提出健全国家自然资源资产管理体制的改革任务。从当前自然资源资产管理存在的问题看，大多与自然资源资产缺乏合理的社会经济分类和定位相关，对属于公益性的自然资源资产，没有按照相应的公共目的和原则进行管理；对属于经营性的自然资源资产，没有按照相应的市场目的和原则进行管理，政府和市场严重错位，成为资源浪费、生态破坏及社会腐败的重要根源。自然资源资产管理体制改革，依法规范其占有、使用和收益分配，不仅对生态文明体制改革，也对经济体制和政治体制改革，具有重要的影响作用。

我国自然资源资产管理体制呈如下特点：①依照宪法和有关法律规定，普遍确立了自然资源国家所有和集体所有及多种形式的使用权制度；②法律确立了国家所有权由国务院代理，各级政府及有关资源管理部门具体行使资产管理和行政监督职责；③在土地、林木、矿产、海域等领域建立了自然资源确权登记制度，为依法保障所有权和使用权人的权利提供了基本保障；④在土地、林木、矿产、海域等领域推行市场化改革，在建立自然资源有偿使用制度的基础上，逐步引入资源出让和转让的市场交易制度；⑤一些地方积极探索国有自然资源资产管理的新模式，对国有土地、矿产等自然资源资产建立了专门的资产运营管理机构和专业化市场交易平台。

总体来看，现行自然资源产权制度及相关资产管理体制仍然存在以下一些突出的问题：①对自然资源资产产权主体代表缺乏明确法律规定，归属不清、权责不明。②对各种自然资源资产社会经济属性没有明确界定，对各种公益性自然资源资产（如生态用地、生态用水、生态林等）未能有效按照其公共、公益属性进行使用和监管，对各种经营性自然资源资产未能完全纳入市场并依照市场规则运营和监管。③自然资源行政监管和资产管理职能没有分离，政资不分，缺乏相对独立的资产管理体制和机制。④自然资源资产市场运营和资产监管没有分离，缺乏自然资源资产市场独立运营及必要的资产监管的体制和制度。

按照自然资源资产的权属清晰、权责明确、监管有效的总体目标要求，今后应当探索建立基本覆盖各种自然资源资产的分类管理体系，并加快完善国有经营性自然资源资产的市场营运和监管体系。

1. 建立自然资源资产分类管理体系

首先，在主体功能区规划及相关空间规划的基础上，根据不同自然资源资产的公益性和经营性等社会经济属性进行分类：一类是公益性资产，包括自然保护区、风景名胜区、国家地质公园、国家森林公园及公益林等特殊生态保护区域和和政府的各种公共用地；一类是经营性资产，包括经营性建设用地和农业生产用地及经济林木、矿产等资源，其中还可以对一些具有公共目的的资源实行严格行政管制，包括基本农田等，作为特殊的经营性资产对待。

其次，依照这两大类自然资源资产的社会经济属性，将公益性资产与经营性资产区分开来，按照不同目标和原则管理，在对公益性资产统一按国有公益性资产管理，对经营性资产统一按国有收益性资产管理。

2. 建立经营性自然资源资产监管机制

首先，明确经营性自然资源资产的管理目标和原则，对以提供市场产品为主的各种经营性自然资源资产，包括经营性建设用地、矿产资源和林木资源等，将其基本目标确立为促进相关产业发展并获取相应的国民收入，包括直接出让资产的收益和相关产业发展带来的税收收入；采用市场手段管理和运营，要按照市场规范进行出让和转让，主要考核其资产价值增值和净收益增长状况，对其经营性利用不应施加过多的行政干预。对其中一些以经营性利用为主，但因国家安全和公共利益受到严格用途管制的自然资源资产，如耕地及其中的基本农田，需要采取多功能利用的管理目标和原则，采取公共行政和市场机制相结合的手段加以管理和运营，实行严格的用途管制。

其次，依法明确规定各种经营性自然资源资产具体的代理或者托管机构，明确相应的经营管理主体，并逐步建立完整统一的自然资源资产监管制度体系，包括监管主体及其职责，资产经营活动考核、资产核算和审计等制度和措施。

最后，把政府资产监管职能和企业资产运营职能区分开来，探索建立比较完整的资产代理、资产监管和资产市场运营的管理和制度。考虑到建设用地等经营性资产的管理和运营收益多在地方市（县）一级，且成为地方政府收入的主要组成部分，在保留地方管理和运营收益的基本格局下，中央一级设立资产监管机构，主要职能是对自然资源资产实行统一登记、核算，对资产运营实行统一监督和考核；在地方分别设立专业性或区域性资产监管机构和资产运营机构或经营公司。

3. 完善公益性自然资源资产行政监管体制

首先，明确公益性自然资源资产的管理目标和原则，对以提供公共产品和服务为主的各种公益性自然资源资产，包括自然保护区等特殊生态保护区域和政府的各种公共用地，其基本目的是提供各种基础性、公共性的产品和服务，一般应当以资源的储存、保护和可持续利用为管理原则，采取公共行政管理手段加以管理，严格禁止和限制经营性利用，并主要考核自然资源资产生态服务质量的状况及管理成本等。对依托国有公益性自然资源资产开展的经营性活动，应与管理机构的职能严格分开，按照特许经营方式委托专业公司和机构经营，特许收入作为国有资产经营收入纳入财政预算。

其次，在现行各种自然资源管理体制的基础上，进一步明确规定各类公益性自然资源资产的具体代理或者托管机构，明确相应的行政管理主体，并逐步建立完整统一的自然资源资产监管制度体系，包括资产登记、资产核算和审计等制度和措施，有效加强监督。

最后，生态公益性很强的自然资源资产，如自然保护区、风景名胜区、国家地质公园、国家森林公园及公益林等，是从自然资源行政管理部门分离出来建立独立的管理机构，还是发挥资源管理部门的专业管理能力保留在部门内进行管理，各有利弊，还需要深入研究和评估。当前应当考虑对各种“园区”进行必要的统一分类，并研究分析统一管理和分部门管理方案的优劣及相应的改革路线图，包括研究建立独立的或者部属的保护区管理局，统一负责各类保护区的行政监管，合理划分中央和地方管理级别，把现行最重要的国家级保护区纳入中央政府直接管理的体系。

4. 建立健全相关的自然资源资产管理的法律制度

首先，根据自然资源产权和资产管理体制改革的要求，修改现行各项法律中的有关规定，进一步健全有关自然资源所有权、使用权及相关民事权利的规定，建立健全有关产权转让和交易的有关规定。

其次，根据国有自然资源资产改革的要求，研究制定有关国有经营性自然资源资产管理的法律及其配套规定，逐步形成比较完整的资产代理、资产监管和资产市场运营的管理和制度体系。

最后，根据改革国有公益性自然资源资产管理体制和加强自然资源用途管制的要求，研究制定有关国有公益性自然资源资产管理的法律及其配套规定，逐步形成有关资产代理、资产监管及资产核算、审计的管理和制度体系。

（三）绿色转型发展和国土空间规划领域

有关绿色转型发展和国土空间规划方面的法律，是从绿色发展、循环发展、低碳发展等发展理念出发，总体规范经济社会发展和国土空间开发布局的一种新兴法律类别，现行的循环经济促进法、清洁生产促进法和城乡规划法大致可以划入这一法律类别。然而，现行的循环经济促进法、清洁生产促进法原则性、引导性规范多，行政管制和经济激励的制度措施也执行不力，迄今实施效果并不明显。目前应当开展必要的法律实施评估工作，为修改完善相关法律奠定必要的前期工作基础。

有关国土空间规划的法律问题，如前所述，问题主要出在各项法律法规之间有关规划的规定重叠交叉，有关国土空间及其相关的城乡、环境、资源等方面规划的部门分割现象严重，规划体系层次不清，体系混乱，不按生态系统和国土空间布局的规律办事，结果造成各种规划过多过滥，重叠交叉，既浪费大量行政资源，也增加了社会负担。当前，逐步整合各种相关规划，根据主体功能区规划统一规范国土空间开发利用活动，可以说是理顺规划体系，建立健全国土空间规划法律和制度体系的首要步骤，也是完善国土空间开发保护方面法律制度的核心任务（专栏 2.4）。

专栏 2.4　国土空间规划体制问题及其立法

改革开放以来，经过三次较大规模的政府机构改革，基本上形成了由国家发展和改革委员会、国土资源部及住房和城乡建设部三个部委分管国土空间规划的规划管理体制，已经或准备编制的战略规划有全国城镇体系规划、城市总体规划、土地利用总体规划、国土规划、主体功能区规划、区域规划及一系列相关的行业部门规划等。法律层面上，除城乡规划法外，有关国土和环境、资源规划的内容按照部门和资源、环境要素，分别在各项环境保护和资源利用的法律中加以规定，尚未有专门的有关国土空间规划的综合性法律。

总体而言，现行的规划编制管理体制和法律制度体系已经基本不能适应国土空间开发和保护的要求，规划内容相互重复和趋同，规划空间相互重叠，管理部门职能交叉，中央和地方部门在规划编制和实施上关系尚未理顺。

当前，在国土空间规划领域，面临两项基本任务。

（1）逐步清理和整合有关国土空间的各种规划及其编制体制，结合深化改革的有关任务，逐步建立统一的国家空间规划体系和综合性的规划编制机构和机制。

（2）修改城乡规划法及环境保护、资源利用法律中有关规划的法律规定，研究制定专门的国土空间规划法，明确主体功能区规划的法律地位，理顺主体功能区规划同国土规划、区域规划、全国城镇体系规划及城市规划、各行业规划的法律关系，建立完整的国土空间规划编制的法律程序及其实施的法律制度体系。

参考文献

格里·斯托克 . 1999. 作为理论的治理：五个论点 . 国际社会科学(中文版)，(1)：20-30

国家生态环境治理体系研究课题组 . 2014a. 关于“国家公园体制”的问题及建议，中国国际经济交流中心基金课题

国家生态环境治理体系研究课题组 . 2014b. 国家生态环境治理体系研究(综合报告)，中国国际经济交流中心基金课题

郭永园，彭福扬 . 2015. 元治理：现代国家治理体系的理论参照 . 湖南大学学报(社会科学版)，29(2)：105-109

健全国家自然资源资产管理体制课题组 . 2014. 健全国家自然资源管理体制综合研究报告，中国国际经济交流中心基金课题

梁芷铭，徐福林，许珍 . 2014. 国家治理体系现代化：理论源流、衡量标准及基本内容 . 理论导刊，(12)：22-27

马中，昌敦虎，等 . 2014. 中国环境治理体系的理论框架和现代化目标研究 . 国合会生态文明建设背景下的环境保护制度体系创新研究课题分报告

习近平 . 2014-01-01. 切实把思想统一到党的十八届三中全会精神上来 . 人民日报，2

宣晓伟 . 2014. 国家治理体系和治理能力现代化的制度安排：从社会分工理论观瞻 . 改革，(4)：151-159

俞可平 . 2001. 治理和善治：一种新的政治分析框架 . 南京社会科学，(9)：40-44

俞可平 . 2008. 中国治理变迁 30 年(1978—2008). 吉林大学社会科学学报，48(3)：5-17，159

俞可平 . 2014. 推进国家治理体系和治理能力现代化 . 前线，(1)：5-8

詹姆斯·N. 罗西瑙 . 2001. 没有政府的治理 . 南昌：江西人民出版社

郑吉峰 . 2014. 国家治理体系的基本结构与层次 . 重庆社会科学，(4)：18-25

Rhodes R A. 1996. The new governance：governing without government. Political Studies，XLIV：652-667

The Commission on Global Governance. 1995. Our Global Neighborhood. Oxford：Oxford University Press：2-3

第三章　改革政府生态环境管理体制*

政府是生态环境治理体系中最为重要的主体。所谓政府，广义上指包括党派、行政、立法、司法等公共机关的总和，代表着公共权力所有机构；狭义上，是指国家权力机关的执行机关，即国家行政机构。本章讨论的政府主要指狭义上的概念。

政府行政管理机构是我国生态环境保护的主要力量，我国各种生态环境保护政策主要由行政部门主导制定，并作为一种行政行为通过政府体制得以实施（王金南等，2007）。因此，全面增强国家权力机关执行机构的能力，理顺生态环境管理相关部委之间、中央和地方政府之间、地方政府之间的关系，并在适当时候进行职能重组，对实现生态环境保护目标至关重要，也是构建生态环境治理体系不可或缺的内容。

一、生态环境治理的政府职能定位及事权划分

（一）生态环境治理的政府职能定位

政府职能，是指国家行政机关依法对国家和社会公共事务进行管理时应承担的职责和所具有的功能。传统上，政府的职能包括政治、经济、社会、文化四个方面。但随着环境问题日益凸显，传统上的职能已远不足以满足现代管理的需要，各国都把环境保护作为现代政府实施公共管理的基本职能之一（世界银行，1997）。保护生态环境被视为事关国家利益和安全、保障当代人民和子孙后代生命安全和生存福利、支持社会经济长期可持续发展的根本大计。

生态环境管理的政府职能，按要素分，主要包括污染防治和生态保护。进而，污染问题又分为水污染、大气污染、土壤污染，噪声污染、核与辐射污染等；生态保护则分为自然资源开发监管，生态保护与修复，生物多样性保护等，涉及水、海洋、林业、国土等领域。另外，由于生态环境的公共产品特性，要实现这些职能，政府需要在治理结构中扮演更主要的角色，即生态环境治理中的政府职能需要在以下五个方面发挥基础和主导作用：制度供给、组织执行、监督执法、协调合作和生态环境公共产

---

* 本章由苏利阳、王毅执笔，作者单位为中国科学院科技政策与管理科学研究所。本章吸收了国家生态环境治理体系研究课题组内部研讨及研究报告的一些观点，在此感谢课题指导解振华，课题组长赵家荣，课题成员于秀波、马中、王凤春、王金南、王学军、吕文斌、骆建华等所做出的重要贡献。

品供给（王毅等，2014）。

1. 制度供给：建立健全决策机制和制度体系

制度供给是生态环境治理体系最为重要的功能，也是政府的职能之一。这里的制度，主要是狭义上的概念，仅指具有强制性的正式规则，而非涉及价值信念、伦理规范、道德观念的非正式规则（Geels，2004）。

政府的制度供给职责，主要是建立和完善生态环境保护的源头预防、过程控制、损害赔偿、责任追究制度（杨伟民，2013）。主要包括五个方面的内容：

1）根据立法机关授权，参与或者起草生态环境保护综合性法律及大气、水、森林、草原、海洋等单行法，修改宪法、刑法等法律中生态环境保护相关内容，为建立起一整套相互联系的法律法规、完善生态环境保护制度体系提供支持。

2）拟订或修改生态环境保护法规，制定生态环境保护的行政规章。

3）根据授权，制定基于生态系统服务功能和人体健康的环境质量标准，以及污染物排放标准，按照法律法规统一发布。

4）在国民经济与社会发展规划等规划中纳入生态环境保护相关的内容；拟定中长期生态环境保护规划，制定重要区域、流域的生态环境保护规划，确立生态环境保护的目标及主要任务。

5）把污染防治、生态保护与资源节约整合到能源革命、清洁生产、绿色转型发展促进政策，以及新型工业化、城镇化与转变消费方式等战略和措施制定中。

总体看，生态环境保护的制度构建是一个十分复杂的过程，需要就生态环境的各个要素及采取的各种经济、行政和自愿手段，做出全面统筹的安排。为保证决策的科学性和民主性，必须构建合理的决策机制，处理好以下几大关系。第一，就政府、企业、社会三者的关系而言，政府在制度供给中起着主导性作用，但对于不涉及保密、事关人民群众利益的生态环境法律、规划或标准等，应当改变闭门决策模式，最大限度地开放决策过程。在议程设定上，要考虑媒体和公众的参与和监督；在决策过程中，建立起决策部门与企业代表、社会组织和公众的沟通渠道。第二，处理好行政部门和立法机构的关系，改变传统上的部门立法模式，改由立法机构主导法律建设，并不断提高立法机构的能力，更好地发挥立法机构的作用。

2. 组织执行：建立制度执行的保障体系，负责组织实施

政府的组织执行职能可以理解为，为有效实现既定的生态环境制度安排、政策目标和规划，依托行政组织机构，配以人、财、物，并进行有效的指挥、沟通和协调，以最小的投入取得最大的效果。组织执行职能是政府最为重要的职能之一，在很大程度上决定着法律制度和行政决策的落实。

组织执行职能应与其承担的职责相匹配，在机构、人员、财务三个方面进行合理

配置，从而为法律、规划等执行提供支持，具体包括：

1）职能机构的科学设置。一是进行职能的横向配置，遵循自然系统规划和管理学原理，把生态保护、污染防治、环境与发展综合协调等职能进行合理配置，并给予各部门和管理人员相应的权力和责任。二是合理配置纵向关系，处理好生态环境保护的中央和地方关系。

2）配备足够的行政管理和执法人员。在合理处置政府与市场、国家和社会关系的基础上，根据法律确定的政府职责，编制“三定方案”，为生态环境管理部门提供足够的人员编制，造就政治坚定、业务精通、清正廉洁、作风优良的高素质公务员队伍。

3）建设生态环境财政预算体系，保障足够的财政投入。无论是维持一个组织机构的运行，还是执行相关法律、规划，都需要足够的资金保障。健全财政预算制度，为生态环境保护提供足够的财政支持。

4）建立行政机关的辅助体系。按照政事分开的原则，建立生态环境信息服务、生态环境管理和政策综合研究等公益性事业支撑及服务机构。

3. 监督执法：督促政府、企业遵守生态环境法律法规

监督执法是一种普遍存在的职能，主要指政府对经济社会的生态环境影响进行监测、检查和处置的职能。从政府、企业、社会的角度看，监督是三者的共同责任，而执法则由政府这一主体来负责。

政府的监督执法职能，从监督主体看，有行政部门、权力机关和社会公众；从监督客体看，大致可分为企业、地方政府和相关部委。具体来看，主要包括六个方面的内容：

1）监督排污企业。根据排污许可、总量控制、排放标准等制度，对企业排放的污水、废气、固体废弃物等进行监管；对不符合要求的，根据违法程度，依法进行执法，采取查封、罚款等措施。

2）监督地方政府实施国家生态环境保护法律法规、规划。对不履行职能、有法不依的，进行责任追究和处罚。

3）监督中央政府部门执行国家生态环境法律、法规和政策。对相关部门的生态环境履职情况进行评估。

4）建立污染源监测体系，对污染排放进行监测，为监督执法提供支撑。

5）建立一系列责任追究和损害赔偿制度，赋予监督执法部门必要的权威性和法律保障。包括地方政府生态环境保护工作绩效考核机制、干部离任生态环境审计制度、生态环境责任追究和赔偿机制等。

6）建立促进社会群体参与生态环境保护和监督的制度，包括环境信息公开、司

法诉讼等。

4. 协调合作：构建横向的协商合作机制

政府协调职能是指政府消除环境保护过程中的利益冲突，以便形成合力，实现既定目标的职能，其目的是使各地区、各部门依法依规负责，建立起密切的分工协作关系，防止和化解争端，从而有利于完成共同的生态环境保护任务。

政府在生态环境领域的协调合作职能是必需的。一方面，生态环境保护涉及社会经济的方方面面，各要素之间相互影响、相互作用，因此为实现管理目标，势必需要各部门的合作协调。另一方面，生态系统具有完整性，需要跨行政区的合作协调以应对被人为割裂的区域性问题。具体来看，政府的协调合作职能包括以下方面（国家生态环境治理体系研究课题组，2014a）：

1）协调处理政府部门机构间的环境事务及相应协调机构（如部际联席会议）的运作。

2）协调处理跨省、跨区域环境保护问题，协调处理跨流域水环境保护问题，协调跨区域生态保护问题。建立流域和区域生态环境保护协同机制。

5. 生态环境公共产品供给

作为公共利益的代表，政府还需要承担起提供生态环境公共产品的职责。根据传统的经济学原理，具有非竞争性或非排他性的生态环境主要由政府提供和配置，其中纯公共产品需全部由政府提供，而准公共产品可在政府监管下利用市场的力量来提供。

政府的生态环境公共产品供给职能主要包括（国家生态环境治理体系研究课题组，2014a）：

1）通过政府直接投资和融资，建设和运营城镇污水处理厂、垃圾处理厂、危险废物处理设施，以及农村地区污染防治设施。

2）通过政府直接投融资，组织生态系统保护和建设等重大工程，如植树造林、退耕还林、退耕还草、湿地保护和生物多样性保护等工程，保护和修复生态环境。

3）建立生态环境质量监测体系。制定生态环境监测制度和规范，建立和实行生态环境质量公告制度，统一发布国家环境信息和综合性评估报告。

4）探索引导企业提供环境公共产品的模式，包括第三方治理和 PPP 模式，并建立制度保障。

（二）生态环境治理的层级事权划分

所谓事权，是指管理事务的权力，而事权的纵向划分可以理解为某项事务归某一级政府管理。我国是单一制国家，理论上中央拥有绝对的权力，但由于在实践中形成中国特色行政体制，地方实际上拥有较大的权力。因此建立现代国家治理体系下的政府生态环境行政管理体制，明确中央和地方政府的生态环境保护事权划分，对实现生态环境保护目标至关重要。

1. 央地事权划分原则

把生态环境的政府职能在不同层级间进行合理配置，形成相互配合协调的体制安排，应当充分考虑以下原则（国家生态环境治理体系研究课题组，2014a）。

兼顾中央和地方两个积极性原则。事权划分应理性考虑中央和地方各自的利益取向，充分调动双方的积极性，既要维护中央的权威和对全国的宏观调控职能，也要使地方掌握必要的施政权限和资源。

事权与财权一致原则。事权在某种程度上可以被理解为支出责任。各级政府所承担的生态环境事权，应与所具有的财政能力相当。从以往中央和地方政府职责配置来看，存在着严重的事权和财权配置不对称及“越位”和“错位”问题。生态环境保护主要责任在地方政府，要在财政收入和财政支出方面坚持一致性原则，向地方政府倾斜。

责任和权利一致原则。根据中央政府和地方政府（包括省、市、县）赋予的生态环境保护责任配置相应的权利和能力，实现生态环境保护责任与权利的对等、一致和协调。

2. 中央职能

根据生态环境管理的政府职责定位，在制度供给、组织执行、执法监督、协调合作和生态环境公共产品供给五个方面，中央需承担极其重要的责任。

在制度供给方面，中央政府需要承担绝大部分的制度建设任务。在拟定或参与生态环境保护法律、法规和规章、确立污染防治和生态保护的法律制度、制定国家生态环境保护战略和规划方面有不可推卸的责任；在标准方面，中央需要制定国家环境质量标准和污染物排放标准，并指导地方设定严于国家标准的污染物排放限值。

在组织执行方面，中央需要建立与其承担的生态环境保护职责相匹配的机构、人员、财政体系，并指导地方建立组织执行体系。

在监督执法方面，中央政府的重点是监督地方政府及相关部委执行生态环境法律法规的情况，建立一系列政绩考核评估和责任追究制度。中央需要明确考核评估的核心指标，以及数据信息体系，并把评估结果与政绩考核等联系起来，同时对结果加以应用。

在统筹协调方面，中央需要建立“条块”之间的统筹协调机制，为解决冲突、促进合作和形成合力提供机制保障。

在生态环境公共产品供给方面，中央重点负责国家生态环境质量监测和信息发布，并在生态系统保护和建设等重大工程上提供财政支持。

3. 地方职能

从决策执行的角度看，地方的生态环境职能重在执行，对本地区的生态环境质量负责。但是，考虑我国巨大的区域差异，地方也承担一定的制度供给等职能。

在制度供给上，地方应在法律法规及政策指导下，制定辖区内的污染防治和生态保护的政策、技术标准和执行规范。根据国家规划和标准，制定地方污染防治规划，设定或严于国家的环境质量标准和污染物排放标准。对生态环境保护法律法规、部门规章及相关政策管理文件提出意见和建议。

在组织执行上根据相关法律法规制定辖区内污染防治和生态保护的职责，建立组织执行的人、财、物体系。严格执行国家生态环境保护法律法规。

在监督执法上，按照法律法规规定，组织对辖区内的污染源监测，对辖区内所有污染物、所有污染源实行监督，对违法行为进行监督处理。对自然资源开发、生态保护与修复、生物多样性保护进行监督。

在协调合作上，地方需要对辖区内的“条块”利益建立统筹协调机制；同时参与中央建立的本地区与相关地区的协调机制，或者自主建立与其他地区的协调机制。

在生态环境公共产品上，配合中央进行生态环境质量监测，依法向社会公开生态环境监测数据。对公共环境治理设施、生态基础设施建设和运营进行监管。负责改善辖区内的水、大气、土壤、生态环境质量，防范辖区生态环境风险，保障辖区公众环境安全。

二、 生态环境行政管理体制现状及国际经验

（一）现状

我国的生态环境行政管理体制，是在传统的土地、自然资源国有和集体所有制框架下，以及计划经济体制和资源开发计划管理体系下建立的，并伴随 20 世纪 70 年代末以来市场化改革和生态环境问题的恶化，逐步发展形成现在的以政府主导和行政监管为特征的体系，具有统一管理与分级、分部门管理相结合的特征（国家生态环境治理体系研究课题组，2014b）。

1. 横向关系

在中央一级，当前的国务院组成部门，以及相关直属机构、直属事业单位、部委管理的国家局中，有超过十个部门承担着生态保护和污染防治的相关职责。根据职责定位、法律和国务院授权，大致可分为“协调机构、职能部门、支撑部门”三类。

第一类是生态环境协调机构，指由有关政府机构组成、协调政府部门间环境保护与可持续发展事务的协调议事机构。根据是否有高层领导的参与，可分为两类：一类是有国务院领导参与的协调机构，主要有国家应对气候变化及节能减排工作领导小组等，成员一般是国务院领导和各部委部长等；另一类是部际联席会议，如重金属污染防治、生物物种资源保护等部际联席会议，成员级别相较前一种略低，除会议召集人可能是正部级官员外，一般都是各部委的副部长，并根据议事的必要性，邀请地方政府作为成员。协调机构是临时性的议事机构，因工作任务而设立，也因任务结束而解散。

第二类是生态环境职能部门，大致可分为综合经济和产业部门、资源管理部门、环境保护部门三类。综合经济部门以国家发展和改革委员会为代表。从职能领域看，国家发改委主要负责环境与发展协调、循环经济发展、应对气候变化、节能等工作；从具体职能看，承担生态保护和环境保护方面的规划制定、政策指导、经济政策制定、投资项目等职能。产业部门（如工信、交通、住建等）承担各自领域的污染防治职能。

资源管理部门主要承担资源开发保护与和生态保护职能，但也承担部分环境保护职能。按照资源门类，我国设置了国土、农业、水利、林业、海洋等部门，负责各自领域的开发与保护工作，包括耕地保护、水资源及水生物、草原、森林、生物多样性、水土保持和荒漠化防治等。根据管理的需要和法律授权，这些部门建立了各种保护区，如国土部门的地质公园、林业部门的森林和湿地公园等。

环境保护部门的职责以污染防治为主，并与其他综合、产业和资源管理部门负责的污染防治职能共同形成“统一监督管理，分工负责”的格局。环境保护部门的职责涉及水体、大气、土壤、噪声、固体废物、机动车等各个领域，对这些领域的污染防治进行监测、监管执法并建立管理制度（表 3.1）。

表 3.1　各部门的资源与生态环境保护职能

部门	职能领域	具体职能	编制/人
发展改革和经贸部门	• 环境与发展的综合协调 • 循环经济发展 • 应对气候变化 • 资源和能源节约	• 综合分析经济社会与资源环境协调发展的重大战略问题 • 综合规划及国土、资源、生态建设和环境保护等规划编制的协调和审查管理；主体功能区规划编制及组织实施 • 农业、水利、林业、气象基础设施投资计划、生态建设重大项目、城市环保设施项目等的审核 • 资源节约和环境保护相关领域中央财政性资金安排意见；重点项目国家财政性补助投资安排建议 • 会同有关单位制定排污费征收标准，拟定重要商品价格	1029*

续表

部门	职能领域	具体职能	编制/人
环境保护部门	• 环境污染防治（水体、大气、土壤、噪声、光、恶臭、固体废物、化学品、机动车等） • 生态保护	• 建立健全环境保护基本制度，包括规划、标准等 • 重大环境问题的统筹协调和监督管理 • 环境污染防治的监督管理 • 提出环境保护领域固定资产投资规模和方向、国家财政性资金安排的意见 • 受国务院委托对重大经济和技术政策、发展规划及重大经济开发计划进行环境影响评价 • 指导、协调、监督生态保护工作 • 负责环境监测和信息发布	311
国土资源部门	• 土地资源 • 矿产资源 • 地质环境保护（矿山地质环境保护、地下水等） • 地质公园	• 建立保护和优化配置国土资源、耕地保护、地质环境管理、节约集约利用土地资源等的制度，包括起草法律法规草案、规划和标准 • 拟订土地、矿产资源参与经济调控的政策措施 • 不动产产权登记；国有和集体土地产权登记和证书核发，集体土地征收，建设用地出让转让；探矿权、采矿权登记和证书核发，探矿权、采矿权出让转让 • 负责矿产资源勘查、开采活动，地质遗迹保护和地质公园、矿山公园、地下水开采的监督管理 • 全国地质环境、土地利用、地下水数据监测统计	366
农业部门	• 耕地质量管理 • 草原生态保护 • 水生生态系统保护 • 农业生物物种资源 • 生态农业建设和农业废弃物循环利用	• 拟订耕地及基本农田质量保护与改良政策 • 组织协调、指导、监督全国草畜平衡工作，依法承担全国草原保护的执法工作；负责对地方草原监理工作的指导、协调 • 拟订休渔禁渔制度，保护渔业资源、水产种质资源、水生野生动植物和水生生物湿地。组织协调各类水生生物保护区的划定、建设和管理工作 • 制定并实施农业生态建设规划，承担指导农业面源污染治理有关工作；负责保护渔业水域生态环境，组织重要涉渔工程环境影响评价和生态补偿 • 农业生态环境监测和管理	627*
水利部门	• 水资源开发利用 • 水资源保护 • 节约用水 • 水土流失防治	• 建立水资源开发利用与保护、节约用水、水土流失防治的规划和政策 • 取水许可管理和水资源费征收管理，水价管理、水权交易 • 水资源统一规划和管理，水资源保护和水土保持的规划和管理等 • 负责水文水资源监测、国家水文站网建设和管理，对江河湖库和地下水的水量、水质实施监测	318
建设部门	• 污水处理厂 • 垃圾处理场 • 建筑和工程施工污染防治 • 风景名胜区	• 拟订城市建设和市政公用事业的发展战略、规划 • 指导城镇污水处理设施和管网配套建设 • 指导城市规划区的绿化工作 • 指导小城镇和村庄人居生态环境的改善工作	345*

续表

部门	职能领域	具体职能	编制/人
交通部门	• 铁路机车、机动车船、民用航空器的环境污染防治	• 船舶及其有关作业活动污染内河水域环境的监督管理 • 指导、督查公路、水路行业环境保护和节能减排工作 • 交通运输行业公路、水路环境统计工作	398*
工信部门	• 工业、通信业的能源节约和资源综合利用、清洁生产促进	• 拟订并组织实施工业、通信业的能源节约和资源综合利用、清洁生产促进政策 • 参与拟订能源节约和资源综合利用、清洁生产促进规划和污染控制政策 • 组织协调相关重大示范工程和新产品、新技术、新设备、新材料的推广应用	731*
林业部门	• 森林 • 湿地生态系统 • 野生动植物 • 沙漠化防治 • 湿地公园、林业系统自然保护区	• 制定林业及其生态建设、造林绿化、湿地保护、荒漠化防治等领域的方针政策和标准等 • 参与拟订林业及其生态建设的财政等经济调节政策，组织、指导生态补偿制度的建立和实施 • 湿地利用、陆生野生动植物资源、林业的监督工作，以及全国森林公安工作的指导监督 • 农村林地承包经营合同管理 • 组织开展森林资源等的调查、动态监测和评估；沙尘暴灾害预测预报和应急处置	200
海洋部门	• 海洋生态环境保护	• 组织拟订海洋生态环境保护标准、规范和污染物排海总量控制制度并监督实施 • 负责组织编制并监督实施海洋功能区划 • 海域使用权登记和核发证书，海域使用权审批和出让，海域使用金征收管理；无居民海岛使用权出让，使用金征收管理 • 制定海洋环境监测监视和评价规范并组织实施，发布海洋环境信息	372

* 表示部门还承担着综合经济和产业发展的职能，这些编制人员并非全部用于生态环境职能

第三类是生态环境的支撑部门，也就是依附于各个职能部门的事业单位，主要指从社会公益角度出发，由行政机关举办从事教育、科技、文化、卫生等活动的社会服务组织。据统计，生态环境职能部门的直属事业单位大都超过 15 个。

总体上，我国的生态环境职能在横向配置上存在以下特征。一是职能相对分散。自然资源和生态保护职能按资源门类分散在国土、水利、林业等部门，尽管有助于根据资源的属性进行专业管理，但也与生态系统的完整性有所冲突。而在污染防治领域，由于环保机构成立时间较晚，原先的管理职能分散在各部门，在环保机构成立后，只注意对新机构的授权，并未完全撤销原部门的环保相关职能（王金南等，2007）。由于“以部为单位”甚至“以司为单位”的决策模式广泛存在，生态环境政策存在不协调、相互冲突的局面。二是开发与保护往往由一个部门管理，导致缺乏制衡的部门格局。从我国过去经验看，这种体制安排容易导致“重开发、轻保护”，尽

管近年来保护优先的战略方针得以提出，但在实践中仍没有完全落地。

2. 纵向设置

纵向关系上，我国存在较为普遍的职责同构现象，在生态环境领域亦是如此。省、地、县等各级地方政府参照中央部门，设置了总体上类似的职能机构，包括国土、农业、水利、林业、海洋渔业、环境保护。为了配合执法监督的需要，地方政府还建立了监察和监测机构。

依照《环境保护法》规定，地方人民政府对本辖区的环境质量负责，环境质量的好坏，地方政府是责任主体。因此，在中央和地方生态环境机构关系上，实行以地方政府为主的双重领导，地方生态环境部门的人事任命、财政预算均由地方政府主导，中央部门对地方部门实行业务指导。

为了监督地方政府落实国家法律法规，中央探索建立了一系列自上而下的监督制约机制。一是在环保、流域、林业等领域设置了区域督查机构，负责各自区域内的生态环境事务协调和督查。二是建立考核评价机制，把资源消耗、环境保护纳入政绩考核当中，并不断提高其所占比重。但是，由于权威性和结果应用不足等原因，这些机制发挥的作用远远不够。中央政府对于地方政府是否有效履行了对本辖区环保质量负责的义务，在某种程度上仍然缺乏有效的机制和手段进行制约。

（二）国际经验

作为后发国家，我国日益严重的生态环境问题在大部分发达国家的历史上都曾经出现过，只是强度、范围和规模有所不同。发达国家经过努力大都遏制了常规污染和改善了生态环境。近年来，国际上很多国家进行的生态环境行政管理体制重组、改革和创新，提供了很好的参考经验。综合看，发达国家的经验和发展趋势具有以下特征。

（1）结合政体和管理需要，形成不同的职能配置模式

生态环境部门的主要职能范围涉及环境、自然资源、土地、海洋、生态等诸多内容。从各国经验看，大致有三种职能配置模式：一是以美国为代表，污染防治与资源生态分而治之，分别由美国国家环境保护局、内政部和农业部负责；第二类以加拿大、日本为代表，污染防治与生态保护职能相结合成立一个综合监管机构，林业、农业、海洋等组成另外的管理机构；第三类以德国为代表，把污染防治、生态保护与资源保护都集中到一个部门，并叠加其他管理职能，形成一个超级大部（表 3.2）。这种情况反映生态环境部门不存在固定的职能设置方式，而是要根据一国的政体、生态环境保护需求、国家规模等因素设置，并随着时间而调整。

表 3.2　主要国家的生态环境、自然资源管理部门

国家	生态环境、自然资源管理部门
美国	美国国家环境保护局，内政部（土地、海洋能源、国家公园、渔业和野生动物），农业部（林业、自然资源保持）
加拿大	环境部（水、空气与土壤、水资源、气象、生物多样性），自然资源部，渔业及海洋部
日本	环境省（大气、水、环境与健康、生物多样性等），国土交通省，农林水产省
英国	环境、食物及乡郊事务部（大气、生物多样性、森林、水等事务），能源与气候变化部
德国	联邦环境、自然保护、建筑和核安全部

资料来源：中国环境与发展国际合作委员会，2008

（2）设置跨部际协调议事机构，促进横向协调

由于环境管理的综合性、复杂性，以及与社会、政治、经济的关联性，大部分国家都设置了生态环境管理综合决策协调机构或机制。例如，美国联邦政府设有环境质量委员会，职能是为总统提供环境政策方面的咨询和协调各行政部门有关环境方面的活动；日本成立中央环境审议会，作为总理府的下属机构，会长由内阁总理兼任，其主要职权是处理有关都道府县制定的公害防治计划、审议有关防治公害的基本的和综合的措施并促进这些措施的实行等；德国联邦政府于 2000 年成立国家可持续发展部长委员会，联邦总理为该委员会主席，其任务是制定可持续发展战略（中国环境与发展国际合作委员会，2008）。

（3）建立跨区域的协调督查机构，进行监督协调

许多生态环境问题具有跨行政区特征，在流域水污染、大气污染等方面尤为明显。许多国家据此设置了区域性环境机构，作为生态环境主管部门的派出机构或直属机构，人员编制属于环境管理主管部门。其主要职责有二：一是协调作用，针对具有跨行政区域的污染防治和生态保护事务进行协调；二是监督作用，旨在督促地方政府落实中央制定的环境保护政策、标准。

（4）强化环境部门的权威性，主管机构及负责人的行政地位较高

为适应环境保护的需要，许多国家采取多种措施强化环境部门的权威性，其中的手段之一是配备高级别的首长。美国国家环境保护局虽然不是联邦行政部门（内阁部长领导的机构），而是联邦独立机构（共计 70 余个），但其地位较一般的联邦独立机构相对重要。在美国 23 个内阁成员中，除了副总统和 15 个内阁部长外，环境保护局局长是除此之外的 7 位成员（如白宫幕僚长、美国驻联合国大使等）之一（任景明，2013）。韩国环境部部长是国务委员，受国务总理的命令，就环保政策、计划及其执行在各部门间进行统一协调；澳大利亚的环境部部长也从 1987 年开始进入内阁。

三、 生态环境行政管理体制改革思路与核心任务

（一）基本目标与原则

生态环境治理行政管理体制改革的基本目标是：在完善现代市场体系、转变政府职能、推进法治建设等大背景下，从生态系统的完整性出发，按照所有者和管理者分开、开发与保护分离的原则，坚持大部制的改革方向，实现生态保护、污染防治、自然资源监管及资产管理等职能的合理配置，构建多层次统筹协调机制，建立分权制衡、相互协调、运行高效的行政管理体制，从而减少职能交叉，降低行政协调成本，提高体制运行效率。

生态环境治理的行政管理体制改革应遵循以下原则。

（1）在国家整体行政体制下推进，坚持依法行政、简政放权的原则

我国生态环境管理体制中的问题不是孤立存在的，与国家行政管理体制的大环境密切相关。改革生态环境治理的行政管理体制，应当放在国家整体行政体制下推进。目前看，国家行政管理体制有两大改革趋势：一是根据《中共中央关于全面推进依法治国若干重大问题的决定》的要求，深入推进依法行政，加快建设法治政府，进一步健全决策机制、行政执法体制，强化对行政权力的制约和监督；二是推动简政放权，减少政府对市场的干预，进一步释放经济活力，换而言之是把宏观规划与微观审批相分离，明确政府的定位。生态环境管理体制改革应以不违背这两个原则为前提，与整体行政体制改革协同推进，并实现决策、执行、监督、支撑在相对分离基础上的相互统筹协调。

（2）遵循生态系统完整性的规律，以及各要素的各自属性，部门设置实现专业性与综合性相结合

生态系统是生物及其生存繁衍的自然因素和条件的总和，它由多个要素组成，各要素相互关联、互相影响，形成复杂多样的结构和功能体系，是一个有机整体，具有系统性、区域性等特点。从这一角度出发，生态环境管理体系应当遵循生态系统的特点进行统一监督管理和流域、区域的综合管理。从组成生态系统各要素（水、土、林、气）来看，各自具有其自然和社会属性，包括不同的公共性和商业性，因此管理目标和方式也相应不同，生态环境行政管理需要比较明确的部门专业分工。综合而言，需要把统一监督管理与部门专业分工管理相结合，合理划定生态环境综合管理部门和相关专业部门的职责和作用范围。国际上，各国日益认识到生态系统整体性，围绕环境质量和风险防控适当合并了部门职能，但这种重组是有限度的，模式也多种多样，其中统一管理和分部门管理的模式均有比较成功的案例。

（3）在体制改革的基础上，利用机制改革和创新，实现生态环境保护职能有机统一

生态环境牵涉领域众多，既有内部的大气、水、土等自然要素，也涉及经济领域的工业、能源、交通等部门。这些职能的有机统一不可能通过建立一个超级部门来解决。其中，有些问题要改革体制来解决，有些可通过完善机制来解决。未来的生态环境大部制的组织架构，应当在体制创新的基础上，推动机制上的创新，通过构建高效的协调议事机制、监督和决策机制，做出程序性规定，提高体制改革的成果与效率。

（4）在服从整体行政体制改革的基础上，适当考虑生态环境的历史欠账及形势严峻、能力不足的现实情况，避免一刀切的简化改革模式

我国新一届政府上任以来，制定了一系列转变政府职能的政策措施，其中之一是严控机构编制，确保财政供养人员只减不增。由于我国官民比例较高，精简行政人员的总体改革方向无疑是正确的。但是，这一改革要充分考虑不同部门内部的需要，避免一刀切。对于生态环境财政预算、监测市场改革等内容，也应考虑现实情况和社会监测机构的能力，有序推进改革进程。

（5）处理好体制改革与构建治理体系的关系

应更加注重体制改革和构建良好治理体系之间的关系，特别是我国处于转型期，面临的资源环境问题既复杂多样，又具有综合性和快速变化的性质，因此需要把制度创新、治理改革和政策转变有机结合（王毅，2002）。

（二）核心任务

生态保护、污染防治、自然资源监管及资产管理之间有着十分复杂的联系，处理好了可能顺畅进行，处理不好就可能导致体制运行效率低下等问题。在遵循上述原则的基础上，从现行法律规定和各级政府有关部门的职能来看，我国生态环境行政体制改革需处理好的核心任务包括如下几项。

1. 根据开发与保护相分离、一件事情由一个部门管的原则，坚持大部制改革方向，优化职能配置

全面解决生态环境保护职能分散、“碎片化”现象突出、效能低下的问题，优化职能配置，需要做到如下几点。

（1）进一步完善污染防治的职能配置格局

我国在污染防治领域采取环保部统一监管、各部门分工负责的模式。由于环保部门与发展部门相比处于弱势且权威性不足，因此很难肩负起统一监管的责任。目前看，应清理各部门污染防治方面的管理职责，强化污染防治的职能整合，把当前仍然分散在各部门的环境污染防治的行政监管职能进一步整合到环境保护部门。由一个部

门统一负责污染防治的职责，对污染物、污染源、纳污介质实施统一监管，实现污染防治的“大部制”，有助于提升环保地位。

环境保护部门的内部机构设置既可以按照环境要素设置，也可以按照功能设置。但从未来我国生态环境的重点从污染物总量控制转向环境质量管理的趋势看，按照功能设置内部司局的模式，难以从根本上满足需求。例如，环保部污染防治司总共数十人，却需要承担拟订水体、大气、城区土地、噪声、光、恶臭、固体废物、化学品、机动车的污染防治政策、标准等多项职能，难以满足实际管理需要。在这个意义上，应参考国际上的做法，按照环境要素改革环境保护部门的内部司局设置。

（2）有效分离自然资源资产管理职能与行政监督管理职能

根据十八届三中全会决定，自然资源资产管理与监管相分离已经较为明确，但究竟是成立专门的自然资源资产管理委员会，还是在自然资源管理部门下设相对独立的自然资源资产管理局，尚未达成共识。前者实现了开发与保护的较大程度分离，而后者仅实现了开发与保护的相对分离，在部委内部进行开发与保护的统筹。从我国政治体制和历史经验看，在自然资源管理部门下设相对独立的自然资源资产管理局，内部平衡的难度非常大。在这个意义上，成立专门的自然资源资产管理委员会进行资源开发管理较为合适，同时要区分商业性资产、公共性资产，厘清中央与地方的事权、财权、收益划分。

建议梳理国土、农业、水利、林业等部门的自然资源资产管理职责，组建统一的自然资源资产管理机构，负责对土地等自然生态空间进行统一确权登记，对国有自然资源资产实行集中统一管理，行使国有自然资源资产所有者职责。在适当分离资产管理的基础上，根据所有者与管理者分开、开发与保护相分离的原则，组建统一的自然资源监督管理机构，负责国土空间规划、用途管制、执法监察、行政督察等职责（中国科学院可持续发展战略研究组，2014）。

（3）处理好生态保护职能的归属问题

生态系统服务功能具有经济和生态双重属性。其经济属性体现为作为自然资源可被开发利用，其生态属性体现在为公众提供各类生态服务（包括环境调节、生物多样性等生态公共产品），后者又受到环境污染和人类活动的影响。因此，从生态系统的属性看，污染防治、自然资源管理都与生态保护密切相关。

在这个意义上，无论生态保护职能如何配置，都有一定的科学依据。在污染防治和自然资源管理相分离的情况下，生态保护的配置有两种方案：一是把生态保护职责赋予环境保护部门，实现污染防治和生态保护的统筹；二是自然资源管理部门行使领土范围内国土空间用途管制管理职责，对山、水、林、田、湖进行统一保护、统一修复，此时环境保护部专门负责污染防治。

（4）明确综合经济部门的生态环境职能

综合经济部门在我国行政管理体制中有着极其重要的地位。一般而言，国务院各部委只配备一位正部级官员，而作为综合经济部门的国家发改委配备了多位正部级官员，显示出极其特殊的地位。能否合理确立综合经济部门的生态环境职能，对我国综合性的生态文明建设与生态环境保护工作至关重要。

通过制定新的政府部门“三定”（定职责、定机构、定编制）方案，进一步明确综合经济部门生态环境保护的职能，促使其把资源节约、环境友好、绿色发展的理念充分整合到主要职能的履行中，实现环境与发展的综合协调。

2. 强化机制建设和创新，增强生态环境保护在经济社会发展中的宏观调控职能

在明确分工的同时，应强化部委间的协调合作，解决当前“有分工、无合作”的问题，并加强环境与发展政策的综合协调，涉及以下三方面的内容。

第一，建立健全生态环境的协调议事机制和程序。

生态环境大部制只能解决环境内部各个要素的协调，而无法处理环境与自然资源管理、经济发展之间的关系。问题的关键在于究竟是设立高规格、国务院领导牵头的跨部门协调机构，还是相对低级别的部际协调机制。我国在1998年的国务院机构改革中，把原先国务院环境保护委员会的协调职能分配给环境保护部，但由于其缺乏足够权威，环境保护部的部际联席会议起到的作用不大。2008年的政府机构改革方案更强调了要精简和规范各类议事协调机构。但无论如何，国外的许多实践也证明，高规格协调机构对生态环境保护起到不可估量的重要作用（中国科学院可持续发展战略研究组，2008）。在这个意义上，我国应考虑在新的背景下创新协调议事机制，从法律上制定部门协调的程序性规定。

第二，推动决策的科学化和民主化进程，完善环境与发展的综合决策机制。

环境与发展失衡是我国生态环境问题的重要根源。要改善生态环境，必须把环境与发展综合决策放在非常重要的位置。在工业、农业、能源、林业、水利、交通、旅游、自然资源开发等的法律法规、标准、规划制定、项目审批等方面，要充分保障生态环境保护部门的参与，特别是产业政策、经济结构调整等重大经济和技术政策制定，要把生态环境部门的意见和建议纳入其中，实现多目标的取舍和平衡。

实现上述目标，需要建立健全综合决策机制，形成有明确法律法规的可操作规则。一是改革决策过程，把战略环评、公众参与、专家咨询确定为重大行政决策法定程序；二是强化责任追究，建立重大决策终身责任追究制度。

第三，建立有效的考核监督机制，督促职能部门、地方政府履行生态环境保护职能。

应建立起相对独立的履职评估机制，对生态环境保护的各职能部门、地方政府进

行有效的监督、考核和问责。对职能部门，考核评估的重点是在部门规章和标准拟定、项目审批等方面是否充分考虑了生态环境保护；对地方政府，考核评估的重心是生态环境法律法规的执行情况，以及生态环境质量的改善情况。

3. 适当分离监测权与决策权，构建独立生态环境监测体系，保障数据的真实性

针对当前生态环境监测网络存在的数据不一致、数据失真、造假普遍等问题，建议改革生态环境监测体制。未来的生态环境监测体制改革应重点突出“独立”和“统一”两个关键词，组建直接向国务院负责的国家生态环境质量监测评估机构。既要理顺中央与地方的生态环境监测事权、人事与财政关系，确保生态环境监测数据的真实性、有效性及评估的独立性，也要理顺各部门间的职责分工，实现对所有污染物、污染源、污染介质的统一监测，消除监测网络的重复建设、资源浪费的现象。独立生态环境监测评估体制可按如下路径进行改革（国家生态环境治理体系课题组，2014c）。

首先，在生态环境保护相关部委内部，把生态环境质量类监测与监督性监测相分离。从监测的目的和属性看，生态环境质量类监测服务于公众知情及生态环境质量考核等，监督性监测服务于监督执法及污染物排放量核算等。目的和属性不同，相应的生态环境监测体制安排也不同。

其次，成立直接向国务院负责的国家生态环境质量监测评估局，建立统一的数据信息平台。将现有的国土、建设、交通、水利、农业、卫生、林业、气象、海洋等领域的生态环境质量监测力量从各职能部门剥离，并与环保系统的环境质量类监测力量整合。

生态环境质量监测系统实行垂直管理，形成独立高效的环境监测体系。短期看，可以将现行以地方为主的国家地方双重管理体制，改革为以国家为主的国家和省级双重管理体制，由中央上收环境监测事权关系、人事关系与财政关系；长期看，要全面引入社会力量，除了保留中央机构外，具体的生态环境监测服务由中央政府直接向第三方监测机构购买；在此基础上，开展我国生态环境质量及生态文明建设进展的独立评估工作，提供评估报告。

最后，监督性监测的职能仍保留在生态环境保护主管部门，实行以地方为主的双重领导机制，以支撑生态环境监督执法。同时，联合区域派出机构加强中央对污染源监测的监督，并强化社会力量的监督。

4. 理顺生态环境领域的条块关系，建立独立生态环境监管执法体系

建立发挥中央和地方两个积极性的生态环境保护体制机制，是我国面临的最大挑战之一。在计划经济时代，地方作为中央在地方的代理人，是中央意识在地方的延伸。但是随着经济体制的改革，地方逐步演化成具有相对独立利益的代表，追求政治

晋升及地方经济发展和财政收入增长最大化。与之相对应的，则是生态环境的投资大、见效慢等特性，难以满足地方追求短期政绩的需要。在当前我国实行生态环境的属地化管理、中央生态环境机构对地方实行业务指导、“强块块、弱条条”特征显著的情况下，如何摆脱各级地方政府对环境保护法律实施的制约和干预、建立独立生态环境监管执法体系，是个极其紧迫而又困难的任务。在目前的政治体系下，可采取的措施包括如下四个方面（国家生态环境治理体系课题组，2014c）。

（1）明确生态环境监管执法的法律地位，压缩自由裁量空间

法律授权的自由裁量权太大，没能为严格执法提供制度保障是关键原因之一。明确生态环境部门独立开展生态环境监管执法的法律地位，以及不受其他行政机关、社会团体和个人干涉的原则。改变法律条款相对原则、缺乏可操作性的立法模式，明确环境违法行为等级及其对应的处罚措施，压缩自由裁量空间，规范权力。

（2）提高生态环境执法部门的权威性，构建统一权威的国家生态环境监察体系

完善国家生态环境监察制度，强化对地方政府履责的监督力度。健全“国家监察、地方监管、单位负责”的监管体系，监督执法职责应主要由地方政府承担。授权区域环境督查机构对地方政府执行国家环境保护政令、履行环境保护责任实施监督，加大上级环保部门对下级环保部门环境执法工作的稽查力度。

在“省地市”生态环境监管执法机构实行具有相对独立性的双重领导体制。地方各级环保部门执法业务以上级生态环境监管执法机构领导为主，对下级人民政府及同级其他部门的生态环境监管和行政执法工作实施监督检查。

（3）横向上，建立生态环境的联合执法机制

强化部门间协调联动，建立环境保护综合执法体系。建立会同其他相关部门特别是公安、城管的联合环境执法机制，可借鉴昆明或宁夏模式，设立环保警察，人员编制由公安部门负责，解决当前事业单位改革影响环境监察队伍身份地位的尴尬局面。联合工商、卫生、金融、电力等部门，形成高效执法合力，加强行政执法与刑事司法衔接。

统筹陆海环境执法，建立环保部门与海洋部门间的协调合作机制。就海洋环境保护联合执法监督检查、陆源入海污染行为联合执法等方面开展合作，解决陆上污水排放超标超量、海洋海岸工程建设违规等问题。

（4）形成“自上而下”和“自下而上”相互配合的监督体系

通过制度安排实现对地方政府的督察，“自上而下”指中央政府要通过区域/流域环境督查机构，利用环境质量考核、财政手段对地方政府形成压力，“自下而上”指发挥非政府组织、公众、传媒的监督作用。

中央建立健全引导和监督地方政府有效实施法律、规划和计划的行政监督、财政预算体制与制度机制。把当前以总量为主的过程管理转变到以质量为导向的结果管

理，重点是监督考核省级政府的环境质量及其改善目标的实现程度。建立生态环境损害责任终身追究制，抓紧建立领导干部任期生态文明建设责任制、问责制和终身追究制，建立领导干部离任资源环境责任审计制度，加快制定自然资源资产负债表的编制规范。将财政经费转移支付与考核结果挂钩，实施以奖代补。

针对排污企业多，信息不对称等特点，引入社会监督力量，通过进一步的政府和企业信息公开，建立健全社会组织与公民个人监督政府和企业行为的制度，逐步建立和形成社会治理体制机制，并与政府部门形成相互配合、相互监督的“协同治理”格局，使政府的环境保护独立监管和行政执法真正发挥出其效能。

5. 加强生态环境领域的人才队伍和能力建设，加大财政支持力度

针对存在的人员、财政支持不足等问题，应在生态文明建设重要程度日益提高的情况下，重新审议“三定方案”，根据需要，增加生态环境部门的公务员编制，从而满足日益繁重的管理任务。纵观西方发达国家的中央环保机构人员数与总人口比例，最低的德国也达到 1.5∶10 万，而我国只有 0.02∶10 万，即使加上资源管理部门也不过 0.16∶10 万。

提升生态环境的行政管理人员依法行政及与公众沟通的水平。通过培训、吸收优秀人才等方式，提高行政人员的管理水平。作为环境执法的主体，各级环保部门必须强化自律，加强对执法人员的教育管理。

加大财政对生态环境科学研究、监测及信息化、监督执法的扶持力度，同时提高资金的使用效率。根据国际经验，当治理环境污染的投资占 GDP 的比例达到 1%～1.5%时，可以控制环境污染恶化的趋势；当该比例达到 2%～3%时，环境质量可有所改善（世界银行，1997）。在适当的时候，用法律法规来强制性规定用于生态环境保护的财政投入占比。

四、 中央部委生态环境管理职能重组方案

中央部委生态环境管理职能重组的目标是将污染防治、生态保护、自然资源管理的制度供给、组织执行、监督执法、协调合作、提供环境公共产品等职责进行合理配置，从而减少职能交叉，降低行政协调成本，实现权力制衡上的协调一致，提高体制运行效率。

（一）改革方案设计及比较

根据上述分析，可以发现在职能配置上，把污染防治职能与自然资源资产管理职能分置在不同部门的方案是比较可行的，但生态保护如何配置还有较大争议。根据这

些职能的不同归属，提出以下三种改革方案。

1. 自然资源监管与生态保护统一，并与污染防治相分离的方案

该方案的主要特征是将生态保护与自然资源监管由一个部委进行统一管理，环境保护部专门负责污染防治。这主要是考虑到现有立法规范、部门职能和管理能力，自然资源管理部门可能更具专业能力来行使领土范围内国土空间用途管理职责，对山、水、林、田、湖进行统一保护和修复。

其中，自然资源资产管理委员会专门负责自然资源资产管理，统一行使全民所有自然资源资产所有权人职权；自然资源与生态保护部负责统一空间规划和用途管制；环境保护部定位于污染防治的“大部制”，负责生态文明制度框架下的污染综合防治（图 3.1）。

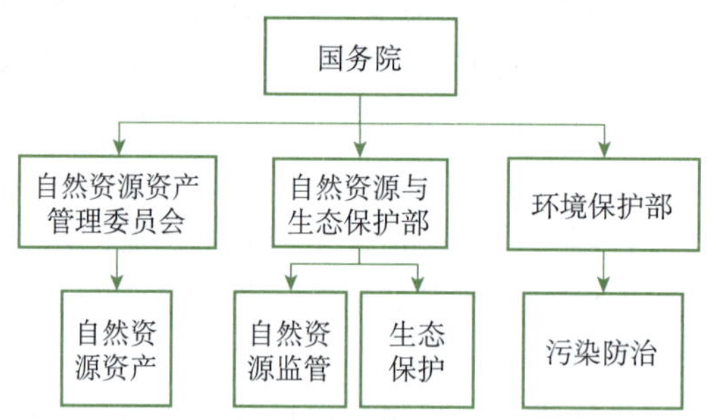

图 3.1 自然资源监管与生态保护统一，并与污染防治相分离的方案

该方案需要现行管理体制做出以下调整：第一，梳理分散在各部门的自然资源资产管理职能，组建集中的自然资源资产管理委员会；第二，把分散在国土、农业、水利、林业等部门的自然资源保护和生态保护等职能集中起来，组建自然资源与生态保护部，统筹自然资源和生态保护；第三，把分散在海洋、水利等部门的污染防治职能集中到环境保护部。

2. 生态保护与污染防治统一、并与自然资源监管相分离的改革方案

该方案主要特征是防治污染和保护生态由一个部委负责，统筹污染防治、生态修复与保护，实施全面管控，其理论基础是生态系统的保护修复和污染防治工作息息相关，互相影响，污染防治是生态保护的前提，生态保护是污染防治的目的。

其中，自然资源资产管理委员会专门负责自然资源资产管理，统一行使全民所有自然资源资产所有权人职责；自然资源监管委员会负责统一空间规划和用途管制；生态环境保护部负责污染防治和生态保护的统筹处理（图 3.2）。

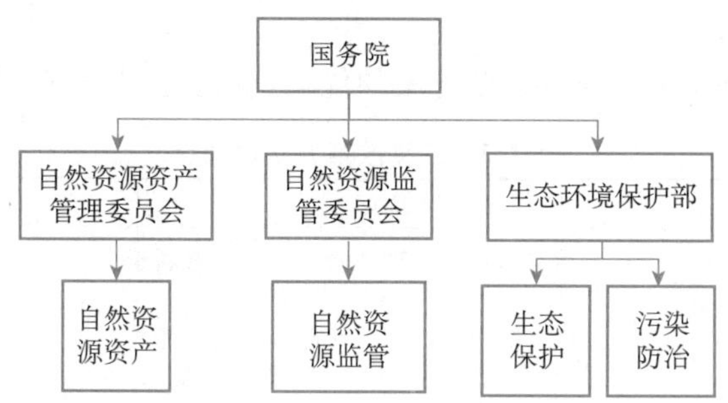

图 3.2　生态保护与污染防治统一，并与自然资源监管相分离的改革方案

该方案需要现行管理体制做出以下调整：第一，梳理分散在各部门的自然资源资产管理职能，组建集中的自然资源资产管理委员会；第二，把分散在国土、农业、水利、林业等部门的自然资源保护职能集中起来，组建自然资源监管委员会；第三，把分散在海洋、水利、国土、交通等部门的污染防治和生态保护职能集中起来，组建生态环境保护部。

3. 资源与环境统筹的大部制方案

该方案把自然资源监管、生态保护和污染防治集中在一起，由一个部（委）进行统筹管理，具有较强的决策、监督、管理职能。

其中，自然资源资产管理委员会专门负责自然资源资产管理，统一行使全民所有自然资源资产所有权人职责；资源与环境保护部负责统一空间规划和用途管制、统筹污染防治和生态保护工作（图 3.3）。

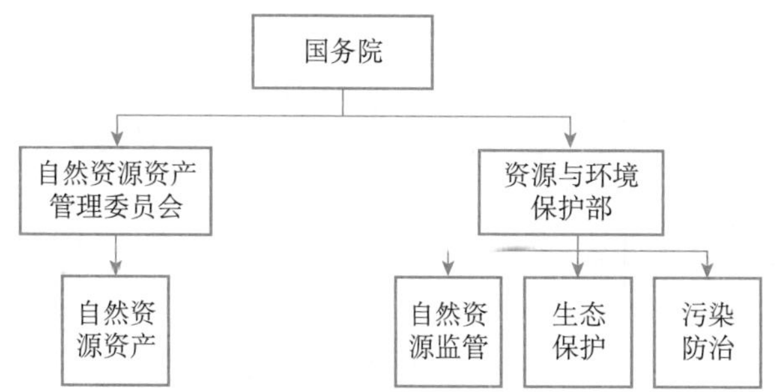

图 3.3　资源与环境统筹的大部制方案

该方案需要现行管理体制做出以下调整：第一，梳理分散在各部门的自然资源资产管理职能，组建集中的自然资源资产管理委员会；第二，把分散在环保、海洋、国土、农业、水利、林业等部门的自然资源保护、生态保护和污染防治等职能集中起来，组建资源与环境保护部。

4. 方案比较

为便于比较，现将上述三种改革方案的优缺点列表（表3.3）如下。

表3.3 三种改革方案优缺点

改革方案	优点	缺点
方案1： • 自然资源资产管理委员会 • 自然资源与生态保护部 • 环境保护部	• 自然资源资产管理和管理分离，有利于相互监督 • 从现有能力看，资源管理部门更具能力进行山、水、林、田、湖的统一修复	• 生态保护和污染防治之间仍需要一定的部际协调
方案2： • 自然资源资产管理委员会 • 自然资源监管委员会 • 生态环境保护部	• 自然资源资产管理和管理分离，有利于相互监督 • 有利于污染防治和生态保护的统筹协调	• 从阶段看，环境保护部门缺乏足够的能力；生态保护和自然资源之间仍需要一定的部际协调
方案3： • 自然资源资产管理委员会 • 资源与环境保护部	• 资源与环境保护部具有较强的决策、监督、管理职能，其管辖范围和权威都有较大扩大和提高	• 对部门负责人的能力有较高要求，内部行政协调成本较高

（二）建议改革方案

综合各方面的考虑，建议方案是未来国家生态环境管理相关职能主要由“二委一部一局”负责，分别为国家发展和改革委员会、自然资源资产管理委员会、资源与环境保护部、国家生态环境质量监测评估局（图3.4）。

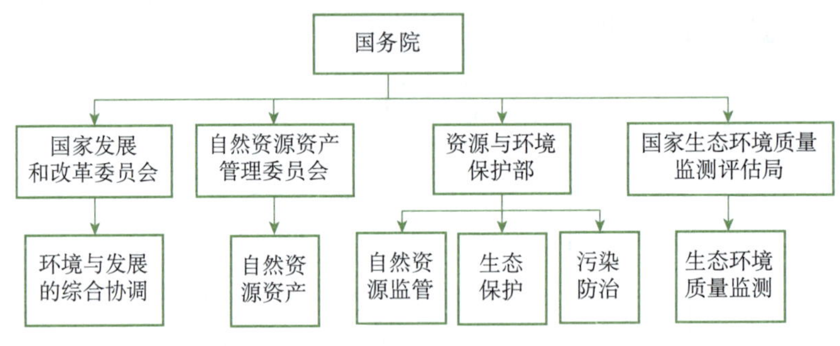

图3.4 生态环境管理职能配置

1. 国家发展和改革委员会：负责环境与发展综合协调

国家发展和改革委员会作为综合部门，负责环境与发展统筹、生态文明建设和“绿色化”的协调工作，把生态环境保护贯穿到生产、流通、消费等各个领域。

该部门的主要职责包括：把生态环境保护纳入国民经济发展规划，负责专项规划与综合规划的协调；把生态环境保护融入经济结构调整、重大建设项目和生产力布局等领域；组织拟订并协调实施能源资源节约、综合利用和发展绿色经济、循环经济、低碳经济的规划和政策措施；综合分析经济社会与资源、环境协调发展的重大战略问题；综合协调环境保护产业的发展。

2. 自然资源资产管理委员会：负责自然资源资产管理

自然资源资产管理委员会专门负责自然资源资产管理，统一行使全民所有自然资源资产所有权人的职责，保护国有自然资源资产权益。

自然资源的资产管理，应当有效区分商业性资产和公益性资产，并实行不同的管理目标、原则和制度。商业资产包括经营性建设用地和农业生产用地及经济林木、矿产等资源。对商业性资产，进一步实行市场化改革，并建立相应的资产经营监管体系。公益性资产，包括自然保护区、国家森林公园及公益林等特殊生态保护区域和各种政府的公共用地。对公益性资产，要采取公共行政管理手段加以管理，严格禁止和限制经营性利用等。

从具体职能看，自然资源资产管理委员会的主要职责包括：对自然资源调查监测、统一确权登记，建立自然资源产权的统一登记制度，进行自然资源分类；建立自然资源使用的行政许可制度，明确使用者利用自然资源的权利及特定的义务；完善资源有偿使用制度，制定国有自然资源使用权出让收益分配和使用政策，保障所有者权益；建立基于用途管理的灵活的交易制度；建立自然资源资产核算体系。

3. 资源与环境保护部：负责自然资源保护监管、生态保护与污染防治

组建资源与环境保护部是一个统筹改革方案，对部门行政管理的综合协调和专业能力有较高的要求，主要负责自然资源保护监管、生态保护与污染防治等职能。

资源与环境保护部采取“一部多局”的内部设置模式，充分考虑自然资源和环境要素的属性差异，实行专业化管理和综合管理相结合。在部下面可设若干部门管理的国家局，分别负责土地、海洋、林业等监管、公共服务等职责。专业领域以国家局为单位进行管理，综合交叉事务由部委进行协调管理。

从具体职能看，资源与环境保护部应重点围绕制度建设与环境质量结果考核开展工作。主要职责包括：第一，负责建立全面统筹生态环境保护与自然资源监管的基本制度，协助拟订生态环境保护与自然资源监管的法律草案，制定相关法规和行政规章。第二，编制国家生态环境保护等规划；负责污染综合防治、生态环境建设、生物多样性保护和生态恢复工作。第三，组织制定生态环境保护标准、基准和技术规范。第四，参与国家经济和社会发展战略规划，增强生态环境保护与自然资源开发和经济社会发展的统筹协调职能。

4. 国家生态环境质量监测评估局：负责监测、评估和预警

国家生态环境质量监测评估局是独立于资源和环境保护部门的职能管理机构，直

接向国务院负责。

国家生态环境质量监测评估局及其下设机构实行垂直管理。该部门应当承担以下职责：第一，制定生态环境监测制度和技术规范、布局，确立大气、地表水、地下水、海洋、土壤等领域的监测指标。第二，组织实施生态环境质量监测，对生态环境质量状况进行独立调查评估；第三，联合中国气象局等单位，对生态环境质量进行预测预警，为实施应急措施提供支持；第四，组织建设和管理国家生态环境信息网；第五，建立和实行环境质量公告制度，统一发布国家重大环境信息与综合环境评估报告。

五、 跨行政区环境管理和流域管理体制改革

跨行政区域和流域行政管理部门是介于中央和地方行政区之间的职能部门，是构建区域治理体系的重要组成部分。组建跨行政区的管理机构是国际上的通行做法，主要出于生态系统完整性、区域性和流域性空间布局监管及资源环境问题解决，以及中央对地方监督等考虑。我国目前已经建立了所谓的区域和流域环境监管行政机构，如环保部六大区域环境督查中心、水利部七大流域管理委员会等。但这些管理机构的定位基本是作为国务院各行政主管部门的派出机构，职能单一和缺少执法能力，难以根据生态系统的整体性进行综合管理，也难以承担解决跨行政区与流域资源环境问题的综合协调与执法任务。

从未来跨行政区与流域管理体制改革的方向看，关键是明确跨行政区的区域和流域行政管理部门的法律地位，增强其权威性和执法能力，确保其能够真正进行协调和监督。

（一）组建多样性的区域和流域管理体制

我国地域辽阔，生态环境问题具有多样性，因此区域和流域管理体制不可能是单一类型。从职责定位看，既有以督察地方政府落实国家生态环境政策为主的，也有以跨行政区协调职能为主的；从范围看，大气污染防治涉及京津冀、长三角、珠三角等区域，流域包括长江、黄河、淮河、辽河等；从对象看，涉及水、大气、土壤等多种类型。

根据我国生态环境管理的现实需要，跨行政区域管理体制安排应该至少包括以下两种类型。

（1）以监督为主要职能的区域生态环境督查机构

这类机构重在监督地方落实中央的生态环境法律法规，是中央监督和引导地方的重要手段，是完善国家监察、地方监管、单位负责的监管体制的重要内容。区域督查

机构在规定的工作区域内履行相关职责，督查对象是地方政府及地方生态环境保护部门的履职情况，而非排污企业。

考虑到生态环境保护机构的权威性不足等问题，应改组区域生态环境督查机构，不应仅仅作为生态环境部门的派出机构。在可能的情况下，可考虑作为监察机构、生态环境保护机构及综合部门的共同派出机构，全面增强区域督查工作的权威性。

（2）以协调为主要职能的跨行政区域协调机构

这些机构是根据环境污染防治、生态系统保护的区域性特征而设立的，建立和强化省际联合、部门联动的联防联控体制。从当前的生态环境问题看，应重点协调大气、水污染的综合防治及生态保护等工作。

针对大气污染的区域性，研究探索划定跨行政区域的空气质量控制区或者管理区，由中央政府相关部门同有关地方政府负责人组成管理委员会、领导小组，或单独组建区域环境管理机构，担负区域规划和重大问题的决策、协调和监督职能，着力构建区域“统一规划、统一监测、统一监管、统一评估、统一实施”的体制机制。

针对流域综合管理，组建由中央政府有关部门、地方政府及各利益相关方组成的流域委员会，担负流域规划和重大问题的决策、协调和监督职能，重组流域管理体制，将水资源管理和水环境管理统一起来，通过跨部门与跨地区的协调管理，充分利用生态系统功能，实现流域的经济、社会和生态环境福利的最大化及流域的可持续发展（陈宜瑜等，2007）。

（二）按照职能定位，对跨行政区的区域和流域管理机构授权，强化其能力建设

强化生态环境区域督查机构的法律基础。新发布的《环境保护法》规定了“国家建立跨行政区域的重点区域、流域环境污染和生态破坏联合防治协调机制”，但条文规定相对原则。更为重要的是，尽管在制定过程中屡有呼声，但生态环境区域督查机构最终没能写入法律。在未来的法律修改过程中，应当明确区域督查机构的法律地位，对其设置条件、程序、职责范围等进行规定。

按照职能定位，对跨行政区域管理机构进行授权。对于主要负责监督的区域生态环境督查机构，要真正赋予其监督和执法权力，对违法行为形成威慑。对于更强调协调的联防联控机制，应赋予其决策权和执行权，为实现统一规划、标准和防治措施奠定基础。

对派出机构和协调机构给予人员和财政保障。对大国来讲，维持一定数量的工作人员是完成监管任务的前提，如美国国家环境保护局的区域派出机构有大约 1 万名员工。因此，应增加人力投入，扩大人员编制，健全机构设置，提高工作效率，加强机构的能力建设和保证经费支持。

参考文献

本书编写组．2013.《中共中央关于全面深化改革若干重大问题的决定》辅导读本．北京：人民出版社

陈宜瑜，王毅，李利锋，等．2007. 中国流域综合管理战略研究．北京：科学出版社

国家生态环境治理体系研究课题组．2014a. 政府生态环境保护行政管理体制方案研究．中国国际经济交流中心基金课题

国家生态环境治理体系研究课题组．2014b. 生态环境治理体系的发展历程、现状及存在问题．中国国际经济交流中心基金课题

国家生态环境治理体系研究课题组．2014c. 国家生态环境治理体系研究（综合报告）. 中国国际经济交流中心基金课题

任景明．2013. 从头越：国家环境保护管理体制顶层设计探索．北京：中国环境出版社

世界银行．1997. 1997 年世界发展报告：变革世界中的政府．北京：中国财政经济出版社

王凤春．1996. 试论我国自然资源立法的几个问题．中国人口·资源与环境，(4)：56-58

王凤春．1999. 美国联邦政府自然资源管理与市场手段的应用．中国人口·资源与环境，(2)：95-98

王金南，蒋洪强．2007. 环境管理体制：变革与创新．见：中国环境与发展国际合作委员会等．中国环境与发展：世纪挑战与战略选择．北京：中国环境科学出版社：329-359

王毅．2002-11-23. 环境、发展与治理结构：中国如何应对新世纪的环境挑战，在第三届中国环境与发展合作委员会第一次会议上所作的关注问题报告

王毅，苏利阳，秦海波，等．2014. 中国生态环境保护管理体制改革研究，生态文明建设背景下的环境保护制度体系创新研究分报告．中国环境与发展国际合作委员会委托课题

杨伟民．2013-11-23. 建立系统完整的生态文明制度体系．光明日报，2

中国环境与发展国际合作委员会．2008. 国外环境保护机构设置国别情况介绍．http://www.china.com.cn/tech/zhuanti/wyh/2008-02/04/content_9652112.htm [2015-4-18]

中国环境与发展国际合作委员会"生态文明建设背景下的环境保护制度体系创新研究"课题组. 2014. 生态文明建设背景下的环境保护制度体系创新研究

中国科学院可持续发展战略研究组．2008. 2008 中国可持续发展战略报告——政策回顾与展望．北京：科学出版社

中国科学院可持续发展战略研究组．2014. 2014 中国可持续发展战略报告——创建生态文明的制度体系．北京：科学出版社

Geels F. 2004. From sectoral systems of innovation to socio-technical systems：insights about dynamics and change from sociology and institutional theory. Research Policy，33(6)：897-920

第四章　生态环境治理与企业环境责任*

工业企业是环境污染的产生者，按照环境责任的属性原则应对其产生的环境污染和生态影响负有污染治理和生态改善的责任。当前，我国正处于产业结构调整和经济转型的关键阶段，环境污染和生态恶化影响颇大，面对复杂的国内外经济、社会和环境形势，政府、监管机构、行业协会和环保组织等都在持续推动企业履行环境责任。工业企业作为环境污染治理的责任方和实施方，应逐步建立内部环境管理体系，制定可持续发展战略，开展遏制环境污染和生态系统恶化的源头治理和过程清洁化生产，积极预防和减缓企业生产活动对生态环境造成的影响，以提升环境绩效和综合竞争力。

企业环境责任的内涵包括社会可持续发展、节能减碳、污染减排、环境损害救助等多个维度的环境理念和范畴。我国对排污企业的环境责任有明确的法律规定。根据2014年修订的《环境保护法》，企业事业单位和其他生产经营者应当防止、减少环境污染和生态破坏，对所造成的损害依法承担责任。企业事业单位和其他生产经营者违反法律法规规定排放污染物，造成或者可能造成严重污染的，环境保护监督管理部门可以查封、扣押造成污染物排放的设施、设备。我国现行的环境法律制度对企业项目运营的全过程都有生态环境保护责任的约束和要求，企业执行环境保护管理制度或行动在不同阶段有不同的表现形式。企业项目建设前期的环境责任，涉及环境影响评价和“三同时”制度等；项目运营期的环境责任，应遵守排污申报登记和排污许可制度、排污收费制度、清洁生产制度、环境信息披露制度、绿色信贷和环境责任保险制度等；项目结束存在环境后评估或环境损害事件的赔偿和生态补偿问题。

我国排污企业承担生态环境保护责任的出发点和执行力度，可分为几个层次：一是企业迫于政府和社会压力被动承担环境责任；二是按照国家和地方相关环境排放标准，进行末端治理、保障工业污染物达标排放；三是转变先污染后治理、边治理边污染为综合防治，强化从源头防治污染和生产服务全过程的生态环境保护；四是企业以保护优先、预防为主，表现为主动开展清洁生产和资源循环利用，优先使用清洁能源，采用资源利用率高、污染排放少的工艺、设备以及废弃物综合利用技术和污染物无害化处理技术，减少环境损害，企业的环境责任从传统的外部“监管”阶段进入高

* 本章由骆建华、范培培、崔志如执笔，前两位作者工作单位为全国工商联环境服务业商会，第三位作者工作单位为北京大学社会责任研究所。

度内部“自律”，这也是污染企业改善其内部治理结构和提高治理能力的过程。

一、 生态环境治理的企业环境责任定位

我国社会和经济能否实现可持续发展，在一定程度上取决于政府、企业和社会公众对环境保护的重视程度和环保政策的执行力度。生态环境治理体系涉及社会的多个行为主体，对每个主体有着不同的要求和规制方式。政府主导和监管、社会公众参与、企业践行构成了生态环境治理体系的多元化结构。政府、企业、环保组织和社会公众以不同方式融入产品生命周期的资源开采、生产、消费、回收、再生利用环节的生态环境保护过程，所有参与者在整个生态环境治理体系中都发挥相应的作用和承担特定的环境责任。

企业是环境污染的主要制造者，因而在消除环境污染和生态环境保护中肩负着不可推卸的责任。在多元共治的生态环境治理体系中，企业应对政府代表的环境公共利益负有重要责任，表现为在源头和生产过程的污染控制环节中，减少和降低资源开采及生产过程所造成的环境影响。社会公众选取减少生态环境影响的绿色消费行为，在产品生命周期的末端自下而上发挥着生态环境治理的经济杠杆调节作用，同时消费者还在社会物质流动的末端，即废弃资源的循环利用环节充当重要角色。在生态环境治理体系中，政府环保部门的作用体现在制定和完善环保法律法规体系，监督企业严格履行环境责任和义务，推动企业建立环境信息披露机制等方面。因此，生态环境治理体系的主导方是政府机构，生态环境治理体系的基石是社会公众，生态环境治理体系的第三方监督是环保组织，而企业则在生态环境治理体系中处于关键地位。

我国要推行生态文明建设，推动企业承担环境责任是决定社会可持续发展方式转变的关键途径。企业环境责任包括企业环境法律责任和企业环境道德责任。企业环境法律责任是指由法律、行政法规规定的企业必须承担的保护环境合理使用资源的社会责任，企业环境道德责任是指从社会可持续发展层面出发，自愿履行的保护和改善企业所处环境的质量、防止生态环境恶化、促进资源能源与社会经济协调发展的环境行动。企业遵守环保法律法规，建立健全环境管理体系，通过建立和落实适用于自身的环境制度达成环境目标，以改善和降低产品全生命周期内各生产环节的环境影响，同时加强对职工的环保宣传教育，提高环境意识。

在生态环境治理体系中，政府推动环保法律法规的出台和实施，承担着环境监管责任，尤其表现在新环保法背景下加强企业环境违法的惩处力度，维护环保执法的公正公平性。当前，新环保法赋予了环保监管部门多种处罚手段，但基层环保部门执法能力和动力尚有欠缺，相关部门应当在促进企业开展环境信息披露方面发挥重要作用，以严格落实环境执法，树立环保执法的威慑力。另外，政府在消费引导方面，通

过绿色采购消费行为也影响着事业单位、企业和公众的绿色消费。

在生态环境治理体系中，社会公众的参与体现在绿色消费、绿色采购和绿色办公的环保行动。如政府部门或有关公共民间团体给符合绿色技术要求的产品颁发的绿色环保标志，表明该产品在研制、开发、生产、使用、回收利用过程中的一系列指标都符合绿色标准，社会消费者通过节能、节水、节材、节地、垃圾分类回收及循环利用等相关的绿色消费和循环利用活动，降低消费过程的环境影响。因此，公众在倒逼企业开展环境保护的生产行为方面也发挥着重要作用。

二、企业环境责任的履行趋势及评估

（一）企业环境责任履行的形势

1. 国际和国内的双重压力促进企业履行环境责任

国际社会绿色经济方面，联合国巴黎气候大会及拟议中的“巴黎协议”将推动能源与低碳问题成为2015年全球关注的焦点。纵观国内，2015年我国新环保法正式实施，“按日连续处罚”等一系列规定，都表明了企业环境违法成本将明显提高，将有可能开启我国工业企业主动承担污染治理社会责任的新局面。中国绿色经济增长模式和发展思路的转型，将推动企业、行业、园区自我完善和加强社会责任的落实，通过生态工业设计、清洁生产等方式开展绿色产业改造和升级，以在未来绿色经济的竞争中占有一席之地。综上，面对国际和国内的双重压力，我国企业在环境履责方面将面临更多考验。

2. 各级政府及机构加强企业环境履责的监督

近年，我国各级政府继续推进企业履行社会责任，并加强对中央企业社会责任工作的监督。在国家层面，2008年国资委发布的《关于中央企业履行社会责任的指导意见》，明确了中央企业履行社会责任的指导思想、总体要求和基本原则，要求央企从八个方面履行社会责任。2012年5月国资委成立了中央企业社会责任指导委员会。此后，在国资委的要求下，所有央企已在2012年年底前发布了社会责任报告。据悉，国资委于2012年曾研究编制《央企社会责任管理指引》，以探索建立中央企业社会责任评价体系和考核评价机制，引导企业更好地履行社会责任，在节能环保、依法经营、诚实守信、参与社会公益事业等方面发挥好带头作用。另外，农业部在2011年实施的《农业产业化国家重点龙头企业认定和运行监测管理办法》中，提及龙头企业应公开社会责任履行状况。

在过去的传统经济发展模式下，国家侧重经济总量的增长，忽视了产业结构的合理布局和可持续增长。地方政府以GDP为导向的评判结果，使企业与地方政府结成利益联合体，地方政府成为排污企业的保护伞和阻碍环境保护的障碍，企业为追求利润最大化而忽视环境污染防治及社会民生问题。近年，国家层面以产业结构调整和转型为抓手，注重经济与环境的协同发展。

在地方层面，地方政府也纷纷出台政策推动当地企业的社会责任和透明度发展。北京市形成了企业社会责任建设工作方案，确定了推进市企业社会责任建设10项具体工作内容。上海市经济团体联合会发布了企业社会责任指南，提供了企业在编制企业社会责任报告时应遵循的原则和报告参考框架。深圳市人民政府颁布了《关于进一步推进企业履行社会责任的意见》（深发〔2007〕7号），陕西省推出了《工业企业社会责任指南》（陕政办发〔2009〕158号），贵州省发布了企业社会责任蓝皮书，对企业社会责任现状进行了评估，提出问题和对策建议。香港联合交易所曾针对其发布的《环境、社会及管治报告指引》咨询市场意见，鼓励上市公司就环境、社会及管治事宜做出汇报。上海证券交易所开展了针对国内企业可持续发展报告指南的研究，旨在通过对国内外最佳企业可持续发展报告指南的研究，为制定或改进适合中国公司的企业可持续发展报告编制指引提供参考。

3. 企业环境信息公开透明化

由环境保护部起草的《企业事业单位环境信息公开暂行办法》于2015年1月1日起施行，办法规定企业事业单位应当按照自愿公开和强制性公开相结合的原则，及时、如实地公开环境信息，环保部及地方行政机关将监督企业事业单位环保信息公开工作。关于企业环境信息公开，新环保法也提出两大类相关要求：企业需公开自身排污信息；政府需公开企业环境信息。因此总体来看，企业环境信息公开化是大势所趋。

从执行情况看，工业企业强制公开环境信息规定的执行力度有待加强。面对污染事故，以担心当地民众恐慌“维稳”为借口，企业迟报瞒报，未及时公布事故信息的情况屡见不鲜。例如，2010年紫金矿业金铜矿重大环境污染事故案中，污水泄漏污染汀江，部分江段出现死鱼，然而，在企业环境重大污染事故发生一个月后，相关信息才逐渐被媒体披露。总而言之，企业环境信息公开过程还缺乏有效监督，信息的真实性和准确性也存在折扣，要重拾公众对于环境信息透明度的信心还需大量工作。而且国家相关部门对于公众申请的执行情况，尤其是企业不履行公开义务的司法程序或惩罚程序尚未有明确规定。

4. 新环保法对企业履行环境责任提出了更高的要求

新的《环境保护法》对企业的环境违法明确了处罚手段。从具体条款看，第五十九条提出对违规企业实施“按日连续处罚”，即对持续性的环境违法行为进行按日、连续的罚款。环保部门被赋予了更多的权限，如查封违规企业，扣押其设施、设备，责令其限产停产、停业甚至关闭。此外，新环保法增加了对不负责任的环评服务机构及执法不力的环保部门的约束，从某种程度上可以打破违规企业、环评机构和环保部门之间的潜规则，间接增加了污染企业的违规成本。各地环保机构在与地方政府经济发展部门的博弈中，如果都能够落实和执行新环保法的各项条款规定，强化法律的威慑力，将提高排污企业的违法成本，带动行业内环境成本的显性化和内部化。

5. 工业集聚区或园区环境责任集群化

截至2014年年底，全国已经建有3300多个工业园区，包括开发区、高科技工业园区、化工园区等。以园区管委会作为代表地方政府的主管协调机构，不仅在地区产业规划和招商引资中发挥重要作用，而且担负着引导园区企业承担环境责任的功能。从正面效应看，园区型聚集模式在企业社会责任的履行过程中发挥了集群效应，显现了集中化综合污染防治的社会效益。从负面效果看，某些园区也出现了不作为或以牺牲环境效益为代价的招商行为，造成企业超标排污合法化的现象。例如，2014年内蒙古腾格里沙漠化工园区向沙漠直接排污，引发了恶劣的社会影响。

（二）企业环境责任公开及评估

我国企业社会责任承担情况主要通过企业自行发布的社会责任报告或者环境责任报告或者可持续发展报告来披露发布，而报告质量可以表明企业对环境责任的定位及重视程度。从纵向分析，中国企业社会责任报告数量持续增长，2013年全国已有1231家企业发布社会责任类报告（图4.1）（中国社会科学院经济学部企业社会责任研究中心等，2013；国务院国有资产监督管理委员会，2012），但也存在信息披露不完整的情况，约五成企业的报告仍处在起步阶段。从横向分析，特种设备制造业、电力供应业、银行业、石油和天然气开采与加工业4个行业社会责任报告质量较高；央

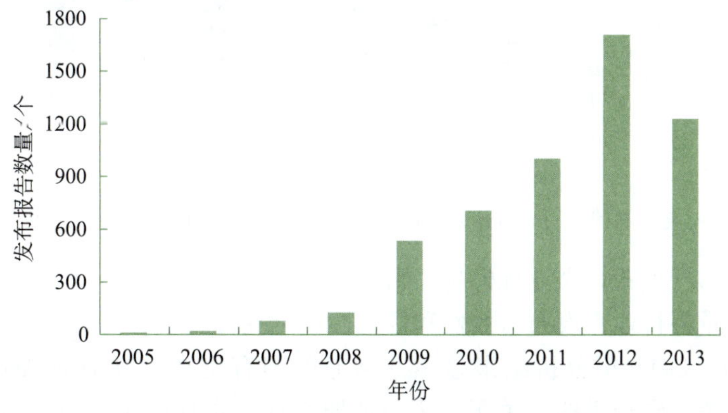

图4.1　国内企业发布社会责任报告情况

企环境责任报告质量最高，国有企业和外资企业的环境责任报告水平优于民营企业；来自我国台湾地区、香港地区及亚洲其他国家或地区的企业发布报告质量较好，这与其严格的环境管理和环保理念有关。

鉴于我国企业环境责任报告等的公开情况，这里以中央企业和上市公司的环境责任履行情况为代表样本，整体反映我国企业环境履责情况。

1. 中央企业环境责任

央企作为国有企业，长期以来是我国国民经济的重要支柱。央企社会责任报告起源于雇员报告、环境报告等专项责任报告。比如，中国石油天然气股份有限公司从2000年开始发布健康安全环境报告，宝山钢铁股份有限公司在2003年、2004年发布环境报告。近年，国有企业普遍树立了可持续发展的理念，不断提升环境管理水平和竞争力。从社会责任报告、可持续发展报告、环境责任报告公开情况看，央企社会责任报告或者可持续发展报告的数量在全国企业中处于前列，由2006年的5家增至2013年的114家（图4.2），全部央企都发布了企业社会责任报告，且报告质量大幅提高，透明度显著提升。大部分央企已经建立了企业社会责任指标体系和评价体系，2012年接近90%的央企建立了企业社会责任委员会，制定了企业社会责任工作战略规划。

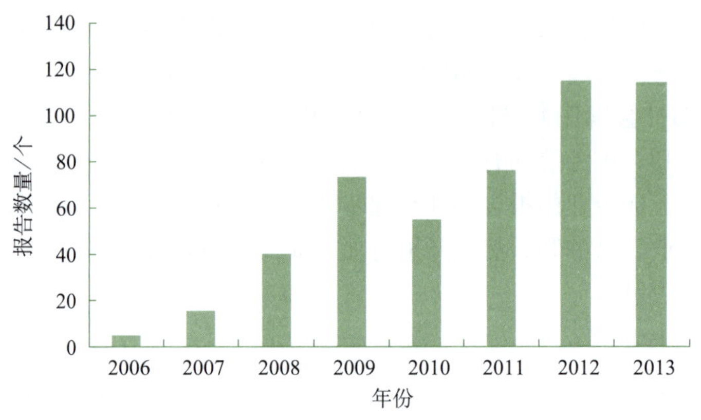

图4.2 中央企业社会责任报告数量变化

注：经重组合并，至2015年3月，国资委、保监会、银监会、证监会直接管理的央企共有124家

从规模分布特点看，企业规模越大则发布报告的比例越高。从行业特征看，包含了央企的所有重要行业。发布时效性和规范性都有提高。从参考标准上看，主要参考标准比较一致，2011年分析结果显示（国务院国有资产监督管理委员会，2012），75%的企业参考了国资委的《关于中央企业履行社会责任的指导意见》，69%的企业参考了全球报告倡议组织的G3标准，35%的企业参考了中国社会科学院的《中国企

业社会责任报告编写指南（CASS-CSR2.0）》。

（1）环境管理

2011年，关于环境管理各项内容，央企社会责任报告对环境管理制度、环保产品的研发与销售及环保技术、设备的研发或运用披露情况较好，只有40%左右的报告包含了绿色采购和环保公益相关内容，这也源于许多中央企业尚未开展该项工作（图4.3）。

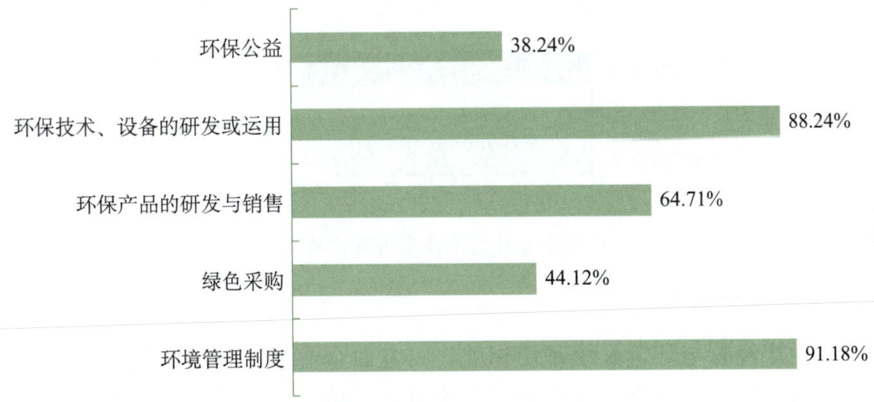

图4.3 中央企业社会责任报告环境管理披露情况

（2）节约资源、能源

2011年，94.12%的中央企业社会责任报告披露了节约能源的措施与绩效，70%左右的报告披露了节约水资源和开展循环经济的情况，但披露绿色办公的报告不足1/4（图4.4）。

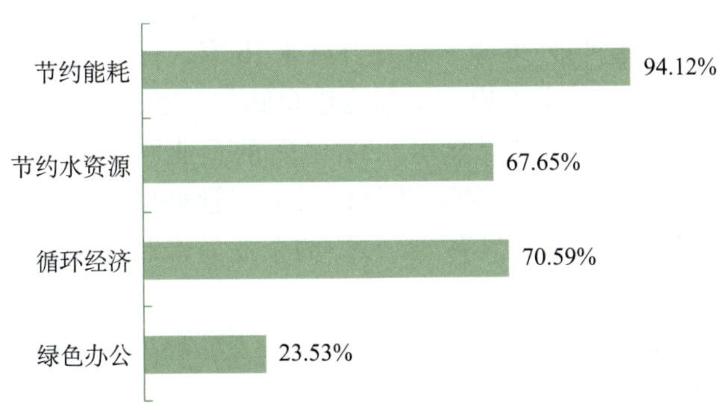

图4.4 中央企业社会责任报告节约资源、能源披露情况

（3）降污减碳

2011年，各项降污减排措施与绩效中，中央企业社会责任报告披露最好的是减少废气排放和减少废水排放，披露比例超过80%，而对减少温室气体排放的披露稍显不

足（图 4.5）。

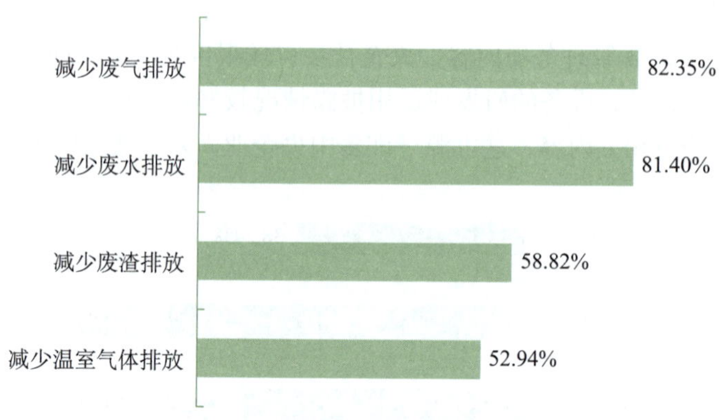

图 4.5　中央企业社会责任报告降污减碳披露情况

2. 上市企业环境责任

企业的生产经营与环境系统密切相关，一方面企业从环境汲取能源，为企业提供动力和原材料，另一方面企业又会把剩余物排入环境，对环境产生影响。绿色经营的企业应是和环境和谐相处的，既提高资源利用率、利用可再生能源，又减少剩余物的排放，如发展循环经济、提高产品环保设计等。上市公司的环境责任绩效是检测企业是否真正对社会环境负责的重要标准。

从宏观环境管理层面，企业建立环境管理体系从以下目标和机制措施切入。

（1）环保目标及投入

2012 年，有专家针对沪深 A 股主板上市企业开展了一项调查①，样本企业选取了制造业企业 141 家、房地产业 26 家、批发贸易业 18 家、社会服务业 10 家、金融保险业 10 家、采掘业 7 家、建筑业 6 家、交通运输仓储业 5 家、综合类 3 家、传播与文化产业 2 家及农林牧渔业 1 家。结果显示，65.12% 的企业明确了环境保护和污染物减排相关的管理目标，并且 43.41% 的企业将该目标与管理层或者员工层面的绩效评估相关联，形成了内部考核机制。只有 34.11% 的企业尚未制定项目目标，或认为企业环境保护职能不突出（图 4.6）。

70% 以上的企业都采取某项具体活动来提高员工的环境意识，但建立相应制度和技能培训的企业则较少（图 4.7）。

高达九成的企业采取了支持环保的行动；但同时也发现，高达 72.09% 的企业虽然支持环保公益活动，但尚未建立具体的财务支持计划和策略（图 4.8）。

① 资料来源于崔志如 2012 年所做的中国上市公司环境责任公益调查报告。

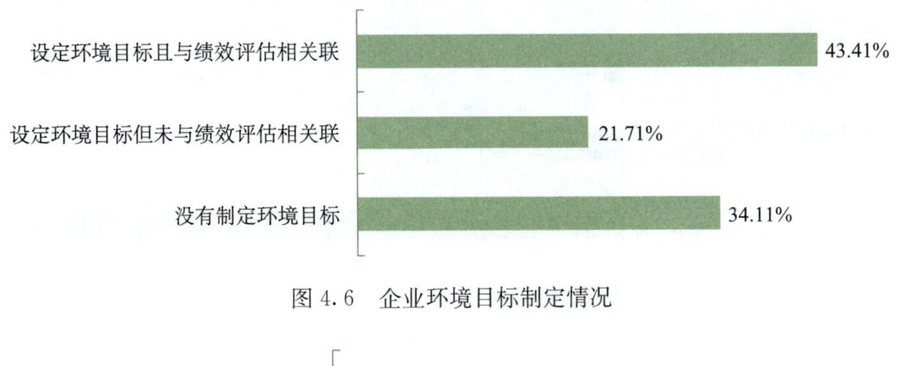

图 4.6　企业环境目标制定情况

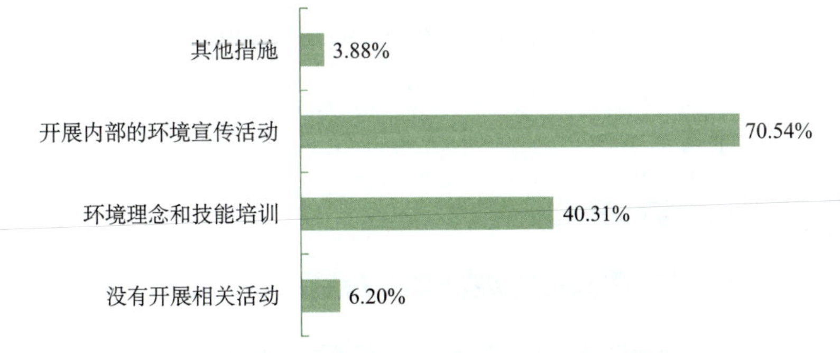

图 4.7　企业提高员工环境意识的措施情况

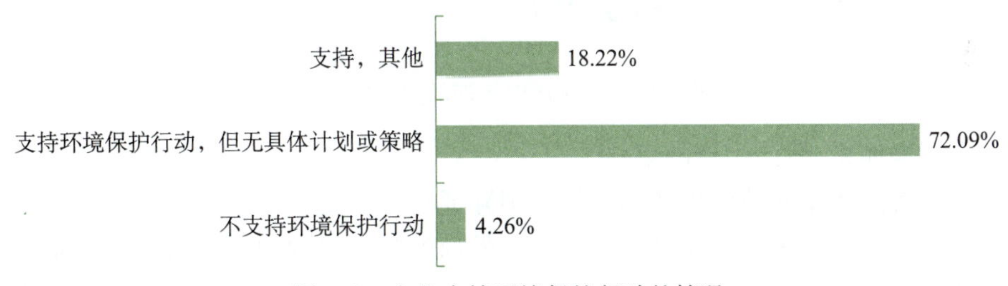

图 4.8　企业支持环境保护行动的情况

（2）环境管理制度

环境管理制度是企业履行环境责任的现实表现。调查中的大部分企业制定了针对自身或供应链的环境相关政策和流程，其中 74.81% 的企业制定了内部运营生产的环境管理制度，12.40% 的企业制定了上下游企业环境管理的政策或流程。还有 17.83% 的企业尚未建立相应制度和措施（图 4.9）。

在被调查企业中，85% 的企业设有专门从事企业环境管理的专职人员或部门，其中 44.57% 的企业的环境管理部门和其他职能部门功能重合，40.31% 的企业部门为环境管理设立了独立的专职部门。而 13.95% 的企业“没有相关部门负责环境管理事务”（图 4.10）。

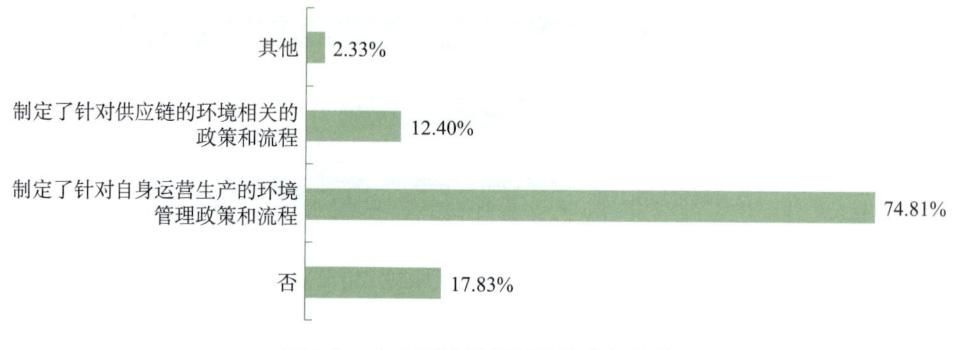

图 4.9 企业环境管理制度的建立情况

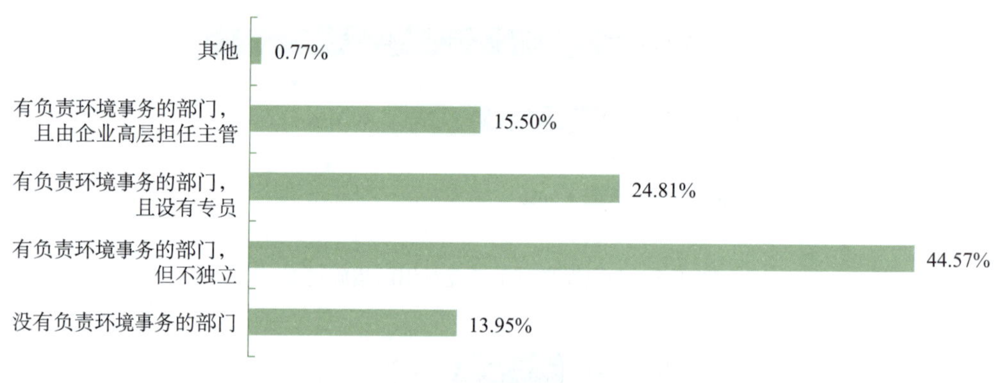

图 4.10 企业环境管理部门设置情况

（3）管理体系/清洁生产的审核

建立对管理体系和清洁生产的审核是国际通行的做法，建立内部的审核能够实时定量化管理，与国际先进企业进行对标；而外部的认证是对自身管理水平和清洁生产水平的认可和监督，除了能提升管理水平外，还是国际贸易中提升产品和服务竞争力的有效手段。根据调查，制造业企业和采掘类企业基本都建立第三方认证制度，比如ISO14000、OHSAS等，达到了46.51%；除此之外，30.23%的企业还建立了内部管理体系/清洁生产的核证；同时，25.19%的企业尚未进行管理体系/清洁生产的审核，从行业来看，大部分为金融保险业或社会服务业。

（4）环境突发事件的应对

建立环境突发事件的应急机制是生产企业落实环境责任的重要任务。被调查企业中，近八成企业制定相关应急处理机制，并每年例行进行环境突发事件应急预案演练（图 4.11）。

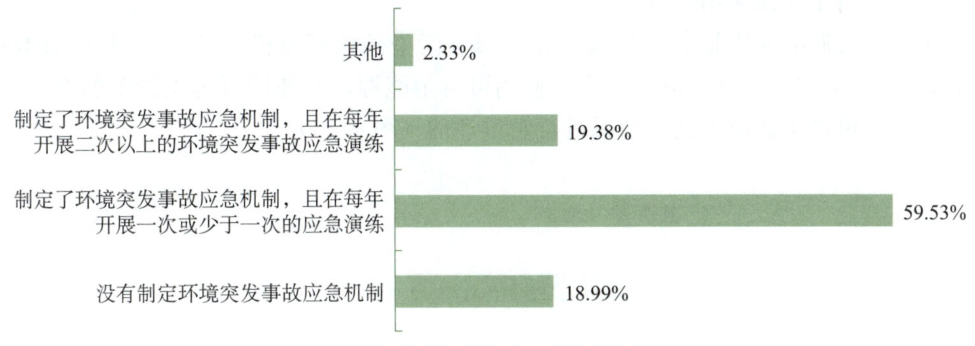

图 4.11　企业环境突发事件应急机制情况

（三）企业环境管理制度的效果分析

分析企业环境管理措施的实施效果，在微观层面表现为能源资源使用、水资源和污水处理、固体废弃物的管理及防治、大气污染物排放、应对气候变化与生物多样性、绿色办公和环保公益六方面的改善。

1. 能源资源使用

（1）能源资源消耗的信息披露

积极披露环境信息，不仅是作为公众公司接受监管机构和社会媒体监督的义务，也是促使自身完善环境管理机制的重要参考。然而，在被调查的企业中，高达66.34%的企业尚未对外披露年度能源使用情况，只有35.27%的企业披露了年度使用总量，其中还包括3.49%只向上级主管机构或集团公司的“半透明”披露。

（2）提升能源使用效率的措施

调查显示，87.21%的企业采取了节能降耗方面的技术改造或者管理优化措施，其中53.49%的企业对效果进行了定量评估，而一成多（12.79%）的企业未采取节能降耗方面的技术改造或者管理优化措施（图4.12）。

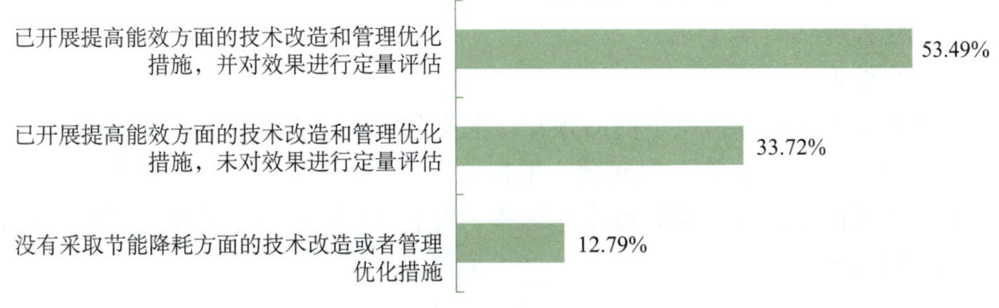

图 4.12　上市公司能效管理情况

（3）可再生能源使用情况

可再生资源的使用是应对气候变化、减少污染的重要举措。从 2012 年调查数据来看，近一半（47.29%）的企业尚未使用可再生能源，而使用可再生能源的企业中，大多也未对可再生能源的使用情况进行定量评估（图 4.13）。

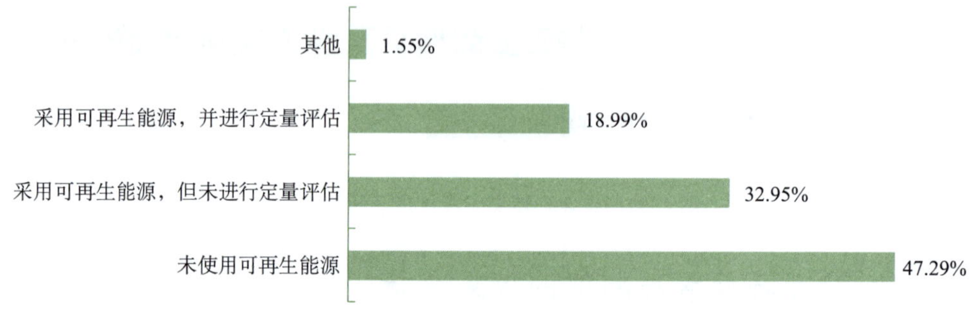

图 4.13　上市公司可再生能源使用情况

（4）绿色采购

绿色采购是指采购主体一系列采购政策的制定、实施及考虑到原料获取过程对环境的影响而建立的各种关系，其中与原料获取过程相关的行为包括供应商的选择评价。根据 2012 年的调查，高达 89.92% 的企业认识到绿色采购的重要性并采取了积极的措施，在已采取措施的企业中，42.24% 的企业把绿色采购标准作为采购决策的关键因素，55.17% 的企业仅简单考虑了原材料/设备的环境因素，但在采购决策中不是关键因素。

2. 水资源和污水处理

（1）水资源的量化管理

随着水资源越来越紧缺，社会和企业对水资源的使用状况也越来越重视，定量化的管理能够有效测度企业的水资源使用量，也为社会优化水资源配置提供重要参考。从调查来看，大部分企业能够意识到水资源的重要性，仅有 18.6%的企业未对用水情况进行定量化管理（图 4.14）。

（2）污水处理

近年随着工业企业水污染事件的频发，企业对污水是否进行达标处理和量化管理成为监管部门和社会公众关心的问题。根据 2012 年调查结果，大部分上市公司采取了有效措施降低污水排放，提高废水达标率，并且 41.86%的企业制定了明确的污水减排目标（图 4.15）。

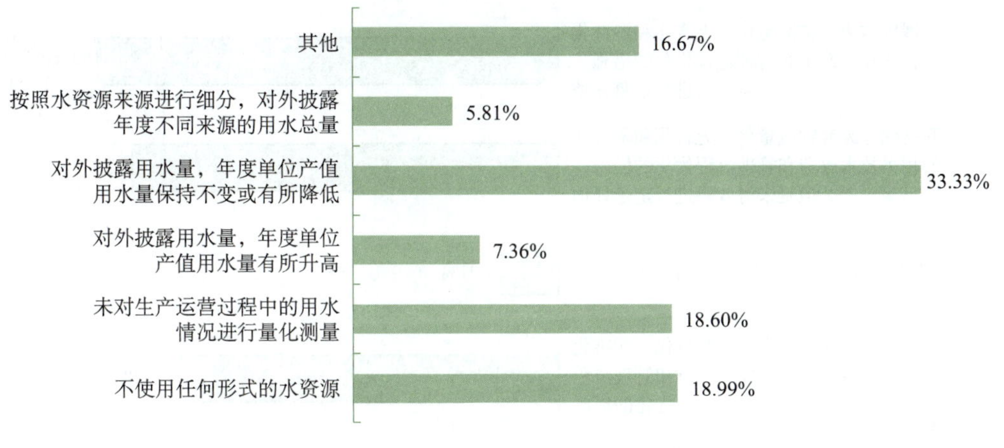

图 4.14 上市公司水资源使用情况

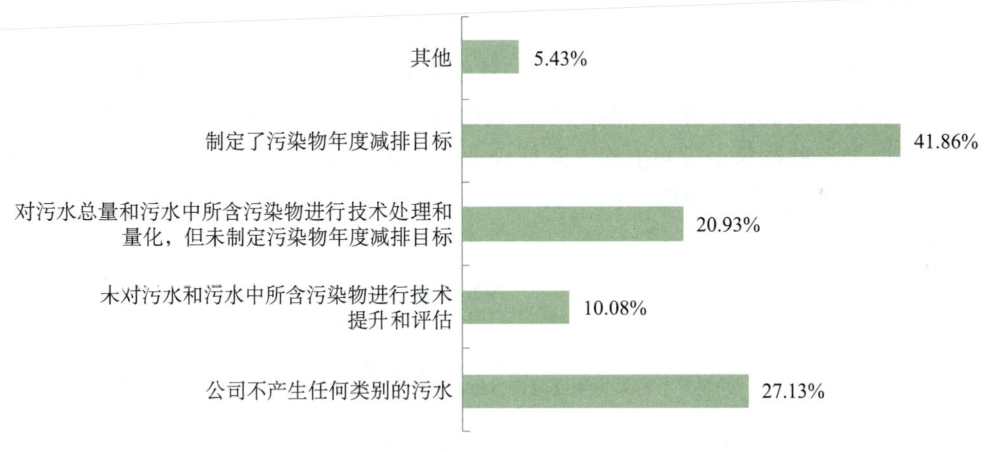

图 4.15 上市公司污水管理情况

3. 固体废弃物的管理及防治

固体废弃物是指在生产、生活和其他活动中产生的丧失原有利用价值或者虽未丧失利用价值但被抛弃或者放弃的固态、半固态和置于容器中的气态的物品、物质。2012 年针对国内上市公司的调查结果来看，企业开展废弃物管理方面，一半以上的企业都对生产运营过程中产生的固体废弃物进行了量化管理。而企业开展防治方面，有 34.88% 的企业开展了固体废弃物减量化、无害化和资源化的相关技术改造和管理流程优化的措施，并对效果进行定量评估（图 4.16）。

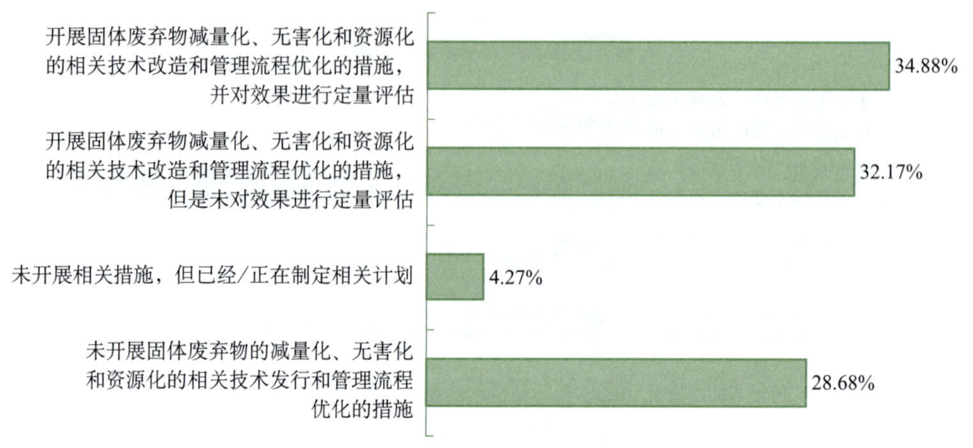

图 4.16　上市公司固体废弃物防治情况

4. 大气污染物排放

根据从 2012 年针对上市公司的调查统计结果看，有 38.76% 的企业都对大气污染物采取了科学的测量和管理，并制定年度减排目标进行专项管理（图 4.17）。大部分企业也采取了各种技术手段和措施，降低企业的污染物排放量，有近一半的企业单位产值的污染物排放量都在下降（图 4.18）。

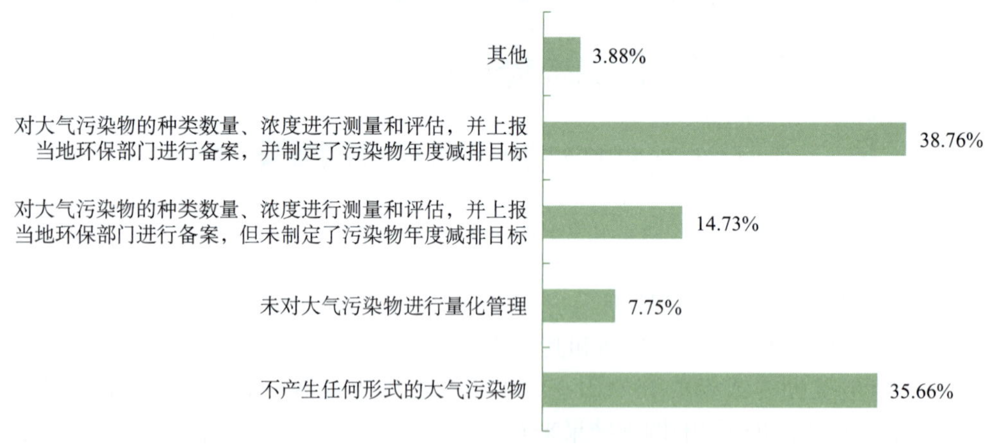

图 4.17　上市公司大气污染物管理情况

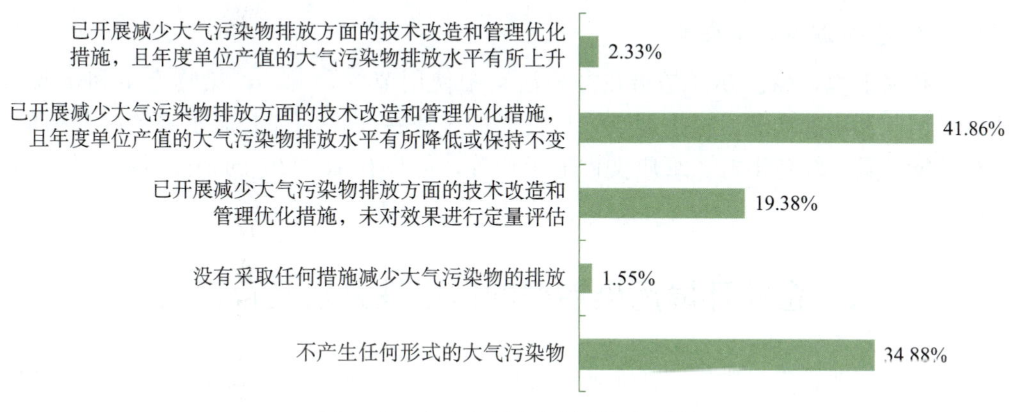

图 4.18　上市公司大气污染防控情况

5. 气候变化与生物多样性

(1) 应对气候变化

国际社会对气候变化的关注，给低碳环保产业（如节能环保、新能源、生态保护等）企业的发展带来了契机，而对于某些受气候影响较大的林业、农业类企业，应对气候变化已经成为企业风险管理的重要内容之一。随着我国对碳排放管理的规范和采取碳交易试点，部分企业开始积极采取措施建立内部碳核算和监测机制，制定二氧化碳减排目标，但应对气候变化的理念及措施并未在行业内得到普及。从 2012 年的调查结果来看，大部分企业未进行定量化管理，比例高达 73.64%。总体来看，上市公司在碳排放核算和应对气候变化方面整体表现较差。

(2) 生物多样性保护

企业在项目的建设、运营、迁移及自身生产运营过程中会对运营所在地的生态系统和生物多样性产生一定的影响，对此影响进行定量化测度和前瞻性的管理，有利于改善生态环境。在 2012 年被调查的企业中，78.68% 的企业意识到企业发展与生物多样性保护的关系，并采取了相应措施，但进行定量或定性评估等量化管理的公司只有 32.17%（图 4.19）。

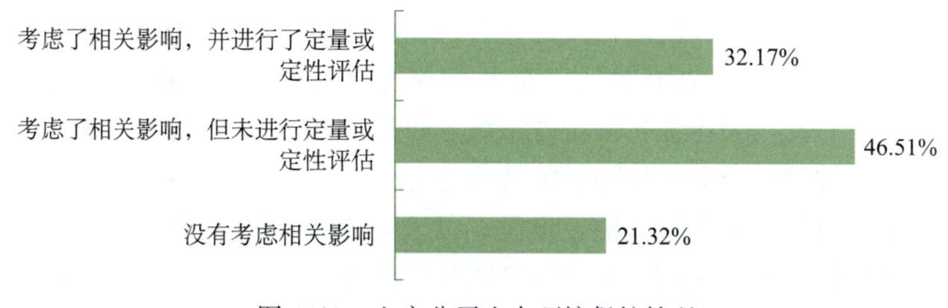

图 4.19　上市公司生态环境保护情况

6. 绿色办公和环保公益

从狭义上说，绿色办公是指在办公活动中使用节约资源、污染物产生和排放量少、可回收利用的产品。根据调查，近九成的企业在公司内部开展了绿色办公举措，比如节能灯具、绿色出行、纸质文件电子化等，但只有18.22%的企业对此进行了量化测度。

三、企业环境污染治理的自愿性分析及存在问题

在全球产业链中，中国工业企业主要集中在附加值最低、资源消耗最大、污染排放最高的加工制造环节的生产，持续的工业增长给我国的资源环境带来巨大压力。从所有制、产业规模、行业及地域特征分析，工业企业的污染呈现出特定的趋势。

（一）不同所有制成分的企业环境污染治理

经济发展与环境保护的冲突与矛盾是所有企业面临的共性问题，但从所有制成分分析工业企业开展环境保护的主动性，公有制企业表现整体优于私有制企业，对于国家环境政策的落实和执行力度较大。鉴于单独发布环境责任报告的企业数量不多，而社会责任报告中普遍有涉及环境保护的章节，因此从企业社会责任报告的整体情况可以权衡企业整体承担环境责任的趋势和意愿。

根据《中国企业社会责任报告白皮书（2013）》，2013年我国有1000多家企业发布了社会责任报告，从企业性质看，中央企业社会责任报告质量最高，国有企业、外资企业社会责任报告水平领先于民营企业。也就是，公有制性质企业相应地更积极彰显良好的社会形象，勇于承担环境责任。民营企业和外资企业逐利的本质限制了用于环保的资金投入，相对而言，应成为国家环境政策扶持、引导及监管的重点目标。

（二）不同规模的企业环境污染治理意愿

目前我国环境管理部门对大型重污染的工业企业实行环境监控，国家重点监控企业都要定期接受环境主管部门的污染源监督性监测。按照《企业环境监督员制度建设指南（暂行）》的要求，企业环境监督员制度首先在造纸行业和电力行业试行，部分省市由国家重点监控污染企业扩展至省市级重点监控污染企业，绝大多数企业建设了污染治理设施，抑制了企业环境污染的持续恶化。但是，国内中小型企业实际可能既无有效机制主动自行开展环境整治，也没有引入第三方环境污染治理企业进行达标减排服务，处于监管盲区，是国内环境污染物排放的重要来源。在中小企业的排污费征收过程中，由于监测成本高，排污量核定难度大，执法经费不足，地方环保主管部门

环境执法强度不一，导致中小型企业更加不重视环境保护。

中小企业是推动经济和社会发展的重要力量，也是繁荣经济、增加就业、改善民生、推动创新的重要基础。我国中小企业占全国企业总数的 99% 以上，创造了约 60% 的经济总量、50% 的财政税收，提供了近 80% 的城镇就业岗位，研发了 60% 以上的发明专利、75% 以上的企业技术创新和 80% 以上的新产品。但是，中小型工业企业也是环境意识最薄弱且跟风从众的典型阶层，虽然单个企业环境影响有限，但总量叠加的环境效应非常令人担忧。国家应有针对性地出台相应扶持及引导类经济政策，加快促进企业强化污染治理和生态环境保护，提高治污效能和环境管理水平。

（三）不同行业的企业环境污染治理

大气污染防治方面，近两年灰霾已笼罩中国大半城市，$PM_{2.5}$、酸雨、光化学污染等区域性大气污染问题日趋严重，70% 左右的城市不能达到新的环境空气质量标准。水污染治理方面，地表水干流水质逐渐好转，支流水域逐渐恶化。相对于钢铁、电力、建材、石化、有色金属、医药、纺织、造纸、煤炭开采和洗选、设备制造等高载能、高污染行业生产能力和规模的快速增长，污染治理设施的建设和运营处理效果并未同步提高，设施投运率不高、运行效率不佳、运行质量不一，重点行业污染减排压力上升。

“十一五”以来，国家将主要污染物减排确定为约束性指标。因此，选取全国主要行业工业化学需氧量、工业氨氮、工业二氧化硫及工业氮氧化物排放量作为评估因子，分析不同行业的污染程度，可以简要对比行业污染治理情况。从 2013 年全国各行业的污染当量数总和看，电力、热力生产和供应业、非金属矿物制品业、黑色金属冶炼及压延加工业污染当量数较大，前三个行业占比达 70% 以上，因此，应分批分步推动各个行业的工业污染减排（表 4.1）。

表 4.1　2013 年全国主要行业工业废水及废气排放情况

行业	工业二氧化硫排放量/吨	工业氮氧化物排放量/吨	工业化学需氧量/吨	工业氨氮排放量/吨	污染当量数总计	占比/%
电力、热力生产和供应业	7 206 252	8 969 204	33 752	2 192	17 063 287 789.5	46.96
非金属矿物制品业	1 960 373	2 716 232	33 227	1 731	4 958 132 855.3	13.65
黑色金属冶炼及压延加工业	2 351 201	997 396	68 256	5 711	3 600 233 697.4	9.91
化学原料和化学制品制造业	1 281 973	546 815	321 985	76 420	2 342 550 000.0	6.45
有色金属冶炼及压延加工业	1 223 227	263 617	28 271	12 837	1 609 416 197.4	4.43
石油加工、炼焦和核燃料加工业	792 776	384 952	73 659	13 889	1 330 733 934.2	3.66
造纸及纸制品业	448 897	193 051	533 014	17 779	1 230 972 486.8	3.39
农副食品加工业	236 163	89 359	471 292	19 042	837 749 236.8	2.31
纺织业	254 902	72 576	254 180	17 919	621 292 434.2	1.71

续表

行业	工业二氧化硫排放量/吨	工业氮氧化物排放量/吨	工业化学需氧量/吨	工业氨氮排放量/吨	污染当量数总计	占比/%
酒、饮料和精制茶制造业	130 716	39 216	200 551	9 476	391 271 789.5	1.08
食品制造业	149 470	51 496	111 038	9 569	334 542 407.9	0.92
煤炭开采和洗选业	126 231	45 723	123 678	4 108	309 817 210.5	0.85
化学纤维制造业	85 924	49 935	157 202	3 093	304 077 723.7	0.84
医药制造业	105 834	29 431	97 238	7 459	248 945 960.5	0.69
金属制品业	80 533	23 085	34 661	2 653	147 048 828.9	0.40
橡胶和塑料制品业	84 979	27 773	14 806	1 144	134 922 315.8	0.37
皮革、毛皮、羽毛及其制品业和制鞋业	25 959	6 230	54 823	4 386	94 188 657.9	0.26
其他制造业	60 693	12 171	6 262	355	83 404 697.4	0.23
木材加工及木竹藤棕草制品业	42 329	14 462	15 129	383	75 387 750.0	0.21
有色金属矿采选业	13 769	3 879	44 610	2 243	65 990 592.1	0.18
石油和天然气开采业	20 861	24 022	12 561	855	60 875 013.2	0.17
非金属矿采选业	36 310	11 904	6 369	276	57 465 578.9	0.16
计算机、通信和其他电子设备制造业	7 110	5 074	35 041	3 139	51 790 013.2	0.14
铁路、航空航天和其他运输设备制造业	15 398	10 253	16 948	1 422	45 726 552.6	0.13
黑色金属矿采选业	23 101	6 872	10 574	389	42 610 776.3	0.12
通用设备制造业	21 392	7 814	10 727	625	42 251 407.9	0.12
纺织服装、服饰业	16 628	4 696	17 465	1 413	41 677 565.8	0.11
汽车制造业	12 310	6 563	16 680	1 233	38 087 565.8	0.10
专用设备制造业	16 197	8 755	7 037	640	34 102 263.2	0.09
燃气生产和供应业	15 632	11 052	1 183	173	29 487 671.1	0.08
电气机械和器材制造业	11 264	4 377	8 356	753	25 761 460.5	0.07
农、林、牧、渔服务业	2 799	795	18 162	579	22 668 907.9	0.06
烟草制品业	11 180	3 758	2 345	149	18 255 460.5	0.05
废弃资源综合利用业	5 384	1 489	3 296	177	10 751 986.8	0.03
印刷业和记录媒介复印业	4 235	1 219	2 600	120	8 491 052.6	0.02
开采辅助活动	3 251	1 294	677	50	5 523 710.5	0.02
家具制造业	3 013	1 001	698	66	5 005 763.2	0.01
文教、工美、体育和娱乐用品制造业	2 027	827	1 790	151	4 982 960.5	0.01
仪器仪表制造业	636	334	1 475	99	2 619 802.6	0.01
金属制品、机械和设备修理业	890	354	1 183	67	2 576 223.7	0.01
其他采矿业	479	335	132	4	993 842.1	0.00
水的生产和供应业	11	2	9		22 684.2	0.00

注：《排污费征收标准管理办法》附件“排污费征收标准及计算方法”中规定，一般污染物污染当量数＝该污染物的排放量（千克）/该污染物的污染当量值（千克）

数据来源：《2014 中国环境统计年鉴》，按照《排污费征收标准管理办法》计算污染当量数

（四）不同地域的企业环境污染治理

我国各地区经济发展水平不同，地方政府对环境保护的执行力度也有差别。地方

行政干预强势，协商排污收费和定额收费会阻碍环境执法公平，造成行业内不同地域企业之间环境内部成本差异增大。从表 4.2 统计数据分析，重庆、天津、上海、石家庄、郑州、南京、呼和浩特、沈阳、武汉等城市应加强环境绩效考核和审计。

表 4.2 全国主要城市 2013 年工业污染排放情况

城市	工业二氧化硫排放量/吨	工业氮氧化物排放量/吨	工业化学需氧量/吨	工业氨氮排放量/吨	污染当量数	占比/%
重庆	494 415	247 905	51 534	3 266	837 005 973.7	12.9
天津	207 793	250 646	26 215	3 339	512 956 118.4	7.9
上海	172 867	262 346	25 503	1 934	486 039 447.4	7.5
石家庄	176 469	200 301	39 802	5 702	443 529 500	6.8
郑州	106 123	134 120	11 978	562	265 567 868.4	4.1
南京	110 665	109 693	21 697	1 283	255 256 539.5	3.9
呼和浩特	96 190	131 665	10 543	631	251 179 118.4	3.9
沈阳	130 672	83 348	9 159	809	235 454 460.5	3.6
武汉	96 222	95 612	15 163	1 402	218 846 026.3	3.4
银川	92 369	84 321	16 726	2 741	206 141 723.7	3.2
乌鲁木齐	74 216	113 803	5 950	666	204 697 236.8	3.2
太原	88 880	96 018	4 089	294	199 085 973.7	3.1
杭州	82 021	67 283	31 947	1 373	190 825 355.3	2.9
昆明	102 842	68 213	8 115	266	188 505 394.7	2.9
长春	57 246	95 190	11 670	1 384	173 858 947.4	2.7
济南	81 118	72 969	5 413	380	168 084 842.1	2.6
兰州	72 148	79 915	4 446	2 723	167 916 065.8	2.6
哈尔滨	65 987	85 515	6 914	1 055	167 708 539.5	2.6
福州	76 043	72 284	5 190	405	161 829 934.2	2.5
广州	65 589	57 164	22 664	1 389	153 613 934.2	2.4
西宁	71 839	53 280	15 759	591	148 201 960.5	2.3
北京	52 041	75 927	6 055	330	141 170 657.9	2.2
西安	69 103	34 917	21 615	1 632	133 149 736.8	2.0
合肥	41 483	70 311	7 898	387	126 059 644.7	1.9
成都	52 040	44 411	12 321	801	114 849 618.4	1.8
贵阳	70 603	30 450	6 993	293	113 730 828.9	1.8
南宁	33 045	34 797	23 954	1 298	96 989 131.6	1.5
南昌	40 756	18 597	11 479	1 596	75 950 842.1	1.2
长沙	21 173	15 951	13 499	456	53 146 894.7	0.8
拉萨	930	2 016	312	27	3 446 802.6	0.1
海口	1 798	86	858	51	2 904 907.9	0.0

数据来源：《2014 中国环境统计年鉴》，按照《排污费征收标准管理办法》计算污染当量数

（五）企业环境责任的评估指标及存在问题

目前，企业社会责任编制规范主要参照国资委的相关文件要求或中国社科院经济

学部企业社会责任研究中心等单位编写的《中国企业社会责任报告编写指南（CASS-CSR3.0）》，其评估采用通用指标体系及分行业指标体系，并持续修订以体现行业特征，达到简便实用及具有国际视野的战略高度。

从企业发布的社会责任报告、可持续发展报告、环境责任报告质量看，定量信息亟待规范，存在数据披露随意性大、单位和口径不统一、同一行业数据整体缺乏可比性的问题。此外，仅少数公司能够识别及发布关键的环境定量指标，并采用国际标准对指标进行披露。综合评估行业环境履责情况，指标在横向和纵向上应具有良好的可比性，需要制定规范化评价标准，并以若干案例样本作为标杆示范在行业内推行。从行业表现来看，石油和天然气、电力、煤炭开采、冶炼等高耗能行业，以及住宿和餐饮、汽车制造行业对关键定量指标披露情况较好。

以我国企业发布的社会责任报告为样本，分析报告中环境定量信息披露程度，发现报告中涉及实质性的关键定量指标较少。能源资源利用、温室气体排放量、废弃物综合利用、生态环境等定量指标都是其判断公司环境履责情况的重要依据。

对环境保护的投资进行评估有助于企业进行环境计划的成本效益分析，也可以间接反映出企业对污染治理的重视程度。调查结果显示，2013年，24.8%（143家）的企业对此进行披露，2012年为22.7%（126家），2011年为16.8%（82家）。在重点关联行业中，煤炭开采、石油和天然气、食品饮料、化工、汽车制造等行业对此指标披露情况较好，分别有超过40%的公司披露了此项指标。可以看出，相当一部分企业缺乏环保投资、监测、研发等方面的积极性，往往迫于政府处罚、社会舆论或竞争压力而被动履行环境责任，甚至消极抵制。

四、 提升企业环境责任的政策建议

1. 企业应提高对环境信息披露的重视

公司普遍具有环境保护的意识，但对环境信息披露的动力相对不足，目前主动披露的原因一是监管机构的要求或指引；二是环境事故的倒逼。外部的推动固然重要，但企业内部真正认识到环境信息披露的重要性，才是固原之本。我国公司应该认识到环境信息对投资者投资决策、政府监管、社会评价及加强自身管理的重要性，进而统一企业管理层到基层员工对环境信息披露的认识，形成主动、积极、及时、规范披露环境信息的内生动力。

提高公司信息披露能力，一是明确职能部门和人员，形成和完善公司环境信息的披露机制。二是加强信息披露的内部制度建设，制度建设对提高信息披露的规范性、连续性和稳定性至关重要。三是加强信息披露人员的业务素质，通过培训和自身学习，使信息披露更加规范和有效，提升企业自身价值。

2. 监管部门应加强对关键定量指标披露的引导

虽然有关政府部门和证券交易所对央企及上市公司环境责任信息的披露做出了相关要求，但从实际效果来看，这些要求大多为政策性指引，公司执行动力和执行效果不佳，直接影响到信息披露的价值和政策的权威性。建议国资委、交易所及其他监管部门可进一步加强对公司披露关键定量指标的规范和指导。

一是加强关键定量指标的引导。虽然现有指引中已涉及相关信息，但可考虑进行更为严格和细致的引导，以提高企业环境信息的质量，加强报告中关键定量指标的披露。二是突出行业特性。不同行业环境责任议题和重点不同，同一项规范要求对不同行业并不适用，可以参考“通用标准＋行业标准”的“1＋N”模式出台相关政策指引，既能保证信息披露的规范性，又能符合行业特点，利于实际执行和操作。三是适当兼顾社会热点。信息披露在于其及时性和回应性，监管方可考虑拟定关键定量指标，优先公布社会公众关注度高、可能影响到公司价值的定量信息，如能源消耗量、温室气体排放核算、“三废”排放情况指标等。

3. 公司需加强与周围社区等利益相关方的沟通

央企或上市公司由于是国有控股企业，保有行政级别和地区特殊地位，容易忽视周围社区的意见，民企还未形成良好的环境责任承担机制，多数企业对于环保组织习惯性地持对立态度，仅重视出事后的危机公关，难以适应自媒体时代的信息披露及快速爆炸式传播模式。而优秀企业与利益相关方的持续有效沟通，能够保持企业环境责任的综合竞争力，最大限度地降低了公关成本，因此建立常态的与利益相关方的交流机制非常必要。

4. 媒体及环保组织应通过市场化手段监督和促进企业污染治理

环境等非财务信息的披露程度低，虽然与我国相关政策制度缺乏和企业能力建设有关，但多数公司在披露关键环境定量指标，尤其是涉及诸如污染物超标、高能耗等负面数据时，简略或故意回避现象普遍。在此情况下，媒体、民间组织和公众可以发挥监督和促进作用，推动公司披露环境和社会方面的关键定量指标信息。同时，可以利用社会责任投资（SRI）的方式激励投资者来购买环境责任优秀的上市公司股票。对于重大环境事故等信息及时有效披露的监督，社会各方通过做空来负面惩罚长期忽略环境责任管理的公司。例如，环保组织通过搜集公开的企业环境违规违法信息，建立企业环境负面信息数据库，督促企业改善环境绩效。

5. 构建独立的第三方社会责任评级体系

完善及建立了有效的环境信息收集、评估、宣传通道和基础数据库，为分行业、分区域、分规模地进行实质性企业社会责任评级奠定基础，规范部分媒体主导的、不专业的、传播视角的企业社会责任类评奖造成的混乱局面，建立公正、独立、透明、专业、公益的企业环境责任评价机制。

参考文献

国家统计局，环境保护部．2014．2014中国环境统计年鉴．北京：中国统计出版社：22-23，31-32，53-56

国务院国有资产监督管理委员会．2012．2011年中央企业社会责任报告专题分析报告．http://www.sasac.gov.cn/n1180/n13307665/n13307681/n13307825/14452102.html [2015-4-1]

商道纵横．2013．价值发现之旅(2012—2013)——中国企业社会责任报告研究．http://www.syntao.com/SyntaoReport_Show_CN.asp? ID=28&FID=18 [2015-4-1]

钟宏武，魏紫川，张蒽，等．2013．中国企业社会责任报告白皮书(2013)．北京：经济管理出版社

第五章　建立健全环境社会治理*

一、环境社会治理提出的背景

党的十八届三中全会提出了推进国家治理体系和治理能力现代化的改革总目标，要求改进社会治理方式，发挥政府主导作用，鼓励和支持社会各方面参与，实现政府治理和社会自我调节、居民自治良性互动。正确处理政府和社会关系，推进社会组织权责明确、依法自治、发挥作用。适合由社会组织提供的公共服务和解决的事项，交由社会组织承担。支持和发展志愿服务组织。

党的十八届四中全会进一步强化了社会治理的部署，要求深化基层组织和部门、行业依法治理，支持各类社会主体自我约束、自我管理，发挥市民公约、乡规民约、行业规章、团体章程等社会规范在社会治理中的积极作用。健全依法维权和化解纠纷机制，建立健全社会矛盾预警机制、利益表达机制、协商沟通机制、救济救助机制，畅通群众利益协调、权益保障法律渠道。

“十三五”规划的目标年（2020 年）是一个非常特殊的时间节点：一是全面建成小康社会的规划目标年，二是全面深化改革取得决定性成果目标年。由于当前环境保护形势与全面建成小康社会的要求缺口相当大，所以“十三五”环境保护必须进行治理体系的重大改革，实施新的环保战略。

当前，国家环境治理体系现代化建设最重要的成果莫过于 2014 年颁布的新《环境保护法》。在这个“史上最严格的环保法”中，政府责任、管理权限、处罚力度、企业义务、公众权利等都得到了很大的加强，给人们带来很高的期待。其中，“信息公开与公众参与”被单列一章，内容包括清洁环境、绿色生活、信息公开、社会监督、公益诉讼等，引人关注。在中国环境保护领域最高位阶的法律中如此突出公众参与的作用，这是前所未有的，意义非同寻常，用“在中国环境保护历史上具有里程碑性质”来形容也不为过。

这些新形势表明，环境保护作为国家治理体系的重要内容，正面临着深刻的治理革命，由过多地依赖政府治理转向更多地实施社会治理，这对于改变目前环境保护手段软弱、力不从心的局面将会起到很大的作用（夏光，2014）。

---

* 本章由夏光、王华、郭红燕执笔，作者工作单位为环境保护部环境与经济政策研究中心。

二、 环境社会治理和公众参与

（一）环境社会治理的定义及内涵

1. 环境社会治理是社会治理和环境治理的有机结合

环境社会治理是指国家动员社会力量开展环境保护，实现改善人民环境福祉、促进社会和谐目的的各项行动的总和。环境社会治理就是依靠人民、为了人民，就是环境保护的群众路线。它是国家环境治理体系现代化的重要内容和实现途径（夏光，2014）。

环境社会治理是生态环境治理体系中有关社会要素的总和，同环境保护中政府管制和市场调节相并列，它们既相互补充又交叉影响；环境社会治理又是社会治理体系中有关环境要素的总和，同教育、医疗等领域的社会治理相并列。环境社会治理是环境治理的一部分，对象是自然环境，目标是综合运用社会力量搞好环境保护工作。环境社会治理又是社会治理的一部分，对象是环境问题引起的社会矛盾，目标是预防和化解环境问题引起的社会矛盾。环境社会治理是社会治理和环境治理的交叉领域，是环境治理和社会治理的有机结合（王华等，2015）。

社会治理，是指政府、社会组织、企事业单位、社区以及个人等诸行为主体，通过平等的合作型伙伴关系，依法对社会事务、社会组织和社会生活进行规范和管理，最终实现公共利益最大化的过程。社会治理可以理解为一个社会对其不同组成部分的协调和整合，社会治理问题的核心包括两个方面，一是恰当处理政府与各类非政府主体（企业、机构、群体、个人）的关系，二是恰当处理各类社会主体之间的利益关系。一般来说，社会治理的主要内容包括三个方面，一是政府自身的改良（如机构改革、决策过程或流程的优化），二是政府与社会关系的改良（主要是指合作的加强），三是社会自治的加强（社会的责任得以强化，社会自治本领加强，社会有机体更加健全）。

环境治理或生态环境治理（environmental governance）是政府机构、公民社会和企业机构通过正式或非正式制度管理和保护自然资源、防治污染及解决环境纠纷。现代环境治理是指在对自然资源和环境的持续利用中，环境福祉的利益相关方通过确定谁来进行环境决策及如何决策，谁来行使权力并承担相应的责任，以达到最大化的环境绩效、经济绩效和社会绩效，并力求绩效的可持续性。环境治理是对环境管理的改进和创新，突出表现在环境治理的主体、结构、机制和实施方式等方面。例如，在实施方式上，环境治理更强调多元化，实施方式多样化，包括合作与参与、合作式参与和参与式合作等。

2. 环境社会治理的特征及系统运作

环境社会治理有两个基本目标：一是通过综合运用社会力量和社会手段来治理环境问题，减少环境污染和生态破坏，减少环境问题造成的社会经济损失；二是预防和化解由环境问题引起的社会矛盾和冲突，维护社会的和谐稳定和健康发展（王华等，2015）。

环境社会治理的基本理念是环境保护多元共治，除了政府和企业之外，包括个人、家庭、社区、媒体、智库、各类社会组织机构在内的社会力量都是环境治理的社会主体。他们除了可以参与政府决策及政府主导的各类环境保护活动外，也可以自主发起和履行环境保护行动、自我保护行动、监督和帮助他人环境保护行动等，推动环境社会治理良性发展。

环境社会治理的行为基础既包括国家的法律法规，也包括环境伦理道德和文化。

政府和企业既是环境社会治理的边界，也同各个社会主体有交互作用。政府和企业的运作模式直接影响环境社会治理的范畴和内容；环境社会治理的运营又会改变政府和企业的环境保护方式。

一个运作良好的环境社会治理系统必须至少具有以下特征：①环境信息公开，环境决策透明；②环境伦理高尚，环境权益责任明确，环境社会规则清晰；③环境表达顺畅，参与机制健全，环境社会主体互动便捷且力量平衡（王华等，2015）。

（二）环境社会治理与公众参与的关系

当前，公众参与有利于环境保护已成为国际共识，许多国家已经将环保公众参与制度化，国际上许多政策文件也强调环境保护公众参与，并形成了国际公约规范环境保护公众参与工作（专栏 5.1）。公众参与环境保护在我国已有数十年的历史，是我国环境保护的法宝之一。公众参与和社会治理的区别，在于社会力量在环境保护中的地位不同。一般环境保护“公众参与”表明环境保护是别人的事，公众只是“参与”进去，而环境社会治理强调社会公众是环境保护的主要力量之一，环境保护就是自己的事，这是两种不同的治理模式（夏光，2014）。

公众参与意义上的环境治理模式，就是目前仍在采用的环境治理模式，可以称为“政府直控型环境治理模式”，其特点是政府几乎包揽了环境保护的所有工作，从宏观政策制定到微观环境监督，基本都由政府直接操作，所采用的手段也以行政手段为主。社会治理意义上的环境治理模式，即将要出现重要变化的环境治理模式，可以称为“社会制衡型环境治理模式”。它强调在政府主导下，社会力量发挥基础性作用，成为制约破坏环境力量的基本对冲力量。当环境问题发生时，也就是社会发生利益冲突的时候，不再完全依赖于政府出面直接处置，而是由不同利益的代表相互作用，利用冲突处理机制（如仲裁委员会、法院等）进行调解或裁判，从而解决冲突，使环境问题得到控制。整个过程所发生的一切成本由造成环境损害的一方承担，避免支出行政管制成本。在这个过程中，政府并非无所作为，而是可以提供裁决过程所需的法律依据或监测数据等。政府还可以在社会各方“打官司”之前，先进行调解，或者在过程中为有理的一方辩护。由此可见，政府在这里的身份已由进行直接管理的“当事人”，转变为起辅助作用的“中介人”，极大地节约行政成本，这是社会制衡型环境治理模式的关键之处。

在社会制衡型环境治理模式中，政府的作用转向宏观管理，特别是建立法治环境。使社会力量在环境治理中发挥主体作用的前提，是法律对于社会更多的授权。在这个意义上，2014年4月全国人大常委会通过环境保护法修订案（简称新《环境保护法》）所赋予社会的各种环境权利将成为引起环境社会治理的“起爆点”。可以预计，新环保法实施之后，环境公益诉讼的案例将快速增长，来自社会的信息公开申请也会大量增加，社会舆论对环境问题的关注、评论、批评、建议等也会明显增加，公众绿色生活创意和行动将会更加活跃。

在社会制衡型环境治理模式中，公众的行动不仅仅限于“参与”，而是要成为一种基本力量，因此，“公众参与”的概念不能反映出社会力量的基础性作用，应该用“社会动员”、“社会行动”等更好（夏光，2014）。

专栏5.1 《奥胡斯公约》

《奥胡斯公约》，全称《在环境问题上获得信息、公众参与决策和诉诸法律的公约》，是一项规定和保障公众获取环境信息和参与环境事务权利的国际多边环境公约。该公约由联合国欧洲经济委员会制定，于1998年在丹麦奥胡斯通过，并于2001年10月31日正式生效。公约面向全球所有国家，截至2014年4月，缔约方增至47个，其中既包括挪威、西班牙、德国、意大利等欧盟国家，也包括塔吉吉斯坦等一些中亚国家，目前中国还未加入。

《奥胡斯公约》主要规定了公众享有的三大权利：获得环境信息的权利，参与环境决策的权利，以及在环境问题上获得司法救济的权利。在从公共当局获得环境信息的权利方面，《奥胡斯公约》确认公众对于环境信息的申请无需提供利害关系证明，公共当局最迟应在请求提交后一个月之内提供公众申请的信息，除非由于信息的数量和复杂性而有必要延长这一时限，此种延长最多为提交请求后两个月，并且应向请求人通报任何此种延长及延长的理由。公约也确认公共当局公开环境信息及确保公众充分参与环境决策方面的义务，规定了从环境决策的初期就让公众介入，并对公众参与的阶段和具体时间范围、参与方案、参与方式及政府对公众意见的反馈等做出具体规定。此外，该公约还规定了公众在环境问题上获得司法救济的权利。该公约第8条要求缔约国对于违反与环境有关的国家法律规定的个人和公共当局的作为和不作为提出质疑，确保从公共当局获得环境信息的权利与公众参与环境决策的权利受到侵犯时能够从法庭或依法设立的另一个独立公正的机构获得救济的机会。这种获得司法救济权利的确认极大地促进了公众获得环境信息权利与公众参与环境决策权利的实施。

《奥胡斯公约》对于推动欧盟甚至全球环保公众参与都具有非常重要的意义。联合国前秘书长科菲o安南认为，《奥胡斯公约》是在环境民主方面最具雄心的开创性实践，它具有“被作为加强公民环境权的全球性框架的潜力”。

（三）推动环境社会治理是新时代的要求

在推动国家生态环境治理体系现代化过程中，之所以要强调环境社会治理的作用，主要有以下两方面的原因（夏光，2014）。

一是源于转型社会中力量博弈的变迁。环境问题究其本质而言是利益冲突，既是人类作为整体追求经济利益与付出环境利益之间的冲突，也是一部分人追求经济利益与另一部分人承受环境损害后果之间的冲突，二者都会外化为不同利益主体之间的对抗和斗争。为了获得经济发展的利益，人们不得不放弃一部分环境质量，为此制定了各类环境标准，用以界定经济社会活动所可能消耗的环境质量边界。同时，为了制止一部分人为获得经济利益而损害另一部分人的环境利益，人们制定了环境法律，用以保障社会公平和稳定。在制定和执行这些标准和法律时，各种利益主体都会进行平缓或激烈的博弈，这就是在环境保护工作中见到的不停地修改环境标准和法律，以及不停地监督各方执行这些标准和法律。

各方博弈的力度与当时社会所处的发展阶段有关。在人口不多、经济不发达、环境容量大的时候，没有严重的环境问题，利益冲突不突出，则社会各方之间相安无事，无需进行激烈的对抗，环境标准和法律订得不严，执行也较宽松。而在人口密集、经济活动强度大、环境容量成为稀缺资源的发展阶段上，经济利益与环境利益的冲突，社会各成员之间环境损害造成的利益冲突，都会快速上升，并集中表现为资本追逐经济利益与社会维护环境质量之间的冲突。这个时候，社会不再沉默，发出维护环境利益的呼声，不断要求提高环境标准和提高法律要求，这就是社会力量开始觉醒并采取环境保护行动的时刻。

当今社会正处在这样一个由环境承载力宽松到环境容量稀缺的转型时刻，过多的污染物排放超出了有限环境容量可以容纳和净化的能力，过强的资源开发活动突破了生态系统可以自我恢复的限度，因此我们看到各种社会力量——包括社会舆论、社会组织、公民个体等——都大大增强了对环境问题的关注和行动，包括对环境问题发出强烈的批评，对加强环境执法提出迫切的要求等，即使是具有负作用的“邻避效应”，也是社会力量在环境问题上不断增强的反映。因此，国家生态环境治理体系的发展，不能仅仅停留在对物理意义上的环境质量的管控上，而必须增加对人文意义上的社会利益的关注，这是环境社会治理兴起的一个重要原因。

二是源于环境管制成本的递增。随着环境问题日益突出，加强环境管制的社会呼声日益高涨。政府作为环境管制的法定力量，发挥了非常重要的作用。但由政府实施的环境管制是一项需要支出较大成本的公共管理活动，这些成本主要用于建立机构、增加人员、配备装备、进行管理、开展监督等，都是不直接产生经济效益的行为。在过去环境问题不突出的时候，环境管制成本的矛盾还不尖锐，社会关注程度小，政府的压力不大。但现在环境问题日积月累、此起彼伏，到了集中爆发显现的时候，政府环境监管能力捉襟见肘，难以负担巨大的环境管制成本，出现监管不力、难以作为的窘境。

这个时候，社会力量就显现出特殊的价值。社会力量的数量是巨大的，没有所谓编制的限制。他们遍布于社会的各个地方，具有天然的贴近现实、贴近问题的优势，最清楚环境问题的真实情况。最重要的是，他们是环境问题的利益相关方，具有直接的动力与环境问题的制造者抗衡。因此，社会力量是加强环境保护的潜在资源。

环境社会治理就是动员这些力量加入到环境保护中来。虽然这种社会治理也需要成本，但由于社会力量数量是巨大的，因此分摊的成本是较小的。例如，如果仅靠环境执法人员监督企业，那么对企业的监督就需要巨大数量的执法力量，耗费极高的监督成本，而依靠广大公众的监督，他们就是企业旁边的千万只眼睛，容易做到低成本地贴身监督。

三、 我国环境社会治理现状及进展

目前我国还未形成全面系统有效的环境社会治理体系，但部分环境社会治理机制、政策和手段已得到一定程度的开发和使用，包括：环境信息公开、环境宣传教育、公众参与政府决策的制定和实施、环境社会服务、环境社会监督、环境公益诉讼、利益相关方环境圆桌对话（简称环境圆桌对话）、环境社会补偿机制、环境社会风险评估、预警和化解机制等。下面我们对当前国内普遍关注且较为成熟的内容，包括环境信息公开、公众参与政府决策的制定和实施、环境公益诉讼及环境圆桌对话等，作简要总结和分析。

（一）环境信息公开

历史上，我国的环境信息一直被视为国家机密而不允许公开。直到20世纪90年代，我国才逐步意识到信息手段对环境管理的促进作用，开始从企业环境信息公开方面着手探讨建立环境信息公开制度。

1998年，国家环保总局（现为国家环境保护部）在世界银行的帮助下，选取江苏镇江和内蒙古呼和浩特市作为试点，开始探讨建立企业环境信息公开制度，并于2000年第一次公布企业环境行为信息。在此次试点中，镇江市的企业环境信息公开工作取得成功，成效显著，极大地激发了环境管理机构的积极性和兴趣。其中最大的举措是江苏省确立了此项制度，从2001年开始进行试点扩大工作，并随后率先在全省范围内全面启动企业环境行为信息公开工作。

2003年，《清洁生产促进法》对企业环境信息公开做出相关规定，要求省（自治区、直辖市）人民政府环境保护行政主管部门“根据企业污染物的排放情况，在当地主要媒体上定期公布污染物超标排放或者污染物排放总量超过规定限额的污染严重企业的名单”。

为进一步在全国范围内推广企业环境行为信息公开工作，2003～2005年，国家环保总局与世界银行合作，先后在重庆市、安徽铜陵市、内蒙古包头市、广西柳州市、浙江宁波市镇海区、甘肃嘉峪关市等进行了更大规模的试点工作。国务院于2005年发布《国务院关于落实科学发展观加强环境保护的决定》，明确提出要实行环境质量公告制度，要求及时发布污染事故信息，同时也要求企业公开环境信息。

2007年，国家环保总局依据《政府信息公开条例》、《清洁生产促进法》和《国务院关于落实科学发展观加强环境保护的决定》，出台了《环境信息公开办法（试行）》，系统地规定了地方政府和企业单位在环境信息公开中的责任和义务，以及老百姓获取环境信息的权利，并于2008年正式生效。此后，全国开始全面实施环境信息公开制度，在之后的几年里，包括政府环境事务信息、环境质量信息、环境影响评价信息、污染源环境信息的公开工作不断取得进展，同时社会公众尤其是社会组织的参与也极大地推动了环境信息公开工作。

近两年，特别是2013年以来，环境信息公开制度建设得到快速发展，环境信息公开相关制度规定更加全面、具体和细化，新《环境保护法》还对“信息公开和公众参与”作了专章规定。继2013年国务院发布《当前政府信息公开重点工作安排的通知》之后，环保部连续发布了《国家重点监控企业污染源监督性监测及信息公开办法（试行）》、《国家重点监控企业自行监测及信息公开办法（试行）》、《建设项目环境影响评价政府信息公开指南（试行）》和《企业事业单位环境信息公开暂行办法》等政策文件，对具体关键领域的信息公开工作做出明确规定。期间，环境保护部还下发了

《关于当前环境信息公开重点工作安排的通知》，就如何做好环境保护信息公开的重点工作做了具体部署。

上述一系列环境信息公开政策的制定、颁布和实施，极大地促进了全国范围内各类环境信息的公开。

1）政府环境事务信息公开进步明显。《2013年度省级环保厅（局）政府网站绩效评估报告》显示，2013年度省级环保厅（局）政府网站建设取得较大进展，全国参评的31个省级环保厅（局）网站信息公开类指标平均得分率为73%。其中“机构职能”、“动态信息”、“信息公开年度报告”、“建设项目环评”、“财政公开”等公开较好，平均得分率达到80%以上。

2）环境质量信息公开显著改善。截至2015年1月，我国共338个城市的1436个监测点位开展空气质量新标准监测，并向社会公开信息，公开的信息包括可吸入颗粒物（PM_{10}）、细颗粒物（$PM_{2.5}$）、二氧化硫（SO_2）、二氧化氮（NO_2）、臭氧（O_3）和一氧化碳（CO）等6项指标的实时监测数据和空气质量指数（air quality index，AQI）（杜鹃，2015）。此外，《全国土壤污染状况调查公报》也于2014年4月发布。

3）建设项目的环境影响评价信息实施全过程公开。从2014年1月1日开始，部分地方环保部门已经按照《建设项目环境影响评价政府信息公开指南（试行）》的要求，全面公开建设项目环评、竣工环保验收和资质管理受理、审查情况和审批决定的全过程信息，公开环境影响报告书和竣工环保验收调查报告全本。

4）污染源环境信息公开正在稳步推进。2014年，环保部通过网络检查、现场检查等方式对各地公开情况进行核定，各地污染源监督性监测结果公布率和企业自行监测结果公布率分别达到95%、80%的考核要求（环境保护部，2015）。

各类环境信息的公开，又进一步提高了各类社会主体开展环境保护的能力和自我管理的水平，公众参与环境保护的机会增加，政府管理水平不断提高，企业环境管理和环境表现得到改善，社会力量也得到了不同程度的发展壮大。

但同时，我国环境信息公开工作仍存在很多问题，主要体现为环境信息公开不全面、不及时、不准确等，但最突出的问题是公开不全面。公众可获取部分政府环境工作信息，但对一些可能对政府产生工作压力的信息，公众较难获取。公众可以获取部分空气和地表水环境质量信息，但对地下水和土壤环境信息，很难获取具体信息。国家重点监控污染源信息公开取得较大进展，但其他污染源信息公开较少。在国家高度重视环境信息公开工作和相关制度与政策全面推进的背景下，我国环境信息公开仍存在很多问题，究其原因主要在于环境信息公开制度的不完善，以及地方政府对环境信息公开工作的推动和执行力度不够，这些问题都需要在以后的工作中逐步解决和完善（王华等，2013）。

（二）公众参与政府决策的制定和实施

这里提出的公众参与政府决策的制定和实施手段，主要包括公众通过参与政府主导的三大领域的活动来推动环境保护工作，这三大领域分别是政府政策法规和规划计划的制订，政府政策法规和规划计划的实施活动，以及政府开展的环境监督活动。

自20世纪末以来，“公众参与”的概念在各种话语体系中被频繁提起，公众参与的探索和实践也逐步蓬勃发展起来，体现在环境保护领域更是十分活跃。自圆明园防渗工程开启环保公众参与先河后的十多年来，从国家到地方，相关部门在引导环保公众参与方面做了大量工作，环保公众参与法律法规和制度不断得到完善。

首先，我国法律法规从不同角度明确了公众参与环境保护的基本权利和义务。比如，《大气污染防治法》（2000年）第5条规定，任何单位和个人都有保护大气环境的义务，并有权对污染大气环境的单位和个人进行检举和控告。《水污染防治法》（2008年）第10条规定，任何单位和个人都有义务保护水资源，并有权对污染损害水环境的行为进行检举。《循环经济促进法》（2008年）规定：“公民应当增强节约资源和保护环境意识，合理消费，节约资源。国家鼓励引导公民实验节能、节财、节水和有利于环境的产品以及再生品，减少废物的产生量和排放量。公民有权举报浪费资源、破坏环境的行为，有权了解政府发展循环经济的信息，并提出意见和建议。”《节约能源法》（2007年）第九条规定，任何单位和个人都应当依法履行节能义务，有权检举浪费能源的行为。《环境影响评价法》（2002年）首次规定了公众参与环境影响评价的条款：“国家鼓励有关单位、专家和公众以适当方式参与环境影响评价。”2003年颁布的《行政许可法》就涉及公众重大影响的行政许可专门规定了听证制度。2006年出台的《环境影响评价公众参与暂行办法》对环境影响评价公众参与制度进行了延展深化，对环境影响评价中公众参与的一般要求和组织形式进行了较为明确的规定。2009年国务院制定通过的《规划环境影响评价条例》，进一步将环境影响评价公众参与的范围由建设项目扩大到可能对环境产生影响的专项规划。2014年，新《环境保护法》对“信息公开和公众参与”进行了专章规定。

其次，环境保护公众参与的具体规定相继出台，为推动公众参与提供了制度保障。2010年，环保部发布《关于培育引导环保社会组织有序发展的指导意见》，提出培育引导环保社会组织有序发展的原则、目标和路径。2014年5月，为贯彻落实党的十八大精神以及新的《环境保护法》有关信息公开与公众参与的要求，环境保护部发布了首个全国性公众参与环境保护规范性文件《关于推进环境保护公众参与的指导意见》，重点提出了推动环保公众参与的主要任务、重点领域及保障措施，对于指导、带动地方环保部门更加系统、全面、广泛、积极、稳妥地推进环境保护公众参与工作具有重要意义。同时，环保部还正在编制《关于做好政府购买环保服务工作的指导意见》，目前已经结束了大范围征求意见的程序，预计很快就会发布。此外，作为新《环境保护法》的重要配套细则，《环境保护公众参与办法》已于2014年8月4日启动编制工作，该办法将进一步细化公众参与的内容及程序。这些制度和规范的发布，为环境保护公众参与工作提供了制度保障，对促进公众有序、理性参与环保事务发挥了重要作用。

最后，地方政府根据当地的具体实际，有针对性地颁布了相关的制度文件，推进和落实公众参与工作。2005～2011年，《沈阳市公众参与环境保护办法》、《山西省环境保护公众参与办法》、《昆明市环境保护公众参与办法》相继出台，对本省（市）公众参与的范围、形式、内容、程序等方面做出详细规定，使公众参与的制度化、程序化大大增强，为公众参与环境保护事务提供了指南。2014年11月，河北省发布了《河北省公众参与环境保护条例》，作为全国首个环境保护公众参与地方性法规，该《条例》的出台不仅对河北有指导和规范作用，同时在全国也有示范和指导意义。

这些法律法规和政策的不断建立和完善，极大地促进了我国环境保护公众参与工作。公众的环境意识逐渐增强，参与各类环境决策的愿望更加强烈，公众也有更多的机会参与各类环保活动。但总的来说，国内公众参与政府主导的环保活动，主要表现为参与政府政策法规和规划计划的制订，以及政府开展的环境监督活动，很少参与政府政策法规和规划计划的实施过程。而且，公众参与环境保护以被动、形式和末端参与为主，公众参与环境保护的广度和深度还远远不够（王华等，2014）。

（三）环境公益诉讼

环境公益诉讼一般是指社会成员，包括公民、社会组织和其他机构依据法律规定，在环境受到或可能受到污染和破坏的情形下，为维护环境公共利益不受损害，针对有关民事主体或行政机关而向法院提起诉讼的制度。从形式上看，根据原被告身份的不同，环境公益诉讼可以分为环境民事公益诉讼和环境行政公益诉讼。前者以污染或破坏环境的企业为被告，通过民事诉讼请求加害人停止对环境的侵害或将环境质量恢复至未受损害之前的状态；后者以环保行政机关为被告，通过行政诉讼请求撤销涉诉的行政决定或要求行政机关履行法定职责。多国实践表明，环境公益诉讼作为一种现代环境社会治理手段，是主持社会公平公正、维护国家和社会的环境公共利益、保障公民环境权益的有力武器，是公众通过司法手段解决环境问题的有效途径。

近几年，我国在环境公益诉讼立法方面取得一定进展。在国家层面，2012年，新修改的《民事诉讼法》第55条为环境公益诉讼提供了明确的诉讼依据："对污染环境、侵害众多消费者合法权益等损害社会公共利益的行为，法律规定的机关和有关组织可以向人民法院提起诉讼。"而且，新的《环境保护法》也将环境公益诉讼进行了细化，如第五十八条规定，"依法在设区的市级以上人民政府民政部门登记"和"专门从事环境保护公益活动连续五年以上且无违法记录”的社会组织具有提起环境公益诉讼的资格，且“提起诉讼的社会组织不得通过诉讼牟取经济利益”。在地方上，在《民事诉讼法》修正案颁布之前，无锡、贵阳、昆明、海南、重庆等省、市已经在地方性法规或者法院发布的规范性文件中对环境公益诉讼问题做出了探索性规定。例如无锡中级法院与检察院共同出台的《关于办理环境民事公益诉讼案件的试行规定》，是国内第一项关于环境公益诉讼的地方性规定。此外，无锡中级法院又联合检察院和政府法制办公室联合出台了《关于在环境民事公益诉讼中具有环保行政职能的部门向检察机关提供证据的意见》，解决检察院起诉中可能面临的证据难题。

在实践中，为推动环境公益诉讼的审理工作，早在 2007～2008 年，贵阳市、无锡市、昆明市等地法院就先后成立了环保法庭，截至 2013 年年底，我国建立环保法庭或审判庭已达 180 多个，对我国环境公益诉讼的发展起到很好的推动作用（南方周末，2014）。根据中华环保联合会等单位的调研报告，据不完全统计，截至 2012 年年底我国各级法院共受理环境公益诉讼案件 53 件。其中，检察机关和行政机关作为原告提起的环境公益诉讼共 39 起，基本全部胜诉；环保组织作为原告提起的环境公益诉讼，除 1 起正在审理外，3 起胜诉，1 起撤诉，3 起调解结案；公民个人作为原告提起的环境公益诉讼 1 起胜诉，其余 5 起均败诉。相比之下，由社会团体和公民起诉的环境公益诉讼案件较少，胜诉率低，很难通过公益诉讼获得救济。但值得引起注意的是，自 2013 年 1 月 1 日《民事诉讼法》修正案生效以来，几乎没有新的环境公益诉讼案件。究其原因，是《民事诉讼法》关于环境公益诉讼的原告资格问题界定反而更不明确，有相关规定的地方性法规也由于与上位法冲突而失效，因而，地方法院对此类案件多数不予受理。部分专家认为，民事诉讼法的规定反而是一种倒退。

对于环境公益诉讼，我国检察机关也可以积极参与。有三种渠道，其一是支持起诉，即为一些企业、个人提供法律等方面援助，支持他们向法院提起公益诉讼。近年来，许多地方的检察机关都积极实施了支持公益诉讼的举措，并且也有法律依据。《民诉法》规定，机关、社会团体、企业事业单位对损害国家、集体或者个人民事权益的行为，可以支持受损害的单位或者个人向人民法院起诉。其二是作为原告直接提起民事公益诉讼。例如，2014 年江苏省昆山市人民检察院以原告身份提起公益诉讼，请求法院判决昆山市一环境污染肇事者承担民事赔偿责任。这也是有法律依据的，《民诉法》规定，对污染环境、侵害众多消费者合法权益等损害社会公共利益的行为，法律规定的机关和有关组织可以向人民法院提起诉讼。其三是作为原告提起行政公益诉讼，要求法院判令行政执法机关履行相应的职责。相对于支持起诉和提起民事公益诉讼而言，检察机关提起行政公益诉讼，目前没有明确的法律依据。但是，在党的十八届四中全会《中共中央关于全面推进依法治国若干重大问题的决定》中，明确提出“探索建立检察机关提起公益诉讼制度”，这表明行政公益诉讼符合中央精神和未来法治发展的方向，值得鼓励与提倡。在现实中，探索推行环境公益行政诉讼，具有破冰意义。

但总的来说，我国的环境公益诉讼还不成熟，仍存在诸多法律、制度和实施上的困难，如环境公益诉讼主体范围较窄，存在较多公益诉讼的技术难题，诉讼费用相对高昂等，一定程度上限制了国内环境公益诉讼的发展。

（四）利益相关方环境圆桌对话

环境圆桌对话是多个环境利益相关方——政府部门、企业和居民代表，以及环境专家、环保非政府组织（non-governmental organizations，NGO）和媒体等为了环境保护而进行平等、自由对话的会议形式。环境圆桌对话一般由社区或环保民间组织（有时也可由地方政府环保部门）来组织，来自相关政府部门、企业单位和当地居民的代表，在圆桌对话中针对他们所面临的某一环境问题交流意见和看法，并共同探讨解决问题的途径。这种机制不仅能够有效地化解环境问题引起的社会矛盾和纠纷，也能推动环境法规政策的落实，是一种自下而上促进我国环境保护工作的有效环境社会治理模式。

环境圆桌对话机制在中国的设计和实施最早是在世界银行的帮助下开展的。早在2000年，世界银行从拓宽中国民主建设模式的角度出发，围绕环境、卫生、医疗、交通、安全等公共问题，组织、邀请相关政府部门、企事业单位及公众代表开展“社区圆桌对话项目”，江苏和重庆是最早开展“社区圆桌对话项目”的地方。鉴于“社区圆桌对话项目”在解决社会问题上的成功经验，从2006年开始，国家环保总局宣教中心与世界银行合作，在部分城市（沈阳、石家庄、邯郸、秦皇岛、杭州）开展试点，将“社区圆桌对话项目”的主题集中在解决社区环境问题上，项目名称确定为“社区环境圆桌对话项目”。2007年，全国6省（直辖市）的共9城市14个社区开展了近20次对话会议，主要包括北京、天津、河南（郑州）、陕西（西安）、江苏（南京、镇江、常州）、云南（大理、曲靖）。2008年，江苏、广西、山东、广东、河北5省（自治区）的9城市也开展了试点。截至目前，我国已有10多个省份的30多个城市试验了圆桌对话机制，对话机制已经被广泛地应用于解决社区环境问题，如工业污染控制、垃圾回收、餐馆污染控制、建筑工地污染控制、水环境管理等，成功化解了一大批社区环境纠纷和矛盾。而且，在环境圆桌对话机制实施的过程中，部分地方在长期实践中已经形成了独具地方特色的实施制度和模式，如重庆万盛和江苏姜堰的环境圆桌对话经验就值得总结和借鉴。

环境圆桌对话在中国的实践表明，环境圆桌对话机制对预防和化解我国基层环境矛盾可行、有效、成本低，对我国基层环境保护及社区自我管理均可产生积极的影响，能够增进政府、企业和当地居民各种不同环境利益相关方之间的相互理解和信任，能够化解环境矛盾和冲突，改善相关单位和个人在公共治理方面的表现。

但就环境圆桌对话机制在国内的具体实施情况而言，此种机制还未在全国范围内广泛推广，且当前各地实施环境圆桌对话的形式各异，多为朴素地进行对话的形式，无论是在机构和制度建设方面，还是在对话模式、对话流程及对话策略方面都缺乏相应的理论指导和实践培训。下一步，应该在总结全国圆桌对话经验和典型圆桌对话模式的基础上，总结出一套适合全国推广的环境圆桌对话机制，进而在全国范围内进行推广（王华，2015）。

四、我国环境社会治理存在的主要问题

总的来说，我国当前的环境社会治理工作存在以下几方面的问题。

（一）认识不到位

自从党的十八届三中全会将之前一直沿用的“社会管理”改为“社会治理”表述，并提出要“创新社会治理体制，改进社会治理方式”，各级政府部门开始逐渐重视推动和发挥社会力量进行各领域的治理工作。在环保领域，近几年中央及环保部已经出台了一些环境社会治理相关政策文件，涉及环境信息公开、环境宣传教育、环境保护公众参与、环境公益诉讼、环保社会组织成立等，为我国进一步开展环境社会治理工作奠定了基础。

但与此同时，地方政府环保部门对环境社会治理的认识还不到位，严重影响到我国环境社会治理的推进，主要表现在：第一，对环境社会治理的作用认识不到位。多数地方环保部门并没有意识到环境社会治理是对传统的单一政府环境管理的有益补充。部分地方环保部门虽然对环保公众参与有一定的理解，但只将公众的作用定位在“参与”的层面，对于社会各类主体可以自主地发挥力量开展环境保护即进行环境社会治理认识不足。第二，对如何推动环境社会治理工作无从下手。少数地方环保部门可能逐渐认识到环境社会治理的重要性，但由于缺乏对环境社会治理体系等的研究和思考，并不清楚如何推动地方的环境社会治理。此外，值得一提的是，对社会力量参与环境治理可能带来负面作用的过分担忧也是束缚地方环保部门思考和开展环境社会治理工作的因素之一。

（二）法制不完善

我国环境社会治理法制不完善，主要表现在两个方面：一是环境社会治理立法处于空白。目前，新的《环境保护法》等对环保公众参与做了相关规定，同时，环保部也正在编制起草《环境保护公众参与办法》，部分地方也在考虑环保公众参与立法，

但环境社会治理立法还没提到议事日程。二是关于环境社会治理相关举措的法律法规也很不完善。例如，《环境信息公开办法（试行）》只是一个效力层次较低的部门规章性质的规范性文件，实施效果极为有限，且该办法已实施超过五年，存在明显漏洞和缺陷，需及时修订；新《环境保护法》对环境公益诉讼主体做出了规定，但仅限于具备一定条件的社会组织，公众个人并不具备诉讼资格，严重阻碍了环境公益诉讼在中国的发展。这些问题都需要通过制定和完善相关的法律法规来解决。

（三）社会组织薄弱

作为我国环境治理的关键社会主体，社会组织应积极发挥作用，以及时有效地弥补政府和市场在环境治理中的不足，但目前我国的环保社会组织还非常薄弱，主要表现在：第一，数量少，主要集中在北京、上海和东部沿海地区，部分城市无有效运行的环保社会组织，草根环保社会组织占比较小。第二，多数环保社会组织资金少，专业性不强，开展环境社会治理的效果有限。目前环保社会组织的费用主要靠收取会费、组织成员和企业捐赠、咨询服务收费等，政府资助极少，加之社会公益捐助意识淡薄，导致我国多数环保社会组织因经费严重不足而无法开展工作。同时，我国环保社会组织自身的能力仍然较弱，成员很少来自环境类相关专业，研究思考和处理环境问题的能力较弱。政府如果不在经费支持、环境社会治理参与平台和机制等方面给环保社会组织提供帮助，环保社会组织的作用可能很难在短期内得到有效发挥。

（四）缺乏专门机构来推动

环境社会治理是一项系统的综合性较强的工作，此项工作的开展会涉及环境保护多个部门，如政策法规、宣传教育、信息公开、环境监测、环境影响评价、污染控制、国际合作等，因此需要成立一个专门的机构来谋划和推动此项工作，设计和建立环境社会治理体系，包括从法律法规、体制制度到具体的方式方法等方面进行全方位地考虑和设计。现有的政府环保部门内部，有的部门承担了部分环境社会治理的功能，但并不具备综合推动实施的职能。以环保部宣传教育司为例，其主要承担环境宣传教育和环保公众参与等方面的工作，侧重于环境宣传教育及与之相关的新闻媒体和培训活动，限于人员和资金压力，并没有全方位地参与到环境社会治理的策划和设计当中。

五、 环境社会治理体系的建设途径

环境社会治理的核心是“社会行动”，包括“从我做起”的自我行动和“面向社会”的他律行动，前者反映的是公众的责任和义务，后者反映的公众的权利和利益，因此，环境社会治理主要是通过建设“社会责任义务体系”和“社会权利利益体系”来实现（夏光，2014）。

（一）建设社会责任义务体系

社会责任义务体系是对社会公众自身行为的要求，目的是培育具有生态文明意识的新型公民。社会责任义务体系由社会和政府共同建设。

1. 树立生态意识

——塑造生态文明价值观和环境伦理。
——强化企业的社会责任感和荣誉感。
——对企业家进行可持续发展教育。
——激励、激发企业家的“环境慈善”之心。
——增加企业环境信用。

2. 践行绿色生活

——节水、节电、节约材料。
——循环使用废弃物质。
——把废旧衣物赠送给需要的人。
——不购买过度包装的物品。
——绿色出行，减少开车。
——绿色消费，选用有绿色环保标志的产品。
——参加绿色生态旅游。
——减少一次性产品消费。
——进行垃圾分类。
——创建绿色社区。
——维护清洁环境。

3. 传播科学知识

——媒体积极参与环境保护公益宣传。
——理解环保政策，知晓环境知识。
——依法、理性、有序参与环保事务。
——生态文明知识理念上课本、进社区、入工厂。
——参与绿色科技创新。

4. 进行绿色教育

——加强对儿童的绿色环保教育。

——培养下一代的生态文明意识。

——教育孩子爱自然、爱环境，视地球为家园。

——将生态文明理念贯穿于国民教育体系。

（二）建设社会权利利益体系

社会权利利益体系是环境社会治理的主体部分，目的是通过对社会赋予更多环境权利，拓宽公众从事环境保护的渠道，使社会力量担负起环境保护的重任，因此在建设这个体系的过程中，法律和政策支持至关重要。

1. 扩展社会环境权利

——知情权。可获取环境状况公报、空气质量周报等公共信息和企业环境信息。

——监督权。公众有权采集样品和合法测试，使之成为进行环境诉讼的证据。

——索赔权。公众可以根据法律规定向污染者索取赔偿。

——议政权。公众有权参与经济和环境决策的某些过程。

2. 监督企业环境行为

——积极关心企业环境信息，了解重点企业污染物排放情况。

——监督企业公开污染物排放自行监测信息。

——参与企业环境信用等级评定，了解公布评定结果。

3. 监督政府环保工作

——对政府环保工作积极建言献策，及时反映存在的问题。

——对政府失职行为给予批评。

——通过舆论监督等方式，反映社会对环境问题和环保工作的意见。

4. 推进环境信息公开

——主动获取环境信息，合理利用相关信息。

——完善环境信息发布机制，细化公开条目，明确公开内容。

——开辟门户网站、政务微博、报刊、手机报等权威信息发布平台。

——采取新闻发布会、媒体通气会等便于公众知晓的方式发布信息。

5. 依法维护环境权益

——对于噪声、水污染和恶臭等侵权现象坚决斗争。

——通过投诉、诉讼等途径依法维权。

——进行环境公益诉讼。

6. 参与环境公共事务

——积极参加环境影响评价等工作。

——对于政府公布的环境影响报告书等，客观公正地提出意见。

——对于违反法律法规的建设项目，进行反对和抵制。

——支持必要的建设项目，克服“邻避效应”。

7. 参与环境立法工作

——对于公开征求意见的环保法律草案，积极提供修改建议。

——积极向人大和政府提出新增或修改有关法律的建议。

——通过人大代表和政协委员等途径反映环保要求。

8. 有序发展社会组织

——支持发展环境社会组织，增强环境保护正能量。

——加强社会组织与政府的沟通协商。

——发挥环境社会组织对群体性事件的缓冲和化解作用。

——开拓发掘民间智慧，鼓励民间绿色科技创新。

六、 改革创新我国环境社会治理的建议

（一） 坚持政府的主导性作用

环境社会治理是对现有环境保护工作方式的补充和发展，但社会治理模式不能否定政府治理模式，更不可能代替之。国家生态环境治理体系的现代化，还应该强调政府在环境保护中起决定性作用，市场和社会力量更好地发挥作用。政府治理和社会治理二者是互相配合的。在环境社会治理的体系建设中，根据我国的国情，政府也应该起主导性作用。当前我国的社会力量还相当薄弱，各种社会规范和机制还没有很好地建立，需要政府的引导、帮助和推动。

（二） 成立专门机构负责环境社会治理事务

目前在环境保护部门，其内部机构主要是立足于政府直接管控需要而设置的（如污染防治、总量控制、环境评价等），没有主管环保社会治理事务的内部机构，这说明环保部门还没有打开对社会的“窗口”。鉴于环境社会治理的新常态，建议从中央到地方都成立相应的负责环境社会治理综合事务的部门。在中央层面，建议成立专门的机构负责环境伦理道德和精神文明的推动工作。在环保部，建议尽快成立机构（如社会管理司），全面负责环境社会事务工作，全面谋划、设计和管理环境社会治理的体系建立和推广。在地方各级环保部门，建立专门部门负责环境社会治理具体制度的制定和实施工作。

（三）出台指导文件动员推动地方环境社会治理改革创新

在推动环境社会治理方面，环保部已经做了大量的工作，包括出台了许多有关环境信息公开、环保公众参与、环境宣传教育、环保社会组织培育和引导等方面的指导文件，近期正在酝酿推出《环境保护公众参与办法》，许多指导文件已经取得了良好的效果。

但由于缺乏对国内外环境社会治理理论、方法、实践和体制制度的系统研究，环保部门对环境社会治理没有一个清晰而系统的认识，并不清楚应该建立怎样的体制制度、提供怎样的政策支持、以哪种方式方法动员社会力量推动环保工作，化解由环境问题引起的社会矛盾。环保部门应在总结和评价现有环境社会治理经验和教训的基础上，积极开展环境社会治理相关研究，尽早出台政策文件，推动我国环境社会治理工作。

（四）开展环境社会治理的试点示范

在研究确立我国环境社会治理的基本框架体系后，选取典型城市、重点流域或重点生态环境领域进行试点研究。具体做法是，一方面，详细梳理试点当地或者试点领域环境社会治理状况，重点考察政府和社会的分工及其在生态环境治理中发挥的作用，并总结、分析和评价试点当地或试点领域环境社会治理组织体系和主要的社会治理手段，如环境信息公开和服务、环保宣传教育、公众参与政府决策的制定和实施、环境社会服务、环境社会监督、环境公益诉讼、环境圆桌对话、环境社会补偿机制、环境社会风险评估、预警和化解机制等。另一方面，对具有普遍意义的社会治理手段进行规范化试点，考察其可行性和有效性，以便在全国推广。通过开展试点研究，进一步完善我国环境社会治理体系，为改进我国环境社会治理提供政策支持和实践参考。

（五）加快环境社会治理的法律法规和制度建设

在十八届四中全会提出“依法治国”的关键窗口期，应加快环境社会治理的法律法规和制度建设，使环境社会治理工作的开展和实施有法可依、有章可循，以法律法规和制度建设来推进和强化实施环境社会治理工作。在总结国内环境社会治理实践经验的基础上，参考国外相关经验，出台我国环境社会治理相关法律法规。例如，国务院出台《环境社会治理条例》，以制度来规范和推动我国环境社会治理的进程。

（六）发起社会绿色进步运动

环境保护的社会治理是社会进步的一部分，综观国内外，社会进步往往都伴随着相对比较强烈的社会运动过程，即集中式和大规模的社会动员和社会行动过程，这是因为社会意识往往具有很强的历史沉淀性质，要改变社会意识需要利用外力加以冲击，如美国在20世纪头十多年里发生的“进步运动”。但在我国，由于20世纪50年代到70年代特定时期留给人们的特殊记忆，“运动”作为一种社会发展形式被赋予了比较敏感的含义，现在人们都不大愿意提“运动”这种工作方式。然而，鉴于环境保护的社会意识目前仍然处在较低的水平，文火慢熬式的启蒙教育固然重要，但大火猛烧式的突击提高也十分必要。环境保护的社会治理需要一定的暴风骤雨式的推进过程，这就是绿色进步运动。到目前为止，我国仍然存在“爱国卫生运动委员会”，这说明在一些特殊的方面，采取“运动”方式推进工作仍然是必要和可行的。

（七）提高社会主体的环境治理能力

环境社会治理要取得显著成效，需广泛动员全社会力量以主人翁的态度来共同开展和推动，其首要的工作就是要提高我国社会各主体自身的环境治理能力。这就需要进一步提高社会组织和公众个人的环境保护意识，在社会各个层面和不同领域对他们进行有针对性的环保专业知识和技能培训，同时提供必要的人力、物力和财力的支持，以逐步提高他们的专业性、行动力和影响力，发挥其作为环境治理社会主体应有的积极主动谋划、深入参与、广泛监督等作用。在发动社会力量改善环境治理的同时，要特别注重发挥基层组织的作用，包括基层的党组织、团组织、村民委员会、城市居民委员会、业主委员会等，有组织地推动环境社会治理工作可以取得更大的成效。

政府要为各类环保民间组织成长创造良好的外部环境，要为社会组织更直接、更有效地参与环境社会治理提供制度保障和推进平台，确保社会组织等社会力量作为治理主体有条件、有能力参与多元化的社会治理；组织有资格的社会组织进行环境公益诉讼的学习培训，出台相关制度，保障其合法权益；为促进非政府环保组织健康规范发展，探索建立社会考评等机制，定期组织专家学者、社区及公众、媒体代表等对其进行跟踪评价，公布评价结果，树立业内榜样；同时通过提供税收优惠、行政表彰、授予合作伙伴资质等方式给予奖励。

参考文献

杜鹃. 2015. 全国338城市发布$PM_{2.5}$数据6项指标的实时空气质量. http://gz.ifeng.com/zaobanche/detail_2015_01/04/3375455_0.shtml[2015-1-4]

环境保护部. 2015. 环境保护部落实《2014年政府信息公开工作要点》情况. http://www.zhb.gov.cn/zhxx/hjyw/201412/t20141219_293245.htm[2015-4-20]

王华. 2015. 开展环境圆桌对话加强环境社会治理. 环境战略与政策研究专报,(141)

王华，郭红燕，段红霞．2014．我国环境保护公众参与的现状、挑战及对策．环境战略与政策研究专报，(131)

王华，郭红燕，黄德生．2015．环境社会治理：概念、实践、挑战和建议．环境保护，已录用

王华，郭红燕，侯文文，等．2013．环境信息公开：挑战和对策．环境战略与政策研究专报，(87)

夏光．2014．环境保护社会治理的思路和政策建议．环境保护，(23)：16-19

综合．2014．我国已成立 180 多个环保法庭“无案可审”？http://www.infzm.com/content/101535 [2014-6-13]

第六章　探索绿色创新的公共治理*

一、科技公共治理的一般规律

（一）科技公共治理问题的提出

《中共中央关于全面深化改革若干重大问题的决定》提出，全面深化改革的总目标是完善和发展中国特色社会主义制度，推进国家治理体系和治理能力现代化。科技公共治理是国家治理体系的重要组成部分。形成一套能有效识别、形成社会意愿“最大公约数”的科技公共治理体系，有效支撑科技公共政策的制定和执行，是落实创新驱动发展战略的重要保障，也是实现绿色创新和可持续发展的重要支撑。

1. 治理的概念

20 世纪 80 年代以来，治理（governance）概念获得了越来越多的认可。一方面，人们认识到治理的理念、制度和技术能更有效地处理各种发展议题；另一方面，治理概念通常被认为是个无政治含义的概念，容易被人接受。在研究和实践中，人们对治理的定义虽然各不相同，但基本都会强调“治理”模式的优势在于既强调多元和差异，又强调公共政策制定中的纵横协调，因而比传统的管理模式更能应付现代社会中复杂的公共决策问题。

在描述治理模式的特征时，研究者们基本都会突出以下两方面的特征：一是治理主体的多元化，既涉及公共部门，也包括私人部门；二是治理机制的包容性，既包括正式的制度化机制，也包括各种非正式机制。

在描述治理模式效果时，一些机构和研究者使用了善治概念。比如，世界银行认为善治的基本特征是：可预见的、公开的和开明的决策制定过程，具有职业伦理的科层组织，对其行为负责的政府行政，参与公共事务的公民社会，以及所有人都依法行事。总体而言，在对善治的各种定义中，提及最多的是决策透明、参与、负责任和法治等（俞可平，2009）。

2. 科技公共治理及其核心议题

科技系统是社会系统的子系统，社会系统中运行的理念、制度和规范必然扩散、

---

* 本章由王奋宇、卢阳旭、何光喜执笔，作者工作单位为中国科学技术发展战略研究院。

渗透于科技系统之中。更重要的是，在现代社会，科技对经济社会发展和人们的日常生活具有巨大的影响力，科技事务不再只是科学共同体的内部事务，而成为一项公共事务（张来武，2012；费尔特，2006）。但科技活动不同于一般公共事务的特点，使得科技公共治理面临特殊的问题和挑战。

（1）知识合法性与参与合法性的张力问题

科技活动有很强的专业性，较之一般公众，专家（科学家或科学共同体）具有很强的知识优势，更有可能做出“知识上”正确的决策，这是科技公共治理的知识合法性问题。当客观公正的专家假设成立时，基于知识合法性的专家决策机制能够有效运转。

但随着科学的制度化和职业化，特别是科技界的一系列丑闻（如英国的疯牛病事件）遭到曝光之后，建立在默顿所说的“科学精神气质”（the ethos of science，包括普遍性、公有性、非私利性和有组织的怀疑主义）之上的公众对专家（及科学）的社会信任基础受到了很大挑战（樊春良等，2008）。知识权力与各种经济和社会利益的结合，使得科学共同体的独立性和客观性受到了前所未有的质疑。同时，科技活动的收益和成本有很强的外部性，不同社会群体的收益—成本函数并不一致，科技活动的社会影响难以进行简单的社会加总。这两个因素相叠加，使得公众参与科技公共决策的重要性凸显出来：公众应当对特定科技活动的收益和风险做出判断和权衡，并有权表达自己的权衡结果，以对相关决策产生影响。在实践中，公众参与已成为科技公共决策合法性的重要来源——通常称作参与合法性（或政治合法性）（吉本斯等，2011；马森等，2010）。

（2）科技收益与科技风险的权衡问题

现代科学出现以来，尤其是第二次世界大战以来，科学技术得到大规模的应用和推广，大大促进了经济社会的发展和人们生活水平的提高，公众一度对科学技术普遍持积极支持的态度。但随着一些不良社会后果的显现，公众对科学发展和技术创新的态度出现了变化——科学技术的双刃剑效应尤其是科技风险问题得到越来越多的讨论。肇始于20世纪50年代核能安全问题讨论的风险社会（risk society）理论，到80年代已形成一整套系统性的规范理论，并获得了全球性的影响（贝克，2004；吉登斯，2011）。在这个过程中，对科技发展特别是新兴技术的应用，出现了所谓预防原则（precautionary principle）和先占原则（proactionary principle）的争论（翟晓梅等，2010）。

预防原则产生于20世纪70年代，在1992年联合国里约热内卢会议后迅速获得了广泛的国际影响力。该原则主张，面对科技发展带来的不确定性，人类应该更谨慎地对待科学研究和技术应用，以防其带来不可预料的危害。其核心观点可概括为以下三点：一是避免损害；二是所有技术的发展都应该建立在减少环境负担的基础上；三是在对伤害的因果联系得出科学的证据之前就应采取预防措施。先占原则则认为科技创新自由至关重要，不应过分强调与科技发展相关的不确定性的负面影响，对科技创新自由的限制应该更加谨慎。限制越多，失去机会的可能性越高。

需要指出的是，虽然预防原则和先占原则都强调对科技活动风险的评估需要有坚实的研究基础，但它们在谁负有举证责任上存在对立的主张：预防原则强调除非有充足的证据证明是安全的，否则就应该假定是危险的，主张安全者负有举证责任；先占原则正好相反，强调除非有充足的证据证明是危险的，否则就应该假定是安全的，主张危险者负有举证责任。

综上所述，科技公共治理的核心议题有两个（图 6.1）：一是科技公共决策中该谁说了算——涉及科技公共政策的决策主体及决策规则（知识合法性优先还是参与合法性优先）；二是如何看待科技活动的影响，并对其带来的收益和风险进行社会加总——涉及科技公共政策的决策内容（预防原则优先还是先占原则优先）。

虽然各国的具体做法各异，但总体而言，近几十年来，在科技公共治理活动中，出现了一个越来越强调公众参与和越来越关注风险的趋势，即由图 6.1 中的第一象限向第三象限移动。各国都在尝试进行具体的制度安排，力求调和在体制、程序和沟通等各个层面出现的张力。

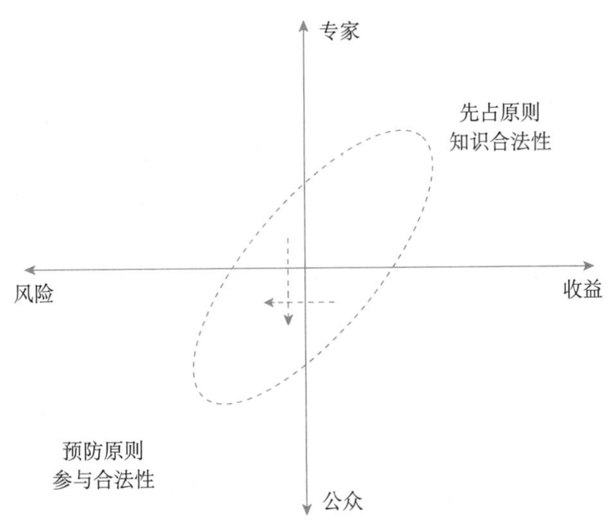

图 6.1　科技公共治理的核心议题

（二）欧美国家科技公共治理的经验和挑战：基于参与主体的分析

近年来，欧美国家在科技公共治理上，基本都遵循公共治理的一般性原则进行探索和实践。总体而言，在科技公共治理过程中，多数国家都实现了政府、科学共同体、产业界和公众四类主体的共同参与。本部分将以这四类主体的主要活动内容及其面临的问题为线索，梳理和分析欧美国家科技公共治理实践的经验和挑战。

1. 科技公共治理的四类主体

（1）提高参与合法性：政府推动公众参与技术评估

政府既是科技活动的重要资助者和组织者，也是科技活动行为规则的重要制定者。各国政府除了通过科研活动立法、组建或裁撤科研机构及提供科研经费等方式深度介入科技公共治理活动外，还有一项重要的治理工具就是技术评估（technology assessment），即通过对科技发展的收益和风险进行全面评估，促进公众参与科技公共治理活动。

始于20世纪50年代的技术评估，主要功能是对科技的正面效应和负面影响做综合评估，为公共决策提供依据。1972年，美国技术评估办公室（Office of Technology Assessment，OTA）成立。这是全球第一个专门的官方技术评估机构，主要职能是就科技领域的问题，特别是现有和新兴技术可能产生的影响为国会提供决策咨询。虽然该机构由于政党之争最终被撤销，但美国政府在推动技术风险评估，扩大公众参与科技公共治理的工作并没停止。[①] 例如，2008年以来，白宫科学技术政策办公室（Office of Science and Technology Policy，OSTP）在进一步加大决策信息公开力度的同时，明确提出希望通过扩大公众参与的方式获得更多反馈和建议；2014年1月，美国总统奥巴马提出要广泛评估大数据对隐私的影响后，科学技术政策办公室已在麻省理工大学、纽约大学和加州大学伯克利分校召集了三次有政府管理部门负责人、学术研究者、私人顾问、监管者、产业界、广告界、民权组织以及其他感兴趣的公众参与的公开对话会（Office of Science and Technology Policy，2014）。

欧洲各国官方技术评估工作开始得比美国稍微晚一些（80年代后才相继成立隶属于议会的专门技术评估机构），但在推进公众参与技术评估方面步子迈得更大，科技政策的基调也更倾向于预防原则。2013年，欧盟科技咨询委员会发布的政策指导文件指出，欧盟在科学研究和技术研发的收益和风险决策上奉行“基于证据的预防原则”，鼓励专家、民间组织和政策制定者共同参与各种形式的研讨会和对话会，鼓励公众参与科学—技术—社会议题的讨论。该报告还指出，欧盟将建立一套欧洲监测系统，用于监测知识应用中的机遇与风险，及时发现那些存在社会争议以及利益相关者和普通公众关心的议题，建立公众参与科学技术议题的平台，鼓励广泛的公众对话。欧盟委员会还倡导每个接受政府资助的知识生产者拿出一定比例的资助经费，用于同利益相

① 美国技术评估办公室于1995年关闭，国会指定联邦审计署（Governmental Accountability Office，GAO）承担其部分职能。

关者以及可能受到影响的公众开展对话和交流①。

（2）把知识变得更可信：科学共同体信任机制调整

长期以来，人们心目中的科学家的典型是17世纪英国皇家学会中那些自由而诚实的绅士们，他们为探索真理，进行着“好奇心驱动的研究”，其个人利益与其生产的科学知识没有直接联系，他们能够获得的只是科学共同体内部的承认和个人声望。但随着科学的制度化和职业化，社会对科学知识生产的投入规模和方式发生了巨大变化，科技活动已不再是少数社会精英的兴趣爱好，而成为一种千百万人谋生的专门职业。知识生产开始与各种各样的经济社会利益直接勾连（吉本斯等，2011），科学共同体公信力的基础受到很大冲击。政府和公众对于作为科学知识把关机制的同行评议的有效性存在不同看法，甚至全面怀疑科学共同体是否具有自我纠错、自我调整和自我管理的能力（包括经同行评议的知识是否可靠、科研经费是否遭滥用、科研成果是否用于服务个人或保障特定群体的利益等）（古斯顿，2011），公共决策中的“科学例外论”不再有广阔的市场（龚旭，2009）。但是，在由谁来审查、审查什么及怎样审查等问题上，科学共同体、政府、产业界和公众之间并没有共识。在这种背景下，作为科学系统与其他社会系统关系枢纽的同行评议制度，以及科学共同体与公众的沟通问题成为调整科学共同体公信力形成机制的关键。从近几十年各国的实践来看，一方面所谓的利益相关者委员会越来越多地渗入到传统上主要由同行评议决定的事项（如科研选题），相对封闭的同行评议也被要求提高透明度（楚宾等，2011）；另一方面在鼓励科学家与公众沟通的同时，也越来越强调应该以更加平等、开放的态度与公众进行沟通，而不是单纯的科普（The Royal Society et al，2006；The Welcome Trust，2000）。

（3）把利益摆上台面：产业界参与科技公共治理过程的透明化

在市场经济体制中，企业是科技创新的关键主体，是研发经费的主要投入者和技术产品商业化的最重要推手。在各国科技政策议程设置和决策过程中，产业界的影响越来越大。但这种参与的深入（如由产业界发起或资助的各种游说活动），特别是一些丑闻的曝光，使得公众越来越担心以下问题：一是产业利益对科学界的侵蚀。产业界直接雇佣大量科研人员并资助大量科研活动，对于受企业雇佣、资助的科研人员而言，他们具有双重身份，即科研人员和企业雇员（或受资助方），有可能存在着严重的利益冲突问题。比如，通过实验对象的选择、实验设计、数据采集和处理方法以及选择性报告等方式得出偏向性的结论（科学技术部科研诚信建设办公室，2009）。二

① Policy paper by President Barroso' s science and technology advisory council，Science for an informed，sustainable and inclusive knowledge society，Brussels，August 29th，2013. http://ec. europa. eu/archives/commission _ 2010—2014/president/pdf/advisory-council/3 _ - _ minutes _ meeting _ april _ 2013. pdf.

是产业利益对科技政策的捕获。它带来的后果是，以保护和促进公共利益为目标的科技公共政策实际上只服务于某些特殊的部门、产业的利益。[①] 比如，有研究指出，20世纪80年代以来美国实际奉行的新自由主义科学管理体制（neoliberal science management regimes），核心特征就是强调知识的商业化和私人化，政府把更多的资金用于资助私人企业的研发活动，对知识产权的保护更加严格，对公共研究型大学的资助却显著下降，一些服务于各种特殊利益团体的创新政策实际上损害了美国的创新能力（Lave et al，2010；Gauchat，2012；菲尔普斯，2013）。三是对公众利益的忽视。比如，一些厂商利用所谓的“不必要的阴性标注”误导消费者，损害消费者的利益。所谓“阴性标注”，就是在产品广告、标签等载体中否认产品含有某种成分或使用了某种技术。以转基因产品为例，如果某类产品，既有转基因的也有非转基因的，其中的非转基因产品作阴性标注是可以接受的；但如果这类产品本身就不存在转基因问题（如花生），此时再作阴性标注就成了不必要的阴性标注。这种不必要的阴性标注不仅损害了未标注的其他同类厂商的利益，更侵犯了消费者的知情权和选择权。

（4）让有话要说者好好说：科技公共治理中公众的有序参与

20世纪以来，关于公众与科学之间关系的观念经历了从所谓的科学素养（scientific literacy）范式及其变体的“公众理解科学”（public understanding of science）范式，逐渐向“科学与社会”（science and society）范式转变的过程。[②] 20世纪80年代中期以前，科学素养范式在理解科学和公众的关系问题上占据主导地位，这种范式认为普通公众要么知识不足，要么对科学缺乏兴趣，没有能力参与科技相关决策。20世纪80年代中期到90年代中期，作为科学素养范式的升级版，公众理解科学范式占据了主导地位，它认为公众对于科学的态度不够积极，为了让公众更加支持科技创新，应该对公众进行科学教育，让公众更加了解科学。与之不同，20世纪90年代中期以后逐渐兴起的科学与社会范式认为，科学素养范式和公众理解科学范式关于公众理解科学的能力取决于公众的科学素养（科学素养高则理解能力强）的假定有问题，在科学与公众的关系中成问题的并不全是公众，与科学技术相关的公共决策所需的远不仅仅是客观的事实信息，即使在科学领域，事实与价值也常常是密不可分的，公众的价值判断能力并不低于科学家或其他专业人士。因此，在公众和科学的关系上不应该仅仅追求让公众接受、支持科学，而应往前追溯，让公众在科学研究的更早阶段就介入，在这个过程中，政府与科学共同体的行为方式都需要向公众参与科学及科学与公

---

① 这方面的研究有很多，如在经济学研究中形成了所谓的规制捕获理论（regulatory capture theory）。

② 这种转变的标志性事件是英国政府及皇家学会发布的关于“公众理解科学”的三份报告：“公众理解科学”（the public understanding of science，1985）、“科学家和工程师对促进公众理解科学、工程和技术的贡献”（report of the committee to review the contribution of scientists and engineers to the public understanding of science, engineering and technology，1995）和“科学与社会”（science and society，2000）。

众之间双向合理对话的新模式转变（Parliamentary Office of Science and Technology，2001）。

在关于公众对科学的态度方面，也存在三种不同的观点：一是“文化优势理论”，认为随着经济社会发展对科技和教育的依赖程度越来越高，人们会越来越信任科学；二是“异化理论”，认为由于人们对于技术异化产生对人类的控制权力的担忧，以及科学固有的不确定性所显示出的“无能”，人们会越来越不信任科学；三是“政治化理论”，认为人们对科学的态度取决于其所持的政治态度（Gauchat，2012）。可以看出，前两种观点虽然在判断上完全相反，但都认为公众对于科学存在统一的态度；与它们不同，政治化理论则认为公众并不是同质化的，对科学的态度存在差异。在实践层面，政策制定者和科学家更倾向于文化优势理论（这与更精英主义的科学素养范式一致），对公众参与科技公共决策持更为谨慎的态度；风险社会理论家、环保人士等则更倾向于异化理论，强调要大力促进公众参与科技公共决策；持政治化理论者则把公众对科技的态度看得更为复杂，强调更加客观、务实地看待公众参与。

2. 四类主体的内部差异

在现实的科技公共治理活动中，前述四类主体内部也并非铁板一块，而是普遍存在着各种观念和利益的分化与差异，我们称之为科技公共治理的四类多种主体架构（图 6.2）。四类主体的内部差异如下：

一是政府内部存在不同层级和不同部门间的观点或利益差异。不同层级的政府在决策时需要考虑的因素可能有所不同。例如，有的技术应用项目（如核电）对全国或整个区域有利，但对项目所在地却可能存在一定负面影响。即使是那些对大家都有利的技术应用，也存在不同层级、不同部门间的利益和成本分配问题。

二是科学界内部存在不同范式、不同学科间的差异，即使在同一学科内部，也存在技术路线或观点的差异。科学研究和技术应用过程中，科学界常常存在不同的思路、方法、观点和技术路线。更重要的是，科学的制度化和职业化使得科学界内部的争论可能超越了纯科学之争，而同时混杂了复杂的利益之争。

三是产业界内部存在不同产业、不同厂商间的利益差异。比如，在新能源政策上，传统能源行业（如煤炭、石油行业等）与太阳能、风能和新能源汽车行业就存在明显的利益差别；同一产业内部，不同的厂商之间也存在激烈的竞争关系。

四是公众内部的观念、利益分化更加普遍。普通社会公众由于种族、性别、政治倾向、宗教信仰和对特定科技议题的兴趣程度不同，对于科学技术的观点和态度存在明显差异。比如，一项关于 1974～2010 年美国公众对科学的信任的经验研究表明，公众对于科学的信任会受到性别、种族、收入、受教育程度及政治倾向的显著影响（Gauchat，2012）。

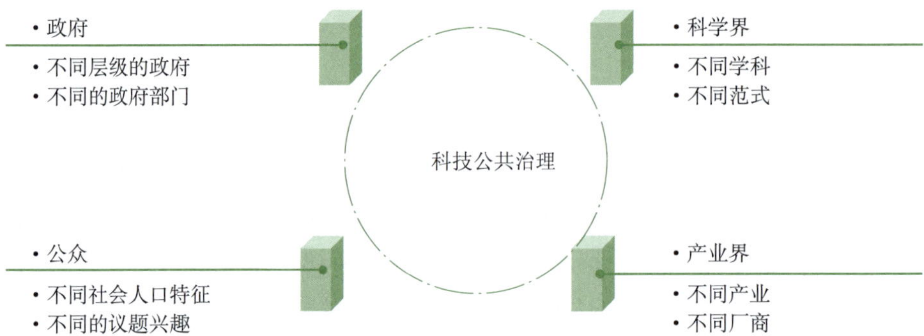

图 6.2 科技公共治理中的四类多种主体

3. 四类多种主体的沟通协调问题

科技公共治理的实质就是为四类主体之间以及各类主体内部不同的利益和观点提供一个沟通、交流和协调的平台。理想的情况当然是各方能谈得拢，然而更为常见的情况是谈不拢。在谈不拢的情况下，如何有效地处理分歧，是衡量治理体制有效性的关键标准。实践中，任何国家都不会把所有的意见置于同等重要的地位，而是在一定规则下，给出排序。在这个充满张力的治理过程中，知识合法性和参与合法性之间的权重问题尤为关键（表 6.1）。由于政治、社会和文化环境方面的差异，在不同国家的科技政策议程设置和决策过程中，知识合法性和参与合法性被赋予的权重是不一样的，这直接影响争议议题的处置结果是更偏向知识合法性还是参与合法性。如果科技公共决策系统中参与合法性强于知识合法性，在出现争议时，科技公共决策将被引向政治化；反之，则会突出科技公共决策的专业化（马森等，2010）。如果科技公共决策系统对知识合法性和参与合法性的要求都很高，在出现争议时，各方必须在一个相对平等的框架和逻辑中求得平衡和妥协，以有利于差异的识别、表达和协商。

表 6.1 科技公共决策中合法性逻辑与决策类型

		参与合法性	
		强	弱
知识合法性	强	合作/制衡	科技公共决策的专业化
	弱	科技公共决策的政治化	随意决策

需要指出的是，从欧美各国的实践来看，它们最重要的经验，不在于简单地让知识合法性或参与合法性占据绝对的优势地位，而是把二者间的张力纳入特定的制度框架内，并通过各种具体的活动程序和技术小心翼翼地保持二者间的微妙平衡。虽然欧美各国在具体的做法上存在一定程度的差异，但它们在多主体的沟通协调方面表现出

以下三个方面的共同特征。

一是正式制度和非正式制度安排并存。从20世纪70年代美国设立技术评估办公室，开展经典技术评估以来，到近二十年越来越流行的公众参与技术评估（participatory technology assessment），[①] 欧美国家在科技公共治理过程中形成了很多正式的和非正式的治理制度。总体来说，以一系列法律为核心的正式制度为处理科技议题中存在的争议提供了基本的制度框架和互动规则（如欧美国家广泛存在的对重大科技公共议题的议会听证制度）；包括对话会、民意调查以及政策制定者和专家之间的社会网络等在内的非正式治理活动，既有利于信息的及时传递，也有利于增强科技治理体制的弹性和适应能力——对于具有很强的不确定性的科技议题而言，这点非常重要（Decker et al，2004）[②]。

在正式制度设置方面，虽然欧美各国内部在制度密度上存在一定的差异，但总体而言，它们都在特定研究项目（如干细胞研究等）和技术应用（如转基因食品等）许可、环境影响评估和政府科技研发投入等方面颁布了相关法律。在非正式制度设置方面，一方面在欧美各国的立法机构存在活跃的咨询、辩论活动（需要指出的是目前各国对这些活动的角色定位、组织形式、次数和成果通常都还没有正式的制度设置）；另一方面欧美各国还存在活跃的公民社会活动，围绕一些公众关注的科技议题（如转基因、合成生物技术等新兴技术对社会、伦理等方面的影响）开展讨论、抗议活动等。

二是多样化的机构设置。几十年来，基于表达和识别不同观点和利益的需要，欧美国家普遍发展出了多样化的科技公共治理机构（可以是临时性的）。从各国的实践来看，多样化的机构设置一方面有利于各种观点和利益的表达；另一方面也有利于在各种观点之间保持一定的相互制衡，让公共决策不会对某种观点、利益过分敏感。以德国的技术评估活动为例，通常会有三类机构参与其中，包括调查委员会、议会技术评估办公室和公民顾问团。一般来说，调查委员会是由议员发起成立的，就某个论题（如全球变暖、遗传工程等）进行专题研究和讨论的临时性组织，委员会由议员和专

① 到目前为止，技术评估大致经历了两个阶段，一是“经典”技术评估；二是公众参与技术评估。这两类技术评估的最大差别在于，前者以专家为中心，注重技术方面的问题，试图以单向沟通的方式说服、教育公众；后者强调技术评估是一个各利益相关方共同参与、博弈和妥协的过程，评估的内容不应局限于技术问题，而应把社会价值、伦理规范等非技术问题纳入技术评估当中。与之相对应，在这两个阶段，人们对技术评估的定义也有差异，在“经典”技术评估阶段，技术评估被认为是一种政策研究，其目的是为政策制定者提供一个客观公允的评估——在理想情况下，技术评估应该是一个提出对的问题并及时找出对的答案的研究和咨询系统。在公众参与技术评估阶段，技术评估被认为是一个社会各方围绕特定的科技议题进行沟通、互动、争论和妥协的过程和平台，其目的是帮助人们了解科学知识，形成对特定科学研究和科技产品的观点和态度并影响相关的公共决策和社会选择。

② Global ethics in science and technology（GEST）. 2012. Ethics state of the art：EU debate. unpublished.

家以 1∶1 的比例构成，但所有人员均是由政党按照各自在议会中占据的议席比例指定特定数目的议员和专家。显然，调查委员会的运作机制决定了它在决策过程中更多的是体现政治代表性。议会技术评估办公室的主要职能是对科技发展可能的社会和环境风险进行研究，并为议会提供咨询。在管理上，议会各党派各派出一名成员组成理事会——显著区别于比例制的调查委员会。由于议会技术评估办公室的主要职责是研究和咨询，并不直接参与决策，客观、专家意见和问题导向的“知识合法性”逻辑是其主要的行为逻辑。还有一类机构是所谓的公民顾问团（包括共识会议、规划小组、公民陪审团等多种形式）。公民顾问团通常由 10～20 名普通民众构成，他们将接受为期 2～4 周的培训，以了解某个科技议题（如转基因、干细胞等），然后与一个专家顾问团交换意见，撰写包含政策建议内容的报告并举行新闻发布会公开他们的工作及其成果。实践中，如果公民顾问团成员之间无法达成一致，组织者一般会允许同时产生多份报告（马森等，2010）。

三是开发提高治理活动公信力和社会影响的技术。科技公共治理理念的落实需要一系列具体细致、有秩序、有活力的治理活动做基础，增强治理活动的公信力和社会影响，是提高科技公共治理绩效的关键。在实践中，欧美各国都非常重视治理方法和技术的开发和创新使用，各种治理方法和技术现已非常丰富，并且新方法层出不穷。大致说来，这些方法可分为三种类型，一是以知识生产为主要目的的方法（包括德尔菲法、专家访谈、专家讨论、建模、仿真、系统分析、风险分析、趋势预测、仿真、情景模拟等）；二是以观点互动为主要目的的方法（包括共识会议、专家听证会、公民会议、愿景工作坊等）；三是以传播和扩大治理活动的社会影响为目的的方法（包括专刊、电影、视频、网站等）。需要指出的是，每种方法都有它特定的局限性，并且其有效性还会受到特定的社会情境的影响。比如，起源于丹麦的共识会议方法在丹麦要比欧洲其他国家运作得更有效率（谈毅等，2004）。

二、我国科技公共治理的实践

（一）我国科技公共治理的背景

我国科技公共治理同样需要面对前文所述科技公共治理的两个核心议题：合法性基础和收益风险权衡问题。但在处理这两个议题时，中国还面临着如下两个独特的背景：一方面中国是一个后发国家，科技创新是快速提高我国经济社会发展水平，实现追赶式超越的关键动力；另一方面中国又是一个转型国家，正在经历快速和高密度的社会结构与制度变迁，需要处理所谓的转型风险——在处理突然被释放出来的观念、利益和行为方式差异方面的制度、规则和技术安排的缺失或不够完善，导致转型困难甚至失败的风险。

这两个背景可能存在的冲突是，追赶式超越是一个集体目标，而转型带来的日益增强的权利意识、参与意识和风险意识，凸显的是个体和特殊群体的利益与诉求。对于习惯了强调国家目标、集体利益和政府主导的传统科技管理制度而言，在个体和特殊群体利益凸显的情况下如何进行有效的科技公共治理是个全新的挑战。例如，中国传统文化一直被视作集体主义文化，新中国成立以来也一直大力推行“舍小家、为大家”“个人利益服从集体利益”的价值观。长期以来我国的重大工程建设很少引发当地民众的强烈反对，但近年来，公众权利意识和环境风险意识逐步提高，人们保障自身权益、规避风险的诉求不断增强。当这些诉求得不到响应或没有达到预期时，公众开始采取各种集体行动阻止工程的建设运营。地方政府出于维稳考虑，几乎都是按照“一出事，就下马”的模式回应公众诉求，逐渐形成了“决定—宣布—反对—下马”的恶性治理模式（卢阳旭等，2014）。

（二）我国科技公共治理的实践历程

从参与主体的角度看，我国的科技公共治理大致经历了从改革开放前的政府绝对主导阶段向多主体共同参与阶段的转变。改革开放以前，尤其是“文化大革命”期间，知识分子的社会地位空前低下。即便在与科技相关的公共决策中，专家的意见也没有得到充分重视，对决策的参与更缺乏制度性的保障。这一阶段我国的科技公共决策具有很强的封闭性，政府占有绝对的主导权。改革开放后，这一局面逐渐有所改变，专家、产业界和普通公众相继成为科技公共决策的重要参与者。

一是专家参与。改革开放后，随着知识分子政策的落实，专家开始制度性地参与各种公共决策。特别是 1985 年中共中央出台《中共中央关于科技体制改革的决定》后，科技决策的民主化、科学化和制度化在各种政策文件中得到强调，科技政策制定和执行过程的透明度有了很大提升。这种理念和制度上的改变带来的影响首先体现为，专家意见在科技政策创新方面发挥了较以前大得多的作用。比如，国家高技术研究发展计划（即著名的“863”计划）、中关村开发计划都是由科学家率先提出设想，并最终促成相关政策的出台。1982 年应科学家提议而成立的中国科学院自然科学基金委员会（现为国家自然科学基金委员会）在科研项目遴选中采用了国际通用的同行评议制度。自 1986 年成立国家自然科学基金委员会后，科学家通过咨询、评议、指导和决策管理等方式，在我国基础研究资助活动中发挥了更大作用（刘海波，1998）。1993 年通过、2007 年修订的《中华人民共和国科学技术进步法》第十三条更明确指出：“国家完善科学技术决策的规则和程序，建立规范的咨询和决策机制，推进决策的科学化、民主化。制定科学技术发展规划和重大政策，确定科学技术的重大项目、与科学技术密切相关的重大项目，应当充分听取科学技术人员的意见，实行科学决策。”

二是产业界参与。20世纪80年代以来的科技体制改革，主要的方向就是促使科学技术面向经济主战场，为经济建设服务，以解决科技与经济严重脱节的问题。这使得产业界作为主要的利益相关方，得以参与到相关决策活动中。随着科技体制改革的不断深化和市场经济的快速发展，中国目前的R&D投入中超过70%来自企业，企业的创新主体地位不断提高。科技公共政策制定和执行过程中，也越来越强调要倾听产业界的声音。

三是公众参与。进入21世纪，我国的科技决策开始越来越重视倾听普通公众的声音，并开始采取具体措施，促进公众参与科技公共决策。比较突出的领域有环境影响评价和国家科技发展规划制订等。2002年颁布的《中华人民共和国环境影响评价法》第5条对公众参与环境影响评价作了明确的规定：“国家鼓励有关单位，专家和公众以适当方式参与环境影响评价”；第11条和21条则明确规定：“专项规划的编制机关和建设单位，应以听证会、论证会或其他形式，征求有关单位、专家和公众的意见。”2003年，中国政府启动了新世纪的第一个国家中长期科技发展规划纲要（即《国家中长期科学和技术发展规划纲要（2006—2020年）》）的研究和编制工作。在近三年的研究和制订过程中，除吸纳科技界、产业界通过咨询、小组讨论等多种形式深度参与外，还首次建立公众参与机制，鼓励普通公众以多种形式广泛参与。2003年12月，国家中长期科学和技术发展规划领导小组办公室专门开设了国家中长期科学和技术发展规划网站，利用互联网及时向社会公布规划工作的进展，并开辟网上专题论坛。仅仅一个多月时间，上网点击人数就超过3万，并获得了很多反馈意见。除互联网外，公众还可以通过报刊、广播电视等多种渠道参与讨论。此外，针对人们普遍关心和有争议的问题，规划办公室还面向普通大众开展问卷调查，同时聘请专业咨询机构对各种渠道的公众参与信息进行收集、整理、分析和反馈。

（三）我国科技公共治理面临的挑战

从以上历程回顾中可以看到，我国多主体参与的科技公共治理实践已经起步。但要指出的是，目前这种实践仍处于非常初步的探索阶段。例如，产业界和公众参与科技决策，仍缺乏充分的法律制度保障和具体可操作的程序规范，已开展的一些参与活动也大多具有被动性和非制度化的特点，对参与的范围、参与的具体形式和程序都缺乏明确的规定，更缺乏不同利益相关方之间面对面的沟通与共识达成机制。即便是实践历史较长的专家参与科技决策，虽然有相应的法律制度保障，但相关规定也过于笼统、原则，缺乏系统性的具体制度和操作技术层面的保障。

更为重要的是，科技公共治理活动嵌入在特定的社会制度中，运作良好的科技公共治理系统需要发育良好的社会基础支撑。这包括各类行动主体之间的相互信任，良好的公众科学素养，健全的社会组织体系，以及公众参与决策的实践经验等。在上述方面，我国科技公共治理面临严峻的挑战。

一是公众信任度低。随着科技与经济结合越来越紧密，科研人员越来越多地直接参与经济活动，经典意义上的“科学精神气质”受到了很大挑战。更令人忧虑的是，近年来科研人员（其中不乏一些顶尖科学家）剽窃、造假及腐败丑闻时有曝光，更降低了公众对科学家群体、科研机构和政府科技管理部门的信任程度。我们的一项研究发现，我国公众对科学家的印象呈现“去崇高化”的趋势，对其科研精神和道德的评价有所降低（何光喜等，2013），在新的关系模式下，科学共同体如何维持自己的公信力成为需要深层次思考的问题。从这个意义上说，改进科学共同体的信任获取和维持机制（包括科学家行为规范、科研机构监管机制、利益关系披露机制等），对于提高我国公众参与科技公共决策的积极性和有效性至关重要。

二是公众科学素养偏低。虽然传统的“缺失模型”有很大缺陷，但不可否认的是，一个社会的公众科学素养状况会直接影响公众参与科技公共治理的行为模式和实际效果（谈毅等，2004）。大致说来，公众科学素养过低会产生两方面的影响：一是在社会中不利于形成关于科学及科学—社会关系的理性看法；二是公众很容易被各种极端观点裹挟。一项关于中国公众科学素养的长期大规模抽样调查显示，虽然2001～2010年中国公众的科学素养由1.4提升到3.3，但该水平仅相当于美国和欧盟20世纪80年代末的水平（陈星星，2011）。

三是社会组织化程度低。有序、高效的社会参与，很大程度上取决于参与者的组织化程度，社会中间组织有重要作用。改革开放以前，强国家、弱社会的社会架构约束了各类社会中间组织的发育，我国公众的自组织程度一直相对较低。据统计，截至2013年年底，全国已有民间组织54.75万个（其中社团28.9万个，民办非企业单位25.5万个，基金会0.35万个），[①] 虽然加上未注册或为了避开民政注册而在工商注册的民间组织，实际数字可能是统计数字的几倍甚至十几倍（李培林，2013），但相对于我国庞大的人口规模，社会组织数量仍明显偏低。尤为重要的是，普通公众对各类组织的参与率仍相对较低。2011年的一项调查数据显示，大约只有27.2%的公众曾加入过某种形式的社会组织，其中加入过科技类社会组织的比例更低至3.5%。[②] 这么低的组织化水平，很难保证公众高质量地参与科技决策活动。另外，在近年来各地

---

① 数据来源：民政部．2014．2013年社会服务发展统计公报．http：//www.mca.gov.cn/article/zwgk/mzyw/201406/20140600654488.shtml［2015-05-13］。

② 数据来源：中国科学技术协会，中国科学技术发展战略研究院．2011．中国科技工作者的公众形象调查（第二次）。

由工程项目引发的大规模“邻避运动”[①] 中也可以看到，此类运动大多组织化程度较低，导致争议各方事实上很难顺利有效地开展交流对话。

四是公众参与的经验匮乏。长期以来，我国社会、政治生活中公众参与决策的具体实践经验都比较缺乏，科技领域的公众参与更是刚刚起步。西方国家近些年行之有效的公众参与手段（如共识会议、公民评议会等），面临如何适应我国国情和社会环境的本土化的挑战。

（四）对我国科技公共治理策略的开放性讨论

基于对科学技术基本属性和我国社会经济发展阶段的分析，我们认为科技事务由“管理”模式向“治理”模式转型乃大势所趋，不可避免。事实上，我国的科技公共治理实践已经处于起步阶段。尽管有西方发达国家的经验可供借鉴，我国的科技公共治理实践仍面临来自社会基础和具体国情的种种挑战。我们认为，行之有效的治理策略是不断探索、实践的产物。在此过程中，需要分别处理理念、原则、制度规范和技术层面的重要问题。

1. 理念层面：正确看待决策效率问题

与传统决策模式相比，治理模式要求多元化的主体参与到决策过程中。这在一定程度上会拉长决策周期，提高人力、物力和时间成本。与之前相对简单的自上而下的管理决策模式相比，更加扁平化的治理模式的决策效率可能在一定程度上会有所降低。但要看到的是，公共决策的最大成本不是决策制定本身所付出的成本（即决策的内部成本），而是由决策产生的影响所导致的社会成本（即决策的外部成本）。科技公共决策由管理向治理转变时，政府的角色从支配者变成组织者和协调者，更多的利益相关方得以公开、透明地参与决策及其执行，在一定程度上可能会增加决策的内部成本，但更可能带来更高质量的公共决策，降低因决策失误而带来的外部成本。因此，看待决策效率时，应综合考虑决策的内部成本和外部成本。从总体上来看，采用治理模式不仅不意味着决策效率的下降，反而会提高决策的整体效率和效益。

2. 原则层面：确立科技公共治理的基本原则

科技治理的两个核心问题分别是合法性问题和收益风险权衡问题。在选择科技公共治理策略时，首先需要确定的是对这两个问题的处理原则。

---

① 20世纪60～80年代，类似问题在美国、西欧和日本等经济发达国家和地区也出现过一个高发期，频频爆发的抗议和冲突引起了研究者和政策制定者们的高度关注。Hare首次提出了“邻避效应”（not in my back yard，NIMBY）概念，用以描述由于社区民众担心工程项目给自己和所在社区造成生态破坏、安全威胁或经济损失等负面影响而发起的抵制项目建设的集体行动。

（1）公共治理合法性的分级、分类原则

与科技相关的议题有很大的内部差异性，在科技创新链条的不同阶段和环节，其外部性存在很大差异，在科技公共治理过程中应该采取分级、分类原则。大致说来，在对科技相关议题的分级、分类过程中，应主要根据以下两个标准进行：一是决策的外部性及其影响。外部性越强，影响的范围越大、强度越高，越应强调“参与合法性”，增加参与主体的多元性和决策的民主性。二是科学研究的阶段。一般而言，从基础研究到应用研究和开发研究，公众参与的必要性逐步提高。

（2）有差别的风险处理原则

我国是一个后发国家，大力发展科技对于我国实现经济社会发展水平的赶超，实现中华民族伟大复兴的中国梦至关重要。在科技公共政策领域过度强调预防原则，是否会束缚科学研究活动，并对科技创新活动产生不利影响，是一个需要充分考虑的问题。此外，目前我国的科技发展进入了所谓“三跑并存”（即“跟跑”、“并跑”和“领跑”）的新阶段，这意味着我们可能需要根据发展水平的不同，在不同的研究领域奉行差别化的风险处理原则：在“跟跑”的领域可奉行先占原则，在“并跑”和“领跑”的领域可适度奉行预防原则。需要指出的是，风险处理原则的确定本身也是一个治理过程。奉行什么样的原则，甚至是否采取差异化的做法，这个本身也需要按照治理的程序做出决定。

3. 制度规范层面：科技公共治理法治化

科技公共治理仅仅停留在理念和概念层次是远远不够的，理念的落实需要制度规范的保障。首先是法律规范，应当在法律层面上规范科技决策的公共治理程序，将科技决策过程纳入法治的轨道；其次是法规和政策层面，对科研经费投入、科研活动监管、公众参与方式和程度，以及在“谈不拢”的情况下如何处理分歧等，都需要有相应的制度安排，将治理的理念落实到操作环节，对项目形成机制、各类利益相关方代表的产生方式（包括专家遴选程序、产业部门和公众代表产生程序等）、意见表达程序等内容做出可操作的程序设计。

4. 技术层面：开发有中国特色的科技公共治理技术

科技公共治理活动是一个从理念到制度、程序再到具体技术的完整系统。从目前的讨论来看，人们对治理与管理在理念上的区别讨论较多，对更为具体的治理技术讨论相对较少。事实上，如前文所述，欧美国家科技公共治理活动的技术和方法已经非常丰富，新方法也层出不穷。但要注意的是，不同国家在具体的治理技术上并不完全一致，这说明科技公共治理技术的选择具有很强的情境性。能否更好地契合一国的社会和文化环境，在很大程度上决定了具体治理技术的有效性，开发出适合我国国情和社会特征的治理技术非常重要。对此，我们认为应当以是否有利于实现科技公共治理的下述三项功能为主要标准：

是否有利于知识生产。有利于知识生产的方法应该能为知识合法性逻辑和参与合法性逻辑之间的交流和结合提供便利，并且能最大限度地保证信息的客观性和可靠性。科技公共治理实践表明，大部分科技公共治理都会涉及知识合法性逻辑和参与合法性逻辑的对话与妥协问题，适当的方法、技术应该能够充分地识别和包容这种多样性，能合理地确定相关学科/领域、相关专家和相关公众的代表性，避免选择一个有偏的样本。

是否有利于观点互动。有利于观点互动的方法应该体现社会公平原则，保证活动过程公平、透明，并能帮助各方形成逻辑自洽的观点。合适的治理方法应当既有利于为公众获取、识别信息，形成清晰的观点和诉求并合乎逻辑地表达出来，又有利于观点和诉求间的互动和协商，最终在妥协的基础上形成一致的决策。

是否有利于行动促进。有利于行动促进的方法应该能有效地传播科技公共治理的结果，扩大科技公共治理的社会影响。虽然公众参与科技公共治理改变了经典科技治理的参与者常只限于少数专家的做法，但相对于整个公众群体来说，直接参与者还是非常有限的。在这种情况下，合适的科技公共治理方法应该能够提高科技公共治理活动本身及成果的透明性，在增强科技公共治理活动合法性的同时，影响公共决策和行为。

三、 科技公共治理与绿色创新

自 2000 年以来，我国已先后提出了一系列与绿色发展、绿色创新有关的政策，包括走新型工业化道路（2002 年）、坚持科学发展观（2003 年）、建设节约型社会（2004 年）、建设创新型国家（2006 年）和建设生态文明（2007 年）等。2012 年，党的十八大突出强调创新驱动发展战略及生态文明建设的重要意义，提出要从根本上转变我国的经济增长方式，实现由要素驱动和投资驱动向创新驱动转变，建设美丽中国。但是，各种旨在转变经济社会发展方式、提高绿色发展水平、事关重大创新的公共决策（如优先研究领域选择等），以及与之相关的公共政策制定（如旨在鼓励创新的税收和金融政策、工艺和产品环境标准等）都需要有相应的制度基础。与此同时，上述公共决策还必须处理好由各种创新带来的收益和成本的社会分配问题，否则，不仅绿色转型发展难以实现，相关创新还可能需要付出高昂的社会成本。因此，绿色发展、绿色创新需要科技公共治理的支撑，科技公共治理的有效性会直接影响绿色发展的成本和生态环境保护目标的实现。

（一）绿色创新

自 1987 年布伦特兰报告《我们共同的未来》发布以来，可持续发展理念在全球范围内迅速传播。1992 年联合国环境与发展大会后，可持续发展开始了“从概念到行动”的进程。进入 21 世纪以来，在应对气候变化和金融危机等一系列全球性挑战的倒逼之下，绿色创新成为各国制定经济社会发展政策和经济刺激政策的出发点和发力点（联合国开发计划署，2002；UNESCAP，2008；OECD，2009）。

绿色创新也常被称为“生态创新”、“环境创新”、“环境驱动型创新”和“可持续创新”等（中国科学院可持续发展战略研究组，2010）。尽管称谓不同，但总起来看，绿色创新的定义目前主要有三种：一是把绿色创新看作是引入环境绩效的创新，绿色创新是指人类社会关注环境、经济和社会协调发展并使之得以实现的各类创造性活动，包括新产品（环保技术）、新市场和新系统的开发，以及在经济社会发展战略中引入生态思想。二是把绿色创新看作是旨在减少对环境不利影响的创新。比如，克莱默将环境创新定义为相关行为者（包括政府、企业、研究机构、社会组织和家庭等）发展、应用或引入新思想、新行为、新产品和新过程，减少环境负担，实现可持续发展目标的所有措施（Klemmer et al.，1999）。三是把绿色创新等同于环境创新或环境绩效的提高，包括所有能顺应环境改善趋势的创新（张钢等，2011）。

总之，绿色创新不仅包含环境维度，而且包括经济和社会维度（Rennings，2000），它是指企业、研发机构等创新主体在一个相当长的时期内，持续不断地推出和执行旨在节能、降耗、减排和改善环境质量的创新项目，它们既可以是过程和产品创新，也可以是管理和组织创新，还可以是有利于环境的立法以及消费行为或生活方式的创新（李海萍等，2005）。

（二）绿色创新的公共治理

1. 绿色创新治理的基本议题

绿色创新的实现需要技术的、组织的、社会的和制度的条件，需要科技公共治理的支撑。在科技公共治理框架下，绿色创新治理有两个基本议题：一是绿色创新的合法性基础。虽然，当下很少有人会在一般意义上否认、反对绿色创新的必要性，但这并不意味着各项具体的绿色创新活动会自动获得合法性，包括政治、经济和社会的合法性。一些重要的绿色创新，虽然具有知识合法性，但由于其政治合法性不足，其发展受到很大的限制，相关活动甚至可能被禁止。比如，在技术和经济层面上被认为属于绿色创新的核能及相关技术，由于公众的疑虑和反对，在各国都受到严格管制，2011 年，日本东北部海域大地震以后，德国甚至决定全面关停境内的核电站。二是绿色创新收益—成本的社会分配。绿色创新具有创新的一般特征，但它又不同于一般创新，它除了具有典型的溢出效应外，其指涉的环境、可持续发展问题有很强的公共性，此即所谓的绿色创新的“双重外部效应”。绿色创新的这一特性使其比其他类型的创新面临更严重的激励不足问题（Bansal et al，2000）。更重要的是，绿色创新同其他任何创新一样，都会对现有的利益结构产生冲击，在这个过程中必然有绝对或相对的受损者和获益者。比如，新能源技术及相关商业模式创新，有利于减少环境污染，但它会直接冲击传统能源行业的利益，在一定时间段内，使用新能源及其产品也会增加消费者的支出。

2. 绿色创新治理的机制

大致说来，绿色创新的实现可以借助三种力量，即绿色技术开发推动、以绿色消费为导向的市场拉动和管制推动——在一项具体的绿色创新中，它们可以单独起作用，也可以共同起作用。Rennings（2000）从新古典经济学的角度给出了一个绿色创新决定因素的基本框架（图 6.3）。一般而言，绿色技术对绿色创新的推动取决于相关主体能否加大对绿色技术的研发投入并构建相关的制度激励机制。市场拉动绿色创新主要表现在，社会对绿色生活和消费模式的倡导和鼓励。环境管制和环境政策对绿色创新产生有很强的导向和逼迫效应，它们包括排放总量控制、排污许可、市场准入、节能绩效、产品标准、生产者责任延伸、信息披露和自愿协议等。一些对我国企业绿色创新推动力的经验研究发现，市场拉动和政策推动对于促进企业绿色创新都有积极影响，而且市场拉动的影响要比政策推动更大（李巧华等，2014）。与此同时，市场拉动对绿色产品的正向影响要大于其对绿色工艺创新的影响，政策推动的作用则正好相反。另外，一些经验研究还发现，外商直接投资（FDI）对我国企业绿色创新具有显著的正向影响，一方面外资企业通过诸如供应链企业社会责任等规则推动我国企业进行绿色创新；另一方面外资企业的绿色创新具有技术溢出效应（毕克新等，2014）。

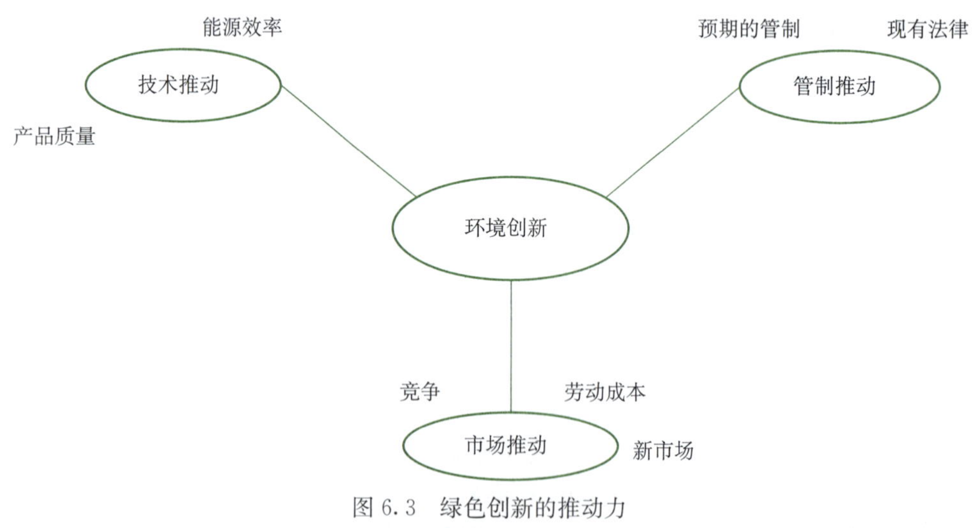

图 6.3　绿色创新的推动力

资料来源：Rennings，2000

（三）我国绿色创新治理面临的挑战

1. 绿色创新导向的公共政策体系建设

21世纪以来，我国在建立促进绿色创新的公共政策体系方面取得了很大成效，修改和颁布了诸如《环境保护法》、《循环经济促进法》等一系列法律，在税收、金融和贸易等方面出台了一系列政策。与此同时，关于转变以GDP考核为主并突出绿色绩效的各级政府官员考核制度和管理创新也在持续推进。但是，总体来看，目前我国绿色创新的公共政策体系还远不够完善，在具体执行过程中，不同部门、地方和行业执行标准不一，严重影响了政策的实际效果。在未来的公共政策体系建设过程中，需要重点关注以下三个方面的挑战：一是如何做到市场机制和政府干预机制间的平衡？在促进绿色创新的过程中，既要努力纠正市场失灵，也要警惕政府失灵。二是如何加大对相关公共政策的评估，提高政策的有效性？比如有研究表明，税收、金融和技术标准等公共政策应该更多针对绿色工艺创新，而不是绿色产品的创新，因为后者主要靠市场力量的推动（李巧华等，2014）。三是如何完善政策执行机制，提高政策执行效率？当前的主要任务是，加强政府内部不同部门之间的协调，整合相关执法力量，增加政策制定和执行的透明度等。

2. 绿色创新治理的制度和技术建设

绿色创新治理是一套从理念到制度和技术的系统。目前，人们对于绿色创新的重要性强调很多，但对绿色创新治理强调还不够，对于绿色创新治理的制度和技术的讨论就更少。如前所述，绿色创新具有“双重外部性”特征，涉及政府、企业、科学界和社会公众四类多种行动主体，能否形成一套有效的制度和机制，并借助相应的技术和方法，在不同主体间进行合理的创新收益和成本分配直接影响绿色创新的成效。总体而言，目前我国绿色创新治理的制度建设和技术开发还远不能满足促进绿色创新的实际需要。在未来开发和完善治理机制和技术过程中，需重点关注以下三个方面的问题：一是如何促进公众的有序参与，特别是如何发挥各类社会组织的作用？比如，近年来，一些环保社会组织绘制并公布污染地图，在推进污染信息公开方面发挥了很大的作用。二是如何扩大和规范企业参与国家科技、创新和环保等方面的公共政策制定？三是如何发挥媒体和舆论的监督作用，在网络和媒体技术高度发达的背景下，如何拓宽媒体和舆论监督范围，并为其提供制度化渠道是当下绿色创新治理制度和技术建设的重要内容。

3. 绿色创新治理的社会基础

广大公众是绿色消费的主体，是推动绿色消费的原动力。近年来，随着环境保护意识、健康意识的增强，人们的消费心理和消费行为都发生了一些变化，越来越多的人开始关心消费中的环境代价和健康代价问题，希望更多地消费那些既无污染又有益于健康的产品和服务。但是，在这些方面，目前我国还面临绿色消费意识不强和经济社会发展水平不高和不平衡等挑战：一是公众对绿色产品、绿色消费和绿色生活的意识还比较淡薄，甚至还存在很多不准确甚至错误的认识。二是由于我国经济社会发展水平，特别是居民收入水平还不高，广大公众对绿色产品、绿色消费的价格敏感度比较高。

参考文献

贝克 . 2004. 风险社会 . 何博闻译 . 南京:译林出版社

毕克新,王禹涵,杨朝均 . 2014. 创新资源投入对绿色创新系统绿色创新能力的影响——基于制造业FDI流入视角的实证研究 . 中国软科学,3:153-166

陈星星 . 2011. 调查显示我国具备基本科学素养公民比例约为 3% . http://scitech.people.com.cn/GB/13980629.html[2014-11-26]

楚宾,哈克特 . 2011. 难有同行的科学:同行评议与美国科学政策 . 谭文华,曾国屏译 . 北京:北京大学出版社:123

樊春良,佟明 . 2008. 关于建立我国公众参与科学技术决策制度的探讨 . 科学学研究,5:897-903

菲尔普斯 . 2013. 大繁荣:大众创新如何带来国家繁荣 . 余江译 . 北京:中信出版社:249-254

费尔特 . 2006. 优化公众理解科学:欧洲科普纵览 . 李逸平,张瑞山,李莉,等译 . 上海:上海科学普及出版社:31-42

龚旭 . 2009. 科学政策与同行评议——中美科学制度与政策比较研究 . 杭州:浙江大学出版社

古斯顿 . 2011. 在政治与科学之间:确保科学研究的诚信与产出率 . 龚旭译 . 北京:科学出版社

何光喜,赵延东,石长慧,等 . 2013. 科学家的社会公众形象:现状与变化(2007—2011). 见:2013 年中国社会形势分析与预测 . 北京:社会科学文献出版社:177-192

吉本斯,利摩日,诺沃茨曼 . 2011. 知识生产的新模式:当代科学与研究的动力学 . 陈洪捷,沈文钦,等译 . 北京:北京大学出版社:51-55

吉登斯 . 2011. 现代性的后果 . 田禾译 . 南京:译林出版社

科学技术部科研诚信建设办公室 . 2009. 科研诚信知识读本 . 北京:科技文献出版社:111-122

李海萍,向刚,高忠仕,等 . 2005. 中国制造业绿色创新的环境效益向企业经济效益转换的制度条件初探 . 科研管理,2:46-49

李培林 . 2013. 我国社会组织体制的改革与未来 . 社会,3:1-10

李巧华,唐明凤 . 2014. 企业绿色创新:市场导向抑或政策导向 . 财经科学,2:70-78

联合国开发计划署 . 2002. 中国人类发展报告 2002:绿色发展,必由之路 . 北京:中国财政经济出版社

刘海波 . 1998. 论科技政策决策过程中的专家参与 . 自然辩证法研究,7:52-55

卢阳旭,何光喜,赵延东 . 2014. 重大工程项目建设中的“邻避”事件:形成机制与治理对策 . 北京行政学院学报,4:106-111

马森,魏因加 . 2010. 专业知识的民主化:探求科学咨询的新模式 . 姜江,马晓琨,秦兰珺,等译 . 上海:上海交通大学出版社:15,108,129

诺沃特尼，斯科特，吉本斯 . 2011. 反思科学：不确定性时代的知识与公众 . 冷民，徐秋慧，何希志，等译. 上海：上海交通大学出版社：11-22

谈毅，仝允桓 . 2004. 我国开展面向公共政策技术评价的社会制度环境分析 . 中国软科学，6：7-11

俞可平 . 2009. 国家治理评估：中国与世界 . 北京：中央编译局出版社：3-8

翟晓梅，邱仁宗 . 2010-7-19. 合成生物学的伦理和管治 . 科学时报，3

张来武 . 2012. 科技创新的宏观管理：从公共管理走向公共治理 . 中国软科学，6：1-5

张钢，张小军 . 2011. 国外绿色创新研究脉络梳理与展望 . 外国经济与管理，8：25-32

中国科学院可持续发展战略研究组 . 2010. 2010 中国可持续发展战略报告——绿色发展与创新 . 北京：科学出版社

Bansal P，Kendall R. 2000. Why companies go green：a model of ecological responsiveness. The Academy of Management Journal，43 (4)：717-736

Bruce B，Guston D H. 1997. Introduction：the end of OTA and the future of technology assessment. Technological Forecasting and Social Change，154：125-150

Decker M，Ladikas M. 2004. Bridges between Science，Society and Policy：Technology Assessment-methods and Impacts. Springer

Gauchat G. 2012. Politicization of science in the public sphere：a study of public trust in the United States，1974—2010. American Sociological Review，77(2)：167-187

Klemmer P，Lehr U，Löbbe K. 1999. Environmental Innovation：Incentives and Barriers. Berlin：Analytica-Verlag

Lave R，Mirowski P，Randalls S. 2010. Introduction：STS and neoliberal science. Social Studies of Science，40：659-675

OECD. 2009. Green growth：overcoming the crisis and beyond. http：//www. oecd. org/env/43176103. pdf[2015-03-26]

Office of Science and Technology Policy. 2014. Open Government Plan (version 3. 0). https：//www. whitehouse. gov/sites/default/files/microsites/ostp/ostp_2014_open_gov_plan. pdf[2014-11-25]

Parliamentary Office of Science and Technology. 2001. Open channels：public dialogue in science and technology. http：//www. parliament. uk/briefing-papers/POST-PN-153. pdf[2015-03-26]

Rennings K. 2000. Redefining innovation — eco-innovation research and the contribution from ecological economics. Ecological Economics，(32)：319-32

The Royal Society，The Welcome Trust. 2006. Survey of factors affecting science communication by scientists and engineers. https：// royalsociety. org/～/media/Royal _ Society _ Content/policy/publications/2006/1111111395. pdf[2014-11-28]

The Welcome Trust. 2000. The role of scientists in public debate：full report. http：//www. wellcome. ac. uk/stellent/groups/corporatesite/@msh_peda/documents/web_document/wtd003425. pdf[2014-11-28]

UNESCAP. 2008. Energy security and sustainable development in Asia and the Pacific. Economic and Social Commission for Asia and the Pacific (ESCAP)，Bangkok

第七章 生态文明建设与全球环境治理*

作为最大的发展中经济体，中国与世界各国面临着同样的严峻挑战，资源约束趋紧、环境污染严重、生态系统退化、气候恶化、发展与人口资源环境之间的矛盾日益突出，突破上述约束经济社会可持续发展的重大瓶颈，需要转变以高资源消费和高碳排放为特征的传统的工业发展方式，走向以绿色低碳为主要标志的新发展方式，建设生态文明。所有这些需要推进全球环境治理，采取一致的行动，创造共同的未来（中国科学院可持续发展战略研究组，2012）。

然而，全球可持续发展的进步不及预期。自 1992 年里约联合国环发大会取得可持续发展共识以来，全球可持续发展前进的步伐非常缓慢（潘基文，2011）。迄今为止，以可持续发展的评价体系衡量，全球环境“局部在改善，整体在恶化”。《全球可持续发展报告 2014》指出，各国并没有有效地使用经济发展的成果和技术能力减贫和消除饥饿（United Nations，2014）。报告给出以下数据：超过一半的陆地生态系统和四分之一淡水供应受到人为干扰；生物多样性减少的速度是人类出现以前的 100 甚至 1000 倍；全球化石燃烧、水泥制造和天然气放空燃烧所产生的二氧化碳排放从 2000 年的 248 亿吨增加到 2010 年的 351 亿吨，也是人类历史上增加最快的十年；2012 年有 41% 海洋受到了很高程度上由人类产生的影响。

这些危机侵蚀着世界各国的城市化进程、经济增长、公共健康，阻碍千年发展目标的最终实现。世界经济的复苏依然脆弱，许多国家的经济增长因此被蒙上了阴影。

尽管我国经济增长持续放缓，同时面临较大的下行压力，但中国政府仍坚持生态文明建设路线，以逐渐缓解我国资源、环境的“瓶颈”制约，实现绿色发展、循环发展、低碳发展。建设生态文明要求中国参与全球环境治理进程。2015 年 5 月发布的《中共中央国务院关于加快推进生态文明建设的意见》要求，加快推进生态文明建设必须统筹国内、国际两个大局，树立负责任大国形象，把绿色发展转化为新的综合国力、综合影响力和国际竞争新优势。生态文明建设的国际合作将以促进全球生态安全为目标，以包容互鉴、合作共赢为主要原则，通过加强与世界各国在生态文明领域的对话交流和务实合作，继续引进先进技术装备和管理经验，同时加强南南合作和开展绿色援助。

中国提出生态文明建设的全局观，不仅是实现自身可持续发展的内在需求，也有

---

* 本章由吴昌华、蔡含多执笔，作者工作单位为气候组织（The Climate Group）。

利于重塑全球环境治理体系。首先，生态文明建设与可持续发展具有一致的目标。生态文明建设不仅要满足可持续发展的经济、社会和环境三维目标，而且较之更深化和具体，这是中国目前发展阶段的紧迫要求使然。其次，联合国正在制定新的全球可持续发展目标（Sustainable Development Goals，SDGs），以应对新兴经济体崛起及其面临的一系列生态环境挑战。在现行以多边机制为基础的全球环境治理体系存在较大局限的情况下，中国提出以生态文明的理念进行全球环境治理，强调“五位一体”的总体战略，或将打开一个新的局面。最后，我国的生态文明实践不能孤立进行。中国依据自己的实践提出了生态文明价值观，从深层次审视、发展和平衡人与自然的纽带关系，具有其独特的意义。只有联合区域乃至全球的合作伙伴共同实施这 理念，才能在更高的层次上实现生态文明建设的目标。

本章旨在以中国加快推进生态文明建设为主要动因，探索以生态文明价值观为指引，参与全球环境治理的构想。我们认为中国应该为重塑全球环境治理体系提出新的议程框架。该议程应包括提出整体性和包容性原则与治理目标，并指出我国在全球环境治理体系中的重点领域应是具有全局性的应对气候变化、区域性的环境治理、快速增长的新兴经济体的可持续发展治理。从制度建设上，该议程通过设立全球“生态红线”、区域性绿色转型和补偿制度、（区域性）统一碳市场等重要制度，对当前全球环境治理体系进行有益补充；在治理机制上，重塑全球金融制度，提升全球技术转移能力和水平；在治理方式上，加强自上而下的南南合作和自下而上的社会治理。

一、 现阶段全球环境治理面临的问题

（一）全球环境治理体系

根据联合国《里约环境与发展宣言》，全球环境治理主要指国际社会通过新的公平的全球伙伴关系形成的复杂网络来解决全球环境问题。这一网络往往是一系列全球性组织机构、资金机制、规范、程序、公约、标准、措施和行动的总和（王华等，2012）。

环境问题本身具有跨国界性质，大多数环境问题需要区域性乃至国际性合作才能解决。而主权国家通常以自己的利益为先，加之参与全球环境治理的能力不一，具有法律约束力的多边环境协议的作用即凸显出来。此外，双边环境协定、国际或区域性环境合作项目、高级别环境发展论坛和交流平台、（次）区域合作备忘录等治理制度丰富了全球环境治理的内涵，深化了其对各个层次利益方的影响。

全球环境治理体系包括四个方面（图 7.1），除上面提到的全球规则和制度性安排外，还包括全球环境治理的重点领域、利益相关方、治理机制和手段。

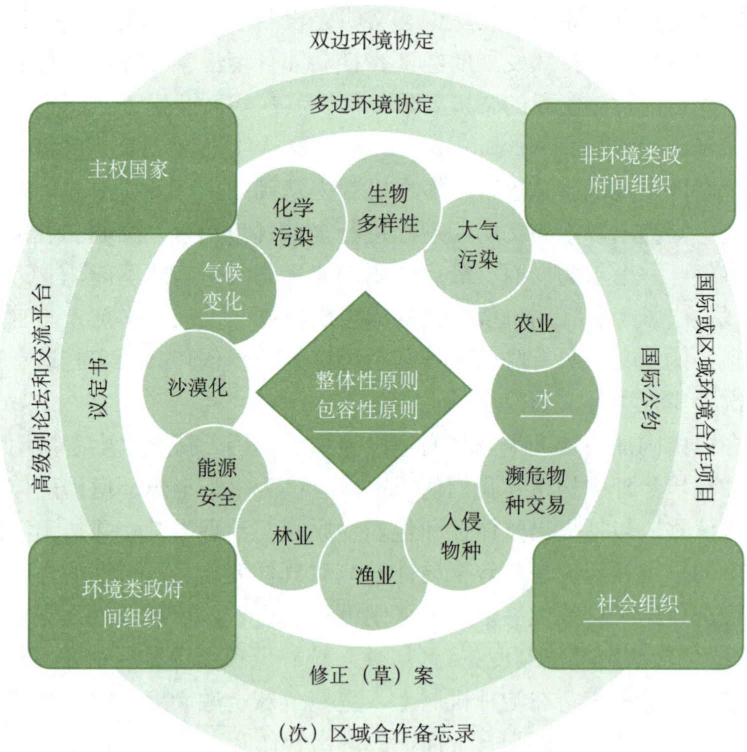

图 7.1 全球环境治理体系概要和中国参与全球环境治理的议程框架

注：加下划线的内容为中国对全球环境治理体系的实施重点

资料来源：作者制图

从议题上说，环境治理的重点领域几乎覆盖了从整体到局部的全部问题，气候变化、荒漠化、能源、林业、渔业、农业、水、大气、化学品、入侵物种、濒危物种、生物多样性是环境治理领域最受关注的 12 个重点。

从规则的实施上说，环境治理的机制是双向的。自上而下的途径是指由政府间国际组织牵头，协调各个主权国家，完成环境治理的协调工作和任务。自下而上的途径是指各类社会组织和普通公众通过科学研究、社会活动、媒体活动等方式参与国际、国内环境治理，并影响最终规则的制定。在商业领域，各种国际性贸易规则为跨国界的环境问题提供约束。例如，WTO 即以环境壁垒代替了关税壁垒；环境标准经常被作为贸易谈判中的市场附加条件（杜悦新，2002）。

全球环境治理体系和利益相关方是多元的。在全球环境治理体系中，国家和政府不再是唯一的主体。政府间组织、社会组织等非国家行为体是参与全球环境治理过程的重要利益相关方（表 7.1）。正是这四个利益相关方参与多层次治理和互动推动了环境治理体系向前发展。

表 7.1　全球环境治理体系的主要利益相关方

	职能	作用	代表机构
主权国家	发挥环境治理体系主体作用，运用国际、国内各类资源	治理本国内或国际间的共同环境问题	各个主权国家
环境类政府间组织	提供信息服务，组织协调国家间的关系和绩效评估	促进国际环境问题进入决策议程，协调其他行为体为解决国际环境问题而协商谈判，促进国际环境法的发展	联合国环境规划署 可持续发展委员会 全球环境基金 多边环境条约的秘书处
非环境类政府间组织	经济类国际组织，为环境治理活动提供保障和资金	促进全球经济活动中的主体提升环境意识，并产生正面的环境影响	世界贸易组织 世界银行 联合国发展规划署
社会组织	以促进经济和社会发展为己任的非政府组织和具有组织性的个体公民，参与环境治理议题，提供政策研究报告	为国际环境政策的制定提供必要的依据，影响公众的环境意识和政府决策议程	地球之友 绿色和平 世界资源研究所

（二）全球环境治理体系面临的挑战

当前演进中的全球环境治理体系在应对全球环境问题方面取得了一定的成效。在联合国机构协调和敦促下，许多环境领域已经达成了相关的国际环境条约，以约束成员国的环境行动，阻止人类发展对环境产生负面影响。然而，与可持续发展目标的情形相似，2012 年的《全球环境展望 5》报告指出，世界上最重要的 90 个环境目标中只有四个目标取得了重大进展，全球环境治理面临着更多难以应付的挑战（联合国环境规划署，2012）。

“碎片化”的治理体系无法有效地完成区域乃至全球环境治理的任务。环境问题具有大的时间尺度和很高的外部性，环境影响造成全球经济成本上升，而额外治理的成本并不由个别国家或区域联盟承担。因此在不同的环境治理尺度上，出现了各种治理制度。国际环境协议数据库项目显示，截至 2013 年 6 月，全球建立了超过 1190 个多边协议、1500 个双边协议及 250 个其他协议，勾勒出全球环境治理的复杂情景。众多制度和规范过于零散，分散了各国的注意力和有限治理资源。

制度的滞后性阻碍了在实现国际社会合作下环境问题的成功解决。许多地区性的或专门性的环境治理机构功能重叠，彼此竞争；全球环境治理的整体效率和机构之间的协调能力非常令人担忧（Ivanova et al.，2007）。例如，联合国环境规划署拥有 100 多个成员国，但是没有一套协调一致的规则，也不能对国际环境治理机制施加有效的权威（王明国，2013）。全球可持续发展理论与制度的实践成果相差过大，滞后的制度建设已无法为全球环境治理提供有效的贡献。

作为资金和技术的拥有者，发达国家仍主导当前全球环境治理体系。提出环境问题，分配资金和技术资源等均主要由发达国家决策，平等协商的原则只是空谈。大国意志和强权政治依然会在全球环境治理领域起到难以逾越的影响和作用，“共同但有区别责任”的原则在实践中意义不大（王毅等，2012），发展中国家在全球环境治理体系中仍旧处于追随的地位，严重制约着发展中国家实现自身的治理优先领域和发展目标。

利益博弈成为全球环境治理中技术转移的最大障碍。随着环境治理的迫切性和重要性逐年上升，各方在全球环境治理体系中的利益诉求越来越多，博弈越来越复杂，各方利益进一步分化。出于在国际贸易和市场争夺中根本利益的考量，不仅南北阵营内部的不同诉求分歧越来越大，连南南阵营中也很难在基本问题上保持一致。以应对气候变化进程为例，除了清洁发展机制（Clean Development Mechanism，CDM）机制较为成功外，发达国家向发展中国家转移的清洁技术一般都带有附加条件，或对核心技术有所保留，难以提供实质性的资金援助和技术转移。不仅南北方的共识不足，南南阵营中，发展中大国与最不发达国家、太平洋小岛国在减排和适应的优先顺序、援助方案等问题上也较难以达成一致。作为最大的发展中经济体，中国已进入中等收入国家行列，其发展中国家地位受到质疑，各国对中国在全球环境治理体系中的地位有越来越高的期许。

缺乏发展中大国主导性力量。近十年来，随着全球经济格局发生实质性转变，美国、欧盟的倡议和领导能力都有所下降，但没有发展中大国的领导力量注入全球环境治理体系；虽然发达国家仍掌握全局，但环境保护优先的诉求已经被发展中国家发展优先的诉求所动摇。

在国际环境领域，全球社会领域的能力严重不足，政府治理模式单一，在很大程度上影响了全球环境治理的实现。从环境治理的角度来看，传统的以政府为主的行政管理方式，在相当长时期内仍然是许多发展中国家普遍采用的环境管理模式。但仅仅依靠对排放指标的监督和罚款、忽视改善治理结构的被动式管理方式，已经在包括中国在内的不少发展中国家产生越来越多的问题。随着环境问题的负面影响迅速地向周边国家扩散，区域性环境纠纷很可能上升到政治层面，环境风险管理仅仅依赖政府行为已经远远不够。

对国际环境条约实施的监测、监督能力不足。由于现在主权国家对于履行各项公约的成果一般实行“自主报告”，难免有一些国家隐瞒关键信息。而且，条约实施过程的监督程序和评估机制普遍缺乏，条约执行也无从保证和衡量。这些导致众多国际规则不具备普遍约束性，无法有效解决环境领域产生的国际争端。

全球环境治理体系正面临重大改革机遇。全球生态系统的相互依赖性要求改进“碎片化”的管理方式，转向应用“整体性”原则，对各种资源进行整合，充分发挥各参与主体的特点和优势，形成更加有效的全球环境治理体系。在解决治理制度的滞后问题上，建立创新性的长期性的有一定法律约束力的制度才是解决方案。在治理机制和方式的问题上，提高技术转移能力和加强融资机制平台建设势在必行。中国作为最大也是最重要的发展中经济体，应该承担起与其能力增长相适应的领导力，不仅应切实履行各项国际公约和环境治理的义务，更需要主导提出创新性议程和制度建议，促进全球环境治理体系的变革，并与其他国家合作，为其他尤其是落后的发展中国家提供最佳实践和做出实质性贡献。

二、中国参与全球环境治理的现状和挑战

（一）中国的大国角色

以经济总量和人口规模衡量，中国应该是全球环境治理的最大受益者，也是最关键的利益相关方。中国已经成为全球第二大经济体，并处于稳定的经济发展轨道上；中国也是最大的能源需求国和最大的温室气体排放国。这些事实使中国在可持续发展目标实现进程中备受关注。在一切照常的情况下，到 21 世纪中叶，从应对气候变化、大气污染、流域治理到生物多样性保护，几乎所有跨区域的环境问题都将有中国的贡献。

中国是一个负责任的大国。全球环境治理中各方利益分化，治理进展缓慢，缺乏领导力量；而处于全球环境治理体系关注焦点的中国，则毫无疑问需要承担起必要的领导角色，在维护本国及发展中国家利益的同时，把自身生态文明建设的认知，融入全球环境治理体系的要素中，为体系改革和创新注入新的动力。中国积极参与全球环境治理，不仅是履行环境责任的实践者和示范者，也应是重塑全球环境治理体系的倡导者和推动者。

构建在环境治理领域的对外话语体系，也是中国体现大国角色的重要途径。话语体系是维护国家利益的战略核心。在环境治理领域，“中国声音”严重滞后于中国实践。事实上，中国特色道路和中国实践不仅解决了中国改革开放 30 多年来自身发展遇到的各种问题和矛盾，也可为诸多发展中国家实现其发展目标提供借鉴。用国际化语言讲好中国故事有利于竖立更加良好的国家形象。

中国可以提供优质高效的与环境和可持续发展相关的技术与服务。节能环保是当前中国的一个产业发展重点——目标是在经济发展的同时尽量降低对环境的影响。中国今天面临的环境挑战，也将是短时间内其他发展中国家将遇到的挑战。在共同利益层面上，中国在很多领域具有与发展中国家开展合作的战略机遇，可以为其提供基于中国经验的环境与可持续发展的系统解决方案。

（二）中国的环境履约之路

1972 年，中国开始参与全球环境治理进程，参加联合国人类环境大会并发言。到

1992 年，中国已逐渐熟悉国际环境治理相关原则和规则，并应用自己发展中国家的身份，在国际合作与区域合作项目上争取资金支持和技术援助，从而提升国内的环境保护水平。中国政府积极参与了联合国环境与发展大会各项工作，提出了促进中国环境与发展的“十大对策”，并在 1994 年公布了《中国 21 世纪议程》。2012 年，中国已经从全球环境治理的参与者的角色逐渐提升为倡导者的角色。中国政府发布了《中华人民共和国可持续发展报告》，进一步阐明了中国及其他发展中国家的立场，为发展中国家争取有利的地位。

中国在全球环境治理体系中的作用和地位是逐渐提高的。随着中国的国力日渐增强，不可避免地对全球环境带来直接影响，且影响水平随经济总量增长和温室气体排放绝对值的成倍增长而逐渐扩大（图 7.2），中国在全球环境治理中的角色也越来越重要。

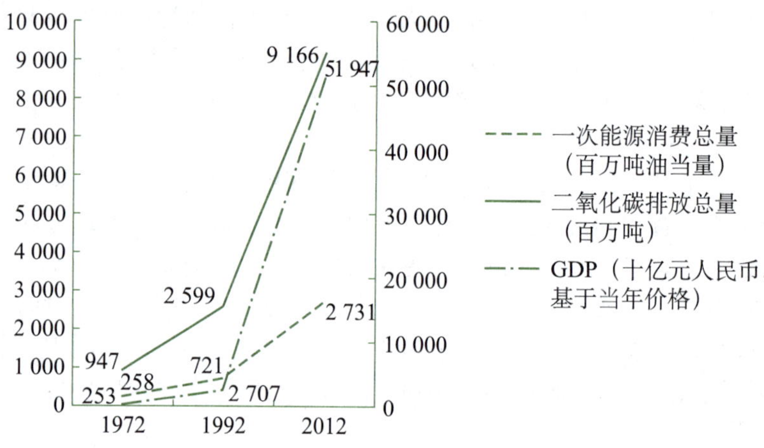

图 7.2　中国的 GDP、能源消费和二氧化碳排放增长

资料来源：British Petroleum，2014；国家统计局，2001，2009，2013；Wikipedia，2015

为了更好地阐述自身利益，并代表发展中国家争取国际合作的资源，中国应实现角色转变，从全球环境治理制度的参与方转向主导方，积极参与和主导规则的制定。

（三）中国参与全球环境治理的角色和挑战

当前中国参与全球环境治理的活动，仅仅有以下几种方式：①签署、批准或加入国际环境发展公约、协议和议定书；②组织参与国际环境项目与合作（包括单边、多边与区域间），合作的方法有资金援助、技术支持、人才开发、知识培训等；③履行国际环境公约或国家承诺的信息通报义务；④积极参与国际间环境发展交流合作平台活动。

在中国承担大国角色，完成向全球环境治理的主导方转变之前，中国当前在全球环境治理中仍然面临不少挑战。

1）国内环境治理与全球环境治理的内涵显著不同。能源强度、碳强度、非化石能源比重、二氧化硫、氮氧化物、COD和氨氮等约束性指标是当前中国环境治理问题的中心。然而在现有国际环境制度下，这些指标与国际主流的议题并不完全相符。由发达国家主导的环境治理体系主要包含温室气体减排、可再生能源、臭氧层消耗物质、汞排放、荒漠化治理和生物多样性保护，这些议题在中国分属国家发改委、环境保护部等不同部门管辖。如果中国有意主导某个议题的对话，作为发展中大国，中国的立场既有别于发达国家，又可能因其大国身份在某些利益上与发达国家保持一致。

2）中国参与全球环境治理的能力不足。中国在知识、技术体系、资金和人员能力上都与发达国家有较大差距（王华等，2012），想要理解国际环境治理规范并能够真正倡导、进而制定规则困难重重。知识水平的欠缺和技术水平的差距很容易造成在对外沟通时缺失科学事实的论证或技术支撑，从而失去在治理体系中的主导地位。在很多区域性乃至全球性环境项目的合作上，国家之间的有限信息共享并不足以消除各个利益相关方的担心。无论如何强调和证实项目对环境产生的正面影响，区域性信息共享机制的缺乏都无法使利益相关方确认合作的利益和安全。

3）中国的环境类社会组织力量薄弱。在中国社会组织管理的体制下，环境类社会组织的活动和影响远不及国际性非政府环境机构。中国参与全球环境治理基本上是由政府全面主导，社会组织基本缺位。在众多国际谈判会场上，由于社会组织的声音缺失，中国政府就缺失了这部分力量的外部支持，导致部分话语权丧失；而国际性非政府环境机构的观点通常又代表其自身或总部所在国的声音，在国际场合往往不利于传播真实的中国环境信息，也不利于树立中国正确的国际形象。

三、 塑造中国的全球议程

（一）构建以生态文明价值观为主旨的中国对外话语体系

1. 中国生态文明建设的科学认知和全球意义

2012年，党的十八大报告提出生态文明建设，强调生态文明与经济、社会、政治、文化的融合发展和“绿色化”进程，并在实践中不断丰富和深化生态文明建设的内涵。这是中国生态文明建设的科学认知。

生态文明理念的提出还反映了中国从对西方可持续发展理念的“追随者”，转变为绿色发展理念的“引领者”和“创新者”（胡鞍钢等，2012）。中国从过去吸收西方可持续发展理念和经验，发展到现在形成了生态文明主流价值观，并向国际社会传播自己的生态文明理念和重要实践，这就是生态文明建设全球化的意义。

生态文明主流价值观包含建设资源节约和环境友好型国家、社会与个人三个层面。国家将创造绿色发展的氛围，营造生态文明建设的体制机制；人人、事事、时时崇尚生态文明的社会新风尚，是生态文明建设的坚实社会基础；倡导勤俭节约、绿色低碳、文明健康的生活方式和消费模式，是个人生态文明意识的体现。

2. 生态文明建设的全球视野

中国开展生态文明建设，必须要有全球眼光，从战略的高度考量参与并主导全球环境治理体系。尽管国内环境治理理念与全球环境治理的内涵存在差异，但中国的生态文明建设并非仅仅是中国特色，中国也不能持续走发达国家的老路。中国无论从技术转移的需求还从承担大国责任的角度讲，都需要继续充分借鉴发达国家的发展教训及建设可持续社会的经验。尽管中国与发达国家在一些环境问题上的立场不同，中国仍应从更高的全球利益出发，站在全局的角度考量环境问题，真正成为全球环境治理体系的主导者。

3. 努力构建生态文明价值观的话语体系及其传播渠道

以生态文明价值观为主旨的中国故事，需要通过中国话语体系及与国际话语良好衔接实现国际化的表达，这是国家强大的标志。国际话语权的争夺是当今国际政治的一大特征。形成与中国大国身份相适应的国际话语权，提高中国在全球环境治理体系中的议题设置能力，需要建立以效果为导向的传播意识和话语体系，针对国际的“信息需求”阐述“中国生态文明价值观”，从战略高度构建有“说服力”的话语体系。

传播生态文明价值观，需利用机制化的国际、国内交流平台，扩大中国话语体系的影响力。中国参与全球环境治理和对话的渠道可以分政府和国际机构渠道及社会渠道两类（表 7.2），这两类渠道优势劣势明确，都需要充分利用，传递“讲道理”和“讲故事”两层强弱不同的中国声音；不仅要让人们接受我们的观点，还要让他们认为这是其自身产生的观念与选择的行动（孟威，2014）。

表 7.2　中国参与全球环境治理和对话的渠道

渠道	方式	优势	劣势
政府和国际机构渠道	区域性多边磋商机制	政府牵头，具有效力保证	无约束性条件，大多凭成员国自愿
	贸易和经济合作	以经济手段促进环境可持续性提升	各国的标准和效率不一
	多边发展机构和银行	以金融手段促进环境可持续发展	资金量不足，效率较低
	G20	布雷顿森林体系框架内非正式对话的一种机制	由美国等传统发达国家主导
	金砖五国	五大发展中大国的对话机构	在体系内存在较大的竞争性
	气候谈判	应对气候变化的唯一全球性对话机制	进程缓慢且无法估计成效

续表

渠道	方式	优势	劣势
社会渠道（举例说明）	跨国城市网络（如C40）	城市间可持续发展网络和交流平台，行动力和领导力显著	对网络外成员没有太大影响
	倡导地区可持续发展国际理事会（ICLEI）	地方政府实现可持续发展的学习平台	在中国的活跃度和贡献较低
	碳信息披露项目（CDP）	企业碳减排和可持续建设的网络	仅在项目层面产生影响
	气候中和网络（The Climate Neutral Network）	关注广泛的气候变化议题	组织较为松散
	其他国际环境NGO和智库	具有全球视野	在中国的活跃度和贡献有限

（二）中国参与全球环境治理议程框架

构建生态文明建设和参与全球治理的过程是相辅相成的。实施中的生态文明建设经验将助力中国参与全球环境治理体系，并对后者形成建设性的有额外价值的补充。基于生态文明建设广泛国际合作，参与全球环境治理的多重诉求，以及解决现阶段全球环境治理体系的各种问题，我们提出从以下几个方面着手建议中国参与全球环境治理的议程框架。框架以整体性和包容性为原则，明确自身在全球环境治理中的目标，强调构建全球生态红线、区域性生态补偿制度、区域性统一环境要素市场等长期性制度，把重塑绿色融资、绿色技术的转移和发展机制作为全球环境治理体系和治理方式的有益补充，重点推动自上而下的南南合作和自下而上的社会组织参与，促进全球环境治理体系的改革。

1. 完善中国参与全球环境治理的基本原则

（1）整体性原则

当下的“碎片化”全球环境治理体系无法有效地完成区域乃至全球环境治理的任务，必须根据生态经济系统的“整体性”原则，以生态文明建设的理念对各种资源进行整合，充分发挥各参与主体的特点和优势，从而形成更加有效的全球环境治理体系。

（2）包容性原则

包容性原则是指在发展道路上不同主权国家之间的互相包容，每个国家都享有公平的发展权利和均等的增长机会，这是当前全球环境治理体系中未能得到贯彻的原则。无论经济发展水平如何，每个国家都应公平地享有参加环境治理所必需的技术和资金，以及获得它们的渠道。

2. 积极参与联合国可持续发展目标设计，提出公平合理的治理目标

新的可持续发展目标（SDGs）有望于2015年9月获得联合国大会通过。目前正

是中国参与全球环境治理、制定目标规则的最佳时间窗口。中国需尽快形成一个有效参与全球环境治理的长期性安排，以参与联合国可持续发展目标为抓手，实施全球环境治理的议程框架。

中国生态文明建设的重要目标是维护全球生态安全，这与全球环境治理的基本目标是一致的。根据《中共中央国务院关于加快推进生态文明建设的意见》中设立的中国建设生态文明的主要目标，以及联合国可持续发展目标的主要内容，中国参与全球环境治理的具体目标可以是：

1）强化主体功能定位，实现区域经济、人口、资源、环境均衡发展；

2）实现绿色低碳的社会经济转型发展；

3）生态环境质量总体改善；

4）资源、能源利用效率整体提升；

5）生态环境治理重大制度确立。

3. 把握中国在全球环境治理体系中的重点领域

环境问题的“分而治之”是全球环境治理体系的基础。对于中国来说，受到最多国际质疑和挑战的领域是区域环境治理和应对气候变化这两个领域，也是最值得中国政府关注的两个重点领域。

作为全球温室气体排放量第一的国家，中国对气候变化的影响是至关重要的。气候变化问题对中国来说不仅仅是减排成本的压力，更多时候，中国可以通过在应对气候变化领域的贡献来展示中国的气候领导力，以赢得其他主要排放国对温室气体削减的新承诺。在这个考虑引导下，气候变化资金问题和南南合作给中国带来最佳机遇。区域性、流域性环境问题是全球环境治理应该优先考虑的重大问题。抓住流域生态环境问题尤其是其中的水治理，不仅是保证我国周边生态环境安全的关键，也是最大化提升资源利用效率、实现区域共同发展的战略考量。

4. 倡议全球环境治理体系的长期性制度

为解决全球治理制度的滞后问题，建立创新性的长期性制度可能是一个解决方案。新的长期性制度不一定是新创立的，可以在总结地区性或者临时性制度安排的基础上，将其上升为长期性的法规制度，从而发挥更大的作用。

（1）建立全球生态红线制度

划定生态红线是我国推进生态文明顶层设计的重要内容。生态红线即环境保护优化经济发展的基准线和保护人民群众健康和生态安全最基本的保障线（王新荣，2013）。划定并严守生态红线，有利于保护最重要的生态空间和环境资源，提升和发挥生态系统的自我修复能力。

现存的全球环境治理体系中众多环境细分领域的规范性制度，都可以把生态红线的理念作为基础，并统一在全球性的生态红线治理平台下。其一，在重点生态功能区和生态脆弱区划定红线，保障其生态功能不退化；其二，在其余人类居住地区划定能源、大气、水和土壤的生态红线，保证红线只能提升，不能退后。建立全球生态红线制度，并将红线制度纳入各国的日常环境治理体系中，可以大大简化一些国际环境公约的执行程序和缓解监管困境，实现国内、国际环境治理的统一。

（2）区域性生态补偿制度

中国的生态补偿机制已经在很多环境治理领域运行多年，并形成了一套合理的运行机制。从法律层面，生态补偿条例草案亟待批复；从行政管理层面，借由财税体制改革的机遇，考虑到生态补偿因素的财政转移支付制度已经形成，现有的生态补偿渠道大大加强。另外，地区间横向生态补偿或付费机制也在探索，补偿方式从单一的资金补助转向产业转移、人才培训、共建园区等多种形式。中国在区域内的生态补偿制度值得向全球推广，特别是在解决区域间生态服务和生态功能纠纷的问题上。

（3）区域性统一环境要素市场

创建环境要素市场是利用市场机制解决环境问题的重要选择。例如，碳排放权交易市场是实现碳排放权资源定价、推行减排市场的市场化机制。中国已经在七个省市开展了碳排放权交易试点，促进了行业内外利益相关方的意识水平提升，为接下来“十三五”期间推动建立区域性乃至全国性碳排放权交易体系奠定了基础。

现阶段，构建统一的区域性碳市场将是全球气候治理体系中的重要制度选择。无论各国对于完成减排承诺的政策选择如何，碳排放权交易市场必然是其政策选项。国际上一些区域性的碳排放交易市场已运行多年，积累了不少经验和教训。中国应在现有碳交易试点的基础上，广泛吸取各方面的经验，综合考虑相关政策工具，并优先考虑建立区域性碳市场的尝试，以便为更大范围推进碳市场发展，完善制度基础和积累运行经验，寻求实现更低成本的减排。

5. 强化全球环境治理体系的机制建设

（1）创新融资和实现可持续融资的机制

绿色融资是执行有效的全球环境治理的必要条件。当前全球环境治理之所以由发达国家主导，主要是因为发达国家掌握治理资金和技术。从现有的实力和政治角色上来说，中国有义务并具备一定能力为全球环境治理提供融资，甚至可以在一些领域主导可持续融资的机制建立。

开发性金融以市场运作为基础，以资本的适当配置促进可持续增长的融资和环境治理项目的融资，建设这样的机制对中国参与并主导全球环境治理尤其重要。尽管开发性金融机构并不必须以环境治理类项目为主营业务，但仍然可以通过严格的环境社会标准引导所有投资投向符合全球和区域性环境治理的目标和规范的项目，并产生积极的环境和社会影响。

（2）提升技术转移能力水平

技术转移的作用非常重要，已成为推动技术创新和技术进步的重要手段之一。生态文明建设的国际合作，要求继续与发达国家开展技术转移工作，并对发展中国家开展技术援助，疏通技术转移通道，提升技术转移水平。作为资金和技术的拥有者，发达国家难以提供实质性的资金援助和技术转移。无论南北贸易或南南合作，中国需建设跨区域的（环境治理）技术转移中心，帮助提升技术转移能力水平，为技术转移的前端和末端提供相关服务，包括：匹配供需，提供知识产权保护服务，为技术转移提供风险补偿等。

6. 改进全球环境治理方式

（1）自上而下——加强南南合作

南南合作是应对气候变化和绿色援助工作的实际载体，也是应用中国主导的开发性金融、实现技术转移的通道之一。可以说，南南合作不仅可实现中国与其他发展中国家间的经济、技术、知识合作，还可通过合作关系，帮助发展中国家提升发展水平，从而有效融入和参与全球环境治理体系。在南南合作的框架下，具体可以讨论的是两个工作模式：示范中国成功发展经验和推广区域性政府-企业合作治理模式。

1）示范中国成功发展经验。作为发展中大国，中国走过了不同于发达国家的发展道路。无论是在环境治理领域还是在应用新能源的领域，中国凭借巨大的市场容量在不长的时间内积攒了丰富的产业发展和项目开发经验。特别是在环境保护问题上，中国“边发展边治理”的经验和教训值得向发展中国家介绍。

2）推广区域性政府-企业合作治理模式。各国政府是实施全球环境治理的第一责任主体，推动政府与企业合作的环境治理模式，可以充分发挥社会资本在生态治理过程中的积极作用，取得富有成效的治理结果，促进（次）国家级层面的环境可持续水平。自21世纪初以来，我国各部委出台了一系列促进政府-企业合作治理的政策，并在国内开展了一批示范项目。政府转让公共服务产品并保证一定项目收益的条件确实激发了私营资本投资环保、节能和其他公共服务领域的积极性。尽管这种模式不是中国创新，但中国在较不发达或支付能力较差的区域也试点了该模式（专栏7.1），所获得的公共服务定价办法和规范体系更适用于在南南合作项目上推广。

专栏7.1 中国首批污水处理政府和社会资本合作模式示范项目案例

池州污水处理项目是2014年财政部列入首批30个政府和社会资本合作模式示范项目之一。池州市将污水管网和污水处理厂打包实行市场化特许经营，包括现存的污水处理厂和管网设施的存量部分，和新建的增量部分。这两部分都采取政府和社会资本合作模式，由社会资本与政府合作成立合资项目公司，由本地国营自来水公司以现金出资占20%股份，社会资本控股80%，政府还提供一定的财政补贴。以往社会资本与政府合作时采用的TOT、BOT模式，大都是社会资本完全出资，政府仅以其他资产来担保。在政府支付能力不足的地区，这样操作极易产生财务问题。

池州市污水处理项目的筹备工作主要包含以下几个关键步骤：

1. 测算成本。为给政府购买服务的决策提供依据，政府对项目合理价格做了仔细测算。

2. 工程投标。项目采取的是合理价中标的原则，技术实力、项目经验、融资能力、项目报价等是构成竞标企业的综合要素；其中价格要素占50%的权重。

3. 融资招标。作为政府购买服务的一个试点，为尽可能节省成本，池州项目开展了基本利率下浮10%的融资招标。

4. 池州项目里的项目公司最终决定由中资控股。项目更重视运营方中国国内的运营经验，而不是国外的经验；同时，外资运营方控股需要经过商务部的审核，可能拉长项目筹备时间。

在中标之后，池州市政府对项目运营方额外提出了承担环保责任的要求和价格与利率同步变动的要求。这些不合规则的要求显示了当地政府在公私合作项目中仍具有一定的强势地位；政府和社会资本合作模式中实现政府和社会资本完全平等的合作地位尚需更多时间。

（资料来源：根据公开信息和陈益刊（2014）整理）

(2) 自下而上——培养和借用中国社会组织的能力

参与全球环境治理，中国必须加强环境类社会组织的力量，改变其能力薄弱、话语权低下的现状，提升其在国内、国际治理体系中的地位和治理能力水平，以进一步在国际场合借用社会组织的能力。

中国应鼓励和支持社会组织参与全球环境治理，对他们参与治理的必要手段给予授权，包括与法制和司法系统沟通的渠道、与政策制定者讨论和实现来自公民的要求等。社会组织的活动越多，在全球环境治理中的参与和声音越强，对全球环境问题就更能发挥国家的影响。近年，联合国还专门出了199631号决议，邀请非政府组织参加部分由联合国主办的国际会议及其筹备过程。国际上也有多国签署的《奥胡斯公约》，鼓励公民的信息获取和公众参与。

建立衡量企业社会责任的指标也是发挥社会组织作用的重要途径之一。企业也是社会领域中具有很大力量的一部分。为避免在国际贸易上产生环境问题相关的纠纷，或因企业内部环境治理不当而失去国际贸易中的机遇，中国政府须在全球治理议程中强调商业部门所要承担的角色和履行制定可持续发展章程的义务。

四、 中国生态文明建设背景下的全球环境治理构想

（一）参与可持续发展目标的顶层设计

联合国发展议程是国际社会公认的发展框架，指导着全球、地区及国家层面的行动。参与2015年后可持续发展目标的顶层设计，是发挥我国大国影响力，实施生态文明价值观传播的关键一步。

1. 回顾千年发展目标

八项千年发展目标（MDGs）在2000年的“千年首脑会议”上提出，实现千年发展目标的最后期限是2015年。根据联合国《2014年千年发展目标报告》和《千年发展目标：2014年进度表》，该目标在某些方面已经取得了重大进步，超过一半的具体目标将于2015年前实现，但同时，还存在着一些进展缓慢的、尚未实现的具体目标。

2. 全球可持续发展目标的重要性

在为千年目标奋斗的过去15年内，各国、区域及国家内部人群之间的不平衡逐渐加剧，世界性的挑战和危机接踵而来。贫困问题还未彻底解决，2007～2010年爆发的全球粮食危机和金融危机暴露了全球治理体系中的严重漏洞（联合国，2010）。应对这些挑战需要一套新的体系：一个以人权、平等和可持续发展为核心价值观的2015年后发展议程（联合国，2012）。

千年发展目标侧重于减贫和人类发展的基本权益，而可持续发展目标（SDGs）则强调提供平衡、可行的可持续发展体系。鉴于千年发展目标尚未完全实现，可持续发展目标将在千年发展目标的基础和平台之上，推动现有政治承诺，并与其他减贫、可持续发展进程相一致（联合国，2012）。

3. 中国参与可持续发展目标的设计和进程

在可持续发展目标的制定过程中，发达和发展中国家两大阵营的关注点并不完全一致。发达国家阵营依靠其先进的技术和已完成工业化、城市化进程的优势，在可持续发展优先领域推动设立相应的目标，如绿色贸易标准、资源效率与生态环境保护等，并敦促新兴经济体在发展的同时承担更多的国际责任；发展中阵营坚持“共同但有区别的责任”，对经济社会转型也会有更加积极的考虑。但在消除贫困、就业、发展模式和绿色经济等核心议题上，两大阵营具有基本的利益共同点（孙伊然，2012）。

目前，中国作为发展中国家的代表，并在今后较长一段时间内仍旧是发展中国家。中国关注的问题代表了大多数发展中国家的诉求。因此，下列问题应被纳入国际

可持续发展进程的讨论中。

(1) 地区发展的不平衡和不公平性

社会经济的不平衡，收入差距的加大，区域发展的不平等是中国社会可持续发展的严重阻碍。中国政府实施了完善区域经济发展战略，陆续实施了“西部大开发”、“中部崛起”、“一带一路”等规划，使得地区经济结构发生重大变化，向地区经济协调发展的新格局逐步迈进。

(2) 人口快速增长以及老龄化和城市化加速

迅速膨胀的城市人口给中国社会的可持续发展带来诸多不稳定因素：交通状况持续恶化，城乡差距日渐扩大，贫困问题不断加重，城市承载力不断下降。中国政府为此推进强化主体功能定位和优化国土空间开发格局，意图逐步均衡经济和人口布局，控制城市空间规模。

(3) 人类活动持续超过生态承载能力

建立生态红线制度是为了维护国家或区域生态安全和可持续发展，实现自然生态系统完整性和自我修复的要求。中国的生态红线的实践经验包括：①运用法律手段和其他行政措施维护生态底线；②实施重大生态修复工程，确保全国生态资本适度增长；③加强生态文明改革创新，全面增强生态发展动力；④以重点生态功能区保护和管理为工作重点，从源头上扭转生态环境恶化趋势。

(4) 进一步完善生态环境治理机制

发展绿色经济和公众对良好生活环境的期待凸显对中国目前的生态环境治理机制进一步完善的要求。从法治层面，新《环境保护法》进一步明确了政府对环境保护监督管理职责，完善了生态红线等环境保护基本制度，强化了企业污染防治责任，加大了对环境违法行为的法律制裁。生态环境治理的经济激励机制也在不断演进和完善，与行政管制机制形成了很好的互补，带来更有效的环境治理。应用中的经济激励手段包括自然资源税费改革、征收环境税、建立生态补偿基金、为生态治理项目提供补贴与低息贷款等。国务院和财政部、环境保护部也出台激励政策，支持开展环境污染第三方治理、政府和社会资本合作等环境治理项目。

4. 确立中国的博弈策略

新的可持续发展目标将为我国加快绿色转型创造良好机遇，中国与国际社会在环境和可持续类技术和服务领域合作将更加广泛和深入。中国应积极参与 2015 年后国际发展进程的讨论，并坚持以千年发展目标的减贫成果为基础，设立可持续发展目标的战略。中国政府应从以下几个方面考虑。

1) 在总体目标设置方面，强调以绿色经济政策为推动可持续发展和消除贫穷的工具，将千年发展目标的工作过渡到可持续发展目标上。中国应与广大发展中国家密切合作，努力推动将全球整体性发展原则及发展中国家的经济发展、社会进步等可持续发展议程列为优先事项。

2）突出发展的包容性原则，强调发展目标的指导性而非约束性，鼓励发展中各国以全球目标为参考自行选择发展路径和时间表（孙新章等，2012）。强调应在全球目标的框架下，根据各国可持续发展的优先事项制定相应的目标，避免制定约束性的全球发展规范，及各种隐藏的政治条件或环境规范前提。

3）在实现目标的时间方面，应预留充足时间，便于从千年发展目标向可持续发展目标过渡。千年发展目标是中短期（15 年）的，而可持续发展目标则是长期（30～50 年）的。如果将实现可持续发展目标的时间点定在 30 年内，中国就需要实施一系列强化措施，无疑会加大转型成本。而 30 年以上的时间框架可以留给不同发展水平的国家以灵活性，尝试合乎自身国情的发展路径和速度，体现包容性原则（张春，2013）。

4）在发达国家和发展中国家之间搭建技术开发和转移的平等平台，避免扩大依赖传统非绿色技术的发展中国家与发达国家间的技术差距，或使得前者在全球倡导的绿色贸易和经济发展中丧失竞争力。

（二）应对气候变化，承担大国责任

在中国，气候变化和温室气体排放量之间有着显而易见的联系，应对气候变化应作为中国参与全球环境治理的关键领域之一。2015 年年底在巴黎有可能签订新的全球性气候协议，这将是 2020 年后全球应对气候变化行动的依据。巴黎大会将是全球应对气候变化进程中最关键的一步。

1.2020 年后减排承诺

根据 2014 年 12 月联合国利马气候大会上达成的协议，所有成员国都应在 2015 年 10 月 1 日前提交各自的国家自主贡献方案。这份报告将作为 2015 年年底在巴黎召开的气候大会的谈判基础，以便建立 2020 年后的国际气候制度。到向联合国提交国家自主贡献方案的非正式截止日期为止，除了美国、欧盟、瑞士和唯一的发展中国家墨西哥外，大多数国家尚未在这一日期前提交减排计划（表 7.3）。然而，在最关键的资金问题上，发达国家没有针对 2020 年后的减排目标提出确切的融资目标和融资方案。

表 7.3　已向联合国提交的自定减排计划

提交时间	国别/区域	减排目标	缺乏内容
2014 年 10 月 24 日	欧盟	到 2030 年的减排目标为在 1990 年的基础上减少至少 40% 的温室气体排放量；2020 年后的气候变化的贡献主要集中在减排	“弱化”了关于技术、资金以及适应的计划

续表

提交时间	国别/区域	减排目标	缺乏内容
2015 年 2 月 27 日	瑞士	承诺到 2030 年温室气体排放水平将在 1990 年的基础上减少 50%	与之前的减排目标差距不大
2015 年 3 月 27 日	墨西哥	承诺到 2026 年温室气体排放水平达到峰值并在 2030 年前减少 22%。	在仍旧强调化石能源的大比例应用情况下，清洁能源如何帮助达成减排目标的路径未知
2015 年 3 月 31 日	美国	2025 年以前自愿减少温室气体排放量大约 28%	未明确如何计算具体的减排幅度

资料来源：EU，2014；Switzerland Federal Office for the Environment，2015；Republic of Mexico，2015；White House，2015

2. 应对气候变化南南合作

中国已经展现其对于气候外交工作的重视，以“大国外交”战略为基础，尝试通过气候变化的南南合作加强与发展中国家的关系，承担起在应对气候变化领域的大国责任。在 2014 年 9 月的联合国气候峰会上，张高丽副总理宣布，从 2015 年开始在现有基础上把每年的资金支持翻一番，建立气候变化南南合作基金。

早于发达国家向绿色气候基金注资，中国政府希望通过设立南南合作基金帮助发展中国家提高从绿色气候基金获得资助的能力，开展气候变化领域知识共享、技术转让和人才流通，提高发展中国家应对气候变化，尤其在适应气候变化方面的能力（中国新闻网，2014）。

3. 应对气候变化技术和公共服务产品输出

这一项主要是指应用开发性金融工具。2020 年后减排承诺和应对气候变化南南合作的要求，很大程度上集中在融资问题上。2013 年 10 月 23 日，联合国秘书长潘基文在哥本哈根举行的“气候融资”会议上表示，解决全球气候变化问题的一个关键是扩大应对气候变化的融资规模。中国承担应对气候变化的大国责任，首先应考虑的是气候融资问题。

就建立南南合作气候基金，中国政府应可以考虑的基金政策目标为：提高发展中国家应对气候变化和适应气候变化的能力。基金可以由政策性融资和商业性融资两部分组成，前者或将用于向发展中国家提供赠款和实物赠送，后者则通过资金杠杆扩大投资规模。基金的关键特征可以包括：开放多渠道国际融资；市场机制建设和运作；专业化监督；多方推动应对气候变化南南合作。

作为开发性金融机构，资金将平均分配给气候变化适应和减缓两方面，尤其是对于那些小岛国和非洲欠发达国家等最易受影响国家。基金的主要使用办法有如下几种：广义能力建设项目，包括应对气候变化政府能力建设，气候变化减缓和适应相关技术转移，应对气候变化规划和资源调查等内容；技术开发和应对气候变化项目合作，包括应对气候变化技术咨询，气候技术合作项目，产品设备和标准输出等。

4. 在南南合作框架下的气候技术输出

对于发展中国家而言，低碳技术创新与技术转让是发展中国家实现节能减排、发展低碳经济的关键。然而，发达国家在技术开发与转让问题上的态度不利于缩小发达国家与发展中国家的技术水平差距。发达国家的知识产权保护体系也不利于技术转移、应用和升级，但发达国家推动技术转让的政治意愿和经济意愿却非常明确。

对于中国而言，有效的技术合作和技术输出不仅是气候变化南南合作框架下最实际的举措，也是中国承担大国责任、为发展中国家做出应对气候变化表率的行动。中国已经成为低碳技术的创新者和重要生产者。中国强调自身技术创新能力，科技研发投入逐年攀升。依靠中国拥有的广大市场和从商业渠道进口的“一些技术”，中国很有可能通过对于低碳领域的扶持和放宽管制，促进产业上下游的技术整合，进一步推动太阳能、风能、核能、智能电网等的发展，逐渐解决处于产业链的低端和技术创新能力不足问题。随着南南合作的不断深化，更多的国家将从中国的低碳技术和应对气候变化实践案例中获益。为进一步实现南南合作中的技术转移，除了成立之前建议的跨区域（环境治理）技术转移中心，还需要提供综合技术标准推广平台的服务，帮助中国技术获得更多国际认同。

（三）更新亚太地区的水治理体系

1. 现存的松散机制

亚太地区既是一个充满活力、具有巨大的经济发展潜力的地区，也是一个在水资源领域面临着一系列严峻挑战的地区。亚太地区的综合城镇化率达到45.5%（UNESCAP，2013），其中中国的城镇化率已经超过50%。多年来，亚太地区为提高水治理水平进行了大量探索。

亚洲次区域流域治理机制中，与中国相关的大湄公河次区域存在三大经济合作机制：①亚洲开发银行大湄公河次区域合作体系，目标是加强次区域的基础设施建设和有关贸易投资政策等软环境建设；②东盟-湄公河流域开发合作；③湄公河委员会。然而，大湄公河次区域各个合作机制之间缺乏协调，有些甚至形成了相互竞争的局面。以湄公河委员会为代表的现存机制自身能力建设不足，缺乏权威性和代表性，无法满足流域各国的利益诉求；众多域外发达国家的参与进一步增加了大湄公河水资源安全治理的复杂性；社会组织的参与机制也相对欠缺（郭延军，2011）。此外，以世界水论坛和亚太水论坛为代表的会议或论坛的结构组织松散，对成员国（区域）没有约束力，在流域治理的国别谈判中没有确切的角色。

亚洲开发银行发布的《2007年亚洲水务发展展望》指出，不充分或不恰当的水治理，包括管理、机构安排和社会政治状况等问题，将会造成亚洲发展中成员国未来面临严重的水危机（Asian Development Bank，2010）。亚洲开发银行曾经初步评价了亚洲和太平洋地区47个国家的水安全状况（Asian Development Bank，2013），结论是现有情形的持续将只能使亚洲发展中成员国水状况改善缓慢。

2. 水治理体系对话机制和合作机制改革

中国作为亚太地区水和流域治理的重要角色，应主导实施该区域的水治理体系机制改革。以中国在湄公河次区域性合作流域治理中的角色为例（专栏7.2），充分考虑流域内各国的利益分配，可以做出以区域环境可持续发展为首要利益的政策选择。另外，在亚太地区水治理的构想还包括如下几点。

应用中国流域治理经验。中国是世界上最大的发展中国家，结构性贫水问题严重。但是，中国成功应对了一系列严重涉水自然灾害，提前6年实现联合国水与卫生千年发展目标，以年均1%的用水低增长支撑了年均近10%的经济高速增长（陈雷，2012）。同欧美模式相比，中国开发建设水利项目和流域管理项目的成功经验很可能对其他亚洲发展中成员国更具有可复制性。

建立多层次的区域水治理体系。实行水资源管理制度是一项极为复杂的系统工程。在顶层设计层面，亚太地区缺乏区域性约束性法律，缺乏在更高层面上建立的管理权和监督权。国家自身发展和流域全局利益存在冲突的可能性，只有具有约束力的公约才能减少在利益谈判上浪费时间，达到公认的治理目标。南美的流域治理经验值得亚太地区学习，自下而上的以社会组织为主体的治理体系更牢固长久。由于影响水的国家状况、地区状况和全球状况在快速改变中，治理体系还应从时间角度动态考虑，水政策需要时时更新，以反映现时及可预见未来时期内的需求。

新型的公私合作伙伴关系。目前在亚洲发展中成员国，现有的和所需要的供水、污水管理服务之间的差距是巨大的。中国在此方面已经积累了有效的经验。公私合作伙伴关系模式具有改善亚洲发展中成员国城市中心供水和污水服务的潜在能力。该模式也是非常灵活的，每个城市中心可以设计最符合其具体社会、经济、机构和环境条件及约束的模式。

专栏7.2 中国在湄公河次区域性合作流域治理中的角色

亚洲开发银行于1992年牵头与澜沧江——湄公河沿岸六国共同建立了大湄公河次区域经济合作机制，旨在通过加强各成员国间的经济联系，促进次区域的经济和社会发展。

1. 环境治理机制的困境

水资源治理已超越单纯的水资源开发与利用问题，涉及更广泛和更复杂的战略、外交、安全和经济等议题。尽管亚洲开发银行为该机制提供了优惠贷款、技术援助和担保等多种援助，动员资金总额超过100亿美元，但这些资金存在组织松散、制度化程度低等现实问题（郭延军，2014）。在缺乏国际监管和协调的情况下，建设湄公河水电项目没有国际协调磋商的程序，一国政府就可以独立做出决定；国家之间的环境成本和经济收益难以实现公平分配。

2. 中国在湄公河次区域实施生态文明战略的政策选择

1）发挥大国角色。这一区域仍然缺少一个有力的、可靠的、有授权的机构来发展并协调其应对环境挑战的举措（陈世瑞，2008）。由于环境资源的公共性，各国参与合作所获得的利益并不完全取决于其投入成本的多少，公共产品的分配本身并不公平。中国理应担当这个角色，统筹该区域的资源开发与保护工作，努力将潜在的负面影响降到最低程度。

2）建立约束性机制。在较小的次区域尺度上开展环境治理国际合作，必须在共识的基础上创建法律保障和其他具有约束力的规范，保障生态和环境治理的底线，明确各国的责任和义务，以及相应的治理程序和规则。

3）推动多方合作的流域治理架构。除各国政府在该流域治理中的角色外，流域内的企业、居民和社区都应被囊括到多方合作机制内，形成利益共同体，既满足利益方信息共享的诉求，也可以使利益方互相牵制。

（四）重塑全球金融秩序——亚洲基础设施投资银行和金砖银行的角色

过去20年，大量资本被投资于传统能源产业和其他高碳产业，而投资于节能环保、可再生能源及其他微利或无利的环境保护产业的资本却几乎可以忽略不计。正因如此，以资本的适当配置实现可持续增长，减少对环境的影响正在成为各国政府的共识。提供绿色融资是推动中国参与全球环境治理的重要手段，新的融资机制对中国参与全球环境治理尤其重要。

1. 新的开发性资金机制

（1）亚洲基础设施投资银行

亚洲基础设施投资银行（简称亚投行）是一个面向亚洲国家和地区的政府间多边开发金融机构，旨在为亚洲区域基础设施建设输送资金。在第二次世界大战结束后建立的以西方为主导的“布雷顿森林体系”仍旧坚固的情形下，亚投行是中国首次尝试在国际金融体系中主导一个开发性金融机构的尝试，希望为亚洲提供多元化的融资机遇和公共服务产品，以振兴包括交通、能源、电信、农业和城市发展在内的各个行业发展。

（2）金砖银行

金砖银行是由中国、俄罗斯、印度、巴西和南非这五大新兴经济体共同发起自主设立的国际多边金融机构，也是金砖国家之间合作建立的第一个实体性机构。平等和互利是金砖银行的两大原则：既不对贷款附加政治条件，也不干涉借款国内政，而是寻求股东国和借款国共同参与的包容性标准。

2. 新的开发性金融机构与传统发展机构的合作空间

（1）重塑全球经济需要亚投行和金砖银行

亚洲是当今世界最具经济活力和增长潜力的地区之一，基础设施投资往往又被认作是带动经济增长的主力，也很可能是亚洲乃至世界短期内的经济增长亮点。2010～2020年，亚洲地区基础设施市场资金需求规模将达8万亿美元（Asian Development Bank，2009），但多边开发机构强调减贫为主，能提供的金额只有约200亿美元/年，无法满足基础设施建设的巨大的资金需求。亚洲落后的基础设施成为其发展的严重桎梏。亚投行不仅可以为亚洲发展中国家的基础设施建设提供更多的融资选择，也可为亚洲经济增长奠定良好基础，并为拉动世界经济增长作出贡献。

（2）亚投行与其他多边开发机构是互补非竞争关系

亚投行是对现有国际金融秩序的补充和完善，补充亚洲开发银行在亚太地区的投融资和国际援助职能，其本质是对多边开发金融机制进行的“增量”改革（张茉楠，2015）。作为开发性金融机构，亚投行采取包容性原则，主要投资准商业性基础设施项目。发展银行的主要任务是减贫和援助，但同时，依然按照“布雷顿森林体系”，借款国需满足银行的标准，才可以得到低息贷款或技术援助，这与包容性原则相悖。亚投行的建立，将降低亚洲发展中国家对发达国家主导的金融机制的依赖度，帮助其在亚洲区域内完成技术、产业转移，同时使所有亚投行成员国从中获益。

3. 以开发性多边金融机构支持中国的全球环境治理构想

尽管亚投行和金砖银行的主营业务并没有瞄准环境治理类项目，但他们仍然可以被认作是中国参与全球环境治理的理想金融工具和融资平台，引导他们的所有投资，使之不仅符合全球和区域性环境治理的目标和规范，更形成积极的环境和社会影响，符合生态文明建设要求“整体性”原则。作为开发性金融机构，两大银行应吸收现有多边机构最佳实践经验，实施“更好”的标准，实现“精简、廉洁和绿色”的目标（金立群，2015）。

（1）实施严格的环境标准和社会保障政策

中国主导的开发性金融机构必须实施高标准的环境和社会可持续标准，对投资项目的环境评估、采购流程和社会影响采用高标准。借鉴世界银行和亚行的先进经验和做法及国际通行的业务惯例，包括：赤道原则和包括环评、可持续性评价等在内的投融资政策。同时，作为包容、公平、透明、开放的开发性金融机构，环境标准、公平竞争和贷款规则方面的透明性和有效性必须得到保障。

（2）提升治理水平

中国应倡导《对外投资合作环境保护指南》（商务部等，2013）的实施经验，研究和借鉴国际组织、多边金融机构采用的环保原则、标准和惯例，进一步规范对外投资合作中的环境保护行为，及时识别和防范环境风险，引导企业积极履行环境保护社会责任，树立中国企业良好对外形象。

对于风险较大的项目，平衡好经济效益和环境效益的关系是一大难题。为了确保项目的成功，机构必须制定一套完整的规则，明确项目尽职调查、施工方招标、设备采购等方面的要求。为避免冗余的机构设置，制定贷款和金融服务规则时应注意项目质量和效率的平衡。

（3）实现包容性发展

中国应在遵循现有国际多边开发机构规范和标准的前提下，为构建更为包容、开放与透明的新机构而积极努力。与世行、亚行将股东国的标准输入到借款国不同，中国主导的开发性金融机构的贷款规则的制定过程必须是股东国和借款国共同参与的包容性过程，在相互尊重的基础上，找出借贷双方的共同点，制定共同接受的标准。各国发展的情况各异，沿用一套发展标准的模式既不现实也不可取。

（4）严格监管和预防腐败

效率和廉洁问题可能会通过中国主导的开发性金融机构产生极大的国际影响。因此，中国应积极与其他国际或区域性金融机构协商和沟通，与世行、亚行在监管、知识分享等方面展开学习和合作，确保中国的大国形象和主导角色。

五、 以实施和行动为基础的政策建议

（一）参与全球环境治理的顶层设计

1. 明确自身发展目标和原则

在所有政策和行动开始之前，中国需要完成自身国内发展目标体系的前瞻设计与国际可持续发展进程的有机结合，特别是如何持续地实现2015年后可持续发展议程，实现从“消极增长”（包括减贫及其他消极目标）向“积极增长”（投资自然资本，实现经济可持续增长）的平稳过渡。这样的目标体系不仅将与国内生态文明建设体系相互支撑，还将渗透到中国参与国际治理的各个机制和对话中，助力寻求生态文明的全球共识。这不仅需要就未来几十年的全球经济与国家发展作前瞻性研究，更需要对自

身国家发展道路与全球发展趋势作准确判断。

2. 逐步推动建立有效的治理架构

建立有效的治理架构可以是双向的。自上而下方面，应以发展整合长期性制度为由，推动现存的全球环境治理体系建立一个具有广泛约束力的生态环境治理政策框架，下设多项长期性全球性的治理制度。自下而上方面，建立治理体系则应循序渐进，在（次）区域尺度上，从建立统筹协调信息共享机制开始，实施定期高层领导人会晤和论坛机制，逐步走向双边联合行动与多边协作。在条件成熟时，通过设立常设机构，为区域性治理架构上升到全球性架构提供定期磋商平台。

（二）寻求共识、建立长期性制度

1. 提升与周边国家的合作层次

环境领域的国际合作除了传统的双边和多边合作外，区域化、集团化和全球性合作平台是基本趋势。在与中国生态环境治理有切身利益关系的次区域尺度上，中国应尽快分别与周边国家建立起高层次区域性合作机制或平台，推行一揽子合作计划和项目。这些次区域包括：东南亚区域的大湄公河次区域、“一带一路”倡议下的丝绸之路经济带核心区和海上丝绸之路核心区、东北亚中俄合作区等。同时，应适时建立与周边国家的首脑峰会或外长会议机制，进一步提升与次区域各国的合作水平。在投入的重点上，中国应对环境可持续发展和民生给予更多关注，强调次区域生态环境保护和民生改善。在合作的成效上，强调资金投入的效率，特别为受援国当地民众输入实际的经济和环境利益，真正实现区域共同发展和繁荣。

2. 重新定义伙伴关系

实现包容性经济持续增长需要中国政府、其他合作伙伴、私营部门及社会组织加强伙伴关系，以确保国家和国外直接投资有助于环境治理体系建设。在以生态文明理念参与全球环境治理的新形势下，中国政府需定义新的伙伴关系。首先全球伙伴关系必须涵盖全部利益相关方，包含有可能支持中国参与全球环境治理的其他主权国家政府、私营部门及国际机构。当伙伴关系涉及最不发达国家时，中国应提供具体的援助资源。新型伙伴关系需强调政策的一致性。在涉及经济、贸易、投资等问题上，全球伙伴的立场须与中国的环境治理及发展政策目标相一致。为推动伙伴关系建设，建议中国主推以项目为主导的合作模式，在项目规划和运行中充分考虑和照顾各种利益相关方的利益，构建合理的利益补偿或利益分享机制。特别应通过建立公私部门的良好合作关系，尊重项目所在地居民的利益诉求，确保利益分享机制具有可持续性。

（三）完善全球环境治理方式

1. 尽快确立南南合作气候基金及绿色援助细则

中国应尽快出台应对气候变化框架下建立南南合作气候基金的基本原则、运作方式和援助细则，确立资金机制和技术转移机制支持的优先领域及重点技术项目，帮助中国企业在实现对南投资的过程中降低政策、资金和技术等一系列障碍。建议中国政府设立环境可持续技术和服务的跨区域转让服务中心，建立综合技术标准推广平台，帮助提升南南技术转移通道上的企业技术转移能力水平，为技术转移的前端和末端提供相关服务，落实南南合作和绿色援助的各项细则。

2. 实施中国经验示范项目和公私合作伙伴关系合作项目

中国的技术、产业发展实践和基础设施建设经验是过去 30 多年来中国经济发展的宝贵财富。以区域性环境治理项目和南南合作为载体实施示范项目和公私合作伙伴关系合作项目，可以帮助中国政府在国际社会树立“生态文明建设”的中国故事典范。建议中国政府先期开展跨区域的示范项目，移植国内生态文明建设项目和环境治理领域的公私合作伙伴关系项目的经验；同时，通过中国对外话语体系，传播中国的最佳实践。

3. 建立和完善与社会组织的参与和协商的机制

社会组织关注环境公共利益，可以有效弥补政府在环境治理方面的不足，在开展独立研究、保护环境等方面的努力应当得到承认和鼓励，并将其纳入次区域多层治理的机制化框架中。

大众媒体和环保 NGO 是民众参与生态治理的有效途径。中国政府应特别重视加强与国内外媒体机构、社会组织和当地居民的沟通和联系，通过召开研讨会、情况通报、联合研究等方式加强与环保社会组织的经常性联系，并在条件成熟时建立与社会组织制度化沟通渠道，争取有利的舆论环境。在应对气候变化谈判问题上，国家发改委多次组织情况通报会和通气会，允许社会组织和媒体到场旁听并提出质疑，取得了良好效果，中国应对气候变化的良好实践也将因此得到更好的传播。

（四）提升自身参与全球环境治理的能力

1. 建立自身完善的执行能力

中国推进生态文明全球化议程的能力与目前中国国内的治理能力水平密切相关。中国应当与相关发展中国家密切合作，积极主动参与 2015 年后议程；中国应培育和提升自身执行能力，特别是参与 2015 年后议程的能力，以联合国和二十国集团为主要平台，发挥好环境发展论坛、金砖国家协商等机制的作用，推动发展中国家团结一致的谈判联盟形成，争取对发展中国家更为有利的议程设定。

在众多治理规则制定和谈判的问题上，中国需尽快建立自身完善的谈判参与机制，与国际社会合作建立有利于整个发展中国家的国际谈判联盟。除了提升谈判人员的素质、能力外，还应广泛发动社会组织团体特别是私营部门的大型企业，共同推动国家谈判目标的实现。

2. 加强区域融资及对外投资的能力

中国政府应通过主导的开发性金融机构加强创新性融资，不断拓展融资渠道和规模。在建设跨区域互联互通的基础设施建设方面，由于涉及多个国家、投资金额较大等，只有通过多边开发机构将地区资金集中起来，打破跨区域基础设施建设的瓶颈，并且统筹协调多方力量，才有实现的可能。在制订 2015 年后国际可持续发展议程过程中，中国应继续加强与联合国及其相关发展机构的合作，特别是在融资机制的问题上，共同推动国际发展合作。

（五）实现区域良治和全球合作

1. 促进技术和知识的获取

知识和技术更新对创造财富、贸易、工作及社会赋权的贡献至关重要。国际间贸易壁垒、区域间通信信息不平等或者国家内部的传播通道不通畅可能阻碍技术和知识在可持续方面取得的技术进步。相较于双边技术转移通常附带的诸多附加条件，中国应努力推动多边环境协定下的技术转移机制，促进全球环境技术转移的有效开展，促使全球环境技术的交流与合作在公平合理的体制下运行（王志芳等，2013）。

2. 加强基础性科学研究和推动建立区域性信息共享机制

建议国家调拨资源用于环境领域的所有基础性科学研究，积极开展项目层面的科学研究和环境影响联合评估。这不仅有助于在项目开发过程中充分考虑生态环境因素和科学决策，使其对区域的环境影响降到最低，还能够为中国主导全球环境治理体系提供充分的科学证据。建立区域性信息共享机制，不仅方便科学研究成果在合作伙伴间的交流与沟通，更重要的是培养国际环境治理体系中的政治互信。中国新的《环境保护法》中，确立了信息公开和公众参与机制，这个机制还需要在实践中不断拓展和取得实际效果。

参考文献

陈雷．2012. 在“水与绿色增长行动框架亚太地区分会”上的发言．http://www.zhsyj.org.cn/slyw/62894.html [2012-3-21]

陈世瑞 . 2008. 大湄公河次区域环保合作——以莱茵河治理为借鉴 . 云南师范大学学报,28(5):69-74

陈益刊 . 2014. 盘活公共设施存量,财政部首个 PPP 示范项目在池州落地 . http://www.yicai.com/news/2014/12/4058827.html [2014-12-31]

杜悦新 . 2002. 世界贸易组织与环境治理 . 环境保护,(9):10-15

郭延军 . 2011. 大湄公河水资源安全:多层治理及中国的政策选择 . 外交评论(外交学院学报),2:84-97

郭延军 . 2014. 湄公河水资源治理的新趋向与中国应对 . http://www.dfdaily.com/html/51/2014/1/17/1107154.shtml [2014-01-17]

国家统计局 . 2009. 系列报告之十八:国际地位明显提高国际影响力显著增强 . http://www.stats.gov.cn/ztjc/ztfx/qzxzgcl60zn/200909/t20090929_68650.html[2015-05-15]

国家统计局 . 2001. 中华人民共和国 1992 年国民经济和社会发展统计公报 . http://www.stats.gov.cn/tjsj/tjgb/ndtjgb/qgndtjgb/200203/t20020331_30006.html [2015-05-15]

国家统计局 . 2013. 中华人民共和国 2012 年国民经济和社会发展统计公报 . http://www.stats.gov.cn/tjsj/tjgb/ndtjgb/qgndtjgb/201302/t20130221_30027.html[2015-05-15]

胡鞍钢,郎晓娟 . 2012. 中国共产党的生态文明宣言 . http://theory.people.com.cn/n/2012/1220/c40531-19957982.html [2012-12-20]

金立群 . 2015. 亚投行不是颠覆者 . http://economy.caixin.com/2015-03-22/100793546.html [2015-03-22]

联合国 . 2010. 2010 年世界经济和社会概览:重探全球发展之路 . http://www.un.org/en/development/desa/policy/wess/wess_current/2010wess_overview_ch.pdf [2010-12-12]

联合国 . 2012a. 实现我们共同憧憬的未来 . http://www.un.org/en/development/desa/policy/untask-team_undf/unttreport_ch.pdf [2012-12-12]

联合国 . 2012b. 加快实现千年发展目标:持续和包容性增长的可选办法以及在 2015 年后推进联合国发展议程的问题 . http://www.un.org/zh/documents/view_doc.asp? symbol=A/67/257 [2012-12-12]

联合国环境规划署 . 2012. 全球环境展望 5. http://www.unep.org/pdf/GEO5_Chinese.pdf [2012-12-12]

孟威 . 2014. 构建全球视野下中国话语体系 . http://news.gmw.cn/2014-09/24/content_13350155.htm [2014-09-24]

潘基文 . 2011. 联合国秘书长潘基文致生态文明贵阳会议的贺信 . http://www.gywb.cn/content/2014-06/09/content_889925.htm [2014-06-09]

商务部,环境保护部 . 2013. 对外投资合作环境保护指南 . http://www.zhb.gov.cn/gkml/hbb/gwy/201302/t20130228_248632.htm [2013-02-18]

孙新章,张新民,夏成 . 2012. 对全球可持续发展目标制定中有关问题的思考 . 中国人口·资源与环境,12:123-126

孙伊然 . 2012. 联合国发展议程的现状与走向 . 现代国际关系,(9):42-49

王华,尚宏博,安祺,等 . 2012. 关于改善中国参与全球环境治理的战略思路 . 环境与可持续发展,6:9-13

王明国．2013．全球治理机制碎片化与机制融合的前景．国际关系研究，(5)：16-27

王新荣．2013．划定生态红线 强化底线思维．http：// www. cenews. com. cn/sylm/jsxw/201312/t20131223_754138. htm [2013-12-23]

王毅，于宏源．2012．超越"里约＋20"：启动新的绿色转型进程与行动．见：中国可持续发展研究会．里约之新：国际可持续发展新格局、新问题、新对策．北京：人民邮电出版社：34-41

王志芳，赵子鹰，曲云欢．2013．利用多边环境协定构建环境技术转移机制．环境保护，41(3)：91-93

辛向阳．2012．辛向阳：论中国特色社会主义事业"五位一体"总体布局．http：// theory. people. com. cn/n/2012/0806/c49150-18672161. html [2012-08-06]

张茉楠．2015．在亚投行这件事上中国做对了什么？ http：//epaper. rmzxb. com. cn/detail. aspx? id＝358837 [2015-03-31]

张春．2013．对中国参与"2015 年后国际发展议程"的思考．现代国际关系，(12)：1-8，33

中国科学院可持续发展战略研究组．2012. 2012 中国可持续发展战略报告——全球视野下的中国可持续发展．北京：科学出版社

中国新闻网．2014．中国近三年安排 2.7 亿元帮助发展中国家应对气候变化．http：// www. chinanews. com/gn/2014/11-25/6811751. shtml [2014-11-25]

Asian Development Bank. 2009. Infrastructure for a Seamless Asia. http：// www. adb. org/publications/infrastructure-seamless-asia [2009-09-10]

Asian Development Bank. 2013. Asian water development outlook 2013：measuring water security in Asia and Pacific. http：// www. adb. org/publications/asian-water-development-outlook-2013 [2015-05-05]

Asian Development Bank. 2015. Improving water governance in the Asia-Pacific Region：why it matters. http：// www. adb. org/features/improving-water-governance-asia-pacific-region-why-it-matters [2015-05-05]

British Petroleum. 2015. Statistical Review of World Energy 2014. http：// www. bp. com/en/global/corporate/about-bp/energy-economics/statistical-review-of-world-energy. html [2015-05-15]

EU. 2014. 2030 framework for climate and energy policies. http：// ec. europa. eu/clima/policies/2030/index_en. htm [2014-10-13]

Ivanova，Maria，Jennifer Roy. 2007. The Architecture of Global Environmental Governance：Pros and Cons of Multiplicity in Global Environmental Governance：Perspectives on the Current Debate. New York：Center for UN Reform Education：48-66

Republic of Mexico. 2015. Intended Nationally Determined Contribution. http：// www. semarnat. gob. mx/sites/default/files/documentos/mexico_indc. pdf [2015-02-18]

Switzerland Federal Office for the Environment. 2015. Switzerland targets 50% reduction in greenhouse gas emissions by 2030. http：// www. bafu. admin. ch/dokumentation/medieninformation/00962/index. html? lang＝en&msg-id＝56394 [2015-02-27]

UNESCAP. 2013. Urbanization trends in Asia and the Pacific. http：// www. unescapsdd. org/files/documents/SPPS-Factsheet-urbanization-v5. pdf [2015-05-05]

United Nations. 2014. Prototype Global Sustainable Development Report. http：// sustainabledevelopment. un. org/globalsdreport/ [2015-3-31]

Wikipedia. 2015. Historical GDP of China. http：// en. wikipedia. org/wiki/Historical_GDP_of_China # cite_note-5 [2015-05-15]

White House. 2015. US Reports Its 2025 Emissions Target. https：// www. whitehouse. gov/the-press-office/2015/03/31/fact-sheet-us-reports-its-2025-emissions-target-unfccc [2015-3-31]

第八章　有关生态环境治理体系的重大制度安排*

制度的内涵比较宽泛，既包括法规、规则、规章等正式制度，也包含伦理、道德、习俗等非正式制度。在环境保护领域，同样的名称或内容，既有人称之为制度，也有人称之为方针政策。例如，大多数人认为“三同时”是制度，但在 1983 年提出“三同时”时，其被界定为环境保护方针。又如公众参与，有人认为其是制度，有人认为其是政策，也有人认为其是国际惯例。

生态环境的内涵也未达成共识。按照《环境保护法》的界定，环境指影响人类生存和发展的各种天然的和经过人工改造的自然因素的总体，包括大气、水、海洋、土地、矿藏、森林、草原、湿地、野生生物、自然遗迹、人文遗迹、自然保护区、风景名胜区、城市和乡村等，这已经非常宽泛了。生态是生物在一定的自然环境下生存和发展的状态，也指生物的生理特性和生活习性，也是一个广义的概念。两个广义的概念加在一起内涵就更加宽泛了。

鉴于制度和生态环境内涵的宽泛性，本章主要总结环境保护领域的法规和部门规章等政策性文件中带有制度“后缀”的内容，对法规、政策等并没有加以总结。

一、 我国生态环境保护的制度安排及其沿革

制度是人类文明发展的结晶，体现了人类社会文明的进步；人类文明发展成果通过社会制度的形式凝固下来，并为人类社会发展奠定基础。人类知识所传承的社会制度文化，以经济制度、政治制度等人类实践的智慧进入社会领域，规范人类行为，为人类社会发展提供方向和保证。

（一）生态环境制度建设的沿革与时代特征

生态环境制度是指在全社会制定或形成的一切有利于支持、推动和保障生态环境建设的各种引导性、规范性和约束性规定和准则的总和，表现为正式制度（原则、法律、规章、条例等）和非正式制度（伦理、道德、习俗、惯例等）。制度有“硬”和“软”两个方面，并非人们通常认为的都是写在纸上的硬性规定。事实上，那些刻在

---

* 本章由周宏春执笔，作者工作单位为国务院发展研究中心。

人们心中、成为人的价值观念的“软性”规则，往往起到更坚定、更持久地约束和规范人的行为的作用。从这个意义上说，强化生态伦理道德等的建设是制度建设更基本、更优先的任务（夏光，2013）。

1. 1989年前的环境制度相对零星

1972年联合国人类环境会议后，我国于1973年召开了第一次环境保护会议，标志着中国环境保护工作的开端。《关于保护和改善环境的若干规定（试行草案）》（简称《规定》），是中国第一个由国务院批转的具有法规性质的文件，提出“做好全面规划，工业合理布局”，“逐步改善老城市的环境”，保护水源，消烟除尘，治理城市“四害”，消除污染，以及“综合利用，除害兴利”等方面要求，规定：“一切新建、扩建和改建企业，防治污染项目，必须和主体工程同时设计，同时施工，同时投产”（即“三同时”）。1983年12月国务院召开第二次全国环境保护会议，明确提出：“保护环境是中国一项基本国策”，还制定了中国环境保护事业的战略方针：经济建设、城乡建设、环境建设同步规划、同步实施、同步发展，实现经济效益、环境效益、社会效益的统一（“三同时三统一”制度）（《中国环境保护行政二十年》编委会，1994）。

2. 1989年环境制度在《环境保护法》（试行）中密集出台

1989年4月，国务院召开第三次环境保护会议，总结了第二次全国环境保护会议以来的管理经验，确定了八项有中国特色的环境管理制度：环境影响评价、“三同时”、排污收费、限期治理、排污许可证、污染物集中控制、环境保护目标责任制、城市环境综合整治定量考核。八大环境制度又分为老三项制度（“三同时”、排污收费和环境影响评价）和新五项制度（目标责任制、城市环境综合整治定量考核、排污许可证、污染物集中控制、限期治理）（《中国环境保护行政二十年》编委会，1994）。

3. 1989～2014年环境制度出台和环境保护方针转变

随着可持续发展战略的提出和综合环境管理思想的深入，环境制度从最初对个别环节的控制（如对污染物处理、处置的“末端控制”）发展到对包括决策在内的全过程控制（如“源头控制”、“从摇篮到坟墓”），从最初的对个别对象或某类对象的管理（如废物管理）发展到对各种相关对象的管理（如废物管理和产品管理、资源管理和环境管理），并开始推进一些新制度，如综合决策制度，综合环境影响评价制度，环境标志制度，清洁生产制度，新的环境资源税费、排污许可制度等。严格地说，环境影响评价、排污许可制度是早期制度的完善和深化。

下面，我们选择清洁生产、排污权交易和环境标志制度加以介绍。清洁生产强调生产的全过程，排污权交易突出了市场机制，环境标志则侧重产品的环境影响。

清洁生产制度。1993年我国开始探索清洁生产，引导工业企业的污染防治从单纯的末端治理转向生产的全过程控制。1997 年国家有关政府部门发布《关于推行清洁生产的若干意见》，要求企业“节能、降耗、减污、增效”，把清洁生产作为污染物达标排放和总量控制的手段。1990 年，国务院办公厅转发原国务院环境保护委员会《关于积极发展环境保护产业的若干意见》，其中要求推行清洁生产制度。《清洁生产促进法》将这一制度上升为法律。

排污权交易制度。《全国主体功能区规划》对排污权交易制度提出了详细规定：优化开发区域要严格限制排污许可证的增发，完善排污权交易制度，制定较高的排污权有偿取得价格；重点开发区域要合理控制排污许可证的增发，积极推进排污权制度改革，制定合理的排污权有偿取得价格，鼓励新建项目通过排污权交易获得排污权；限制开发区域要从严控制排污许可证发放；禁止开发区域不发放排污许可证。

环境标志制度。环境标志包含环境标准的制订、组织实施和实施监督的全过程，实施对象由企事业单位的排污行为扩展到产品“从摇篮到坟墓”全过程。1994 年全国环境保护工作会议通过《全国环境保护工作纲要（1993—1998）》要求建立和推行环境标志制度。1994 年 5 月 17 日，中国环境标志产品认证委员会成立。1996 年 1 月 10 日，国家环保局实施 ISO 14000 系列标准的辅助机构——国家环保局环境管理体系审核中心成立。制度实施的重要举措，是推行国际标准化组织（ISO）在 1993 年制定的 ISO 14000 环境管理系列标准。

此外，环境保护方针转变也是重要议题，下面列举一些。

1993 年 10 月，全国第二次工业污染防治工作会议，总结了工业污染防治工作的经验和教训，提出了工业污染防治必须实行清洁生产，实行“三个转变”：由末端治理向生产全过程控制转变，由浓度控制向浓度与总量控制相结合转变，由分散治理向分散与集中控制相结合转变。这标志着中国工业污染防治工作指导方针发生了新的转变。

2006 年 4 月，第六次全国环境保护大会重申要实现三个转变：一是从重经济增长、轻环境保护转变为保护环境与经济增长并重，把加强环境保护作为调整经济结构、转变经济增长方式的重要手段，在保护环境中求发展。二是从环境保护滞后于经济发展转变为环境保护和经济发展同步，做到不欠新账，多还旧账，改变先污染后治理、边治理边破坏的状况。三是从主要用行政办法保护环境转变为综合运用法律、经济、技术和必要的行政办法解决环境问题，遵循经济规律和自然规律，提高环境保护工作水平。这标志着我国环境与发展的关系发生战略性、方向性、历史性的转变。

进入新世纪后，环境保护战略的五个重大转变被提出，即工业污染防治从重视点源治理向点源治理与流域区域综合治理相结合转变，从单纯重视浓度控制向浓度与总量控制相结合转变，从单纯重视末端治理向末端治理与源头、全过程控制相结合转变，从单纯重视企业治理向企业治理与调整产业结构、产业布局结合转变，从单纯重视常规环境管理向常规环境管理与防范突发环境事件结合转变。环保工作进入宏观决策视野，由环保局长抓变为省长抓、市长抓；坚持体制机制创新，依靠科技进步，强化环境法治，发挥社会各方面的积极性；环评成为保障科学发展的重要手段，执法着力保障人民群众健康。模范城市、生态示范区、生态省市等创建工作逐步开展（中国工程院等，2011）。

环境保护部提出，“十二五”期间，我国着力构建六大体系：一是构建适应我国国情的环境保护宏观战略体系。把环境保护提升到国家战略的高度，建设资源节约型、环境友好型社会，把环境保护与转变经济发展方式结合起来，为国民经济统筹考虑，统一安排，同时部署。严格规划、执行环境影响评价制度，对重大经济制度和政策，发展战略进行环境影响评估。二是建立全面高效的污染防治体系。推进清洁生产，发展循环经济，对传统产业实行生态化改造，不断建立和健全区域大气污染联防联控机制，不断探索水环境保护新的模式让江河湖泊休养生息。实施主要污染物减排，重点领域环境风险防范，生态环境保护和安全保障，环境基础设施建设等十二项重大工程。三是构建和健全环境质量评价体系。坚持以人为本，对大气、水、土壤、噪声等环境质量标准进行重新的评估和修订。增加科学合理的环境评价指标，完善环境质量监测网络，改进环境质量评价方法。四是不断构建完善的环境保护法规政策和科技标准体系。在加强法制建设、完善环境法律和法规基础上，进一步出台有利于环境保护的税收、价格、信贷、保险、贸易、证券等政策，完善以人体健康为目标的环境基准和标准，开展重点行业污染物排放标准制定和修订，制定重点流域和区域的污染物排放标准。五是构建完备的环境保护体系。强化环境保护的目标责任制，研究并制定生态文明的指标体系，并纳入政府绩效考核，作为干部选拔任用的重要依据，推动环保机构向乡村延伸，形成高效有力的执行系统。六是构建全民参与的社会行动体系。通过有效的环境宣传教育和舆论引导，在全社会牢固树立生态文明的理念，形成关心环保、参与环保、开展环保的良好的社会氛围（周建，2011）。

严格地说，无论是“休养生息”，还是环保“新道路”，尽管得到环境保护管理部门系统内的“点赞”，但学术界对这些概念颇有争议。

（二）十八届三中全会确立了生态文明制度体系

生态环境建设和保护是生态文明建设的重点。生态文明体制改革是《中共中央关于全面深化改革若干重大问题的决定》（简称《决定》）中六个“紧紧围绕”之一；第五个“紧紧围绕”是紧紧围绕建设美丽中国深化生态文明体制改革，形成人与自然和谐发展现代化建设新格局。《决定》提出：“建设生态文明，必须建立系统完整的生态文明制度体系，实行最严格的源头保护制度、损害赔偿制度、责任追究制度，完善环境治理和生态修复制度，用制度保护生态环境”，确立了健全自然资源资产产权制度和用途管制制度、划定生态保护红线、实行资源有偿使用制度和生态补偿制度，以及改革生态环境保护管理体制。

不同研究者对《决定》中确立的生态环境制度有不同解读。2013 年 11 月 23 日，中央财经领导小组办公室杨伟民副主任在《光明日报》发表解读文章“建立系统完整的生态文明制度体系”，其中认为，《决定》从源头、过程、后果的全过程，按照“源头严防、过程严管、后果严惩”的思路，阐述了生态文明制度体系的构成及其改革方向、重点任务。文中提出，源头严防，是建设生态文明、建设美丽中国的治本之策。《决定》提出 7 个制度，构建了源头严防的制度，包括健全自然资源资产产权制度、健全国家自然资源资产管理体制、完善自然资源监管体制、坚定不移实施主体功能区制度、建立空间规划体系、落实用途管制、建立国家公园体制。过程严管，是建设生态文明、建设美丽中国的关键。《决定》提出 5 个制度，构建了过程严管的制度，包括实行资源有偿使用制度、实行生态补偿制度、建立资源环境承载能力监测预警机制、完善污染物排放许可制、实行企事业单位污染物排放总量控制制度。后果严惩，是建设生态文明、建设美丽中国必不可少的重要措施。《决定》分别对领导干部和企业个人，重点提出了 2 个方面的制度，构建了后果严惩的制度，即建立生态环境损害责任终身追究制和实行损害赔偿制度。由于杨伟民副主任参与了《决定》的起草，应该认为是对生态文明制度的最权威解读（杨伟民，2013）。

专家对生态文明制度的研究和解读较多，包括夏光（2013）（表 8.1）、诸大建（2013）、周宏春（2013）、俞海（2014）、中科院可持续发展战略研究组（2013，2014）等，从不同角度对生态文明建设进行了具体阐述，在此不再一一赘述。

表 8.1　《决定》确立的生态文明制度矩阵

	决策和责任制度	执行和管理制度	道德和自律制度
土地保护 水资源保护 环境保护	综合评价 目标体系 考核办法 奖惩机制 空间规划 责任追究等	管理制度 有偿使用 赔偿补偿 市场交易 执法监管等	宣传教育 生态意识 合理消费 良好风气等

资料来源：夏光，2013

（三）新修订的《环境保护法》确立了一系列制度

2015 年起实施的《环境保护法》，其中直接注明的制度有九处。为简化起见，将《环境保护法》中凡后面加“制度”的内容列于表 8.2。

表 8.2 《环境保护法》中的主要制度

制度名称	所在条款	制度内容表述
监测制度	第 17 条	国家建立、健全环境监测制度。国务院环境保护主管部门制定监测规范，会同有关部门组织监测网络，统一规划国家环境质量监测站（点）的设置，建立监测数据共享机制，加强对环境监测的管理
目标责任制和考核评价制度	第 26 条	国家实行环境保护目标责任制和考核评价制度。县级以上人民政府应当将环境保护目标完成情况纳入对本级人民政府负有环境保护监督管理职责的部门及其负责人和下级人民政府及其负责人的考核内容，作为对其考核评价的重要依据。考核结果应当向社会公开
生态保护补偿制度	第 31 条	国家加大对生态保护地区的财政转移支付力度。有关地方人民政府应当落实生态保护补偿资金，确保其用于生态保护补偿。 国家指导受益地区和生态保护地区人民政府通过协商或者按照市场规则进行生态保护补偿
调查、监测、评估和修复制度	第 32 条	国家加强对大气、水、土壤等的保护，建立和完善相应的调查、监测、评估和修复制度
风险评估制度	第 39 条	国家建立、健全环境与健康监测、调查和风险评估制度；鼓励和组织开展环境质量对公众健康影响的研究，采取措施预防和控制与环境污染有关的疾病
责任制度	第 42 条	排放污染物的企业事业单位，应当建立环境保护责任制度，明确单位负责人和相关人员的责任
总量控制制度	第 44 条	国家实行重点污染物排放总量控制制度。重点污染物排放总量控制指标由国务院下达，省、自治区、直辖市人民政府分解落实。企业事业单位在执行国家和地方污染物排放标准的同时，应当遵守分解落实到本单位的重点污染物排放总量控制指标
排污许可管理制度	第 45 条	国家依照法律规定实行排污许可管理制度。 实行排污许可管理的企业事业单位和其他生产经营者应当按照排污许可证的要求排放污染物；未取得排污许可证的，不得排放污染物
淘汰制度	第 46 条	国家对严重污染环境的工艺、设备和产品实行淘汰制度。任何单位和个人不得生产、销售或者转移、使用严重污染环境的工艺、设备和产品

注：尽管不少研究者认为还有众多的制度，但《环境保护法》中带有“制度”后缀的共有九项，故本表仅列出九项

综上所述，我国的生态环境制度建设具有以下特色：一是以法律为载体，在 1989 年和 2015 年的《环境保护法》是环境保护制度的集中呈现，《决定》确立的生态环境制度，成为未来一段时间内的创新和完善的重点任务；二是我国的环境理念相对超前，具有引导和导向性的特色，而且带有时代特征；三是由法规或部门规章确定的生态环境制度，理论上是相对完备的、可执行的，且借鉴了国外的经验；四是制度本身是在不断深化的，如环境影响评价制度、排污许可证制度等，提出的时间均较早，又能在大量的实践探索基础上不断完善；五是制度本身仍然存在不完善的地方，一些制度的原则性强，可操作性稍差，部分制度的覆盖面不全，需要在实践中不断补充完

善；六是制度的实施效果与预期目标均存在较大的差距，不仅是发展阶段的原因，而且在人为努力方面也存在一些问题，制度执行人的努力、偏好及“寻租”的存在，使制度实施效果大打折扣。

二、 生态环境保护制度中存在问题及内在根源

（一）生态环境保护制度中的存在问题

从 20 世纪 70 年代我国环境保护工作起步至今，虽然以法治制度、管控制度、环境经济制度等为主体的环境保护制度体系基本形成，对于控制环境污染、改善生态环境起到了重要作用，但也存在诸多问题，主要体现在以下几方面。

一是生态环境保护法治有待进一步完善。自 1978 年环境保护写入宪法以来，我国环境法制建设取得突出成就；2014 年 4 月 24 日第十二届全国人大常务委员会第八次会议通过并于 2015 年 1 月 1 日正式实施的《环境保护法》，根据我国经济社会发展的形势需要做了重大调整和补充。但是，我国生态环境的制度安排，包括政策、法规等不能满足生态建设需要，依然存在不合理现象和问题。例如，法律和规章制度的规范化、体系化建设覆盖范围小，一些重要领域的法规和制度缺位；综合性环境保护法作为基本法的地位尚未确立；地方环境立法特色不明显、可操作性差、部门利益倾向严重，现行资源环境的法规和制度规定的行政命令性和原则性较强，容易助长执法不严和有法不依的现象。

二是产业政策没有将环境保护放在应有的位置，调整不及时，政策执行走样。例如，我国资源综合利用激励政策，在促进相关产业发展的同时，产生了“废物收费”的附带效果，与国际通行的“排污付费”原则相悖。又如，出口退税政策，在促进我国多晶硅、稀土等出口的同时，既增加了国内资源原材料消耗，又受到日益增多的国外“双反”调查。一些不利于环境保护的消费，如追求大排量汽车、大户型住房等讲排场式消费在制度上没有受到约束，甚至还受到激励。一些部门习惯于发号施令，使用强制命令等行政手段，习惯于项目审批，该用“大棒”的地方也用“胡萝卜”，为“寻租”留下空间。一些地方采取土地优惠、税收优惠、财政补贴、水电优惠、降低环保标准等措施招商引资，不仅引来了大量的高能耗、重污染、低效率的企业，还加剧了产能过剩，而产能过剩是最大的资源浪费和生态破坏。

三是资源产权不明晰，没有形成合理的定价机制。自然资源产权模糊，价格扭曲、环境治理没有进入成本，导致“公地悲剧”大量出现。资源约束趋紧、环境污染严重、生态系统退化，成为经济社会持续健康发展的重大制约、人民生活质量提高的重大障碍、中华民族永续发展的重大隐患。我国现有税收和价格机制，难以抑制对资

源及其产品的过度需求。资源价格低，难以遏制资源过度占用和生态环境破坏；排污收费低，难以支撑水处理、垃圾处理等环保设施的正常运转。资源价格扭曲、环境成本没有内部化等，使得企业缺乏高效利用资源能源和保护环境的积极性。政府部门对价格干预过多，如一个机组一个上网电价，已被反腐实践证明为“寻租土壤”。排污收费、排污许可证、污染物总量控制等部分制度设计不合理、执行不到位，难以适应环境管理和监管的需求，亟待转型和调整。环境经济制度未能充分发挥市场在环保领域资源配置中的决定性作用。环境损害成本的合理负担机制尚未形成；现有经济制度、政策之间协调不够、配套措施不足、技术保障不力。

四是生态环境保护管理体制不健全，公众参与不够。目前，生态环境涉及部门多，职能交叉、相互扯皮问题在一定程度上存在。环境保护的体制、职能和部分管理制度在环境法律中并没有得到明确和细化，生态系统作为一个有机联系的整体，人为割裂了行政区域之间和主管部门之间的联系，导致地方管理与上级管理部门关系不明确，环境保护职能分散、职能交叉，边界不清，部门间难以形成协同执法的相关机制。社会公众参与不足。一般认为，经济靠市场，环保靠政府，公众没有发挥应有的参与和监督作用。但事实上，生态环境保护需要社会公众的积极参与和自觉行动；我国公众参与环境治理是被动的，是政府倡导下的被动参与。当政府决定实施某一环保政策时，公众就会组织起来进行广泛的、表面上的参与；当政府没有动力或资金实施该政策和重大工程时，公众参与缺乏系统性和持续性。另外，由于公众是在政府倡导下参与的，对于环境保护缺乏自己的独立立场，真正意义上的公众参与其主要目的是实现公众对政府的有效监督（包括对决策、执行过程的监督），公众参与实质上被空洞化了。

五是制度执行效率不高且效果不佳。虽然我国制定了不少法律，但缺乏法规和实施细则配套。违法成本低的问题尚未得到有效解决。有法不依，执法不严的现象严重，远远不能形成企业和公众的约束力。当前环境保护制度并没有解决指挥棒问题，各级政府绩效评比机制主要由GDP决定，资源消耗、环境损害和生态效应尚未纳入经济社会发展评价和党政机关的绩效考核体系，绿色发展绩效评估机制和环境保护责任追究制度并未形成，政府、市场和公众的关系有待厘清。运用司法手段解决环境问题的制度尚未建立，环境民事赔偿法律制度不健全，司法诉讼渠道不畅，生态环境损害难获赔偿，生态环境破坏者并未得到应有处罚。还存在环境立法缺位、行政处罚偏轻；基层行政执法缺乏强制手段，缺乏有效性；现实中违法成本低而守法成本高，缺乏具有较强可操作性的责任追究和奖惩制度等一些问题。

（二）对生态环境制度存在问题的理论分析

生态环境问题是典型的“外部性”问题，需要政府发挥调节作用，弥补“市场失灵”。典型的环境不公平表述为“老板发财、群众受害、政府埋单”。福利经济学告诉我们：如果一种商品的生产或消费会带来一种无法反映在市场价格中的成本，就会产生“外部效应”，一些产品的生产与消费会给没有参与这种活动的企业或个人带来有害或有益的影响。其中，有益的影响为“外部经济”，否则就是“外部不经济”。所有权缺乏导致对大气层、海洋及森林和山地等的忽视或过度使用。例如，由于大气不属于任何人，其很容易成为化学废气排放场；海洋则成为废物、石油污染物、核燃料、生活污水及其他废物的排放场。

环境资源产权模糊或缺失，制约其可交易性和市场机制作用的发挥。即使在产权明晰的情况下，也会发生市场失灵。“科斯定理”对此提供了一个很好的分析框架。在产权明晰的条件下，当交易费用为零时，污染与反污染、侵权与反侵权的利益博弈就出现了。然而，市场不可避免地存在着交易费用。科斯第二定理告诉我们，当交易费用大于零时，人们会对环境资源的交易费用与实际收益进行比较。如果交易的净收入大于交易费用，就会进行交易；反之，“经济人”不愿意进行带来负效益的交易活动。由于环境资源外部因素的复杂性，交易费用很可能难以确定或十分昂贵。于是，环境资源交易淡出，纵容了污染行为。

政策失效。政府干预的前提应当是：干预效果必须好于市场机制，干预收益必须大于投入。但是，政府的干预在两个情形下容易导致政策“失灵”。一是“不需要干预时的干预（乱作为）”，二是“需要干预时的不干预（不作为）”。前者表现为任意干涉导致市场价格扭曲，后者表现为管制缺失导致对环境资源的自然垄断。无论何种情形，“政策”和“管理”领域都会出现“失灵”的情形。“政策失灵”主要体现在控制和缩小私人成本与社会成本之间差距的措施不力，不仅社会收益直接受损，甚至影响社会财产的制度，以及财政、金融、价格、汇率的政策；“管理失灵”主要体现在当经济增长与环境保护出现矛盾时，政绩冲动使得地方官员以损害环境为代价保障经济增长。政府一旦介入环境管理，将会导致污染者、被污染者与环境保护管理部门间的博弈，进而引发“寻租”行为，污染者很有可能以较小的寻租成本获得较大的经济收益，并把自己造成的外部成本转嫁给他人或社会。

政府公信力下降，导致公共政策执行效率低下。公信力是公共政策的基础和灵魂，可以降低风险、降低交易成本，提高行政效率。政策的制定、实施和产生效果的过程，也是一个博弈的过程。市场主体会对政策进行理性预期，并出现“上有政策，下有对策”的情形，导致公共政策效率低下甚至预期目标落空。政府公信力低下，可能是由主观因素造成的，如朝令夕改、寻租、与民争利、缺乏公众参与、不依法行政，以及为民众提供公共物品能力和效率低下等，使得公共政策得不到民众信任，妨碍公众与政府的合作效率，增加整个社会的交易成本，导致政府公共政策效率低下（蒋京议，2004）。

总之，在生态环境保护领域，理想的帕累托最优并不存在。这是因为，帕累托最优以一系列假设为前提，而这些前提条件又似乎十分完美："经济人"完全理性的假设、经济信息完整和对称的假设、市场运行中充分竞争的假设，以及不存在公共物品、外部效应和交易费用的假设。亚当·斯密的那只"看不见的手"只有在这种完美的假设情形中才会出现。实际上，理性意义上的完美假设条件难以满足。由于环境资源的不可分割性，产权界定困难，因而只能是一种公共物品。既然是公共物品，就必然会产生"外部效应"，即在某市场主体经济效用的函数自变量中包含了他人的行为或对他人福利的影响，社会为之付出代价后构成了边际社会成本。这个代价作为生产成本的一部分由该产品生产者支付，但单纯依靠市场机制确定产品价格只能反映边际私人成本而不能反映边际社会成本，不同的经济主体都试图"搭便车"实现利润最大化。以损害环境资源为代价的社会经济低效率产出，完全不能自动导致资源配置的帕累托最优（蒋京议，2004）。

三、 基于实践的生态环境治理的制度安排理论和原则

（一）创新机制，发挥政府干预和市场机制在生态环境改善中的综合作用

人的日常社会实践和政府的制度安排密切相关，尽管生态环境变化对社会发展难以起到决定性作用，但已日益成为与公民利益休戚相关的带有普遍性和敏感性的社会问题。有什么样的制度与体制安排，就会有什么样的物资生产和人口生产，也就对生态环境产生一定的效果。对于生态环境的治理与保护，表现为一种"过程"与"结果"的结合。作为过程，表现为政府行为及其相关的制度安排；作为结果，展示出了特定的社会结构，亦即通过科学方法解决资源环境等问题，使人类与自然界之间能够协调发展，并使其长期保持一种物质转换和能量流动的动态平衡状态。

实现市场机制与政府干预的有效整合，根本出路就在于创设新的制度，使生态环境保护在经济制度与社会机制的不断创新中得到进步和发展。环境制度创新的意义在于以尽可能小的成本实现尽可能好的环境效果。把自然资源和环境纳入国民经济核算体系，使市场价格准确反映经济活动造成的环境代价，进而确定恰当的边际社会成本，刺激企业对环境经济政策和惩罚措施做出反应；在合理分割企业消费的"环境资源"产权基础上，使其生产的"外部性""内部化"，以实现社会经济的高效率产出。人们已经认识到，通过产业结构升级来保护自然环境、摆脱生态危机，成为现代国家政府的一项重大战略性决策。随着产业结构的不断升级，知识在产业中的含量越来越高，对有形资产的依赖越来越小，对资源利用的强度越来越大，对大幅度提高生产效

率和经济集约化程度，以及对投资规模、经济增长方式的改进都将产生积极和重大影响。

环境保护制度只有在合适的条件下使用才能发挥作用，最终的结果取决于不同社会力量的抗衡，并表现为不同利益团体之间的博弈。为使国家和政府真正成为社会的公共力量，不至于成为少数强势利益团体的代言人，需要通过制度化途径接纳社会成员的普遍参与。公民参与有助于激发社会成员的责任感和积极性，从而避免既得利益集团按照自身的标准来影响政府的决策；有助于实现公众对政府的监督，以制止政府的自利和扩张行为；有助于克服由生态危机而激发的矛盾，避免发生政治动荡和社会冲突。

（二）避免信息不对称、寻租等原因引起政府失灵

信息不完全和有限理性造成的公共政策失灵。正确的决策必须以充分可靠的信息为依据。但获取决策信息总是需要支付一定甚至很高的成本的。政府对社会经济活动的干预，是一个涉及面极广、错综复杂的决策过程。有限理性导致政府的干预、调控能力有限，政府官员并非无所不知、无所不能，同样有人类共有的一些弱点，如知识经验不足、计算能力和决策能力的有限；另一方面大部分公共政策是在信息不完全甚至扭曲的情况下做出的，决策不可能是最优的甚至是错误的，因此导致政府对市场的干预存在一定的盲目性、滞后性，使经济资源的配置达不到最优，导致政府失灵出现。

政策的时滞引起市场失灵。从公共政策制定到政府采取行动有一个认识、决策和行动的过程，受政府预见能力、行动的决心和制定政策效率的影响，政策出台后需要一定的时间才能影响政策目标，即有一个传导时滞；从经济个体行为的变化到整个社会宏观经济变量的变化又需要一个过程，即生效时滞。同时，根据执行状况调整政策需要一定的信息资料，与此有关的统计资料需要一定时间才能提供，有资料时滞；调整政策前需要一定时间对资料进行整理、分析、判断，产生了识别时滞。政策时滞的存在导致政策极易在不适当的时候发挥不适当的作用，甚至有人认为政策时滞的存在导致政策的不可信赖。

寻租造成政府失灵。垄断导致寻租，寻租导致腐败。在寻租活动中，政府并非是被动的被利用角色，麦克切斯内就提出“政治创租”和“抽租”问题。前者指政府官员利用行政干预的办法增加私人企业的利润，人为创造租，诱使私人企业向他们行贿作为条件。后者指政府官员故意提出某项会使私人企业利益受损的政策作为威胁，迫使私人企业割舍一部分既得利益与政府官员分享。一些活动家致力于实施某种限制——寻租，一些活动家致力于反对实施这种限制——避租。非生产性的寻租使个人收益最大化，但导致社会资源的浪费和官员的行为扭曲。政府官员为了特殊利益争夺

权力，破坏公平的竞争秩序，导致整个经济效率、政府效率和全社会福利损失，最终导致政策失效。

（三）在生态环境保护与开发领域推广应用政府与社会资本合作模式（PPP）

政府与社会资本合作模式，由政府发起与社会资本在订立的长期合同关系中，共同提供特定公共产品或公共服务。重点在于协调政府与社会资本之间的资金提供、建设运营、收益（风险）等方面关系。生态系统分为三个层次：生态资源、生态系统服务及对废弃物的吸收能力。

生态环境保护与开发应当发挥政府与社会资本合作模式的优势。准公共产品特性及广泛存在的市场失灵与政府失灵，决定了必须多方合作，发挥各自优点。政府与社会资本合作在生态环境保护与开发中蕴含巨大潜力，通过合约协调政府与私人部门关系，共同应对生态环境问题。生态环境保护与开发是一个长期性、复杂性、全局性的事件，政府部门与私人部门需要经过反复协商才能够达成协议。由于双方利益追求不同，因此必须建立适当的激励机制与约束条件。鉴于生态环境保护与开发的正外部性，财政资金要给予其补贴，并通过制度降低协议达成的交易成本。

政府与社会资本合作模式的关键在于合理的利益（风险）分担机制。政府与社会资本合作模式中需要对利益（风险）的分担给予足够重视。合理的利益（风险）分担机制能够改善合作环境，降低政府与私营部门的谈判成本，保证项目后期运行的顺利（王宏利等，2014）。

建立最严格的环保制度，应当体现的原则是，必须注重长远，坚持整体、系统和全面改造当前制度体系的长期方向。要使环境法治成为统领和指导环境保护全局的根本性制度和最高意志；要按照遵循自然规律、改善环境质量、防控环境健康风险、解决制度障碍的管理导向，围绕为社会公众提供优质环境公共产品、实现环境管理战略转型的管理目标，依据源头预防、过程控制、责任追究、损害赔偿的治理思路，设计、调整和改进环境治理的制度体系；生态环境制度设计的目标应当是，人的生产、生活行为更加符合环境保护国策要求，企业的设计、生产、产品销售和服务等全生命周期中的行为更加环境友好，政府对生态建设和环境保护的干预更为经济。建立能够在生态环境保护资源配置中发挥决定性作用的市场和价格制度，使环境资源成本得到充分体现，生态破坏和环境污染导致的负外部环境成本得到赔偿，生态环境保护的正外部影响成本得到补偿，促进经济活动朝着资源节约和环境友好的方向调整和改进。

四、建立健全生态文明建设的重大制度

经过40多年的发展，我国环境保护政策、法规和标准已经形成体系，国内外专家对此已有共识。党中央、国务院审议通过的《关于加快推进生态文明建设的意见》提出：“必须把制度建设作为推进生态文明建设的重中之重，着力破解制约生态文明建设的体制机制障碍，深化生态文明体制改革，建立系统完整的制度体系，把生态文明建设纳入法治化、制度化轨道。”

生态环境制度建设，必须立足于我国长期处于社会主义初级阶段这个实际，既应看到生态环境形势的严峻性，增强紧迫感，也要用发展的思路解决发展中面临的资源环境问题。需对节约资源、保护环境等现有法律法规进行梳理，完善土地、矿产、森林、草原等方面的法规。改变部门立法的做法，避免政府权力部门化。增加气候变化、排放权交易等方面的法规。细化、量化实施细则，使办事程序透明。加大执行力度以保证既有制度安排收到预期效果。

（一）节约资源是保护生态环境的根本之策

环境污染是资源利用不合理的结果，如造纸废水形成污染是因为水中的碱、木质素等物质没有得到合理的回收利用。节约了资源，也就减少了资源开发对生态的破坏和对环境的污染，因此节约资源是保护生态环境的根本之策。自然资源开发利用要兼顾长远利益与短期利益、局部利益与全局利益，处理好开发与保护的关系，把握合适的“度”，既不能以保持为由，阻碍经济发展和人民生活水平的提高，也不能盲目无序地开发甚至掠夺资源，导致自然资源耗竭、环境污染和生态系统退化。应本着科学态度和方法，坚持节约优先、保护优先、自然恢复为主原则，这是生态文明建设的基本政策和根本方针，也是制定各项经济社会政策、编制各类规划、推动各项工作必须遵循的大政方针。加强生产、流通和消费过程的减量化、再利用、资源化管理，大幅降低能源、水、土地等资源的消耗强度，以资源的可持续利用支撑经济社会可持续发展。

加强资源环境的系统管理。党的十八大报告和《规定》均提出了确立生态红线的要求，一方面需要量化“红线”的具体内容、数量和指标，更主要的是，要使各级领导心中有“红线”，办事不越“红线”。生态修复必须遵循自然规律，统筹兼顾，因地制宜。如果种树的只管种树、治水的只管治水、护田的单纯护田，容易造成生态的系统性破坏。我国已建立了严格的耕地用途管制制度，但对一些水域、林地、海域、滩涂等生态空间还没有完全建立用途管制制度，致使一些地方用光占地指标后，转向开发山地、林地、湿地、湖泊等。习近平总书记在对《决定》所做的说明中明确指出：

“山水林田湖是一个生命共同体，人的命脉在田，田的命脉在水，水的命脉在山，山的命脉在土，土的命脉在树。”砍了林，毁了山，荒芜了土地，淤积了河湖，水资源就变成了洪水，山也变成了秃山，生态系统功能就会完全丧失。扭转这种恶性循环，应建立覆盖全部国土空间的用途管制制度，不仅对耕地实行严格的用途管制，也应对天然草地、林地、河流、湖泊湿地、海面、滩涂等自然生态空间实行用途管制，严格控制其转为建设用地，确保全国生态空间面积不减少。自 20 世纪 80 年代以来，江西省实施“山江湖工程”，经过三十多年的努力取得了较好的综合效益，值得总结和推广。

（二）环境影响评价制度改革

规划环评的全面实施使环境保护纳入经济社会发展综合决策有了法律制度保障。2005 年 4 月 13 日，国家环保总局举行《环境影响评价法》实施后的首次听证会，各界代表就圆明园环境整治工程的环境影响各抒己见。2006 年 3 月，国家环保总局颁布中国环保领域第一部公众参与的规范性文件——《环境影响评价公众参与暂行办法》，将圆明园环境影响听证会的做法制度化。严格的环评制度抑制了部分行业盲目扩张的趋势，环境影响评价的宏观经济管理“调节器”、防止环境污染和生态破坏“控制闸”、预测宏观经济发展趋势“晴雨表”的作用日益彰显。

改革环境影响评价制度，企业环境目标责任制不再执行。原国家环保总局对建设项目环境影响评价制度进行改革：一是对开发建设项目进行分类管理；二是引入竞争机制，试行环境影响评价工作的招标制；三是试行环境影响“后评估”工作，建立责任约束机制；四是推动区域环境影响评价工作，2002 年正式颁布《关于加强开发区区域环境影响评价有关问题的通知》。从 1992 年开始，国务院决定不再推行企业升级考核评比制度，企业升级的环境保护考核相应取消。1996 年《国务院关于环境保护若干问题的决定》提出，在 1996 年 9 月 30 日前，取缔规模小、工艺落后的“十五小”企业。1998 年 5 月 20 日，国家环保局下发《关于 1998 年取缔关闭和停产 15 种污染严重小企业工作意见的通知》，要求一般地区取缔、关停率达到 100%，经国务院批准的特殊困难地区达到 85%；死灰复燃查处率达到 100%。

（三）以排污许可证的制定、实施和监督形成管理主线

1992 年，全国除西藏、青海等少数省（自治区）和台湾外，均开展排放水污染物许可证发放工作。1992 年，国家环保局下发《关于进一步推动排放大气污染物许可证制度试点工作的几点意见》，强调加快地方立法进程，研制开发适用的监督计量设备，探索排污补偿的做法。同时下发了《确定排放大气污染物许可证排污指标的原则和方法》和《排放大气污染物许可证管理办法》（框架稿）。选择太原、柳州、贵阳、平顶

山、开远和包头这 6 个城市开展大气排污交易政策试点工作。1993 年开始在全国 21 个省（自治区、直辖市）试点建立环保投资公司；《全国环境保护工作纲要（1993—1998）》要求继续试行排污交易政策。

实行污染物排放总量控制制度。总体上看，我国尚未建立起规范的企事业单位污染物排放总量控制制度。笔者在对一些规划进行评审时发现，现有总量层层分解具有行政性质，没有成为制度化安排；特定区域和特定污染物的总量控制覆盖面较窄，“容易的事先做”、“有钱的事情先做”，本身并非没有道理，但往往导致“抓小放大”、“捡芝麻丢西瓜”情形；有些规划总量目标按地区设定、按企业分配，最后出现主体“错位”情况。实行企事业单位污染物排放总量控制制度，应将现行的以行政区为单元、层层分解后再落实到企业，以及仅适用于特定区域和特定污染物的总量控制办法，改变为以企事业单位为单元、覆盖主要污染物的更加规范、更加公平的总量控制制度。这样，才能使责任主体更加明确，排污者付费和责任终身追究制也才能落实到位。

有了依据环境容量确定的或环境能够吸纳的一个地区的污染物排放总量，就应分配给企业。这是依法对排污单位分配具体排污额度并以书面形式确定下来，作为排污单位守法、执法单位执法、社会监督护法依据的一种环境管理制度，也是国际社会的通行做法，美国、日本、德国、瑞典、俄罗斯等国和我国台湾地区、香港地区都对排放水、大气、噪声污染行为实行许可证管理。20 世纪 80 年代末我国开始建立污染排放许可制，但迄今尚未形成成熟的经验和法律规定，且立法层次低，只有政策性规定，地区之间发展也很不平衡。实行排污许可制度，有利于将国家环境保护法律法规、总量减排责任、环保技术规范等落到实处，有利于环保执法部门依法监管。

排污许可证制度承载了环保法律、减排责任、技术规范等方面内容，应在原有工作的基础上细化深化，使之具有法规效力，加大推进力度。《决定》指出，污染物排放许可制和企事业单位污染物排放总量控制制度尚不健全。应从污染物种类、控制指标、排放方式等方面，不断健全排污许可证；对于那些没有取得排污许可证的排污者，不得随意排放污染物；应逐步建立全国范围内的统一公平、覆盖主要污染物的污染物排放许可制，为排污权交易市场的发展奠定基础、创造条件。

强化许可证制度的实施监督。在我国诚信缺失、“劣币驱逐良币”的背景下，必须加大执行和监督力度，扭转“守法成本高、违法成本低”和“老板发财、政府埋单、群众受害”的不合理现象。如果环保部门与企业还是“警察与小偷”关系，将出现“七顶大盖帽管不了一顶破草帽”的结果。改变以往“排什么，排多少，减多少”由环保部门说了算的情形，企业须以年报或不定期报告向社会发布污染物排放和治理情况；必要时经第三方论证。对区域环境有重大影响的上市公司、国有公司、跨国公司等，必须有报告或报备制度。经督查发现报告与实际情况不吻合的，如经第三方论证，则公布第三方并列入黑名单；对偷排污染物的企业加大处罚力度，形成排污者主动积极减排的外部环境。

（四）划定生态保护红线

要坚定不移加快实施主体功能区战略，严格按照优化开发、重点开发、限制开发、禁止开发的主体功能定位，划定并严守生态红线，构建科学合理的城镇化推进格局、农业发展格局、生态安全格局，保障国家和区域生态安全，提高生态服务功能。

我国生态赤字大，欠账多，生态脆弱地区占国土总面积的60%以上，与人民群众日益增长的生态需求相比差距较大。设立生态红线非常必要，是维护国家生态安全、保障人民生态需求的底线，是永续发展的保障线，可以倒逼我们努力尽快改善生态，进而为全面建成小康社会、实现中华民族伟大复兴的“中国梦”创造更好的生态条件。

一要科学划定生态红线。贯彻落实《全国主体功能区规划》，尽快划定并严守生态红线的方案。依据生态红线划定技术指南，制定生态红线管理办法，加快完成各保护区的生态红线具体划定，将生态功能保护和恢复任务落实到地块，形成点上开发、面上保护的区域发展空间结构，积极寻找生态保护与经济发展的平衡。

二要健全生态环境保护责任追究制度和环境损害赔偿制度。把地方各级政府对本辖区生态环境质量负责、各部门对本行业和本系统生态环境保护负责的责任制落实。明确资源开发单位、法人的生态环境保护责任。实行严格的考核、奖罚制度，对于严格履行职责，在生态环境保护中做出重大贡献的单位和个人，应给予表彰、奖励；对于失职、渎职，不顾生态环境盲目决策、造成严重后果的人，必须按照有关法律法规赔偿并终身追究其责任。

三要加强能力建设。建立功能保护区评价指标、生态环境监测、评估及预警体系。加强污染物排放等监测网络、预报预警、应急管理等设施和公共平台建设，支持相关领域的技术开发和推广应用；提高重点生态功能区、陆地和海洋生态环境敏感区、脆弱区等保护区域的管护能力。加强节约资源、保护环境、可持续发展等的宣传和科普，提高公众参与生态文明建设的能力和水平。

（五）建立生态补偿制度

建立反映市场供求和资源稀缺程度、体现生态价值和代际补偿的资源有偿使用制度和生态补偿制度，是客观需要，也表明我党从制度上调整经济发展与环境保护关系的决心。

落实主体功能区制度。主体功能区制度是国土空间开发的依据、区域政策制定实施的基础单元、空间规划的重要基础、国家管理国土空间开发的统一平台，是建设美丽中国的一项基础性制度。各地应严格按照主体功能区定位加以实施，北京、上海等优化开发区域，应适当降低增长预期，停止对耕地和生态空间的无序占用，盘活土地存量以满足新增用地需求；三江源等重点生态功能区和东北平原等农产品主产区，应坚持点上开发、面上保护方针，不得损害生态系统的稳定性和完整性，不得损害基本农田数量和质量。对生态系统非常重要的和自然价值较高的区域应实行禁止开发，稳定和扩大退耕还林、退牧还草范围，有序实现耕地、河湖休养生息。应健全财政、产业、投资等的政策和政绩考核体系，对限制开发区域和生态脆弱的扶贫开发工作重点县取消地区生产总值考核。

一是建立经济发展与生态环境改善相互促进的良性循环机制。按照“谁开发谁保护、谁破坏谁恢复、谁受益谁补偿”原则，强化资源有偿使用和污染者付费政策，综合运用价格、财税、金融、产业和贸易等经济手段，改变资源低价和环境无价的现状，形成科学合理的资源环境的补偿机制、投入机制、产权和使用权交易机制等，从根本上解决经济与环境、发展与保护的矛盾。建立更好地反映市场供求关系、资源稀缺程度和环境损害成本的资源性产品价格形成机制。改革不合理的资源定价制度，使资源价格正确反映其市场供求关系、资源稀缺程度和环境损害成本。继续深化绿色信贷、排污权有偿使用和交易等政策。

二是建立健全环境资源税收政策体系。将生态环境保护纳入相关税种设计，按照“谁开发谁保护、谁受益谁补偿”的原则，逐步扩大资源税征收范围，提高征收标准并实行有利于资源节约的计税方法，适时开征生态环境保护税种，合理提高各类排污费征收标准。探索资源环境管理和环境产权、使用权交易制度。建立公开、公平、竞争的资源初始产权配置机制和二级市场交易体系。改革生态环保投融资体制，重点在城市污水、垃圾处理、集中供热、供气等市场化条件较好的领域推行政府特许经营制度，鼓励社会资本进入，推动企业成为节能环保的实施主体和投入主体，形成市场化、社会化运作的多方并举、合力推进的投入格局。

三是加快建立完善重点领域的生态补偿机制。建立和完善生态补偿标准、程序和监督机制。要广泛调查各利益相关者情况，合理分析生态保护的纵向、横向权利义务关系，科学评估维护生态系统功能的直接和间接成本，确保利益相关者责、权、利相统一。推动建立自然保护区生态补偿机制，探索建立重要生态功能区生态补偿机制，推动建立矿产资源开发的生态补偿机制，推动建立流域水环境保护的生态补偿机制。

习近平总书记指出，“保护生态环境就是保护生产力，改善生态环境就是发展生产力”。对这一精神加以引申，重点生态功能区保护生态环境就是保护和发展生产力，就是发展，只不过发展的成果不是工业品和农产品，而是生态产品。生产者向消费者出售生态产品，理应获得相应收益。完善对重点生态功能区的生态补偿政策，通过财政转移支付来实现。对生态产品受益十分明确的对象，应按照“谁受益谁补偿”原则推动地区间的生态补偿；还应当开展不同行业、河流上下游、流域间的生态补偿试点。只有这样，才能使保护生态环境、提供生态产品的地区不吃亏、有收益、愿意干。有人愿意从事生态产品生产，我国的生态环境才能得到保护，生态环境质量也才能得到改善。

（六）建立吸引社会资本投入的市场化框架

将生态文明制度融入经济、政治、文化、社会制度构建的全过程和各方面。从全局和战略高度进行“顶层设计”，充分吸纳不同地区、不同主体（决策者、资源开发者、生态建设和环境保护者、公众等）的意见，形成一套符合基本国情和发展阶段特征的以能源资源和生态环境承载为基础、以自然规律和经济规律为准则、以可持续发展为导向的生态文明制度；不仅制度系统完整，更能通过制度的实施实现天蓝地绿水清的环境目标，实现人与自然的和谐发展。

第一，创新和加强政府环保投资，吸引社会资本进入生态环境保护领域。政府应发挥公共服务职能，向“秩序导向”模式转变，建立合理的环境经济利益关系和可持续发展经济利益关系。首先，要发挥公共财政资金“种子”作用，建立吸引社会资本投入生态环境保护的市场化机制，搭建环保投融资管理平台，吸引银行等社会资金进入生态环境保护领域，研究建立生态环保基金。其次，调整信贷资金投入结构，增加资金投放额度，引导资金投入生态环境保护与开发。创新信贷担保手段和担保办法，建立担保基金或担保机构，努力解决民营企业资金不足和民营中小企业、合作组织小额贷款抵押担保难的问题，提高民营企业、合作组织在生态环境保护与开发事业中的融资和承担风险的能力。

第二，建立吸引社会资本投入生态环境保护的市场化机制。环境产业相较其他产业具有其独特性，诸多领域属于公共服务范畴，如污水处理、垃圾处理等。一直以来，环境产业具有较强的政府引导性与计划性，其中尚有诸多环节未并入市场竞争范畴。为使市场在资源配置中起决定性作用，加快完善现代市场体系，必须切实转变政府职能，加强政府采购公共服务，推进基本公共服务均等化。

第三，私人部门要积极投入到生态环保的事业中，充分利用政府的优惠政策，加快发展扩大社会影响力，带动更多的社会资本投入生态环境保护与开发中。民营企业利用社会资本参与生态环境保护与开发，发展高效生态农业、休闲旅游业等，应取得相应的物权或权益收益，为社会资本进入生态环保领域提供动力和法律保障。允许民营企业、合作组织和农民根据市场需求和产业化需要，自主选择经营内容和经营方式，调整优化产业结构。积极倡导民营企业参加各类生产性开发，形成利益联接机制，带动产业化经营发展。

第四，污染治理应更经济。由于主要是政府指令，我国的大气污染、水污染治理的成本居高不下。例如，我国电厂脱硫采用了一条“昂贵”的技术路线，一些上了脱硫设施的电厂由于成本原因运行不起，国家发改委对部分企业罚款就是例证；如果采用低硫煤发电或通过“洗煤”洗掉其中的硫铁矿等前端措施，可以节省社会总成本。环境污染治理应留给市场更多的选择，环保企业会选择实用技术和路径，以降低治污成本，也会在实践中不断创新，探索出符合中国国情的解决思路和污染治理方案。

（七）充分利用经济政策，形成生态文明建设的激励机制

调整相关产业政策。消除不利于生态文明建设的补贴政策，修订“最低价中标”等变相激励假冒伪劣的政策。坚持“谁受益谁补偿”原则，完善对重点生态功能区的生态补偿政策。不断调整并逐步取消高能耗、高物耗和资源性产品出口的退税政策；鼓励资源和原材料进口，加大我国利用国外资源能力和水平。不断完善绿色采购政策，并对政府采购价明显高于市场价的情况进行评估调整。

加快价格改革以反映资源稀缺性、供求关系和生态环境保护的真实成本。理顺资源、环境价格关系和形成机制，再生资源价格应能激励循环经济的发展；避免工业用地价格过低导致用地粗放，商业用地价格过高导致房价居高不下。将高能耗、重污染产品纳入消费税征税范围；对节能、节水环保设备和产品实行税收优惠政策。加快环境税改革，提高排污费征收标准，使第三方治污企业能够正常运行并有微利，实现污染治理的专业化、规模化和社会化。经过几年形成系统完备、科学合理、运行高效的生态文明制度，覆盖国土空间开发、用途管理、有偿使用、污染治理、生态补偿、红线管理、损害赔偿、责任追究等。

调整公共支出结构，加大教育、医疗、社会保障、生态文明建设等公共支出，将生态文明建设绩效作为财政转移支付的依据之一。从确权入手为编制自然资源资产负债表奠定基础；从水、国土和排污定额入手，为生态红线的制定和责任追究提供科学依据。长期来看，即使是有利于生态文明建设的激励政策也应逐步退出，以免形成政策“食利”惯性，妨碍市场竞争的公平性。

建立排放权交易市场，释放资源环境有价信号。在国家发改委等部门开展的生态文明先行试点中，探索生态权证（包括节能、节水、碳排放、碳汇）交易试点，并建设起相关交易制度。国家林业局生态核算表明，我国人均每年享受的生态服务价值在1万元以上，生态环境保护者却没有得到应有报酬。改变这一格局需要制度创新。可设计一种生态权证，经核算、认证和交易，使为生态环境保护做出贡献的人获得收益。采用绩效管理措施，既利于共同致富，也可以避免弄虚作假、“养懒汉”等弊端；既利于调动公众参与的积极性，也能达到增加森林覆盖率、改善生态环境的目的，可收一举多得之效。

（八）进一步明确地方政府的生态文明建设责任

环境保护国策确立以后，能否执行及环境绩效怎样，干部是决定的因素。实践经验证明，没有领导特别是“一把手”的重视，再好的环境保护措施也难以落实。

各级行政首长对于上级党委或政府的要求和安排，对于本地区环境保护决议要贯彻落实，对于本行政区域的事项要负全责。在发生环境事故或环境保护目标没有实现时，行政首长要成为政府系统的第一责任人，要承担政治责任、纪律责任或者法律责任。

党委、政府齐抓共管是指各级党委和政府以及党委常委联系或者分管的部门和政府副职首长分管的部门，对于环境保护都要管、都要抓。只有这样，才能解决好党委内部和政府内部各部门之间的协调问题，真正建立综合监管与直接监管相结合的有效的责任体系。

应明确地方政府对生态文明建设负总责，将生态文明建设目标纳入经济社会发展规划和政绩考核指标，减少“以邻为壑”的现象发生。应通过宣传教育，使决策者特别是“一把手”认识到生态文明建设的重要性，认识到保护环境就是保护生产力，改善环境就是发展生产力。只有这样，才能切实扭转我国环境质量整体下降的局面。

按照新的《环境保护法》规定，地方政府环境保护责任可以体现为：认真组织实施环境保护法律法规和上级党委、政府及同级党委关于环境保护工作的决策部署；将环境保护工作纳入政府重要工作范围；全面实行环境保护行政首长负责制；明晰责任体系，落实环境保护工作责任；充分发挥政府环境保护联席会议或者其他组织形式的作用；健全环境保护责任考核体系；依法认真履行环境保护监管职责；加强环境保护监管保障能力建设；依法组织事故调查处理；加强环境保护应急管理；强化社会监督和举报工作；国家法律法规规定的其他环境保护监管责任。这些职责，需要各级人民政府制定“三定方案”，按照一定的逻辑规则，将其落实到环境保护部门和其他部门。

（九）实行赔偿制度和责任终身追究制度

在重视制度建设的同时，尤其要注重制度的实施；如果一个好的制度被“束之高阁”并不执行，比没有制度更坏。现行环境质量公告制度，不仅使公众有了环境知情权，也起到了很好的舆论监督作用，应长期坚持，并增加环境事件的信息披露。针对环境诉讼没人受理时有发生的现实，建立环境民事和行政公诉制度，使污染受害者得到补偿，使污染造成者受到惩罚，应列入议事日程。对于因决策失误、监管不力等原因造成重大环境污染事故的，应当追究责任。在制度设计上，应将环境保护的外部性内在化，落实“污染者付费”制度，将治理投入纳入成本，使生产者和消费者共同承担保护环境的责任。

实行损害赔偿制度。政府应通过法律法规强制、政策激励和约束，使企业树立污染治理的主人翁意识，增强污染治理的责任感。总体上看，我国法律规定的对生态环境造成损害的处罚额度太低，无法弥补生态环境损害和治理成本，更难以弥补对群众健康的危害，进而出现“老板发财、政府埋单、群众受害”的极为不合理的现象。因此，应修订相关法规，加大环境污染的惩罚力度，让违法者对“污染损失”付出足够的补偿，对造成严重后果的责任人，要依法追究刑事责任。此外，健全污染物排放的严格监管制度，是建立系统完整的生态文明制度的内在要求。应独立进行环境监管和行政执法，采用年度公报形式及时公布环境信息，健全举报制度，加强社会监督，以保证我国生态文明建设达到预期效果。

实行责任终身追究制。《决定》要求，加快完善发展成果考核评价体系，纠正单纯以经济增长速度评定政绩的偏向，加大资源消耗、环境损害、生态效益、产能过剩、科技创新、安全生产等项指标在政绩考核指标中的权重，解决“形象工程”“政绩工程”及不作为、乱作为等问题。通过法律强制、政策激励和约束，使各级干部、企业和社会公众树立保护环境的主人翁意识，增强责任感。对企业和个人违反法规、造成生态环境严重破坏的行为，新修订的《环境保护法》明确了按日连续计罚制度，让违法排污者对“污染损失”进行补偿。新加坡的经验告诉我们，当处罚力度足够大时人们就会“守法”。可以建立一套目标体系、考核办法和奖惩机制，对那些不顾生态环境盲目决策、造成严重后果的干部，实行责任终身追究制；不能把一个地方的生态环境搞得一塌糊涂后，拍屁股走人，从而解决“形象工程”“政绩工程”及不作为、乱作为等问题。加大违法企业的查处力度，对于违法特别是未批先建的企业进行全面排查，做到“四个不放过”，即“不查不放过、不查清不放过、不处理不放过、不整改不放过”。抓紧筛选一批、查处一批、通报曝光一批环境违法典型案件，形成震慑作用。

在新常态下，应当创新模式处罚环保违法行为，依据最高人民法院、最高人民检察院发布的《关于办理环境污染刑事案件适用法律若干问题的解释》，发挥司法部门的作用，即环境违法行为的司法裁定和惩罚应该常态化。最高法院已宣布成立环境资源审判庭，可探索环保“陪审员”制度，由环保部推荐专家、社会名流参与重大环境事故的公开审判，并作为提高公众意识的重大举措。

（十）完善公众参与制度，提高公众参与能力

环境保护需要公众参与，需要全民行动。近年来的公民环境意识调查显示，超过半数的人希望有一个好的环境但又不愿意为环境保护付出努力。相对于“物质”的日益丰富，环保意识则相当“贫乏”：随地吐痰、乱扔垃圾等陋习难改，并随着日益增多的游人带到国外，影响中华文明古国形象。因此，充分运用各种媒体，广泛开展环

境保护和可持续发展思想教育，发挥环境 NGO 作用，加强环境保护的能力建设，十分必要和迫切。

加强节约资源、保护环境、可持续发展等的宣传和科普，提高公众参与生态环境保护的能力和水平。通过宣传教育，要使广大公众认识到环境与自己密切相关，不仅要参与，更要付出实际行动，更应从自身做起，从小事做起，如爱护公共卫生，垃圾分类回收，不用“一次性”筷子、超薄塑料袋，循环使用布袋和包装物等。发挥公众对环境保护的监督作用，鼓励举报环境违法行为。只有大家的共同努力，才能使我们的生活环境一天天好起来。

只有全社会的共同努力，生态环境质量才能得到改善，才能有我们共同而唯一的美好家园，生态文明新时代也才会早日来到！

参考文献

蒋京议 . 2004-09-09. 保护生态环境的制度机制 . 中国经济时报，A01

王宏利，李全文，高树花 . 2014-09-30. 生态环境保护：政府如何从资金投入转为制度提供 . 中国财经报，7

夏光 . 2013-11-14. 建立系统完整的生态文明制度体系 . 中国环境报，2

杨伟民 . 2013-11-23. 建立系统完整的生态文明制度体系 . 光明日报，2

俞海，张永亮，夏光，等 . 2014-10-23. 建立完善最严格环境保护制度 . 中国环境报，2

中国工程院，环境保护部 . 2011. 中国环境宏观战略研究：综合报告卷 . 北京：中国环境科学出版社

《中国环境保护行政二十年》编委会 . 1994. 中国环境保护行政二十年 . 北京：中国环境科学出版社

中国科学院可持续发展战略研究组 . 2013. 2013 中国可持续发展战略报告——未来 10 年的生态文明之路 . 北京：科学出版社

中国科学院可持续发展战略研究组 . 2014. 2014 中国可持续发展战略报告——创建生态文明的制度体系 . 北京：科学出版社

周建 . 2011. “十二五”期间我国着力构建六大环保体系 . http://news.xinhuanet.com/society/2011-09/22/c_122075585.htm[2015-04-22]

周宏春 . 2013. 构建生态文明的保障制度 . 见：中国科学院可持续发展战略研究组 . 2013 中国可持续发展战略报告——未来 10 年的生态文明之路 . 北京：科学出版社：223-255

周宏春，季曦 . 2009. 改革开放三十年中国环境保护政策演变 . 南京大学学报(哲学·人文科学·社会科学版)，01：31-40

诸大建 . 2013. 深入理解生态文明的制度建设 . http://xmwb.news365.com.cn/zh/201312/t20131221_1742571.html [2013-12-25]

第二部分

技术报告——可持续发展能力与资源环境绩效评估

Assessment of Sustainability and Resource & Environmental Performance

第九章　中国可持续发展能力评估指标体系（2015 年）*

一、 中国可持续发展能力评估指标体系的基本架构

对可持续发展能力进行评估，需要建立一套具有描述、分析、评价等功能的可持续发展定量评估指标体系。中国科学院可持续发展研究组在世界上独立地开辟了可持续发展研究的系统学方向，将可持续发展视为由具有相互内在联系的五大子系统所构成的复杂巨系统的正向演化轨迹。依据此理论内涵，设计了一套“五级叠加，逐层收敛，规范权重，统一排序”的中国可持续发展能力评估指标体系，其基本架构如图 9.1 所示。该指标体系分为总体层、系统层、状态层、变量层和要素层五个等级。

总体层：从整体上综合表达整个国家或地区的可持续发展能力，代表着国家或地区可持续发展总体运行态势、演化轨迹和可持续发展战略实施的总体效果。

系统层：将可持续发展系统解析为内部具有内在逻辑关系的五大子系统，即生存支持系统、发展支持系统、环境支持系统、社会支持系统、智力支持系统。该层面主要揭示各子系统的运行状态和发展趋势。

状态层：反映决定各子系统行为的主要环节和关键组成成分的状态，包括某一时间断面上的状态和某一时间序列上的变化状况。

变量层：从本质上反映、揭示影响状态的行为、关系、变化等原因和动力。本指标体系共遴选 58 个指数来加以表征。

要素层：采用可测的、可比的、可以获得的指标及指标群，对变量层的数量表现、质量表现、强度表现、速率表现等方面给予直接地度量。本报告根据数据的可得性采用了 430 个基层指标，全面系统地对 58 个指数进行定量描述，构成了指标体系的最基层要素。

* 本章由陈劭锋执笔，作者工作单位为中国科学院科技政策与管理科学研究所。

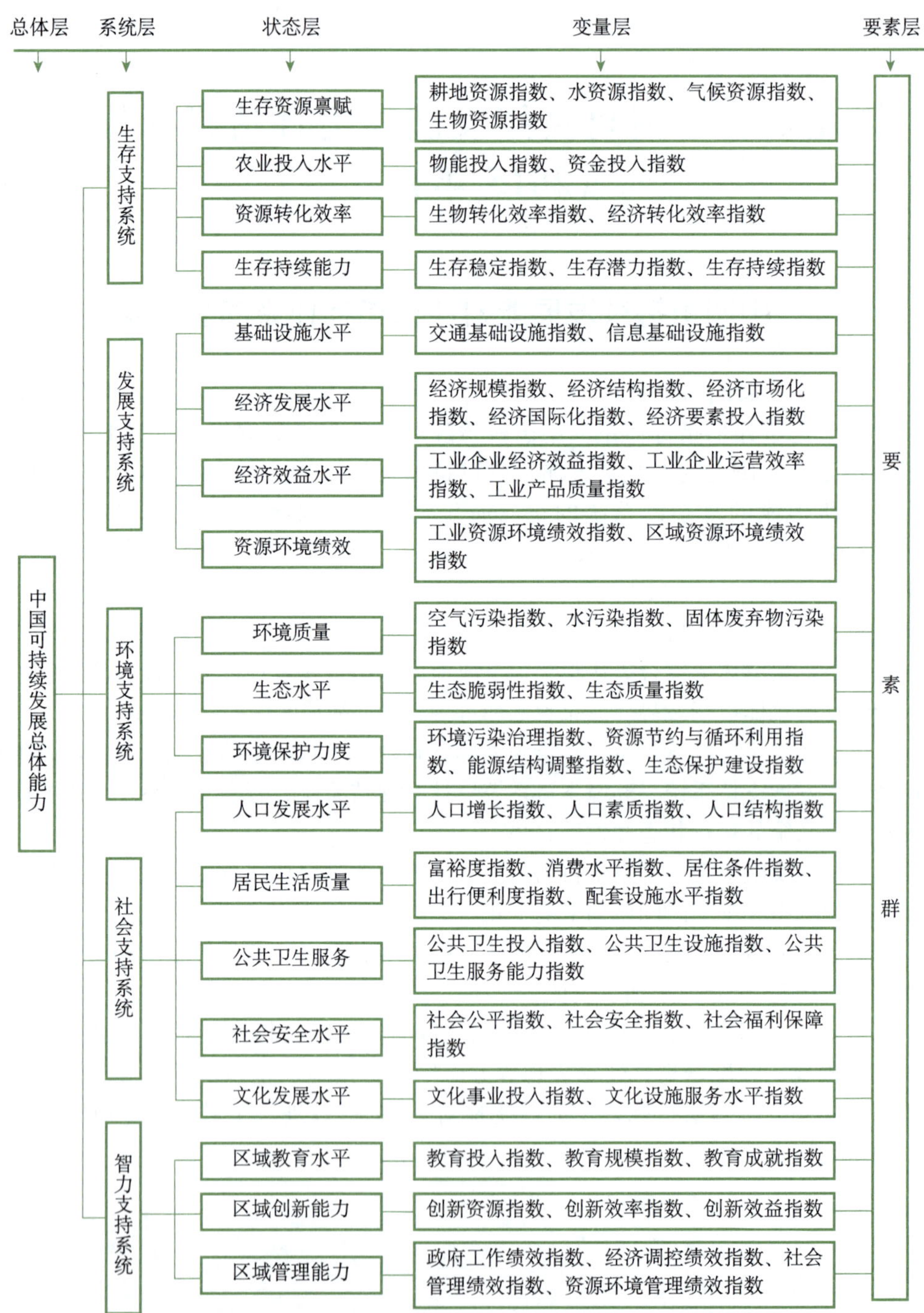

图 9.1　中国可持续发展能力评估指标体系的基本框架

二、 2015 年中国可持续发展能力评估指标体系

2015 年中国可持续发展能力评估指标体系在往年指标体系基础上进行了局部的优化和调整，使得该指标体系的变量指数由 2014 年的 57 个增加到 58 个，基层指标由 2014 年的 415 个扩充到 430 个，全面涵盖了经济发展、城乡发展、创新发展、科技进步、社会管理、生活质量、文化繁荣、公共安全、资源环境、循环经济、环境保护、绿色低碳发展、资源环境税收等领域，具体如下。

1. 生存支持系统

1.1　生存资源禀赋

1.1.1　耕地资源指数

1.1.1.1　人均耕地面积

1.1.1.2　一等耕地面积占耕地总面积比例

1.1.1.3　中低产田面积占耕地总面积比例

1.1.1.4　耕层土壤有机质平均含量

1.1.2　水资源指数

1.1.2.1　人均水资源量

1.1.2.2　单位土地面积水资源量

1.1.3　气候资源指数

1.1.3.1　光合有效辐射

1.1.3.2　≥10℃积温

1.1.3.3　年平均降水

1.1.3.4　年均霜日

1.1.4　生物资源指数

1.1.4.1　人均净初级生产力（NPP）

1.1.4.2　单位土地面积净初级生产力

1.2　农业投入水平

1.2.1　物能投入指数

1.2.1.1　单位农林牧渔总产值农机总动力

1.2.1.2　单位农林牧渔总产值用电量

1.2.1.3　单位农林牧渔总产值化肥施用量

1.2.1.4　单位农林牧渔总产值用水量

1.2.1.5　单位农林牧渔总产值柴油使用量

1.2.1.6　单位农林牧渔总产值塑料薄膜使用量
1.2.1.7　单位农林牧渔总产值农药使用量
1.2.2　资金投入指数
1.2.2.1　农户人均生产经营费用现金支出
1.2.2.2　农业生产财政支出占财政支出的比例
1.2.2.3　单位播种面积农业生产财政支出
1.2.2.4　农村人均农业生产财政支出
1.2.2.5　农业固定资产投资占全社会固定资产投资比例
1.2.2.6　单位播种面积农业固定资产投资
1.2.2.7　农村人均农业固定资产投资
1.2.2.8　农村人均农田灌溉水利投资额
1.2.2.9　农田灌溉投资额占水利投资额比例
1.3　资源转化效率
1.3.1　生物转化效率指数
1.3.1.1　单位播种面积粮食产量
1.3.1.2　人均粮食产量
1.3.1.3　单位农机总动力粮食产量
1.3.1.4　单位化肥投入粮食产量
1.3.1.5　单位农业用水粮食产量
1.3.1.6　单位用电粮食产量
1.3.2　经济转化效率指数
1.3.2.1　人均农、林、牧、渔业总产值
1.3.2.2　单位播种面积农、林、牧、渔业总产值
1.3.2.3　农、林、牧、渔业增加值占其总产值比重
1.4　生存持续能力
1.4.1　生存稳定指数
1.4.1.1　农业产值波动系数
1.4.1.2　粮食产量波动系数
1.4.1.3　农村人均收入波动系数
1.4.2　生存潜力指数
1.4.2.1　人均有效灌溉面积
1.4.2.2　有效灌溉面积占耕地面积比例
1.4.2.3　人均旱涝保收面积
1.4.2.4　旱涝保收面积占耕地面积比例

1.4.2.5 人均节水灌溉面积
1.4.2.6 节水灌溉面积占灌溉面积比例
1.4.2.7 农田成灾率
1.4.3 生存持续指数
1.4.3.1 单位农林牧渔总产值 COD 排放量
1.4.3.2 单位农林牧渔总产值氨氮排放量
1.4.3.3 单位农林牧渔总产值总氮排放量
1.4.3.4 单位农林牧渔总产值总磷排放量

2. 发展支持系统

2.1 基础设施水平
2.1.1 交通基础设施指数
2.1.1.1 交通通达性
2.1.1.1.1 人均交通线路长度
2.1.1.1.2 交通路网密度
2.1.1.1.3 城市人均道路面积
2.1.1.2 交通运转效率
2.1.1.2.1 人均货运周转量
2.1.1.2.2 单位线路长度货运周转量
2.1.1.2.3 单位面积货运周转量
2.1.1.2.4 人均客运周转量
2.1.1.2.5 单位线路长度客运周转量
2.1.1.2.6 单位面积客运周转量
2.1.1.3 交通设施潜力
2.1.1.3.1 交通运输仓储和邮政业投资占全社会固定资产投资比例
2.1.1.3.2 交通运输仓储和邮政业投资密度
2.1.1.3.3 人均交通运输仓储和邮政业投资
2.1.2 信息基础设施指数
2.1.2.1 信息基础设施服务能力
2.1.2.1.1 每万人邮电业务总量
2.1.2.1.2 单位面积邮电业务总量
2.1.2.2 信息基础设施可接近性
2.1.2.2.1 固定电话普及率
2.1.2.2.2 移动电话普及率

2.1.2.2.3 互联网普及率
2.1.2.2.4 城镇居民每百户拥有个人电脑数
2.1.2.2.5 农村居民每百户拥有个人电脑数
2.1.2.2.6 万人拥有的邮政营业网点数
2.1.2.2.7 邮政营业网点密度
2.1.2.2.8 已通邮的行政村比重
2.1.2.2.9 开通互联网宽带业务的行政村比重
2.1.2.2.10 有线广播电视用户数占总户数比重
2.1.2.3 信息基础设施潜力
2.1.2.3.1 信息软件技术服务业固定资产投资占全社会固定资产投资比例
2.1.2.3.2 信息软件技术服务业固定资产投资密度
2.1.2.3.3 人均信息软件技术服务业固定资产投资额
2.2 经济发展水平
2.2.1 经济规模指数
2.2.1.1 人均 GDP
2.2.1.2 GDP 密度
2.2.2 经济结构指数
2.2.2.1 非农产值占总产值比例
2.2.2.2 产业结构高度化指数
2.2.2.3 第三产业增长弹性系数
2.2.2.4 高技术产业主营业务收入占 GDP 比例
2.2.3 经济市场化指数
2.2.3.1 人均社会商品零售总额
2.2.3.2 非国有经济固定资产投资占全社会固定资产投资比例
2.2.3.3 非国有工业产值占工业总产值比例
2.2.4 经济国际化指数
2.2.4.1 人均外商投资额
2.2.4.2 外商投资占本地 GDP 比例
2.2.4.3 人均进出口总额
2.2.4.4 对外贸易依存度
2.2.4.5 出口竞争优势系数
2.2.5 经济要素投入指数
2.2.5.1 固定资产投资密度

2.2.5.2　人均固定资产投资额
2.2.5.3　固定资产投资效率
2.2.5.4　全社会劳动生产率
2.3　经济效益水平
2.3.1　工业企业经济效益指数
2.3.1.1　人均工业增加值
2.3.1.2　人均利税总额
2.3.1.3　人均主营业务收入
2.3.1.4　成本费用收益率
2.3.1.5　总资产贡献率
2.3.1.6　净资产收益率
2.3.2　工业企业运营效率指数
2.3.2.1　流动资产周转率
2.3.2.2　资产负债率
2.3.2.3　营运资金比率
2.3.3　工业产品质量指数
2.3.3.1　产品质量优等品率
2.3.3.2　产品质量损失率
2.4　资源环境绩效
2.4.1　工业资源环境绩效指数
2.4.1.1　工业资源效率
2.4.1.1.1　单位工业增加值能源消耗
2.4.1.1.2　单位工业增加值用水量
2.4.1.1.3　单位工业增加值建设用地面积
2.4.1.2　工业环境效率
2.4.1.2.1　单位工业增加值废水排放量
2.4.1.2.2　单位工业增加值废气排放量
2.4.1.2.3　单位工业增加值 COD 排放量
2.4.1.2.4　单位工业增加值氨氮排放量
2.4.1.2.5　单位工业增加值重金属排放量
2.4.1.2.6　单位工业增加值二氧化硫排放量
2.4.1.2.7　单位工业增加值氮氧化物排放量
2.4.1.2.8　单位工业增加值烟粉尘排放量
2.4.1.2.9　单位工业增加值固体废弃物排放量

2.4.2 区域资源环境绩效指数
2.4.2.1 区域资源效率
2.4.2.1.1 单位GDP能源消耗
2.4.2.1.2 单位GDP用水量
2.4.2.1.3 单位GDP建设用地面积
2.4.2.1.4 单位GDP货运周转量
2.4.2.1.5 单位GDP钢材消耗
2.4.2.1.6 单位GDP水泥消耗
2.4.2.1.7 单位GDP木材消耗
2.4.2.2 区域环境效率
2.4.2.2.1 单位GDP废水排放量
2.4.2.2.2 单位GDP废气排放量
2.4.2.2.3 单位GDP固体废弃物排放量
2.4.2.2.4 单位GDP的COD排放量
2.4.2.2.5 单位GDP氨氮排放量
2.4.2.2.6 单位GDP重金属排放量
2.4.2.2.7 单位GDP二氧化硫排放量
2.4.2.2.8 单位GDP氮氧化物排放量
2.4.2.2.9 单位GDP烟粉尘排放量
2.4.2.2.10 单位GDP二氧化碳排放量

3. 环境支持系统
3.1 环境质量
3.1.1 空气污染指数
3.1.1.1 空气污染物总排放强度
3.1.1.1.1 人均工业废气排放量
3.1.1.1.2 工业废气排放密度
3.1.1.1.3 人均二氧化硫排放总量
3.1.1.1.4 二氧化硫排放密度
3.1.1.1.5 人均烟粉尘排放量
3.1.1.1.6 烟粉尘排放密度
3.1.1.1.7 人均氮氧化物排放量
3.1.1.1.8 氮氧化物排放密度
3.1.1.1.9 人均二氧化碳排放量

3.1.1.1.10　二氧化碳排放密度

3.1.1.2　工业空气污染物排放强度

3.1.1.2.1　人均工业二氧化硫排放量

3.1.1.2.2　工业二氧化硫排放密度

3.1.1.2.3　人均工业烟粉尘排放量

3.1.1.2.4　工业烟粉尘排放密度

3.1.1.2.5　人均工业氮氧化物排放量

3.1.1.2.6　工业氮氧化物排放密度

3.1.1.3　生活空气污染物排放强度

3.1.1.3.1　人均生沽二氧化硫排放量

3.1.1.3.2　生活二氧化硫排放密度

3.1.1.3.3　单位居民消费支出生活二氧化硫排放量

3.1.1.3.4　人均生活烟粉尘排放量

3.1.1.3.5　生活烟粉尘排放密度

3.1.1.3.6　单位居民消费支出生活烟粉尘排放量

3.1.1.3.7　人均生活氮氧化物排放量

3.1.1.3.8　生活氮氧化物排放密度

3.1.1.3.9　单位居民消费支出生活氮氧化物排放量

3.1.1.4　机动车空气污染物排放强度

3.1.1.4.1　人均机动车总颗粒物排放量

3.1.1.4.2　机动车总颗粒物排放密度

3.1.1.4.3　单位机动车辆颗粒物排放量

3.1.1.4.4　人均机动车氮氧化物排放量

3.1.1.4.5　机动车氮氧化物排放密度

3.1.1.4.6　单位机动车辆氮氧化物排放量

3.1.1.4.7　人均机动车一氧化碳排放量

3.1.1.4.8　机动车一氧化碳排放密度

3.1.1.4.9　单位机动车辆一氧化碳排放量

3.1.1.4.10 人均机动车碳氢化物排放量

3.1.1.4.11 机动车碳氢化物排放密度

3.1.1.4.12 单位机动车辆碳氢化物排放量

3.1.2　水污染指数

3.1.2.1　水污染物总排放强度

3.1.2.1.1　人均废水排放量

3.1.2.1.2 废水排放密度
3.1.2.1.3 人均化学需氧量（COD）排放量
3.1.2.1.4 单位径流化学需氧量（COD）排放量
3.1.2.1.5 人均氨氮排放量
3.1.2.1.6 单位径流氨氮排放量
3.1.2.2 工业水污染排放强度
3.1.2.2.1 人均工业废水排放量
3.1.2.2.2 工业废水排放密度
3.1.2.2.3 人均工业化学需氧量（COD）排放量
3.1.2.2.4 单位径流工业化学需氧量（COD）排放量
3.1.2.2.5 人均工业氨氮排放量
3.1.2.2.6 单位径流工业氨氮排放量
3.1.2.2.7 人均工业废水重金属排放量
3.1.2.2.8 单位径流工业废水重金属排放量
3.1.2.3 生活水污染排放强度
3.1.2.3.1 人均生活污水排放量
3.1.2.3.2 生活污水排放密度
3.1.2.3.3 人均生活化学需氧量（COD）排放量
3.1.2.3.4 单位径流生活化学需氧量（COD）排放量
3.1.2.3.5 人均生活氨氮排放量
3.1.2.3.6 单位径流生活氨氮排放量
3.1.2.4 农业面源污染
3.1.2.4.1 单位播种面积化肥施用量
3.1.2.4.2 单位播种面积农药使用量
3.1.2.4.3 单位径流农业COD排放量
3.1.2.4.4 单位径流农业氨氮排放量
3.1.2.4.5 单位径流农业总氮排放量
3.1.2.4.6 单位径流农业总磷排放量
3.1.3 固体废弃物污染指数
3.1.3.1 人均工业固体废弃物排放量
3.1.3.2 工业固体废弃物排放密度
3.2 生态水平
3.2.1 生态脆弱性指数
3.2.1.1 生态压力度

3.2.1.1.1 人口密度
3.2.1.1.2 人均牲畜饲养量
3.2.1.1.3 牲畜饲养量密度
3.2.1.2 地理脆弱度
3.2.1.2.1 地震灾害频率
3.2.1.2.2 地质灾害发生率
3.2.1.2.3 地形起伏度
3.2.1.2.4 平地面积占国土面积比例
3.2.1.3 气候变异度
3.2.1.3.1 干燥度
3.2.1.3.2 农田受灾率
3.2.1.4 土地退化度
3.2.1.4.1 水土流失率
3.2.1.4.2 荒漠化率
3.2.1.4.3 耕地盐碱化率
3.2.1.5 自然灾害强度
3.2.1.5.1 自然灾害损失占 GDP 比例
3.2.1.5.2 人均自然灾害损失
3.2.2 生态质量指数
3.2.2.1 森林生态
3.2.2.1.1 森林覆盖率
3.2.2.1.2 人均林地面积
3.2.2.1.3 人均活立木蓄积量
3.2.2.1.4 单位土地面积活立木蓄积量
3.2.2.2 水生态
3.2.2.2.1 径流深
3.2.2.2.2 地表水开发利用强度
3.2.2.2.3 地下水开发利用强度
3.2.2.2.4 水资源开发利用总强度
3.2.2.3 城市生态
3.2.2.3.1 城市人均公园绿地面积
3.2.2.3.2 城市建成区绿化覆盖率
3.2.2.4 农村生态
3.2.2.4.1 湿地面积占国土面积的比例

3.2.2.4.2　水域面积占国土面积的比例
3.2.2.4.3　草地面积占国土面积的比例
3.3　环境保护力度
3.3.1　环境污染治理指数
3.3.1.1　环境污染治理总投资占 GDP 比例
3.3.1.2　人均环境污染治理投资
3.3.1.3　工业污染源治理投资占 GDP 比例
3.3.1.4　人均工业污染源治理投资
3.3.1.5　节能环保财政支出占财政支出比重
3.3.1.6　人均节能环保财政支出
3.3.1.7　城市生活垃圾无害化处理率
3.3.1.8　城镇污水处理率
3.3.2　资源节约与循环利用指数
3.3.2.1　工业用水重复利用率
3.3.2.2　城市用水重复利用率
3.3.2.3　城镇污水再生水利用率
3.3.2.4　城镇污泥处置利用率
3.3.2.5　工业固体废弃物综合利用率
3.3.2.6　工业危险固体废弃物综合利用率
3.3.2.7　常用有色金属再生资源生产比例
3.3.2.8　矿山土地复垦率
3.3.2.9　农田灌溉亩均用水量
3.3.2.10　灌溉水有效利用系数
3.3.3　能源结构调整指数
3.3.3.1　非化石能源消费占一次能源消费比重
3.3.3.2　农村人均沼气产量
3.3.3.3　农村沼气产量相当于能源消费比重
3.3.3.4　农村人均太阳能热水器面积
3.3.3.5　城市燃气普及率
3.3.3.6　化石能源消费二氧化碳排放系数
3.3.4　生态保护建设指数
3.3.4.1　人均营林系统固定资产投资
3.3.4.2　单位营林系统固定资产投资造林面积
3.3.4.3　人均水利基本建设投资

3.3.4.4　水利生态建设投资占水利基本建设投资比例
3.3.4.5　自然保护区面积占国土面积的比例
3.3.4.6　水土流失治理率
3.3.4.7　造林面积占国土面积的比例
3.3.4.8　旱涝盐碱治理率

4. 社会支持系统

4.1　人口发展水平

4.1.1　人口增长指数
4.1.1.1　人口自然增长率
4.1.1.2　经济-人口增长弹性系数

4.1.2　人口素质指数
4.1.2.1　出生时平均预期寿命
4.1.2.2　15岁以上人口文盲率
4.1.2.3　大专以上受教育人口占6岁以上人口比例
4.1.2.4　中等教育水平以上农业劳动者比例

4.1.3　人口结构指数
4.1.3.1　赡养比
4.1.3.2　性别比例
4.1.3.3　第三产业劳动者比例
4.1.3.4　城市化率

4.2　居民生活质量

4.2.1　富裕度指数
4.2.1.1　城乡人均储蓄额
4.2.1.2　居民收入水平
4.2.1.2.1　城市居民家庭人均可支配收入
4.2.1.2.2　农村居民家庭人均纯收入

4.2.2　消费水平指数
4.2.2.1　人均消费支出
4.2.2.1.1　城市人均消费支出
4.2.2.1.2　农村人均消费支出
4.2.2.2　恩格尔系数
4.2.2.2.1　城市居民恩格尔系数
4.2.2.2.2　农村居民恩格尔系数

4.2.2.3 文化消费支出
4.2.2.3.1 城市人均文化消费支出
4.2.2.3.2 农村人均文化消费支出
4.2.2.3.3 城市人均文化消费占消费支出比例
4.2.2.3.4 农村人均文化消费占消费支出比例
4.2.3 居住条件指数
4.2.3.1 居民住房面积
4.2.3.1.1 城市居民人均住房面积
4.2.3.1.2 农村居民人均住房面积
4.2.3.2 农村居民家庭主要家电普及率
4.2.3.2.1 农村居民家庭平均每百户彩色电视机拥有量
4.2.3.2.2 农村居民家庭平均每百户电冰箱拥有量
4.2.3.2.3 农村居民家庭平均每百户洗衣机拥有量
4.2.3.2.4 农村居民家庭平均每百户空调拥有量
4.2.3.2.5 农村居民家庭平均每百户抽油烟机拥有量
4.2.4 出行便利度指数
4.2.4.1 城市每万人拥有公共交通车辆数
4.2.4.2 城镇居民家庭平均每百户家用汽车拥有量
4.2.5 配套设施水平指数
4.2.5.1 城市用水普及率
4.2.5.2 农村饮用自来水人口占农村人口比重
4.2.5.3 城市万人拥有公共厕所数
4.2.5.4 农村有农电的县户通电率
4.3 公共卫生服务
4.3.1 公共卫生投入指数
4.3.1.1 人均公共卫生经费支出
4.3.1.2 公共卫生经费支出占财政支出比例
4.3.2 公共卫生设施指数
4.3.2.1 千人拥有医生数
4.3.2.2 千人拥有病床数
4.3.3 公共卫生服务能力指数
4.3.3.1 孕产妇死亡率
4.3.3.2 围产儿死亡率
4.3.3.3 7岁以下儿童保健管理率

4.3.3.4　甲乙类法定报告传染病发病率
4.3.3.5　甲乙类法定报告传染病死亡率
4.3.3.6　农村改水人口收益率
4.3.3.7　农村卫生厕所普及率
4.4　社会安全水平
4.4.1　社会公平指数
4.4.1.1　城乡收入水平差异
4.4.1.2　行业收入水平差异
4.4.1.3　男女就业公平度
4.4.1.4　男女受教育公平度
4.4.2　社会安全指数
4.4.2.1　城镇失业率
4.4.2.2　贫困发生率
4.4.2.3　通货膨胀率
4.4.2.4　万人交通事故发生数
4.4.2.5　交通事故直接损失占 GDP 比例
4.4.2.6　万人火灾事故发生数
4.4.2.7　火灾事故直接损失占 GDP 比例
4.4.2.8　万人工矿商贸事故发生数
4.4.2.9　单位 GDP 工矿商贸事故发生数
4.4.2.10　万人环境突发事件发生数
4.4.2.11　单位 GDP 环境突发事件发生数
4.4.3　社会福利保障指数
4.4.3.1　人均公共安全财政支出
4.4.3.2　公共安全财政支出占财政支出比例
4.4.3.3　城镇每万人拥有的社区服务设施数
4.4.3.4　社会保障财政支出占财政支出比例
4.4.3.5　人均社会保障财政支出
4.4.3.6　城镇职工养老保险覆盖率
4.4.3.7　城镇职工医疗保险覆盖率
4.4.3.8　城镇职工失业保险覆盖率
4.4.3.9　农村新型合作医疗覆盖率
4.5　文化发展水平
4.5.1　文化事业投入指数

4.5.1.1 人均文体传媒业财政支出
4.5.1.2 文体传媒业财政支出占财政支出比例
4.5.2 文化设施服务水平指数
4.5.2.1 广播节目综合人口覆盖率
4.5.2.2 电视节目综合人口覆盖率
4.5.2.3 公共图书馆服务水平
4.5.2.3.1 万人拥有的公共图书馆数
4.5.2.3.2 万人公共图书馆馆藏量

5. 智力支持系统

5.1 区域教育水平
5.1.1 教育投入指数
5.1.1.1 教育经费投入
5.1.1.1.1 教育经费支出占 GDP 比例
5.1.1.1.2 各级在校学生人均教育经费
5.1.1.1.3 全社会人均教育经费支出
5.1.1.2 师资力量
5.1.1.2.1 高等学校师生比
5.1.1.2.2 中等学校师生比
5.1.1.2.3 万人拥有中等学校教师数
5.1.1.2.4 万人拥有大学教师数
5.1.2 教育规模指数
5.1.2.1 万人中等学校在校学生数
5.1.2.2 万人在校大学生数
5.1.3 教育成就指数
5.1.3.1 中等学校以上在校学生数占学生总数比例
5.1.3.2 成人文盲下降幅度
5.1.3.3 大专以上教育人口比例增加幅度
5.2 区域创新能力
5.2.1 创新资源指数
5.2.1.1 创新人力资源
5.2.1.1.1 万人公有经济企事业单位专业技术人员数
5.2.1.1.2 万人拥有的 R&D 人员数
5.2.1.1.3 万人拥有 R&D 人员全时当量

5.2.1.1.4　万人规模以上企业R&D人员数
5.2.1.1.5　规模以上企业单位资产配备的R&D人员数
5.2.1.1.6　规模以上企业有研发机构的企业比例
5.2.1.2　创新经费资源
5.2.1.2.1　R&D经费支出占GDP比例
5.2.1.2.2　人均R&D经费支出
5.2.1.2.3　R&D人员人均经费支出
5.2.1.2.4　基础和应用研究经费占R&D经费支出比例
5.2.1.2.5　企业研发经费与政府研发经费之比
5.2.1.2.6　人均科技财政支出
5.2.1.2.7　科技财政支出占财政支出比例
5.2.1.2.8　规模以上企业R&D人员人均经费支出
5.2.1.2.9　规模以上企业R&D经费支出占主营业务收入比例
5.2.1.2.10　企业技术改造经费占主营业务收入比例
5.2.1.2.11　企业消化吸收经费占技术引进与消化吸收总经费比例
5.2.2　创新效率指数
5.2.2.1　论文产出效率
5.2.2.1.1　千名R&D人员国际论文数
5.2.2.1.2　单位R&D经费国际论文数
5.2.2.1.3　千名R&D人员国内论文数
5.2.2.1.4　单位R&D经费国内论文数
5.2.2.2　专利产出效率
5.2.2.2.1　万人专利授权量
5.2.2.2.2　万人发明专利授权量
5.2.2.2.3　单位R&D经费专利授权量
5.2.2.2.4　单位R&D经费发明专利授权量
5.2.2.2.5　规模以上企业R&D人员人均专利申请量
5.2.2.2.6　规模以上企业R&D人员人均发明专利申请量
5.2.2.2.7　规模以上企业单位资产有效发明专利数
5.2.2.2.8　规模以上企业单位R&D经费专利申请量
5.2.2.2.9　规模以上企业单位R&D经费发明专利申请量
5.2.2.3　经济产出效率
5.2.2.3.1　单位R&D经费支出的技术市场成交额
5.2.2.3.2　单位R&D人员技术市场成交额

5.2.2.3.3 规模以上企业单位新产品开发费产生新产品主营业务收入
5.2.2.3.4 规模以上企业R&D人员人均新产品主营业务收入
5.2.3 创新效益指数
5.2.3.1 直接效益
5.2.3.1.1 人均技术市场成交额
5.2.3.1.2 技术市场成交额占GDP比例
5.2.3.1.3 人均新产品主营业务收入
5.2.3.1.4 规模以上企业新产品主营业务收入占主营业务收入比例
5.2.3.1.5 人均高技术产业主营业务收入
5.2.3.2 间接效益
5.2.3.2.1 单位GDP能耗下降率
5.2.3.2.2 单位GDP水资源消耗下降率
5.2.3.2.3 单位GDP建设用地下降率
5.2.3.2.4 单位GDP货运周转量下降率
5.2.3.2.5 万元产值废水排放下降率
5.2.3.2.6 万元产值废气排放下降率
5.2.3.2.7 万元产值的固体废物排放下降率
5.2.3.2.8 万元产值二氧化碳排放下降率
5.2.3.2.9 全社会劳动生产率的增长率
5.3 区域管理能力
5.3.1 政府工作绩效指数
5.3.1.1 政府财政绩效
5.3.1.1.1 地方财政债务率
5.3.1.1.2 财政收入弹性系数
5.3.1.1.3 人均财政收入
5.3.1.1.4 财政收入占GDP比例
5.3.1.2 政府服务绩效
5.3.1.2.1 公共管理人员占总就业人员比例
5.3.1.2.2 人均政府公共服务支出
5.3.1.2.3 公共服务支出占GDP比例
5.3.2 经济调控绩效指数
5.3.2.1 经济增长波动系数
5.3.2.2 商品价格波动系数
5.3.2.3 国际贸易平衡指数

5.3.3　社会管理绩效指数
　5.3.3.1　城乡收入差距变化幅度
　5.3.3.2　失业率变化幅度
　5.3.3.3　城市化率变化幅度
5.3.4　资源环境管理绩效指数
　5.3.4.1　环保能力建设
　　5.3.4.1.1　每千人拥有的环境保护工作人员数
　　5.3.4.1.2　每千人拥有的环境保护机构数
　5.3.4.2　环境监管绩效
　　5.3.4.2.1　环境影响评价执行力度
　　5.3.4.2.2　环境问题来信处理率
　　5.3.4.2.3　环境问题来访处理率
　　5.3.4.2.4　万人环境宣传活动数
　　5.3.4.2.5　环境宣传教育活动人数比例
　　5.3.4.2.6　每千人人大、政协环境提案建议承办数
　　5.3.4.2.7　万人生态市县建设数
　　5.3.4.2.8　万人生态村镇建设数
　　5.3.4.2.9　重金属达标企业占重金属污染防控重点企业比例
　　5.3.4.2.10　清洁生产强制性审核比例
　5.3.4.3　资源环境税收力度
　　5.3.4.3.1　人均资源税
　　5.3.4.3.2　资源税占财政收入比例
　　5.3.4.3.3　人均城镇土地使用税
　　5.3.4.3.4　城镇土地使用税占财政收入比例
　　5.3.4.3.5　人均耕地占用税
　　5.3.4.3.6　耕地占用税占财政收入比例
　　5.3.4.3.7　人均车船税
　　5.3.4.3.8　车船税占财政收入比例
　　5.3.4.3.9　人均排污收费
　　5.3.4.3.10　排污收费占财政收入比例

第十章　中国可持续发展能力综合评估 (1995～2013年) *

1995年，中国把可持续发展战略确立为国家的基本战略。为了监测中国可持续发展战略实施的进展状况，评判可持续发展领域相关政策和行动的实施效果，反映中国可持续发展运行态势、演化轨迹、演进速度和方向，揭示推进可持续发展战略实施过程中存在的主要问题，本报告利用修正的中国可持续发展能力评估指标体系（见第九章），对1995年以来全国31个省（自治区、直辖市）和主要宏观区域的可持续发展能力及其变化情况进行了综合评估，评估时段为1995～2013年。

本次评估把统计学中的增长指数法和多指标综合评价中的线性加权和法结合起来，通过等权处理和逐级汇总，获得了不同地区不同年份的可持续发展能力指数值。其主要特点是实现了可持续发展能力纵向和横向上对比的统一，即不仅在纵向上或时间序列上可以反映各地区可持续发展能力的演进方向和速度，而且同时可以在横向对比上体现出一个地区可持续发展能力的相对大小、该地区与全国和其他地区可持续发展能力的差距、该地区在全国所处的地位及其动态变化情况。由于资料的限制和统计口径的差异，本次评估暂未包括我国的台湾地区、香港特别行政区和澳门特别行政区。

可持续发展能力具有区域分异特点。当前国内外发展形势错综复杂，并且随着我国经济发展进入新常态及国家发展战略重心的重大调整，我国可持续发展能力的空间格局必将发生较为深刻的变化。"一带一路"战略、京津冀协同发展、长江经济带发展等国家和区域性发展战略的实施和推进将为国家和区域可持续发展注入新的活力。为了及时反映这些新形势、新趋势和新特点对可持续发展能力的可能影响，本报告除了按照省级行政单元进行评估外，还对我国的区域板块、经济带、经济区及可能成为经济带或经济区的区域可持续发展能力进行评估。

本报告涉及的评估区域具体如下。四大区域板块，即东部地区（包括北京、天津、河北、上海、江苏、浙江、福建、山东、广东和海南7省3直辖市），中部地区（包括山西、安徽、江西、河南、湖北、湖南6省），西部地区（包括重庆、四川、贵州、云南、西藏、陕西、甘肃、青海、宁夏、新疆、广西、内蒙古6省5自治区1直辖市），东北地区（包括辽宁、吉林、黑龙江3省）；北部沿海地区（包括北京、天

---

* 本章由陈劭锋、刘扬、郝亮、陈卓、张静进、马建新、王英姿、宋敦江、陈虹村执笔，作者工作单位为中国科学院科技政策与管理科学研究所。

津、河北、山东）；东部沿海地区（包括上海、江苏、浙江，与长三角地区划分同）；南部沿海地区（包括福建、广东、海南）；黄河中游地区（包括陕西、山西、河南、内蒙古）；长江中游地区（包括湖北、湖南、江西、安徽）；西南地区（包括云南、贵州、四川、重庆、广西）；大西北地区（包括甘肃、青海、宁夏、西藏、新疆）；长江经济带（包括上海、江苏、浙江、安徽、江西、湖北、湖南、重庆、四川、云南、贵州9省2直辖市）；狭义环渤海地区（含北京、天津、河北、辽宁、山东3省2直辖市即"3+2"经济区域）；广义环渤海地区（包括北京、天津、辽宁、河北、山西、山东、内蒙古4省1自治区2直辖市）；京津冀地区（包括北京、天津、河北1省2直辖市）；长三角地区（包括上海、江苏、浙江2省1直辖市）；泛珠三角地区（包括广东、福建、江西、广西、海南、湖南、四川、云南、贵州8省1自治区，未包含港澳）；珠江—西江经济带（含广东、广西）；东南沿海经济区（含广东、福建）；海峡西岸经济区（包括福建、浙江、广东、江西4省）；长城经济带（包括内蒙古、辽宁、河北、北京、山东、山西、陕西、河南、宁夏、甘肃、新疆7省3自治区1直辖市）；黄河经济区（包括山东、河南、山西、陕西、内蒙古、宁夏、甘肃、青海、新疆6省3自治区，评估未考虑新疆生产建设兵团和黄河水利委员）；一带一路区域，涉及一带一路西部6省（包括新疆、陕西、甘肃、宁夏、青海、内蒙古3省3自治区），一带一路西南4省（包括广西、云南、西藏、重庆1省2自治区1直辖市），一带一路东北3省（与东北地区同），一带一路东部5省（包括上海、福建、广东、浙江、海南4省1直辖市），一带一路18个重点省（包括新疆、陕西、甘肃、宁夏、青海、内蒙古、广西、云南、西藏、重庆、辽宁、吉林、黑龙江、上海、福建、广东、浙江、海南12省4自治区2直辖市）。

一、2013年中国可持续发展能力综合评估

（一）2013年中国各省（自治区、直辖市）可持续发展能力综合评估结果

2013年中国各省（自治区、直辖市）的可持续发展能力及各支持系统的发展水平如表10.1所示。

表10.1　2013年中国各省（自治区、直辖市）可持续发展能力综合评估结果

地区	生存支持系统	发展支持系统	环境支持系统	社会支持系统	智力支持系统	可持续发展能力
全国	105.5	115.0	102.2	111.6	111.9	109.2
北京	105.6	124.1	104.0	118.4	115.0	113.4
天津	102.6	125.5	102.9	115.0	114.6	112.1
河北	103.2	115.1	101.1	111.9	108.1	107.9
山西	102.1	110.9	99.3	111.6	110.7	106.9

续表

地区	生存支持系统	发展支持系统	环境支持系统	社会支持系统	智力支持系统	可持续发展能力
内蒙古	107.2	111.4	101.9	112.1	108.4	108.2
辽宁	107.4	117.7	102.3	113.5	111.7	110.5
吉林	108.9	114.0	102.4	112.5	109.4	109.5
黑龙江	109.2	112.5	102.6	112.4	110.4	109.4
上海	100.9	126.2	104.0	115.9	112.8	111.9
江苏	105.8	122.4	105.1	114.3	112.7	112.0
浙江	105.8	120.8	106.5	114.6	111.0	111.7
安徽	104.1	114.4	104.4	110.0	110.3	108.6
福建	107.2	119.8	104.9	111.6	110.2	110.7
江西	107.1	114.0	106.0	110.5	109.1	109.3
山东	104.9	119.5	102.6	113.0	110.9	110.2
河南	103.7	115.2	102.0	110.5	108.7	108.0
湖北	105.6	114.2	104.2	112.1	111.2	109.4
湖南	107.3	114.2	104.4	110.2	109.6	109.1
广东	104.6	122.4	104.4	112.1	111.2	110.9
广西	106.8	112.3	103.7	109.3	107.8	108.0
海南	107.3	115.2	106.0	110.8	109.7	109.8
重庆	105.4	116.3	103.7	110.4	111.8	109.5
四川	107.0	113.5	103.3	111.6	109.5	109.0
贵州	103.8	108.5	103.0	109.6	108.1	106.6
云南	106.0	109.1	103.4	109.0	108.0	107.1
西藏	107.9	96.6	103.0	106.8	98.0	102.5
陕西	104.4	112.6	100.8	111.5	112.9	108.5
甘肃	103.2	106.2	100.4	110.0	110.5	106.0
青海	104.9	103.8	102.8	111.0	106.9	105.9
宁夏	101.4	108.1	98.7	111.1	108.8	105.6
新疆	106.2	105.8	99.2	111.4	106.9	105.9

注：1995 年全国＝100.0

资料来源：基础数据来自国家统计局 1995～2014 年发布的相关统计年鉴

由表 10.1 可知，如果以 1995 年全国可持续发展能力为 100，则 2013 年全国可持续发展能力为 109.2。其各支持系统发展水平如图 10.1 所示。从中可以发现，中国目前的可持续发展能力主要由发展、社会和智力三大支持系统的发展来主导，而生存和环境系统发展则呈现出相对明显的滞后性，是可持续发展能力的短板或制约因素。因此，提升中国的可持续发展能力，要在保障其他系统健康发展的同时，注重加强以农业可持续性为核心的能力建设和以生态系统良性循环为导向的生态环境保护和建设力度，确保各系统协调发展。

2013 年，可持续发展能力达到或超过全国平均水平的省（自治区、直辖市）有北京、天津、辽宁、吉林、黑龙江、上海、江苏、浙江、福建、江西、山东、湖北、广东、海南、重庆。其他省（自治区、直辖市）的可持续发展能力均低于全国平均水平。

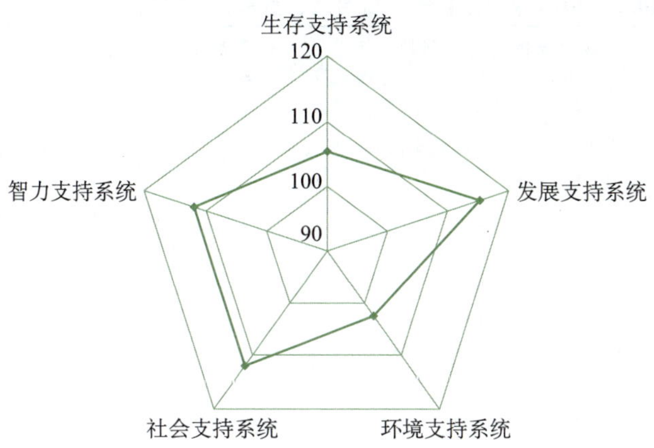

图 10.1　2013 年全国可持续发展五大支持系统发展水平图

从 2013 年中国各省（自治区、直辖市）可持续发展能力排名（图 10.2 和表 10.2）来看，北京的可持续发展能力最强，而西藏的可持续发展能力则最弱。可持续发展能力排在全国前十位的依次是：北京、天津、江苏、上海、浙江、广东、福建、辽宁、山东、海南。位居后十位的依次是：广西、河北、云南、山西、贵州、甘肃、新疆、青海、宁夏、西藏。各省（自治区、直辖市）五大支持系统排名如表 10.2 所示。

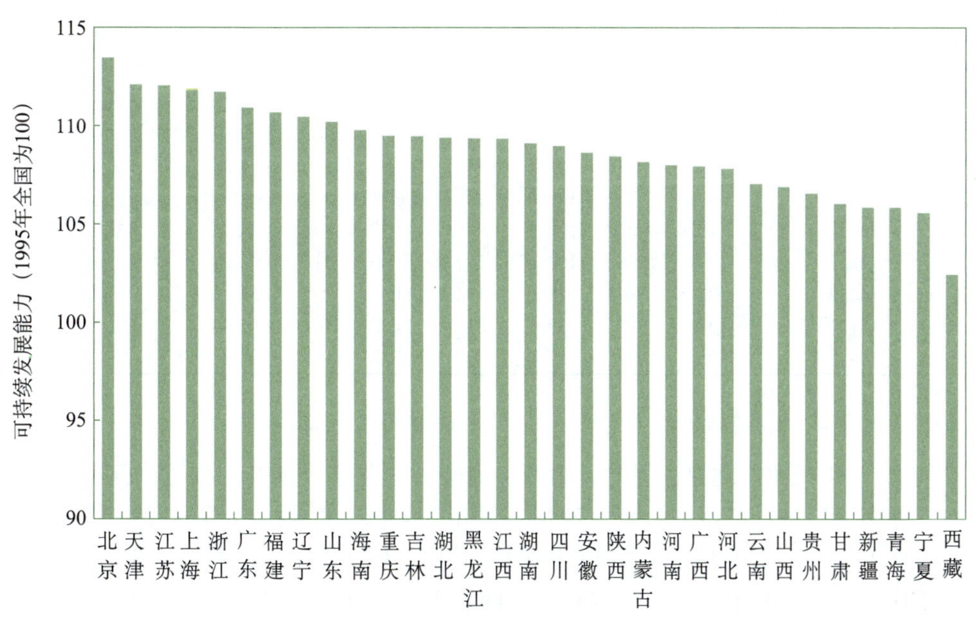

图 10.2　2013 年中国各省（自治区、直辖市）可持续发展能力排序图

表 10.2　2013 年中国各省（自治区、直辖市）可持续发展能力排序

地区	生存支持系统	排序	发展支持系统	排序	环境支持系统	排序	社会支持系统	排序	智力支持系统	排序	可持续发展能力	排序
北京	105.6	16	124.1	3	104.0	10	118.4	1	115.0	1	113.4	1
天津	102.6	28	125.5	2	102.9	18	115.0	3	114.6	2	112.1	2
河北	103.2	26	115.1	13	101.1	26	111.9	13	108.1	26	107.9	23
山西	102.1	29	110.9	24	99.3	29	111.6	14	110.7	12	106.9	25
内蒙古	107.2	7	111.4	23	101.9	25	112.1	11	108.4	24	108.2	20
辽宁	107.4	4	117.7	9	102.3	23	113.5	6	111.7	7	110.5	8
吉林	108.9	2	114.0	17	102.4	22	112.5	8	109.4	20	109.5	12
黑龙江	109.2	1	112.5	21	102.6	21	112.4	9	110.4	14	109.4	14
上海	100.9	31	126.2	1	104.0	11	115.9	2	112.8	4	111.9	4
江苏	105.8	15	122.4	5	105.1	4	114.3	5	112.7	5	112.0	3
浙江	105.8	14	120.8	6	106.5	1	114.6	4	111.0	10	111.7	5
安徽	104.1	23	114.4	14	104.4	7	110.0	26	110.3	15	108.6	18
福建	107.2	8	119.8	7	104.9	5	111.6	15	110.2	16	110.7	7
江西	107.1	9	114.0	18	106.0	2	110.5	22	109.1	21	109.3	15
山东	104.9	19	119.5	8	102.6	20	113.0	7	110.9	11	110.2	9
河南	103.7	25	115.2	11	102.0	24	110.5	23	108.7	23	108.0	21
湖北	105.6	17	114.2	16	104.2	9	112.1	12	111.2	8	109.4	13
湖南	107.3	5	114.2	15	104.4	8	110.2	25	109.6	18	109.1	16
广东	104.6	21	122.4	4	104.4	6	112.1	10	111.2	9	110.9	6
广西	106.8	11	112.3	22	103.7	12	109.3	29	107.8	28	108.0	22
海南	107.3	6	115.2	12	106.0	3	110.8	21	109.7	17	109.8	10
重庆	105.4	18	116.3	10	103.7	13	110.4	24	111.8	6	109.5	11
四川	107.0	10	113.5	19	103.3	15	111.6	16	109.5	19	109.0	17
贵州	103.8	24	108.5	26	103.0	17	109.6	28	108.1	25	106.6	26
云南	106.0	13	109.1	25	103.4	14	109.0	30	108.0	27	107.1	24
西藏	107.9	3	96.6	31	103.0	16	106.8	31	98.0	31	102.5	31
陕西	104.4	22	112.6	20	100.8	27	111.5	17	112.9	3	108.5	19
甘肃	103.2	27	106.2	28	100.4	28	110.0	27	110.5	13	106.0	27
青海	104.9	20	103.8	30	102.8	19	111.0	20	106.9	29	105.9	29
宁夏	101.4	30	108.1	27	98.7	31	111.1	19	108.8	22	105.6	30
新疆	106.2	12	105.8	29	99.2	30	111.4	18	106.9	30	105.9	28

注：1995 年全国＝100.0

资料来源：基础数据来自国家统计局 1995～2014 年发布的相关统计年鉴

与 2012 年相比，北京、河北、山西、内蒙古、辽宁、浙江、福建、江西、山东、河南、湖南、广东、广西、海南、四川、贵州、云南、西藏、宁夏这 19 个省（自治区、直辖市）可持续发展能力的位序保持不变，天津、江苏、安徽、湖北上升了 1 位，重庆、甘肃上升了 2 位。而吉林、陕西、青海、新疆下降了 1 位，黑龙江、上海下降了 2 位。

（二）2013 年中国区域可持续发展能力综合评估结果

2013 年，中国区域可持续发展能力综合评估结果如表 10.3 所示。由表 10.3 可知，2013 年，从全国四大板块来看，东部地区、东北地区的可持续发展能力高于全国平均水平，而中部地区、西部地区低于全国平均水平。东部地区可持续发展能力高于东北老工业基地，东北地区高于中部地区，中部地区又高于西部地区，呈现出比较显著的空间差异特征。再从四大板块以外的区域来看，长三角地区可持续发展能力最高，大西北地区最低。其可持续发展能力按从高到低的顺序排列依次是：东部沿海地区或长三角地区、一带一路东部 5 省、南部沿海地区、海峡西岸经济区、东南沿海经济区、北部沿海地区、环渤海地区（3 省 2 市）、京津冀地区、一带一路东北 3 省、珠江—西江经济带、长江经济带、环渤海地区（5 省 2 市）、泛珠三角地区、长江中游地区、长城经济带、西南地区、黄河中游地区、黄河经济区、一带一路西南 4 省、一带一路 18 个重点省、一带一路西部 6 省、大西北地区。

表 10.3　2013 年中国区域可持续发展能力综合评估结果

	生存支持系统	发展支持系统	环境支持系统	社会支持系统	智力支持系统	可持续发展能力
东部地区	105.4	121.2	103.7	113.6	112.5	111.3
东北地区	108.7	115.3	102.5	112.8	111.3	110.1
中部地区	105.4	114.1	103.0	110.6	110.2	108.7
西部地区	105.3	110.5	102.1	110.2	110.0	107.6
北部沿海地区	103.9	119.7	102.2	114.5	112.3	110.5
东部沿海地区	105.7	122.8	105.2	114.7	112.3	112.1
南部沿海地区	105.8	121.4	105.0	111.5	111.1	111.0
黄河中游地区	104.4	112.7	101.4	111.1	110.5	108.0
长江中游地区	106.1	114.4	104.6	110.6	110.4	109.2
西南地区	105.9	112.6	103.5	110.0	109.5	108.3
大西北地区	105.2	105.4	101.7	110.2	109.2	106.3
长江经济带	105.6	117.2	104.4	111.0	110.9	109.8
环渤海地区（3 省 2 市）	104.8	119.4	102.3	113.7	112.1	110.4
环渤海地区（5 省 2 市）	104.8	117.0	102.1	113.0	111.9	109.7
京津冀地区	103.1	119.4	102.0	114.5	112.6	110.3
长三角地区	105.7	122.8	105.2	114.7	112.3	112.1
泛珠三角地区	106.2	116.5	104.2	109.9	109.9	109.3
珠江—西江经济带	105.5	119.9	104.2	110.1	110.4	110.0
东南沿海经济区	105.6	121.7	104.9	111.3	110.7	110.8
海峡西岸经济区	106.0	120.5	105.5	111.7	110.9	110.9
长城经济带	104.2	114.5	101.1	111.6	111.3	108.5
黄河经济区	104.2	112.8	101.0	110.5	110.4	107.8
一带一路西部 6 省	104.9	109.2	100.7	110.4	110.5	107.1

续表

	生存支持系统	发展支持系统	环境支持系统	社会支持系统	智力支持系统	可持续发展能力
一带一路西南4省	106.0	111.0	104.3	108.4	108.9	107.7
一带一路东北3省	108.7	115.3	102.5	112.8	111.3	110.1
一带一路东部5省	105.5	122.0	105.4	112.3	111.3	111.3
一带一路18个重点省	105.9	115.6	102.8	103.3	111.1	107.7

注：1995年全国=100.0

资料来源：基础数据来自国家统计局1995～2014年发布的相关统计年鉴

二、 中国可持续发展能力变化趋势（1995～2013年）

（一）全国可持续发展能力变化趋势（1995～2013年）

自1995年以来，全国可持续发展能力总体上呈上升态势（图10.3），2013年比1995年增长了9.2%。“九五”、“十五”、“十一五”期间，全国可持续发展能力年均分别增长0.48%、0.58%和0.54%，呈现出持续增长的态势（表10.5），这同时也表明近年来我国可持续发展能力建设成效显著。

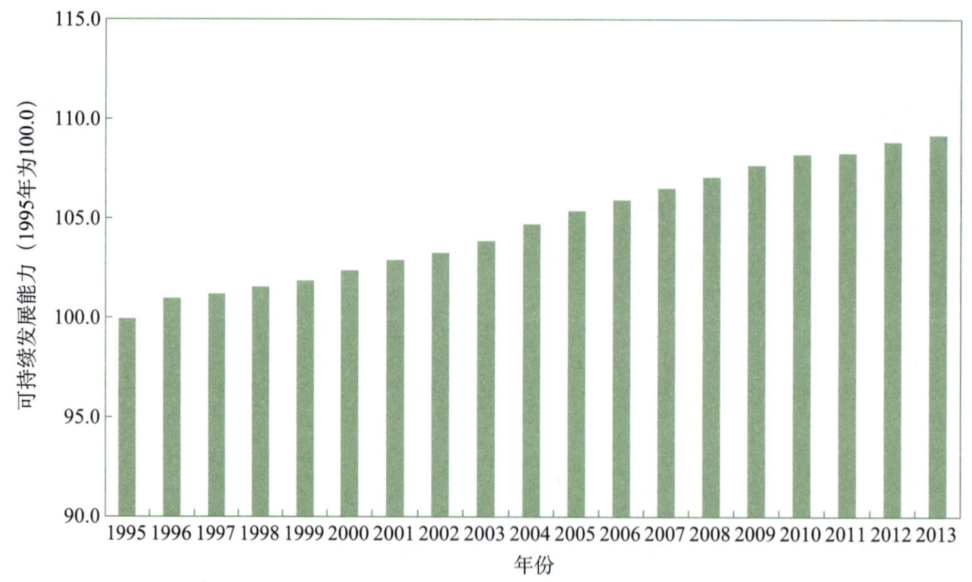

图10.3 全国可持续发展能力变化趋势（1995～2013年）

从全国可持续发展五大支持系统的发展变化（图10.4）来看，同样可以发现其可持续发展能力的变化主要由发展、智力和社会三大系统的变化来驱动。自1995年以来，中国生存支持系统的变化经历了一个徘徊波动的上升过程。环境支持系统的变化则非常缓慢，其间经历了一个相对缓和的波动上升过程，但是在 2006 年以后，环境支持系统有了明显改善，这充分地反映了“十一五”期间，我国节能减排工作取得实质性的进展，有效地缓解和遏制了我国经济高速增长所带来的生态环境冲击。发展支持系统则一直保持较快的上升速度，但 2008 年和 2011 年分别有所减缓或回落。社会支持系统则保持稳健的上升势头，这标志着我国社会正朝着全面发展的良性轨道迈进。智力支持系统总体呈现出比较强劲的增长态势，综合反映了我国在教育、科技创新、政府管理领域取得的进步，但在 2010 年和 2011 年连续两年有所下滑，之后又恢复上升态势。

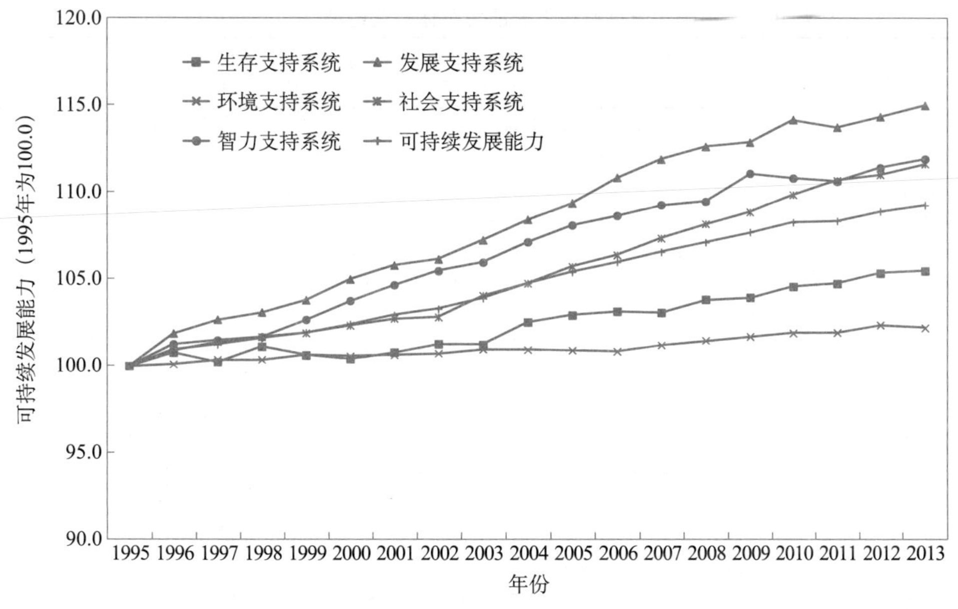

图 10.4 全国可持续发展五大支持系统发展变化趋势（1995～2013 年）

（二）中国区域可持续发展能力及其变化趋势（1995～2013 年）

表 10.4 和表 10.5 分别反映了 1995～2013 年中国区域可持续发展能力的总体趋势和不同时期的变化情况。从中可以看出，自 1995 年以来，中国各区域的可持续发展能力总体上呈现上升态势，但各大经济区可持续发展能力的增幅存在差异。从四大板块来看，中部地区增长最快，为 10.12%，其次是西部地区（9.54%）、东北地区（9.41%）和东部地区（8.56%），并且西部、中部地区和东北地区增幅高于全国 9.25% 的平均水平。从其他区域来看，黄河中游地区增长最快，为 10.48%，其次分

别为长江中游地区（10.15%）、一带一路西部6省（9.89%）、黄河经济区（9.83%）、西南地区（9.74%）、长城经济带（9.43%）、环渤海地区（3省2市）（9.41%）、一带一路东北3省（9.41%）、长江经济带（9.40%）、环渤海地区（5省2市）（9.33%）、北部沿海地区（9.22%）、泛珠三角地区（9.15%）、一带一路西南4省（9.09%）、京津冀地区（8.95%）、海峡西岸经济区（8.94%）、大西北地区（8.83%）、珠江—西江经济带（8.72%）、东南沿海经济区（8.55%）、一带一路18个重点省（8.54%）、东部沿海地区（8.53%）、长三角地区（8.53%）、南部沿海地区（8.36%）、一带一路东部5省（7.97%）。

表10.4 中国区域可持续发展能力总体变化趋势（1995～2013年）

地区	1995年	2000年	2005年	2006年	2007年	2008年	2009年	2010年	2011年	2012年	2013年
全国	100.0	102.4	105.4	106.0	106.6	107.1	107.7	108.3	108.3	108.9	109.2
东部地区	102.5	104.6	107.8	108.3	108.8	109.3	109.8	110.3	110.6	111.1	111.3
东北地区	100.6	102.6	105.8	106.5	106.8	107.7	108.4	109.0	109.2	109.7	110.1
中部地区	98.7	100.9	104.2	104.9	105.6	106.2	107.1	107.5	107.5	108.3	108.7
西部地区	98.2	100.5	103.5	103.9	104.7	105.4	106.3	106.7	106.9	107.5	107.6
北部沿海地区	101.2	103.5	107.1	107.3	107.9	108.6	108.9	109.3	109.7	110.2	110.5
东部沿海地区	103.3	105.4	108.9	109.4	110.0	110.3	110.9	111.4	111.6	112.1	112.1
南部沿海地区	102.4	104.3	107.1	107.5	107.9	108.5	109.3	109.8	110.3	110.6	111.0
黄河中游地区	97.8	100.3	103.7	104.3	105.0	105.6	106.4	106.8	107.2	107.7	108.0
长江中游地区	99.1	101.4	104.6	105.3	106.0	106.7	107.6	108.0	108.1	108.8	109.2
西南地区	98.7	100.8	103.9	104.1	105.0	105.7	106.6	107.0	107.3	107.9	108.3
大西北地区	97.7	100.0	102.8	103.3	104.1	104.6	105.7	105.6	105.7	106.3	106.3
长江经济带	100.4	102.8	106.1	106.5	107.4	107.8	108.5	109.0	109.1	109.8	109.8
环渤海地区（3省2市）	100.9	103.1	106.7	107.1	107.7	108.4	108.7	109.3	109.6	110.1	110.4
环渤海地区（5省2市）	100.4	102.6	106.1	106.5	107.2	107.8	108.1	108.6	109.0	109.5	109.7
京津冀地区	101.2	103.5	107.0	107.3	107.8	108.5	108.7	109.0	109.5	110.1	110.3
长三角地区	103.3	105.4	108.9	109.4	110.0	110.3	110.9	111.4	111.6	112.1	112.1
泛珠三角地区	100.2	102.3	105.4	105.8	106.5	107.0	107.8	108.3	108.4	109.1	109.3
珠江—西江经济带	101.2	103.1	106.0	106.5	106.8	107.4	108.2	108.9	109.2	109.6	110.0
东南沿海经济区	102.1	104.1	107.1	107.3	107.7	108.4	109.0	109.7	110.1	110.5	110.8
海峡西岸经济区	101.8	103.9	107.2	107.6	108.0	108.7	109.2	109.8	110.1	110.7	110.9
长城经济带	99.2	101.5	104.8	105.4	106.1	106.6	107.1	107.6	107.9	108.4	108.5
黄河经济区	98.1	100.5	103.8	104.4	105.1	105.7	106.5	106.8	107.1	107.7	107.8
一带一路西部6省	97.5	100.1	103.3	103.7	104.5	105.1	106.1	106.3	106.6	107.1	107.1
一带一路西南4省	98.8	100.8	103.4	103.9	104.7	105.3	106.2	106.8	106.9	107.5	107.7
一带一路东北3省	100.6	102.6	105.8	106.5	106.8	107.7	108.4	109.0	109.2	109.7	110.1
一带一路东部5省	103.1	105.1	108.0	108.5	109.0	109.4	110.0	110.5	110.8	111.3	111.3
一带一路18个重点省	99.3	101.4	104.3	104.9	105.4	106.0	106.6	107.1	107.3	107.8	107.7

注：1995年全国＝100.0

资料来源：基础数据来自国家统计局1995～2014年发布的相关统计年鉴

表 10.5　不同时期中国区域可持续发展能力增长率（1995～2013 年）

地区	2000 年比 1995 年增长/%	2005 年比 2000 年增长/%	2010 年比 2005 年增长/%	2013 年比 1995 年增长/%	“九五”期间年均增长率/%	“十五”期间年均增长率/%	“十一五”期间年均增长率/%	1995～2013 年年均增长率/%
全国	2.41	2.92	2.71	9.25	0.48	0.58	0.54	0.49
东部地区	2.06	3.06	2.34	8.56	0.41	0.60	0.46	0.46
东北地区	1.99	3.08	3.06	9.41	0.40	0.61	0.60	0.50
中部地区	2.26	3.26	3.14	10.12	0.45	0.64	0.62	0.54
西部地区	2.25	3.06	3.03	9.54	0.45	0.60	0.60	0.51
北部沿海地区	2.25	3.49	2.07	9.22	0.45	0.69	0.41	0.49
东部沿海地区	1.99	3.34	2.28	8.53	0.39	0.66	0.45	0.46
南部沿海地区	1.87	2.65	2.55	8.36	0.37	0.53	0.50	0.45
黄河中游地区	2.55	3.39	3.03	10.48	0.51	0.67	0.60	0.56
长江中游地区	2.26	1.92	3.20	10.15	0.45	3.22	3.38	0.54
西南地区	2.13	2.09	2.96	9.74	0.42	3.13	2.68	0.52
大西北地区	2.33	2.20	2.73	8.83	0.46	2.82	2.42	0.47
长江经济带	2.33	2.04	2.67	9.40	0.46	3.29	3.09	0.50
环渤海地区（3 省 2 市）	2.16	2.03	2.40	9.41	0.43	3.48	3.03	0.50
环渤海地区（5 省 2 市）	2.19	1.89	2.45	9.33	0.43	3.38	3.09	0.50
京津冀地区	2.23	1.88	1.88	8.95	0.44	3.40	3.05	0.48
长三角地区	1.99	3.34	2.28	8.53	0.39	0.66	0.45	0.46
泛珠三角地区	2.14	1.99	2.72	9.15	0.42	3.07	2.76	0.49
珠江—西江经济带	1.90	2.12	2.77	8.72	0.38	2.77	2.52	0.47
东南沿海经济区	1.94	1.66	2.46	8.55	0.38	2.85	2.60	0.46
海峡西岸经济区	2.10	1.88	2.50	8.94	0.42	3.10	2.84	0.48
长城经济带	2.35	1.91	2.74	9.43	0.47	3.23	3.14	0.50
黄河经济区	2.36	1.84	2.95	9.83	0.47	3.31	3.39	0.52
一带一路西部 6 省	2.69	1.98	2.96	9.89	0.53	3.18	3.00	0.53
一带一路西南 4 省	2.03	2.04	3.26	9.09	0.40	2.63	2.42	0.48
一带一路东北 3 省	1.99	3.08	3.06	9.41	0.40	0.61	0.60	0.50
一带一路东部 5 省	1.92	1.65	2.35	7.97	0.38	2.76	2.70	0.43
一带一路 18 个重点省	2.12	1.91	2.74	8.54	0.42	2.88	2.68	0.46

中国区域可持续发展能力具体变化趋势见图 10.5～图 10.31。

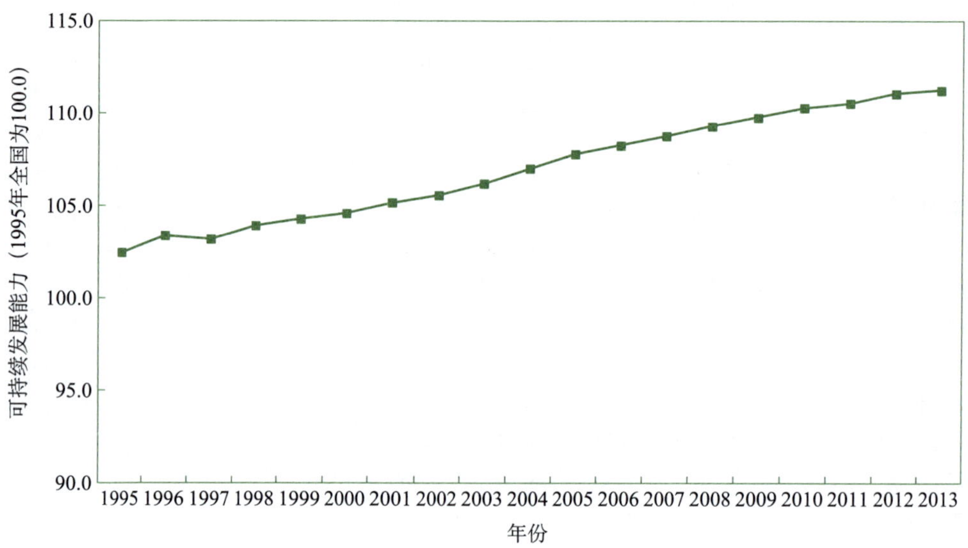

图 10.5　东部地区可持续发展能力变化趋势图（1995～2013 年）

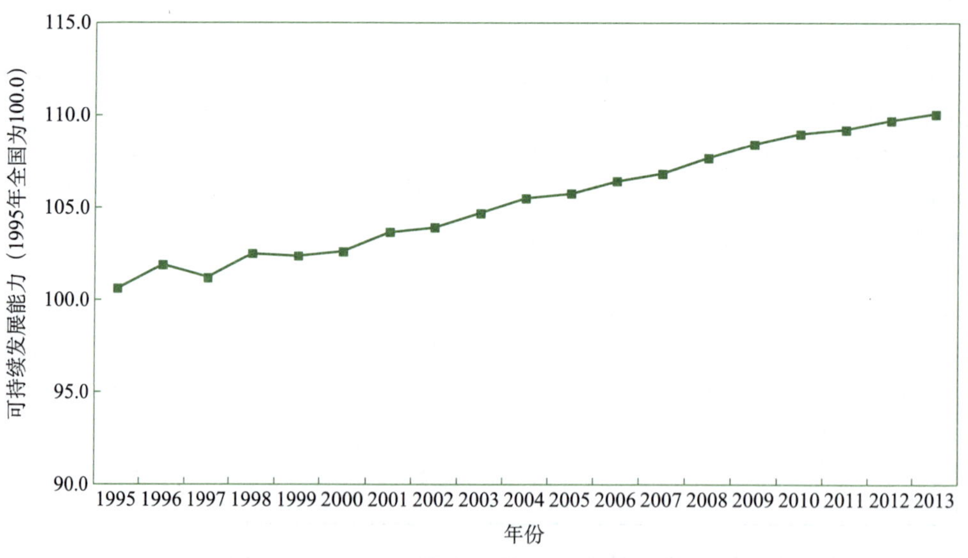

图 10.6　东北地区可持续发展能力变化趋势图（1995～2013 年）

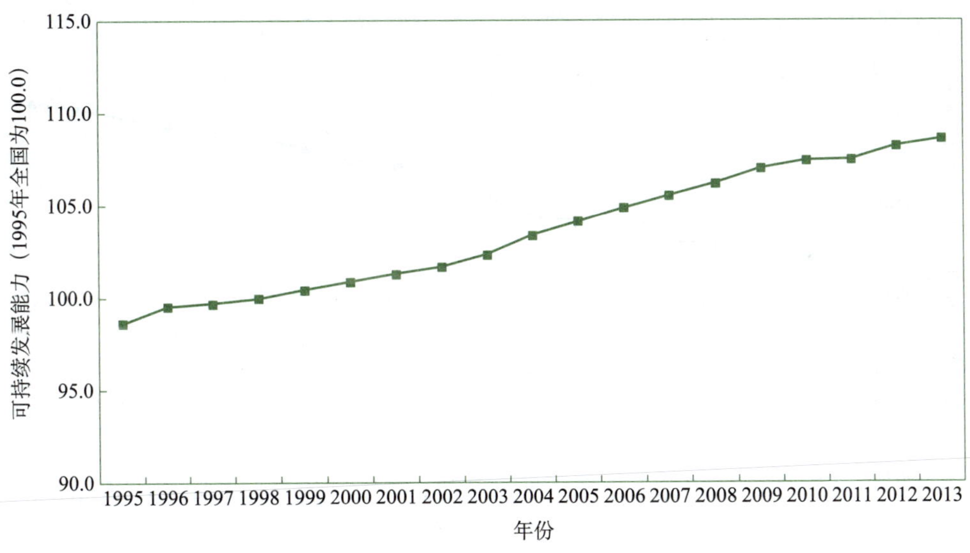

图 10.7　中部地区可持续发展能力变化趋势图（1995～2013 年）

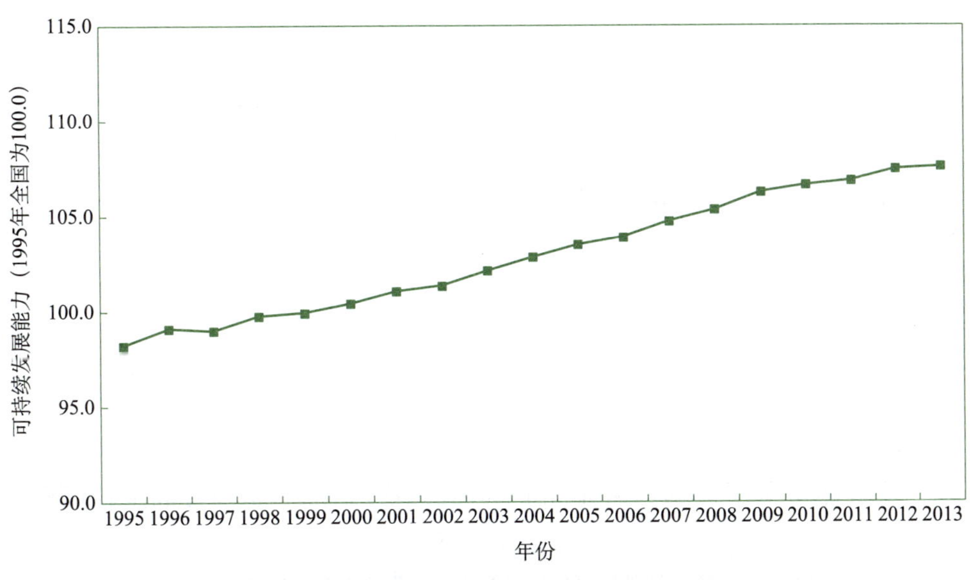

图 10.8　西部地区可持续发展能力变化趋势图（1995～2013 年）

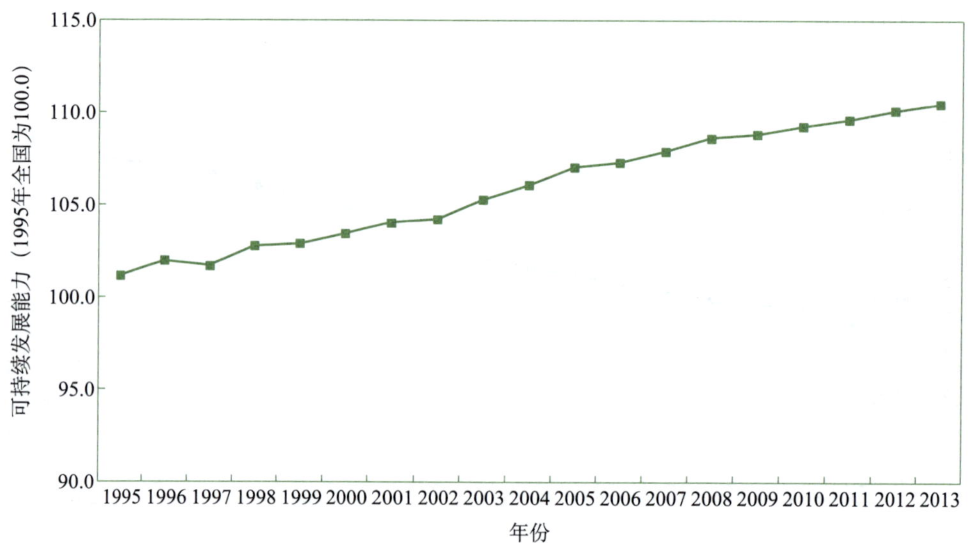

图 10.9 北部沿海地区可持续发展能力变化趋势图（1995～2013 年）

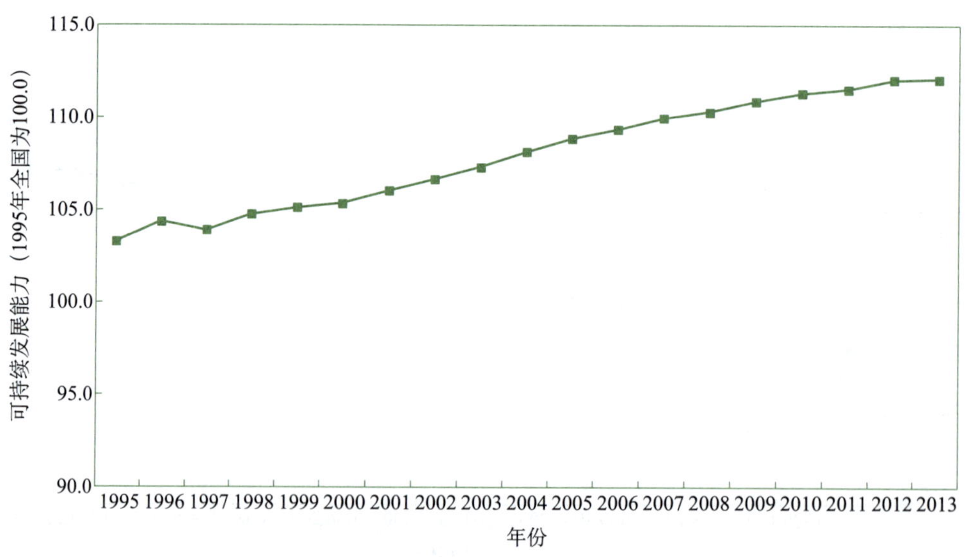

图 10.10 东部沿海地区可持续发展能力变化趋势图（1995～2013 年）

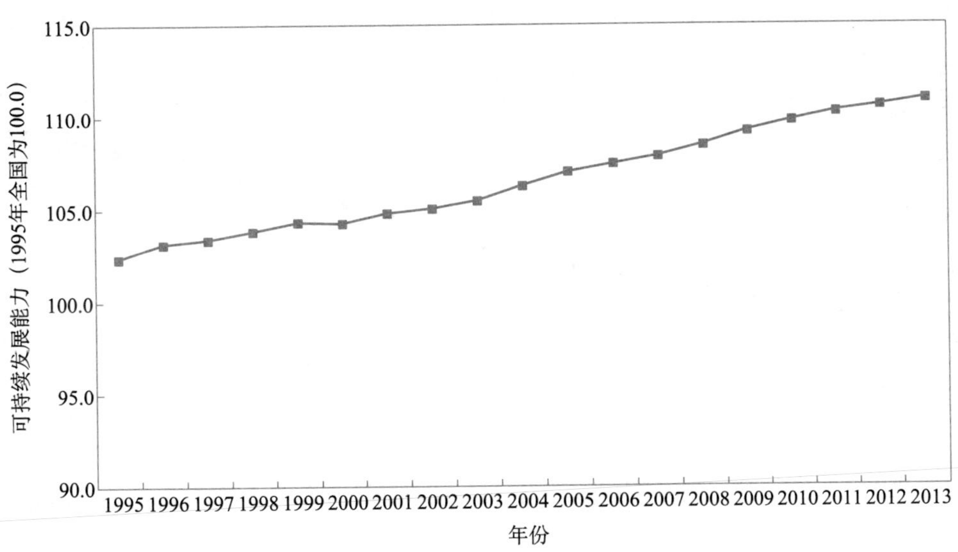

图 10.11　南部沿海地区可持续发展能力变化趋势图（1995～2013 年）

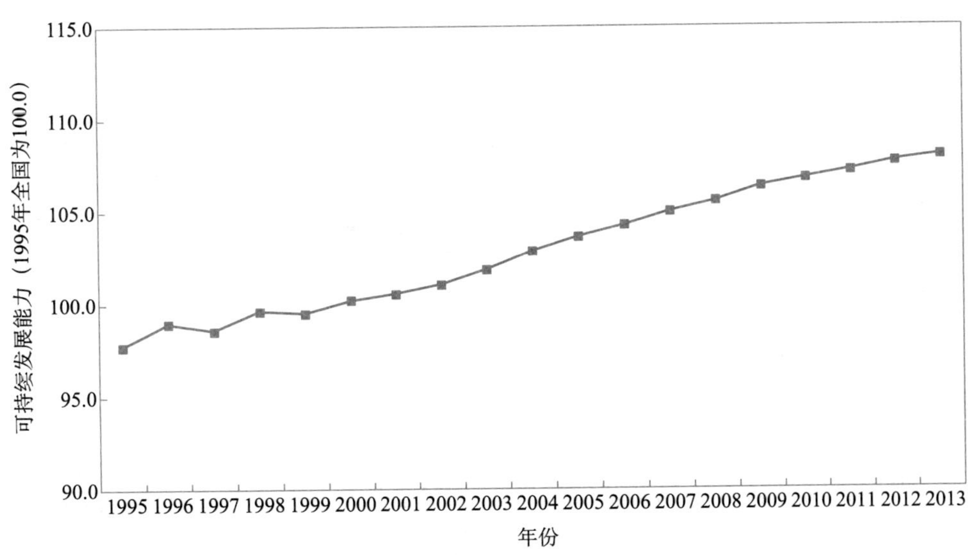

图 10.12　黄河中游地区可持续发展能力变化趋势图（1995～2013 年）

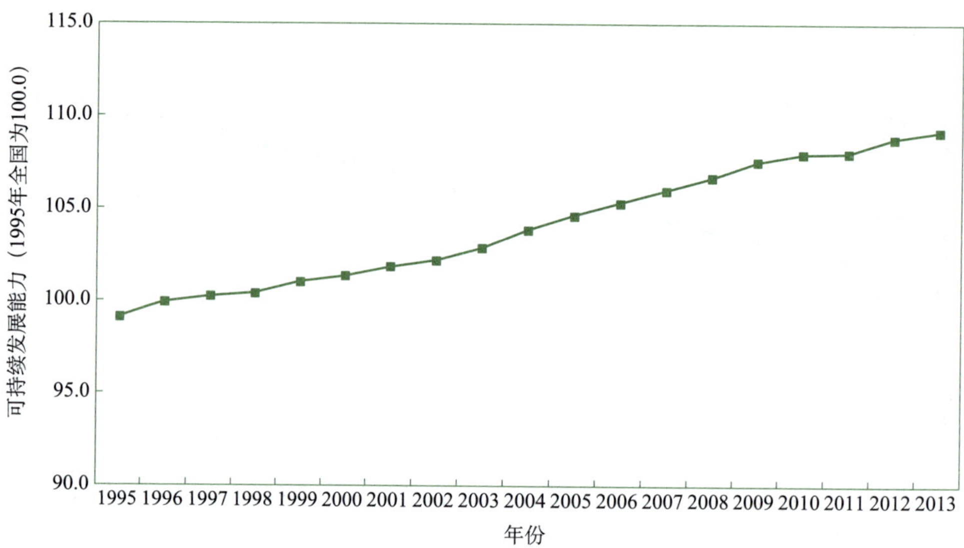

图 10.13 长江中游地区可持续发展能力变化趋势图（1995～2013 年）

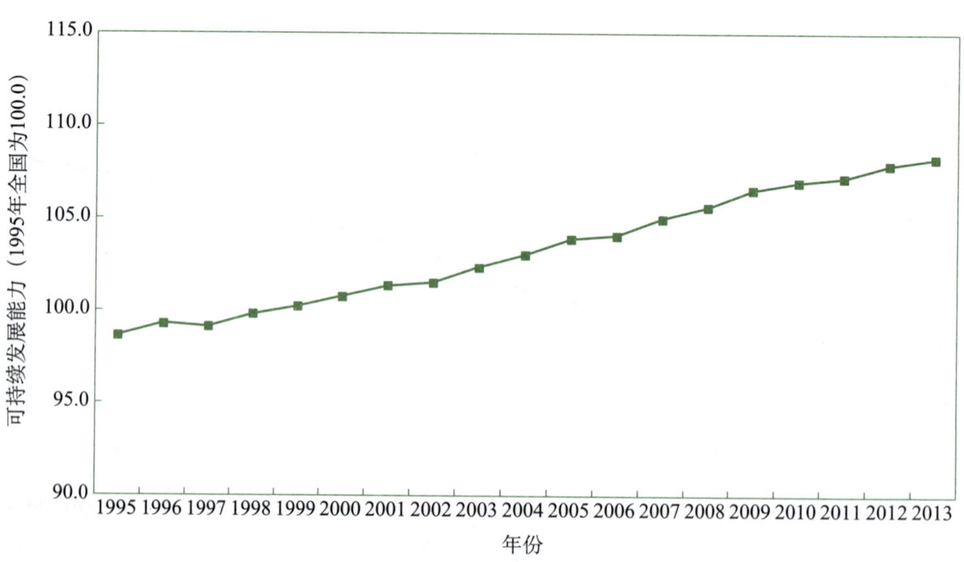

图 10.14 西南地区可持续发展能力变化趋势图（1995～2013 年）

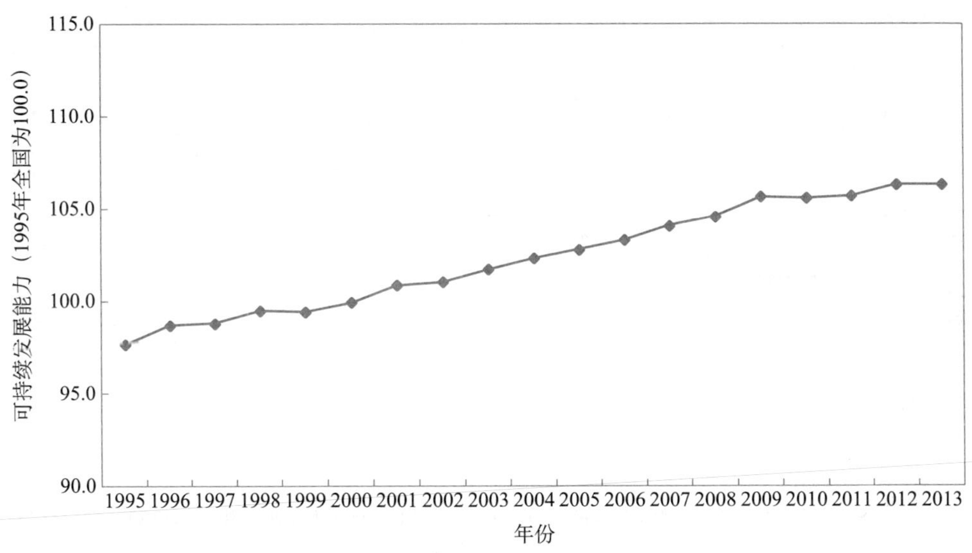

图 10.15 大西北地区可持续发展能力变化趋势图（1995～2013 年）

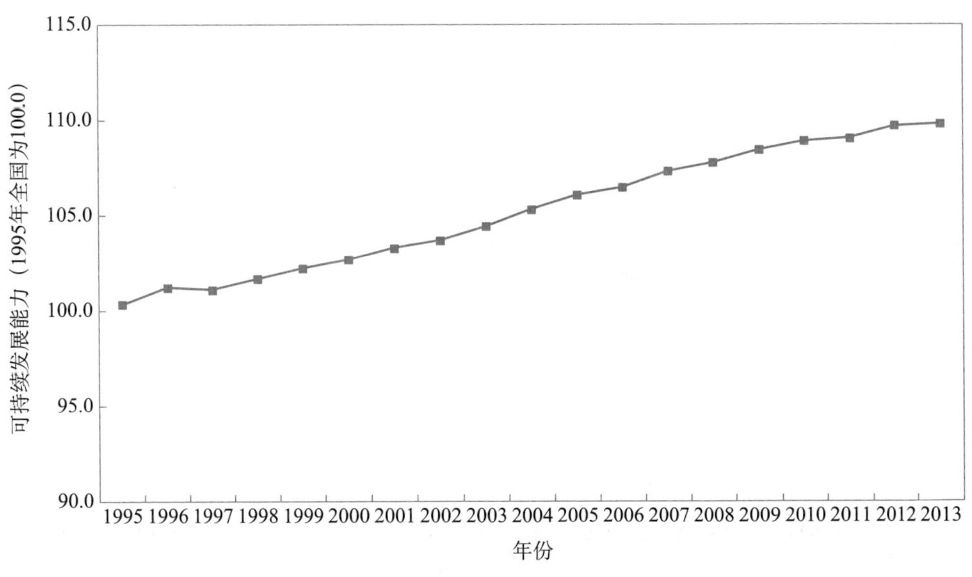

图 10.16 长江经济带可持续发展能力变化趋势图（1995～2013 年）

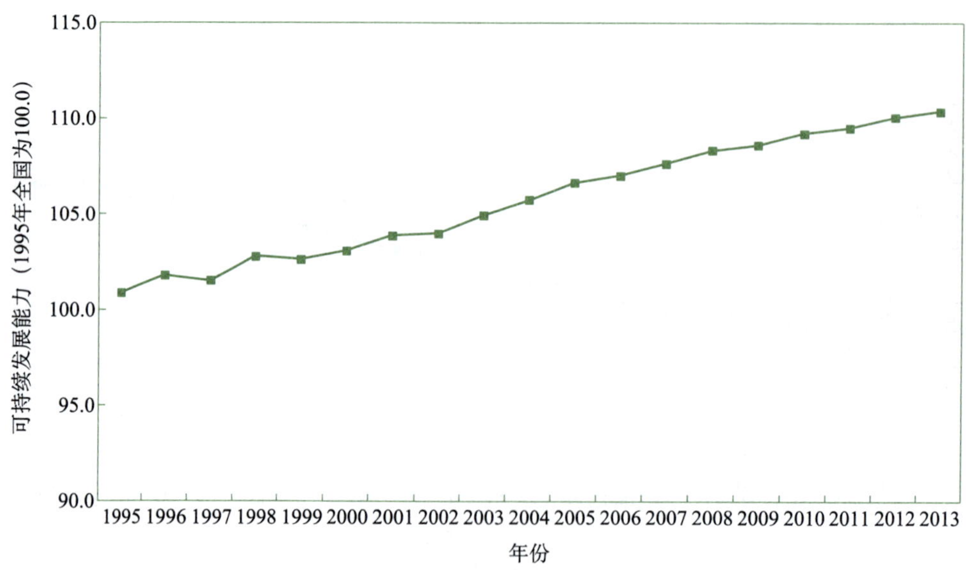

图 10.17　环渤海地区（3 省 2 市）可持续发展能力变化趋势图（1995～2013 年）

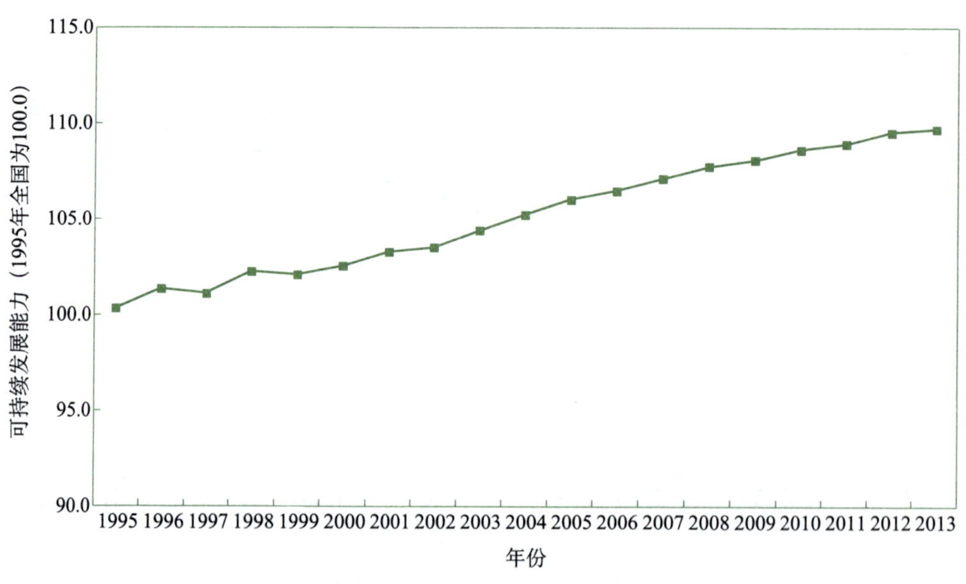

图 10.18　环渤海地区（5 省 2 市）可持续发展能力变化趋势图（1995～2013 年）

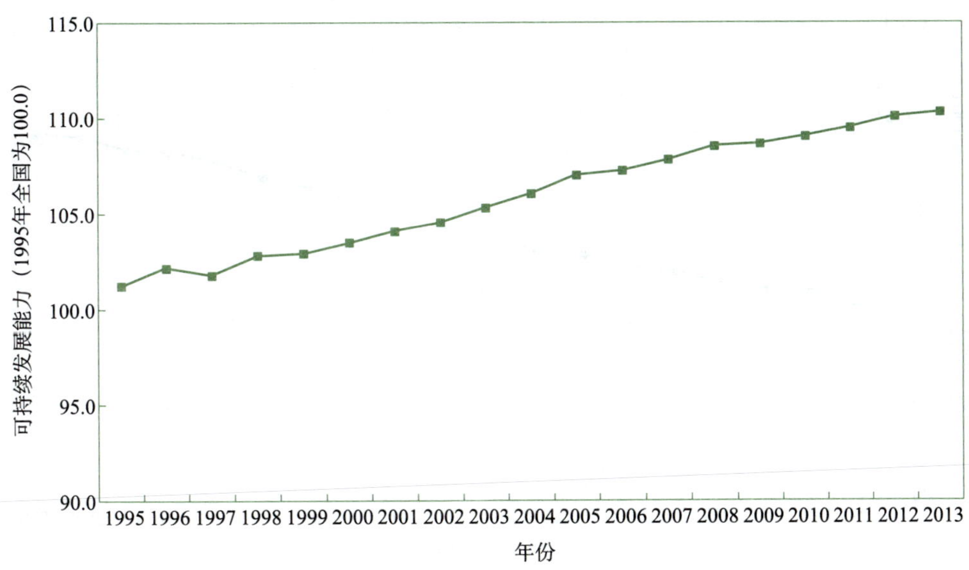

图 10.19　京津冀地区可持续发展能力变化趋势图（1995～2013 年）

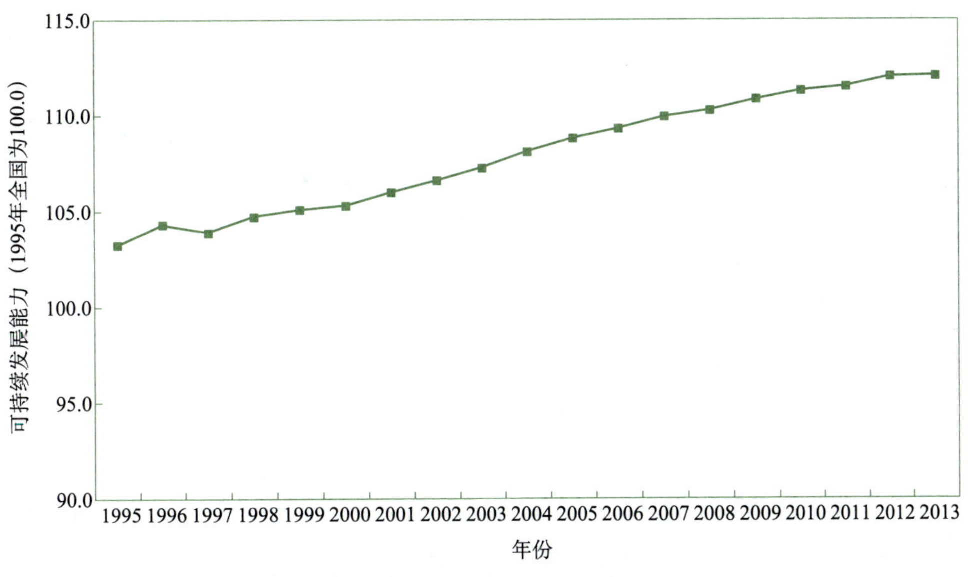

图 10.20　长三角地区可持续发展能力变化趋势图（1995～2013 年）

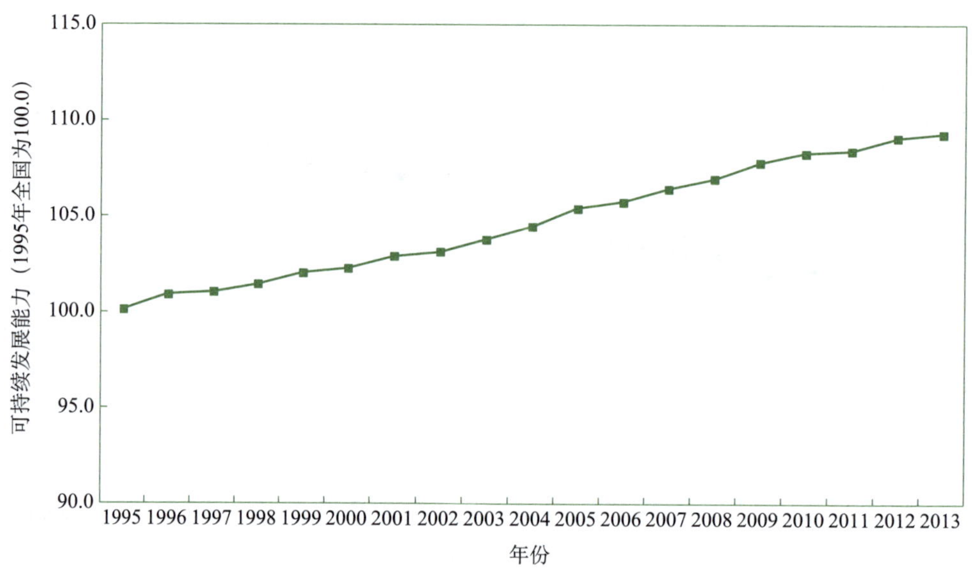

图 10.21　泛珠三角地区可持续发展能力变化趋势图（1995～2013 年）

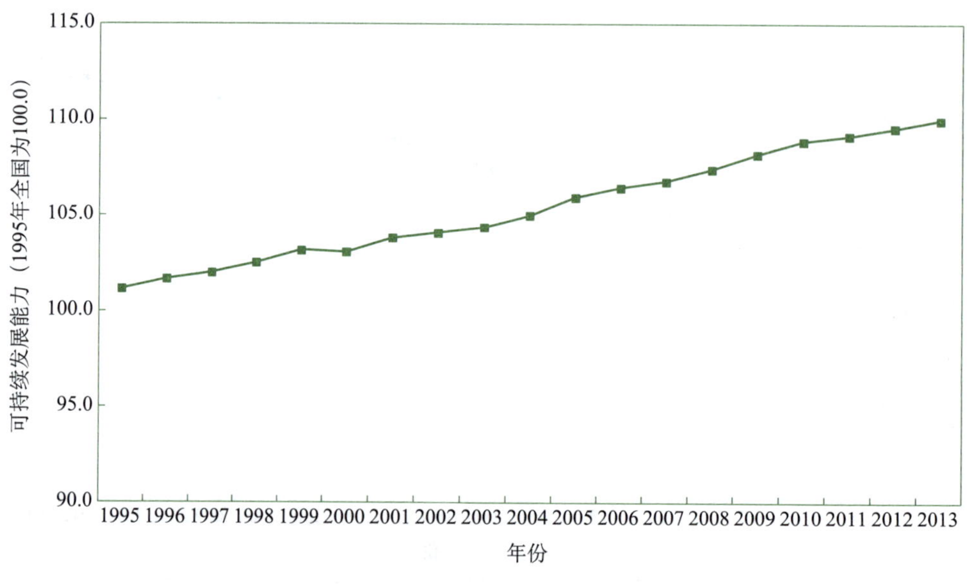

图 10.22　珠江—西江经济带可持续发展能力变化趋势图（1995～2013 年）

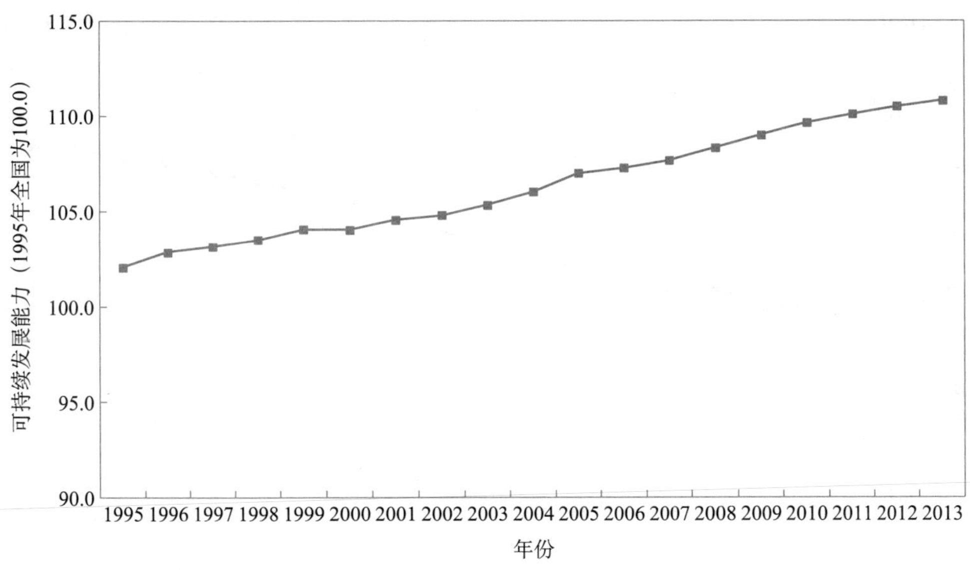

图 10.23　东南沿海经济区可持续发展能力变化趋势图（1995～2013 年）

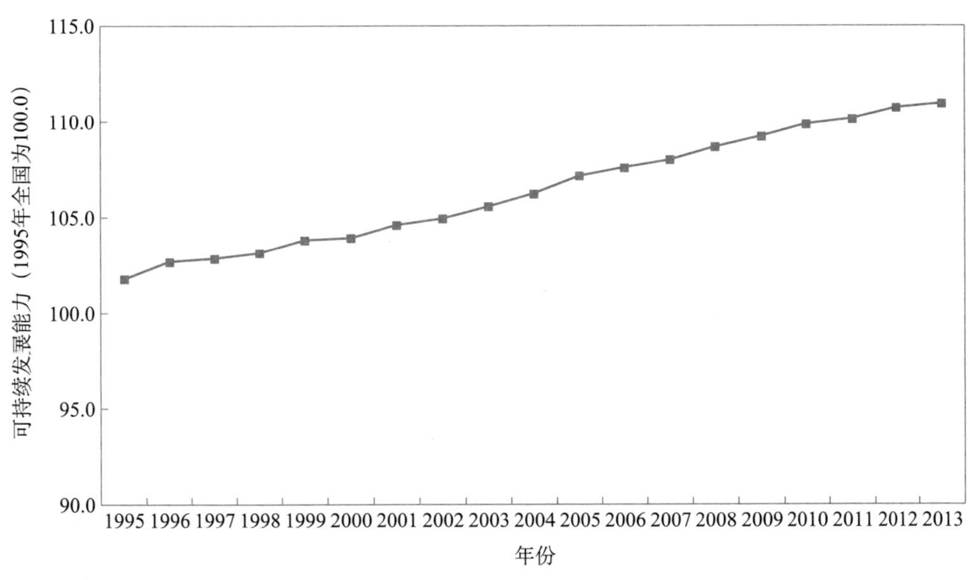

图 10.24　海峡西岸经济区可持续发展能力变化趋势图（1995～2013 年）

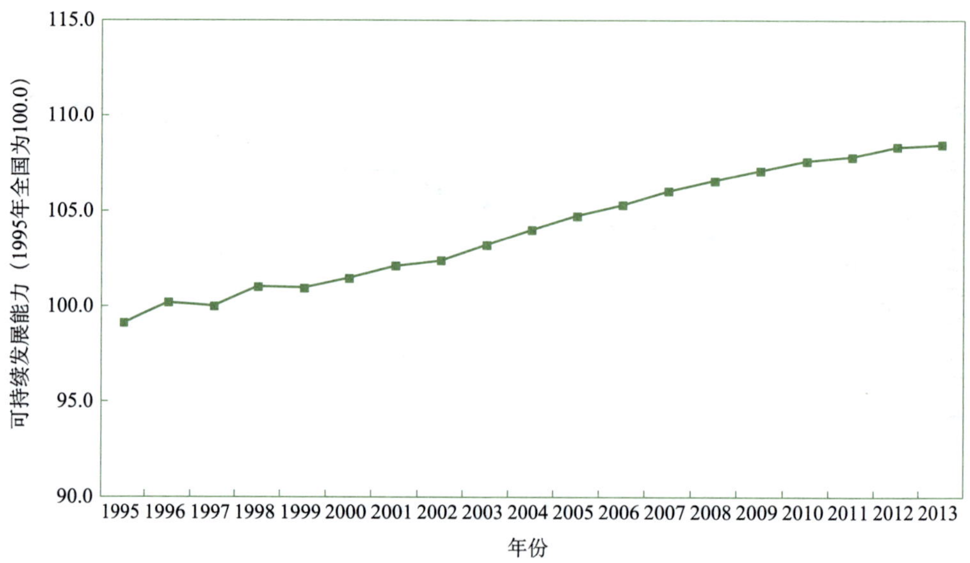

图 10.25 长城经济带可持续发展能力变化趋势图（1995～2013 年）

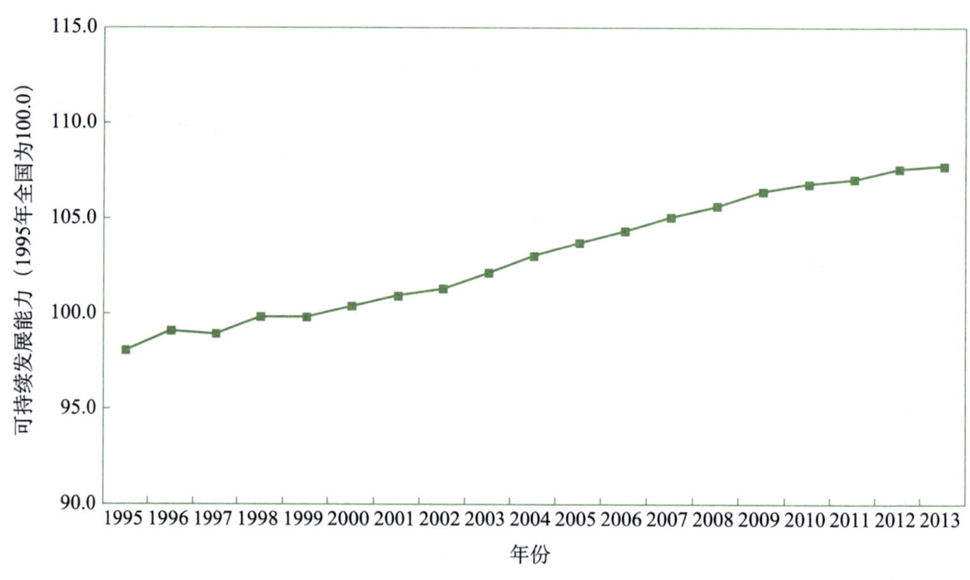

图 10.26 黄河经济区可持续发展能力变化趋势图（1995～2013 年）

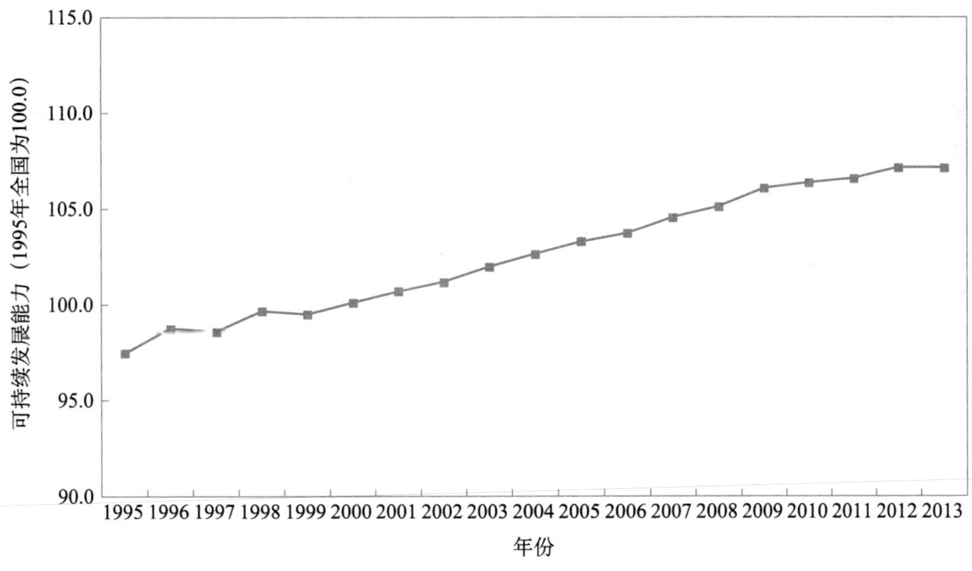

图 10.27　一带一路西部 6 省可持续发展能力变化趋势图（1995～2013 年）

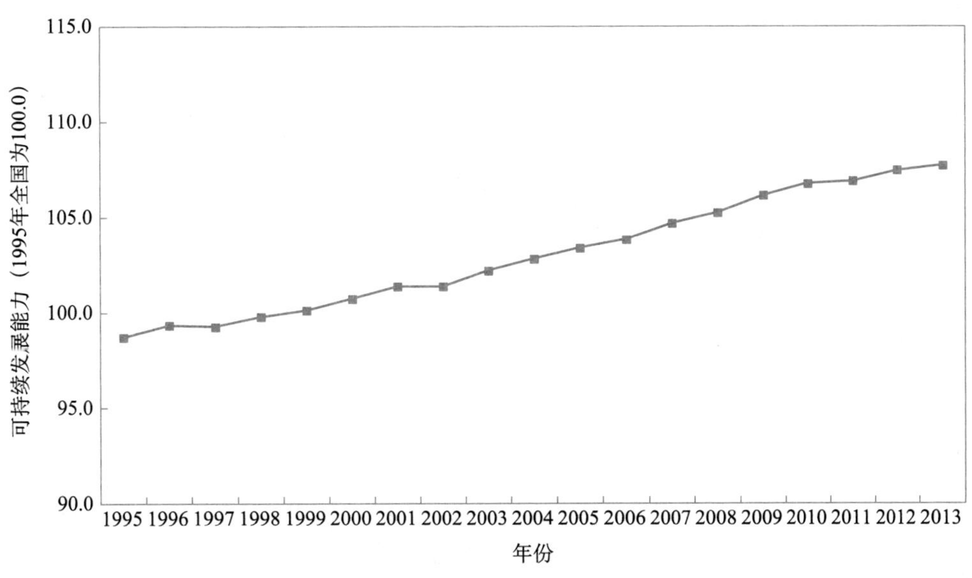

图 10.28　一带一路西南 4 省可持续发展能力变化趋势图（1995～2013 年）

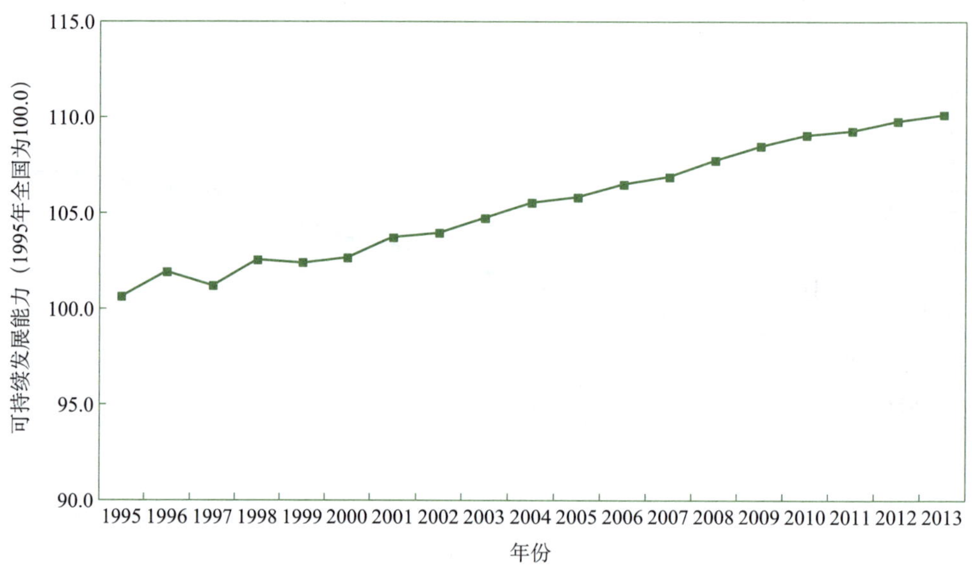

图 10.29　一带一路东北 3 省可持续发展能力变化趋势图（1995～2013 年）

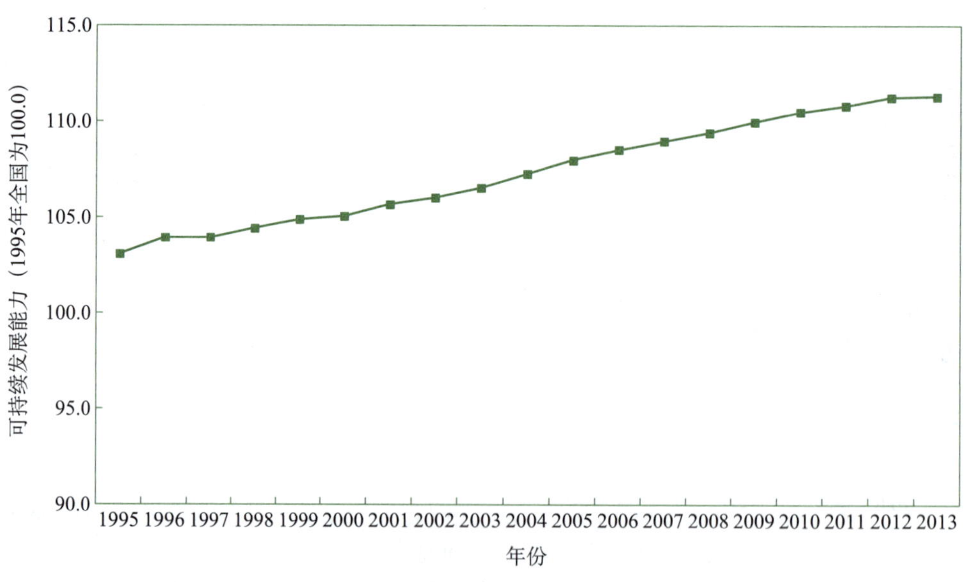

图 10.30　一带一路东部 5 省可持续发展能力变化趋势图（1995～2013 年）

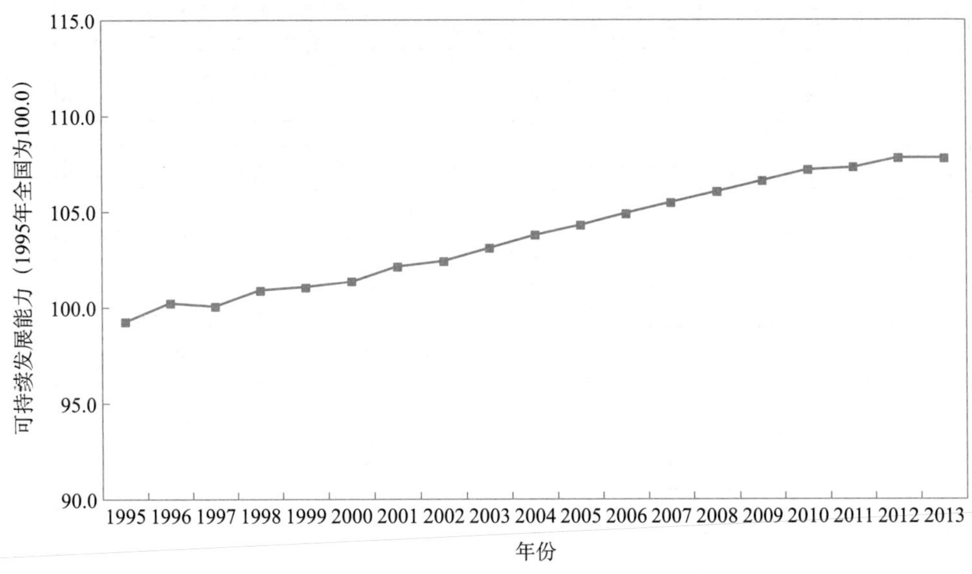

图 10.31　一带一路全国 18 个重点省可持续发展能力变化趋势图（1995～2013 年）

（三）中国 31 个省（自治区、直辖市）可持续发展能力及其变化趋势（1995～2013 年）

1995 年以来，全国各省（自治区、直辖市）可持续发展能力及位序变化趋势如表 10.6～表 10.8 所示。由表可知，1995～2011 年全国各省（自治区、直辖市）可持续发展能力总体上呈上升态势。其中可持续发展能力增幅达到或超过全国平均水平（9.2%）的省（自治区、直辖市）有：河北、山西、内蒙古、辽宁、吉林、江苏、安徽、江西、山东、河南、湖北、湖南、广西、重庆、四川、贵州、陕西、甘肃、宁夏、青海。其他省、直辖市、自治区的可持续发展能力增幅低于全国平均水平。重庆是全国可持续发展能力增长最快的省份，而上海则最慢。其中，可持续发展能力增幅位居全国前十位的省（自治区、直辖市）的依次是：重庆、江西、内蒙古、安徽、甘肃、陕西、河南、贵州、宁夏、四川，这些省市集中在中西部地区，尤其以西部地区为多，体现出西部地区可持续发展能力提升速度较快。天津、云南、浙江、黑龙江、广东、海南、新疆、北京、西藏、上海可持续发展能力增幅分别位居全国后十位。

值得一提的是，2008 年席卷全球的金融危机不仅重创了欧美等发达经济体，也对我国局部地区尤其是沿海地区产生了强烈的冲击，加之我国经济发展进入新常态等因素的综合影响，使得我国的可持续发展能力空间格局发生了一定的变化。其中一个比较明显的变化是北京自 2008 年起可持续发展能力一举超过上海位居全国首位，而

表 10.6　中国 31 个省（自治区、直辖市）可持续发展能力（1995～2013 年）

地区	1995年	1996年	1997年	1998年	1999年	2000年	2001年	2002年	2003年	2004年	2005年	2006年	2007年	2008年	2009年	2010年	2011年	2012年	2013年
北京	105.7	106.0	105.4	107.1	107.1	107.3	107.8	108.3	108.7	109.4	110.2	111.0	111.1	112.4	112.4	112.5	112.6	113.4	113.4
天津	102.7	103.3	103.0	104.3	103.9	104.6	105.8	106.4	107.4	108.2	108.6	109.1	109.4	110.0	110.4	110.9	111.5	111.7	112.1
河北	98.6	99.1	99.2	99.9	99.9	100.4	101.0	101.3	102.3	102.9	103.8	104.1	104.9	105.5	105.7	106.2	106.6	107.2	107.9
山西	97.5	98.7	97.8	98.7	98.3	99.2	99.3	100.5	101.3	102.2	102.4	103.2	103.8	104.5	104.7	105.3	105.7	106.4	106.9
内蒙古	97.6	98.9	98.2	99.8	99.4	100.1	100.5	100.9	102.2	103.2	103.9	104.3	105.3	105.9	106.6	106.8	107.3	107.9	108.2
辽宁	101.0	102.0	101.4	103.3	102.6	102.7	104.1	104.1	104.9	105.7	106.1	106.7	107.2	108.0	108.4	109.3	109.6	110.2	110.5
吉林	99.6	101.6	100.5	102.1	101.9	101.7	102.6	103.3	104.1	104.8	105.4	106.1	106.6	107.5	107.9	108.5	108.4	109.2	109.5
黑龙江	100.6	101.4	101.4	101.7	101.8	102.6	103.1	103.5	104.2	105.1	105.3	105.9	106.3	107.2	108.0	108.4	108.8	109.1	109.4
上海	106.2	106.9	107.1	107.9	107.4	107.5	108.4	109.0	109.6	110.1	110.3	111.6	111.6	111.8	111.9	112.3	112.4	112.4	111.9
江苏	101.8	102.7	102.3	103.5	103.8	103.8	104.7	105.2	106.2	106.9	107.8	108.3	109.1	109.5	110.3	110.9	111.2	111.7	112.0
浙江	102.6	103.6	103.5	104.0	104.8	105.2	105.8	106.3	106.8	107.7	108.4	108.8	109.2	109.8	110.3	110.7	111.1	111.7	111.7
安徽	98.1	98.4	99.0	98.9	99.7	100.0	100.4	101.0	101.4	102.8	103.1	103.8	104.8	105.8	106.6	107.3	107.4	108.3	108.6
福建	101.4	102.5	102.9	103.3	103.5	103.7	104.0	104.2	104.9	106.0	106.8	107.1	107.4	108.2	108.9	109.4	109.8	110.4	110.7
江西	98.2	98.8	99.6	99.3	100.1	100.2	101.2	101.5	102.5	103.5	104.5	105.1	105.8	106.3	107.2	107.8	107.9	108.8	109.3
山东	100.2	100.6	100.5	101.5	101.4	102.1	102.7	102.7	104.0	104.9	105.8	106.3	107.0	107.8	108.2	108.8	109.1	109.6	110.2
河南	97.7	98.5	98.4	99.2	99.3	100.2	100.3	100.8	101.5	102.8	103.7	104.4	105.1	105.7	106.5	106.8	107.0	107.6	108.0
湖北	100.0	100.5	100.8	101.5	101.9	102.2	102.9	102.8	103.7	104.9	105.3	106.0	106.6	107.2	107.9	108.2	108.2	108.9	109.4
湖南	99.1	100.0	100.4	100.3	101.1	101.5	101.9	102.4	102.9	103.9	104.8	105.5	106.1	106.9	107.9	108.1	108.1	108.8	109.1
广东	102.3	102.8	103.2	103.7	104.3	104.2	104.8	105.1	105.2	106.2	107.1	107.4	107.7	108.4	109.1	109.5	110.2	110.5	110.9
广西	98.4	98.4	98.9	99.5	100.0	100.3	101.1	101.1	101.5	102.1	103.3	103.7	104.0	104.8	106.0	106.5	106.7	107.3	108.0
海南	101.4	101.6	101.9	102.8	103.1	103.4	104.1	103.6	103.7	104.5	104.9	106.3	106.8	107.3	108.5	108.9	109.4	109.6	109.8
重庆	98.3	98.8	98.7	99.5	99.7	101.5	101.5	101.8	103.1	103.8	104.3	104.2	106.1	106.7	107.2	108.1	108.4	108.9	109.5
四川	98.7	99.1	99.1	100.2	100.4	100.3	101.4	101.6	102.7	103.5	104.4	104.5	105.6	106.3	107.4	107.3	107.9	108.6	109.0
贵州	96.4	97.0	96.7	97.6	97.9	98.8	99.2	99.8	100.4	101.2	102.4	102.2	103.3	104.1	105.0	105.5	105.0	106.3	106.6
云南	98.3	98.8	98.9	99.3	99.8	100.3	101.6	100.8	102.2	102.8	103.5	103.8	104.4	104.9	105.6	106.0	106.0	106.9	107.1
西藏	95.5	95.5	94.4	95.4	95.8	96.2	96.8	97.4	98.2	98.2	98.8	100.1	101.3	101.4	104.8	102.3	101.9	102.2	102.5
陕西	97.9	98.9	98.7	100.3	99.8	100.6	101.2	101.6	102.7	103.1	104.0	104.5	105.2	105.9	107.1	107.6	107.9	108.4	108.5
甘肃	95.7	97.1	96.5	97.8	97.8	98.4	99.4	99.2	100.3	101.0	101.7	101.9	102.7	103.4	104.3	104.3	104.6	105.7	106.0
青海	96.3	96.9	97.5	97.9	98.3	99.0	100.3	100.3	100.8	101.1	102.2	103.0	103.7	104.5	105.8	105.0	104.9	105.8	105.9
宁夏	95.6	97.1	96.7	97.9	97.9	98.4	99.4	99.5	100.1	100.8	101.1	102.0	102.6	103.1	103.9	104.7	104.7	105.4	105.6
新疆	98.0	98.7	99.1	99.5	99.4	99.9	100.6	101.4	101.9	102.5	103.0	103.4	104.3	104.6	105.4	105.5	105.4	105.8	105.9

注：1995 年全国＝100.0

资料来源：基础数据来自国家统计局 1995～2014 年发布的相关统计年鉴

表 10.7　中国 31 个省（自治区、直辖市）可持续发展能力排序（1995～2013 年）

地区	1995年	1996年	1997年	1998年	1999年	2000年	2001年	2002年	2003年	2004年	2005年	2006年	2007年	2008年	2009年	2010年	2011年	2012年	2013年
北京	2	2	2	2	2	2	2	2	2	2	2	2	2	1	1	1	1	1	1
天津	3	4	5	3	5	4	4	3	3	3	3	3	3	3	3	3	3	3	2
河北	16	15	16	17	18	17	21	20	19	20	20	21	21	22	24	23	23	23	23
山西	26	23	26	26	27	26	29	26	26	25	27	26	26	26	29	27	25	25	25
内蒙古	25	18	25	18	23	23	23	23	20	18	19	19	18	19	20	20	20	20	20
辽宁	9	8	9	7	9	9	7	8	8	8	8	8	8	8	9	8	8	8	8
吉林	13	9	13	10	10	13	13	11	10	12	10	11	12	10	14	11	13	11	12
黑龙江	10	11	10	11	12	10	10	10	9	9	11	13	13	12	11	12	11	12	14
上海	1	1	1	1	1	1	1	1	1	1	1	1	1	2	2	2	2	2	4
江苏	6	6	7	6	6	6	6	5	5	5	5	5	5	5	5	4	4	4	3
浙江	4	3	3	4	3	3	3	4	4	4	4	4	4	4	4	5	5	5	5
安徽	21	25	19	25	22	24	24	22	25	21	24	22	22	20	19	18	19	19	18
福建	7	7	6	8	7	7	9	7	7	7	7	7	7	7	7	7	7	7	7
江西	20	21	15	23	16	21	18	18	18	17	15	15	16	16	16	16	18	15	15
山东	11	12	12	12	13	12	12	13	11	10	9	9	9	9	10	10	10	9	9
河南	24	24	24	24	25	22	25	24	24	23	21	18	20	21	21	21	21	21	21
湖北	12	13	11	13	11	11	11	12	12	11	12	12	11	13	12	13	14	14	13
湖南	14	14	14	15	14	14	14	14	15	14	14	14	14	14	13	14	15	16	16
广东	5	5	4	5	4	5	5	5	6	6	6	6	6	6	6	6	6	6	6
广西	17	26	21	19	17	18	20	21	23	26	23	24	25	24	22	22	22	22	22
海南	8	10	8	9	8	8	8	9	13	13	13	10	10	11	8	9	9	10	10
重庆	19	20	23	21	21	15	16	15	14	15	17	20	15	15	17	15	12	13	11
四川	15	16	17	16	15	20	17	17	16	16	16	17	17	17	15	19	16	17	17
贵州	27	29	28	30	28	28	30	28	28	27	26	28	28	28	27	25	27	26	26
云南	18	19	20	22	20	19	15	25	21	22	22	23	23	23	25	24	24	24	24
西藏	31	31	31	31	31	31	31	31	31	31	31	31	31	31	28	31	31	31	31
陕西	23	17	22	14	19	16	19	16	17	19	18	16	19	18	18	17	17	18	19
甘肃	29	28	30	29	30	30	28	30	29	29	29	30	29	29	30	30	30	29	27
青海	28	30	27	27	26	27	26	27	27	28	28	27	27	27	23	28	28	28	29
宁夏	30	27	29	28	29	29	27	29	30	30	30	29	30	30	31	29	29	30	30
新疆	22	22	18	20	24	25	22	19	22	24	25	25	24	25	26	26	26	27	28

注：本表按照可持续发展能力由高到低顺序进行排序

此前的十余年里，上海的可持续发展能力一直稳居全国首位。但是 2013 年北京的可持续发展能力与往年持平，而上海的可持续发展能力则较往年有所下降，并且被天津和江苏超越。地处西部地区的重庆，其可持续发展能力排序从 1995 年的第 19 位上升到 2013 年的第 11 位，可持续发展能力也从低于全国平均水平上升到全国平均水平之上。

表 10.8　中国 31 个省（自治区、直辖市）**可持续发展能力的增长率**（1995～2013 年）

地区	2000 年比 1995 年增长/%	2005 年比 2000 年增长/%	2010 年比 2005 年增长/%	2013 年比 1995 年增长/%	“九五”期间年均增长率/%	“十五”期间年均增长率/%	“十一五”年均增长率/%	1995～2013 年年均增长率/%	排序
北京	1.53	2.73	2.03	7.31	0.31	0.54	0.40	0.39	29
天津	1.80	3.88	2.10	9.12	0.36	0.76	0.42	0.49	22
河北	1.84	3.40	2.31	9.44	0.37	0.67	0.46	0.50	19
山西	1.74	3.25	2.83	9.68	0.35	0.64	0.56	0.51	17
内蒙古	2.57	3.80	2.86	10.86	0.51	0.75	0.56	0.57	3
辽宁	1.72	3.32	2.98	9.44	0.34	0.66	0.59	0.50	20
吉林	2.10	3.64	3.00	9.91	0.42	0.72	0.59	0.53	15
黑龙江	2.02	2.63	2.93	8.76	0.40	0.52	0.58	0.47	25
上海	1.24	2.62	1.80	5.44	0.25	0.52	0.36	0.29	31
江苏	1.96	3.89	2.80	10.05	0.39	0.77	0.55	0.53	12
浙江	2.52	3.06	2.11	8.90	0.50	0.61	0.42	0.47	24
安徽	2.00	3.04	4.13	10.78	0.40	0.60	0.81	0.57	4
福建	2.23	3.01	2.41	9.16	0.44	0.59	0.48	0.49	21
江西	2.10	4.30	3.16	11.40	0.42	0.84	0.62	0.60	2
山东	1.96	3.63	2.80	10.00	0.39	0.72	0.55	0.53	13
河南	2.59	3.45	3.06	10.59	0.51	0.68	0.60	0.56	7
湖北	2.26	2.97	2.77	9.45	0.45	0.59	0.55	0.50	18
湖南	2.43	3.28	3.17	10.13	0.48	0.65	0.63	0.54	11
广东	1.86	2.75	2.31	8.46	0.37	0.54	0.46	0.45	26
广西	2.02	2.92	3.16	9.77	0.40	0.58	0.62	0.52	16
海南	2.05	1.40	3.80	8.32	0.41	0.28	0.75	0.44	27
重庆	3.25	2.78	3.65	11.42	0.64	0.55	0.72	0.60	1
四川	1.59	4.12	2.77	10.39	0.32	0.81	0.55	0.55	10
贵州	2.42	3.68	3.01	10.52	0.48	0.73	0.59	0.56	8
云南	2.02	3.23	2.40	8.95	0.40	0.64	0.47	0.48	23
西藏	0.71	2.77	3.54	7.29	0.14	0.55	0.70	0.39	30
陕西	2.71	3.43	3.41	10.75	0.54	0.68	0.67	0.57	6
甘肃	2.79	3.35	2.57	10.77	0.55	0.66	0.51	0.57	5
青海	2.77	3.26	2.71	9.94	0.55	0.64	0.54	0.53	14
宁夏	2.90	2.70	3.59	10.43	0.57	0.53	0.71	0.55	9
新疆	1.96	3.09	2.40	8.07	0.39	0.61	0.48	0.43	28

全国 31 个省（自治区、直辖市）可持续发展能力具体变化趋势见图 10.32～图 10.62。

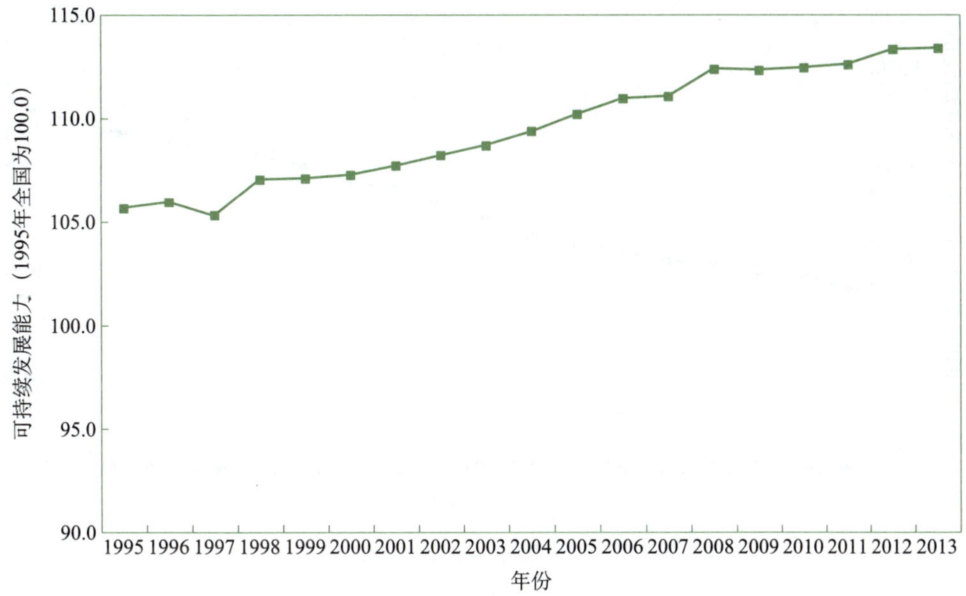

图 10.32 北京可持续发展能力变化趋势图（1995～2013 年）

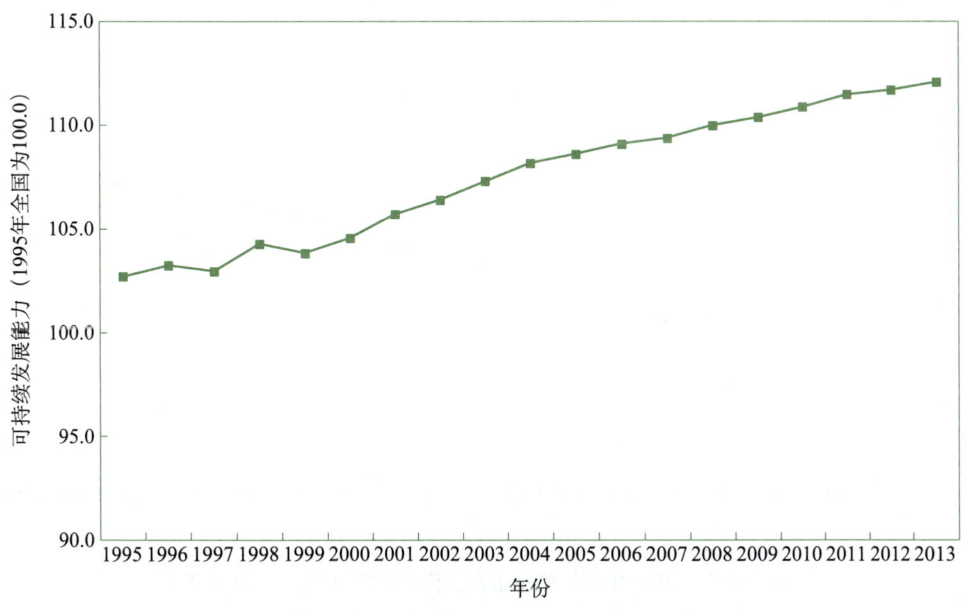

图 10.33 天津可持续发展能力变化趋势图（1995～2013 年）

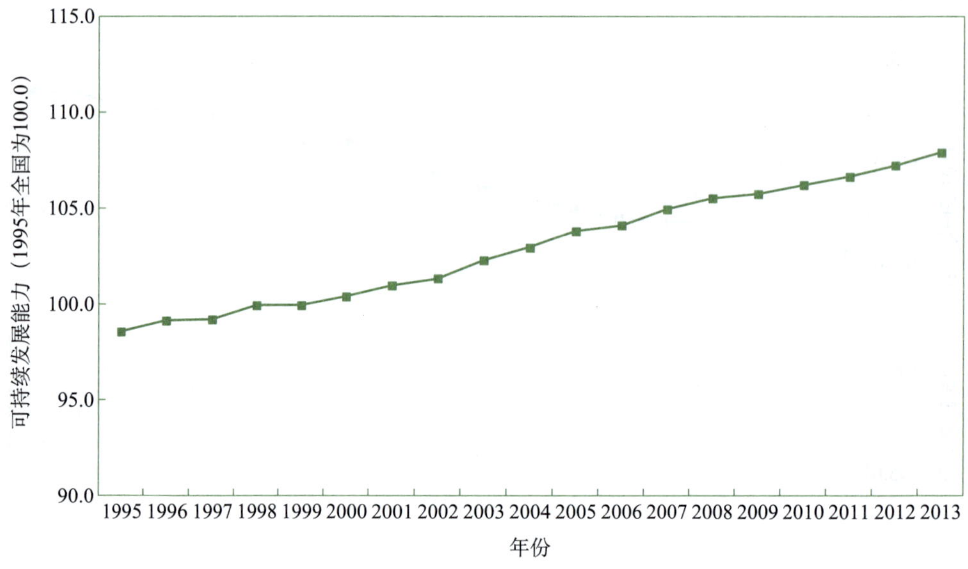

图 10.34　河北可持续发展能力变化趋势图（1995～2013 年）

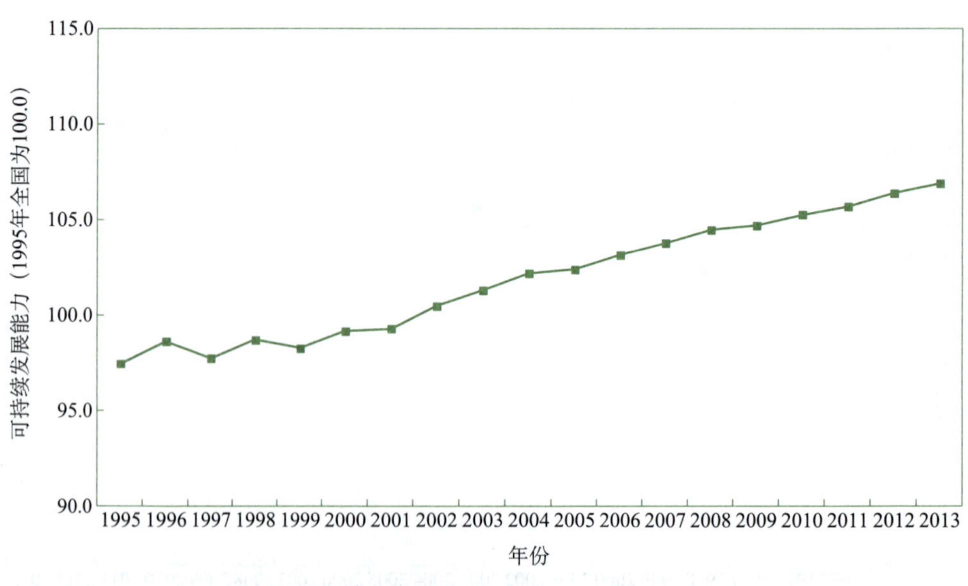

图 10.35　山西可持续发展能力变化趋势图（1995～2013 年）

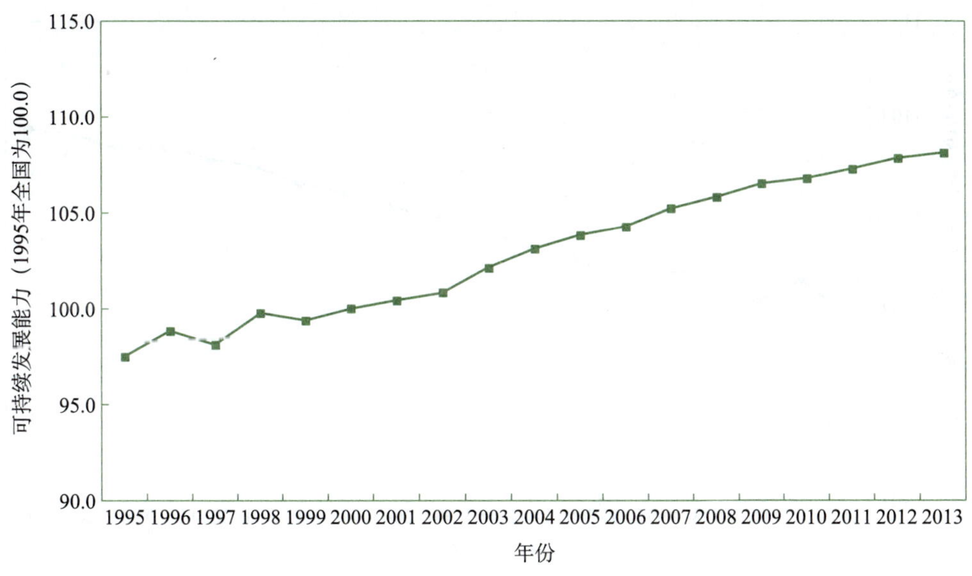

图 10.36　内蒙古可持续发展能力变化趋势图（1995～2013 年）

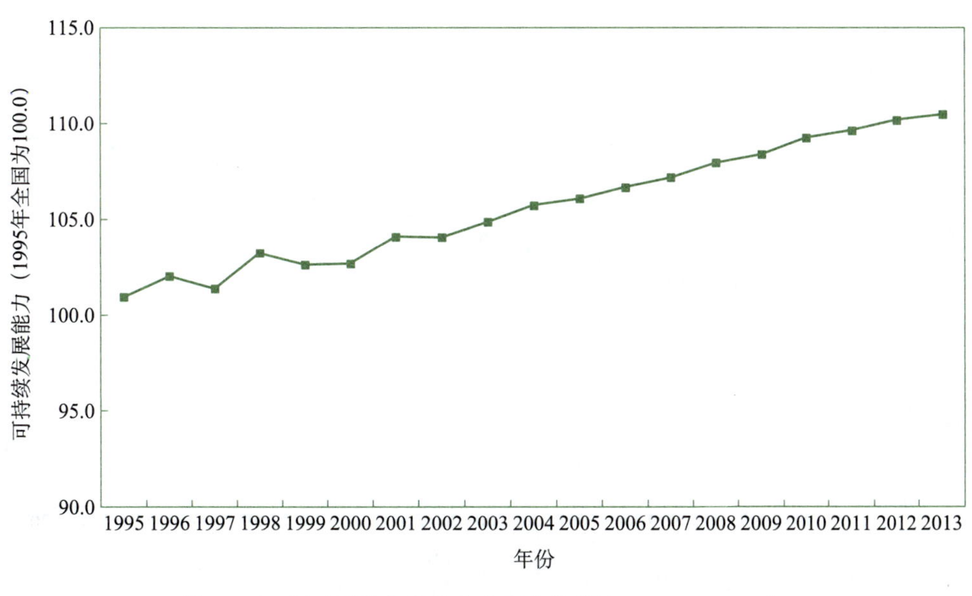

图 10.37　辽宁可持续发展能力变化趋势图（1995～2013 年）

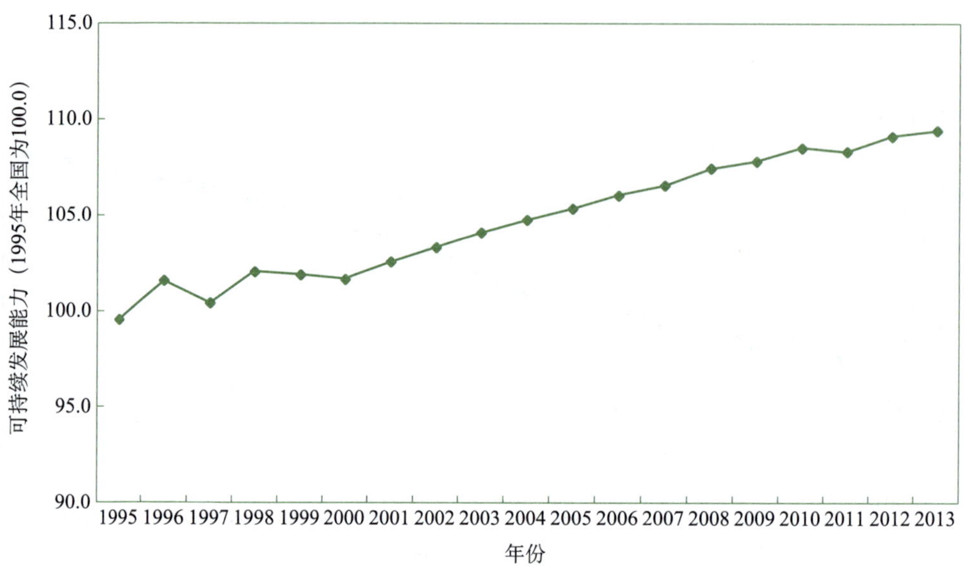

图 10.38　吉林可持续发展能力变化趋势图（1995～2013 年）

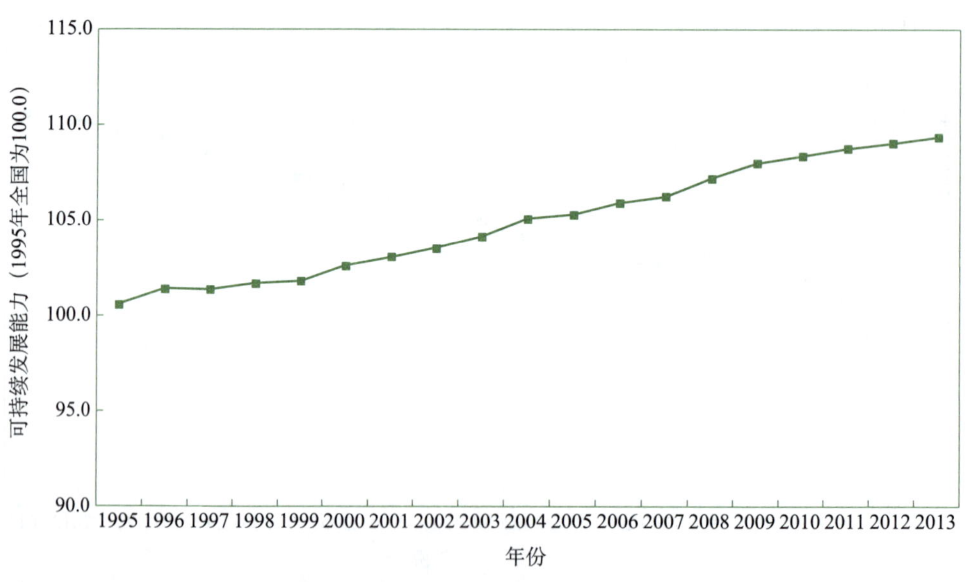

图 10.39　黑龙江可持续发展能力变化趋势图（1995～2013 年）

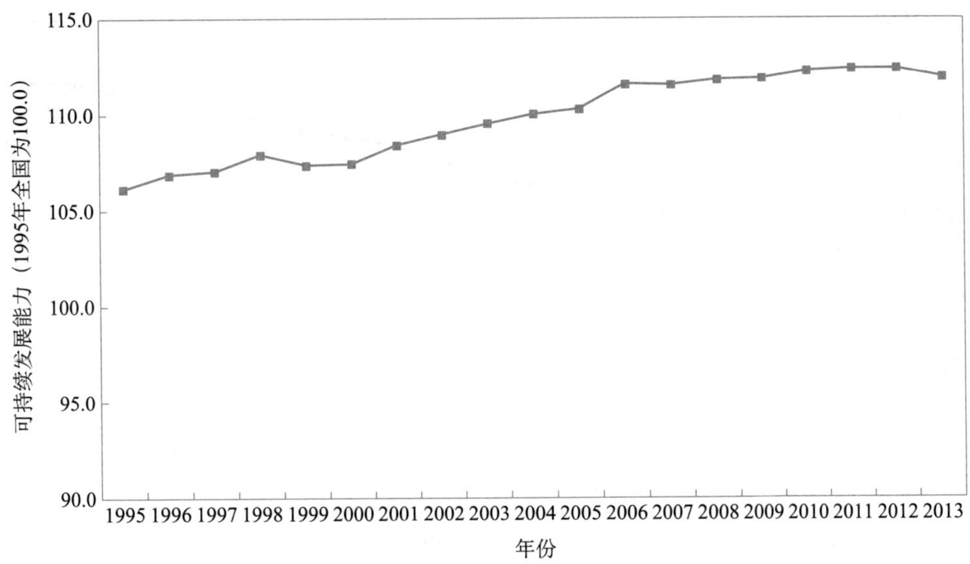

图 10.40　上海可持续发展能力变化趋势图（1995～2013 年）

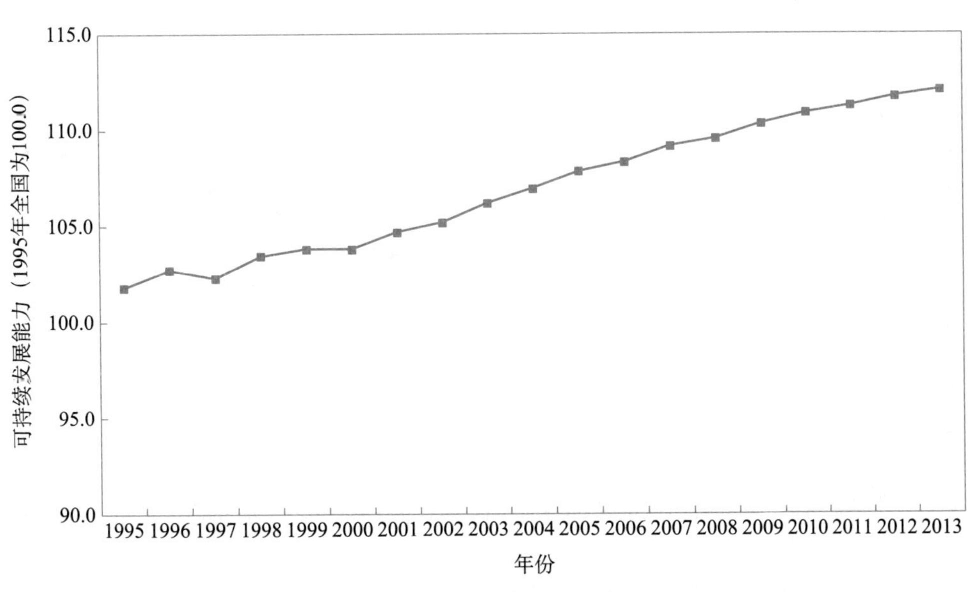

图 10.41　江苏可持续发展能力变化趋势图（1995～2013 年）

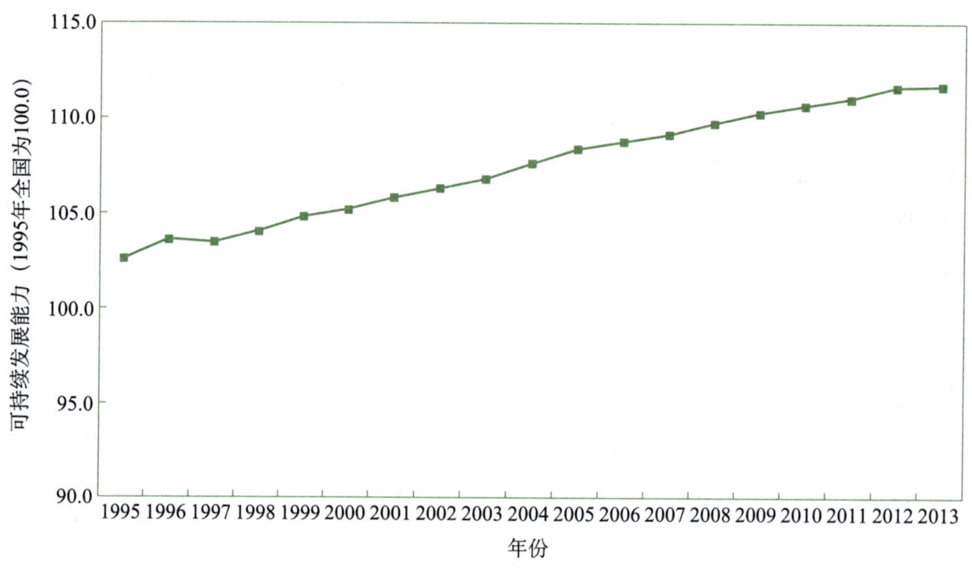

图 10.42 浙江可持续发展能力变化趋势图（1995～2013 年）

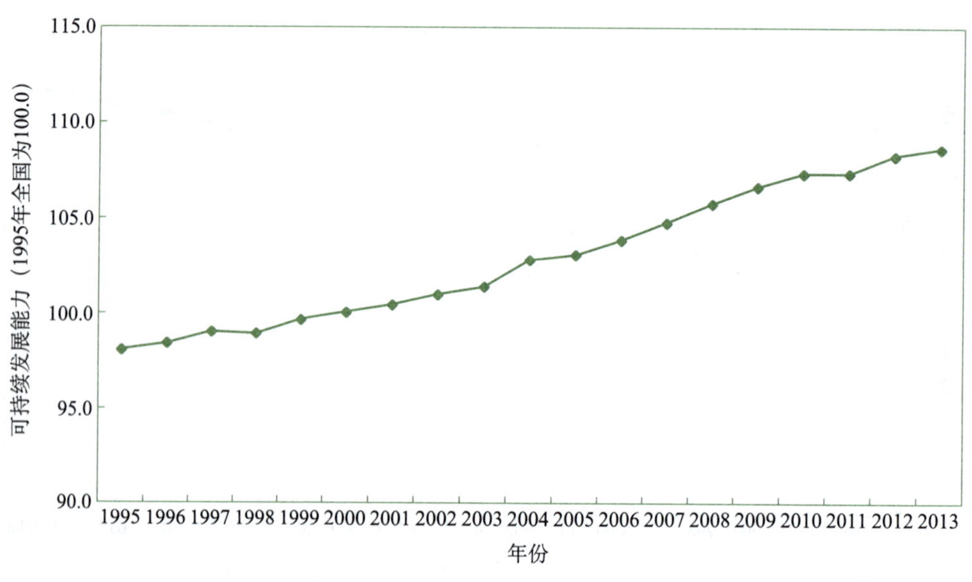

图 10.43 安徽可持续发展能力变化趋势图（1995～2013 年）

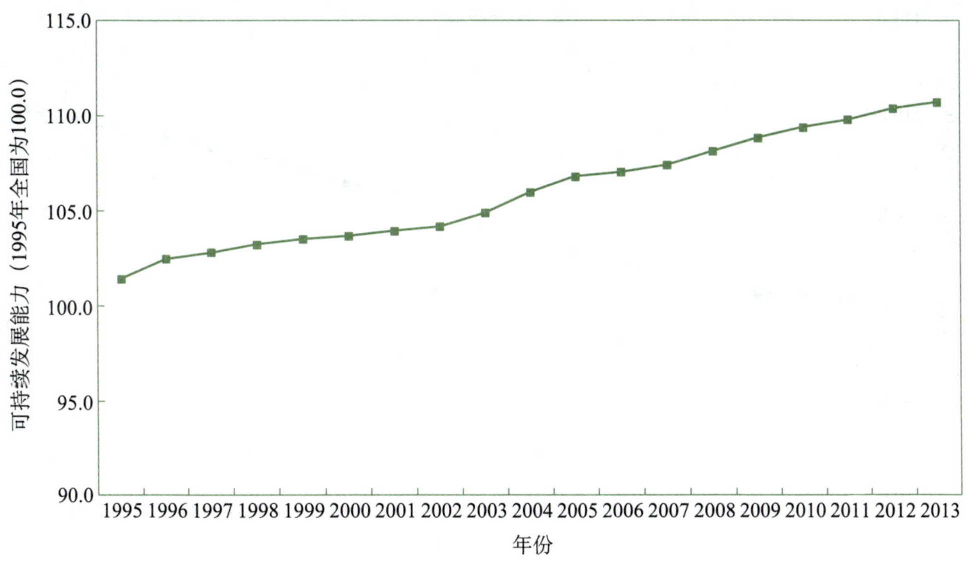

图 10.44　福建可持续发展能力变化趋势图（1995～2013 年）

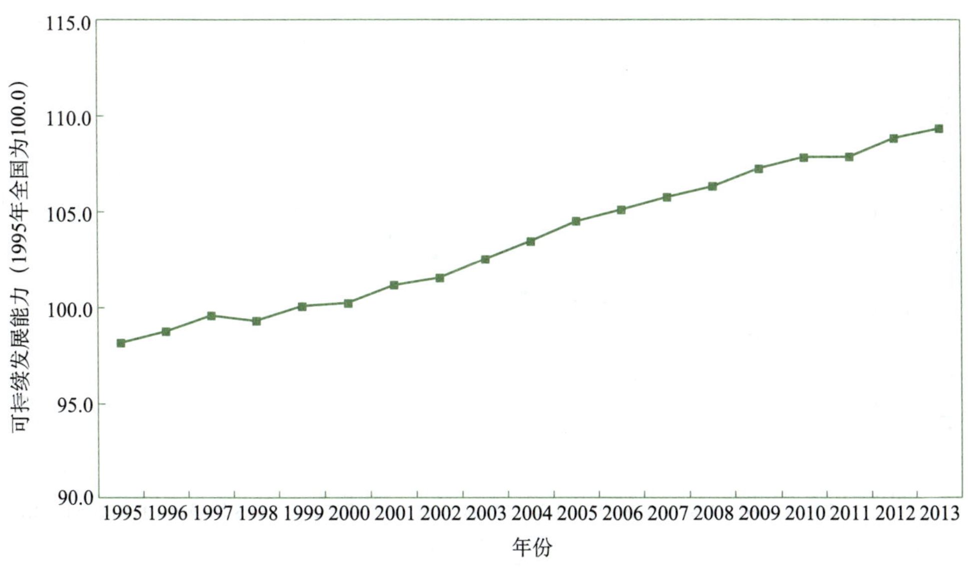

图 10.45　江西可持续发展能力变化趋势图（1995～2013 年）

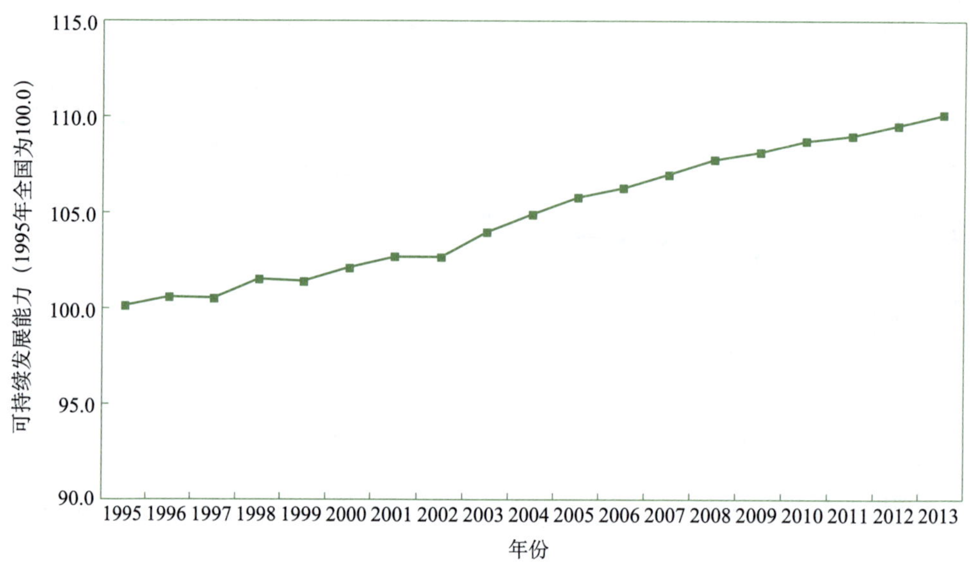

图 10.46　山东可持续发展能力变化趋势图（1995～2013 年）

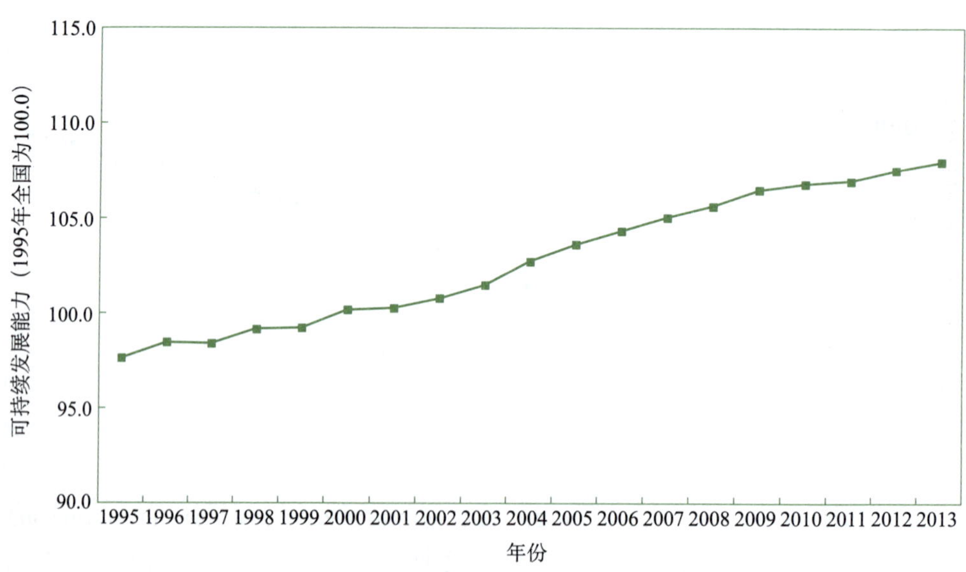

图 10.47　河南可持续发展能力变化趋势图（1995～2013 年）

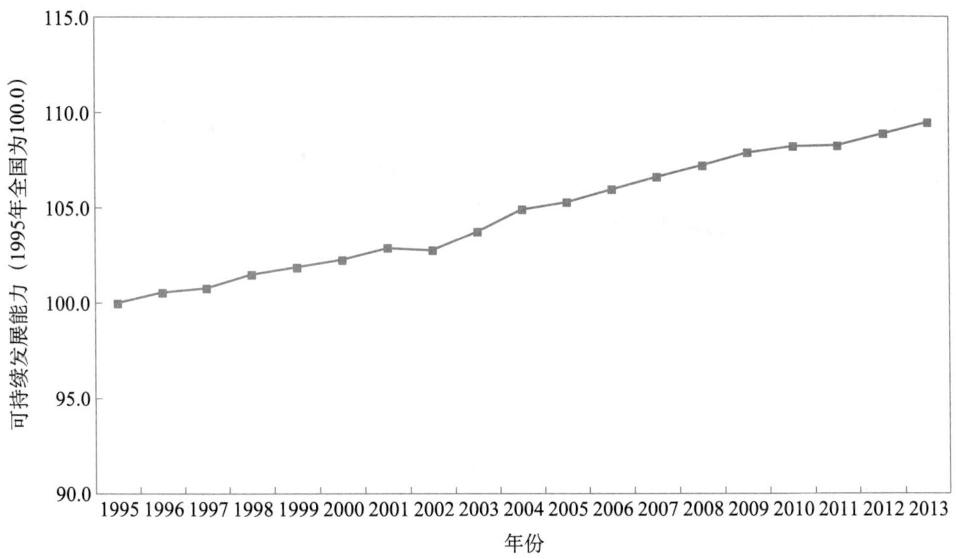

图 10.48　湖北可持续发展能力变化趋势图（1995～2013 年）

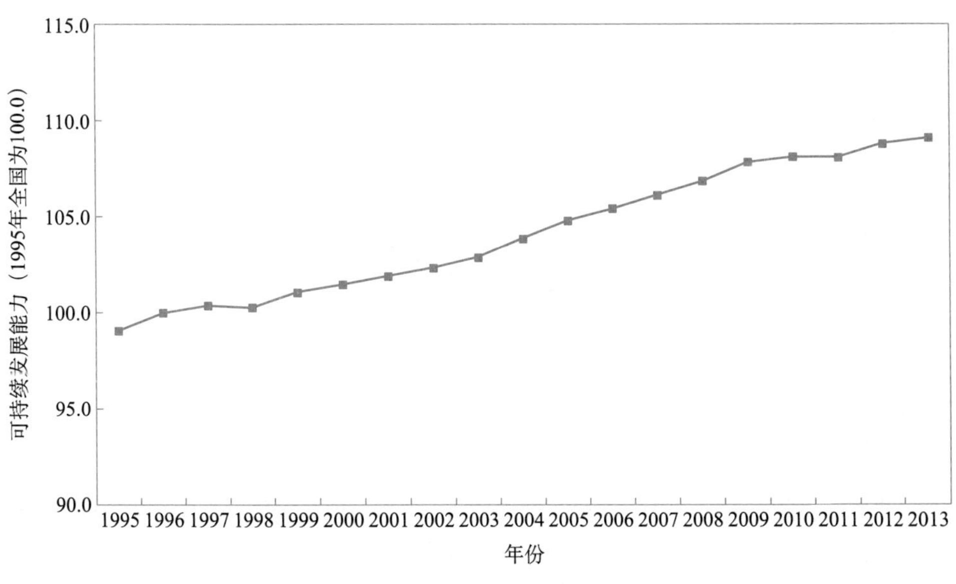

图 10.49　湖南可持续发展能力变化趋势图（1995～2013 年）

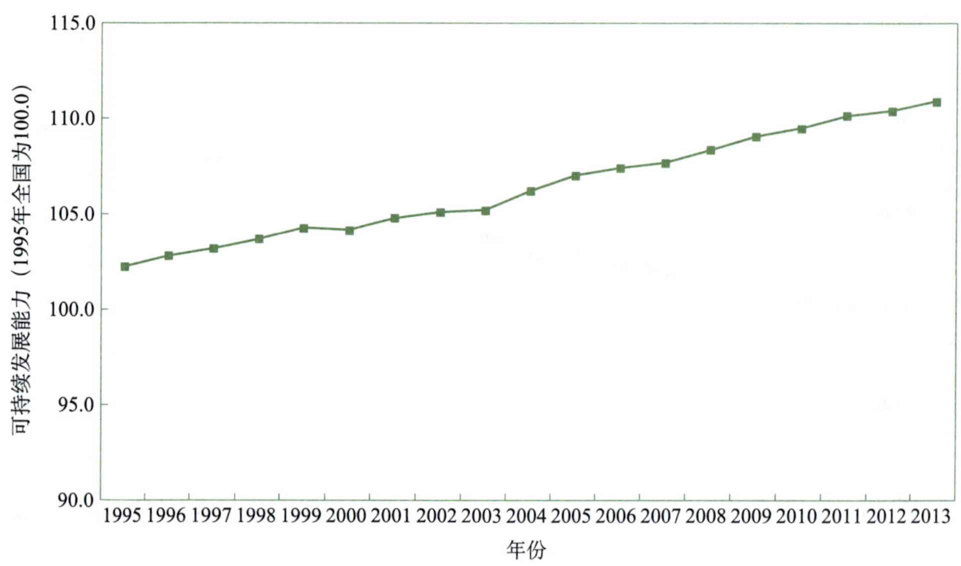

图 10.50　广东可持续发展能力变化趋势图（1995～2013 年）

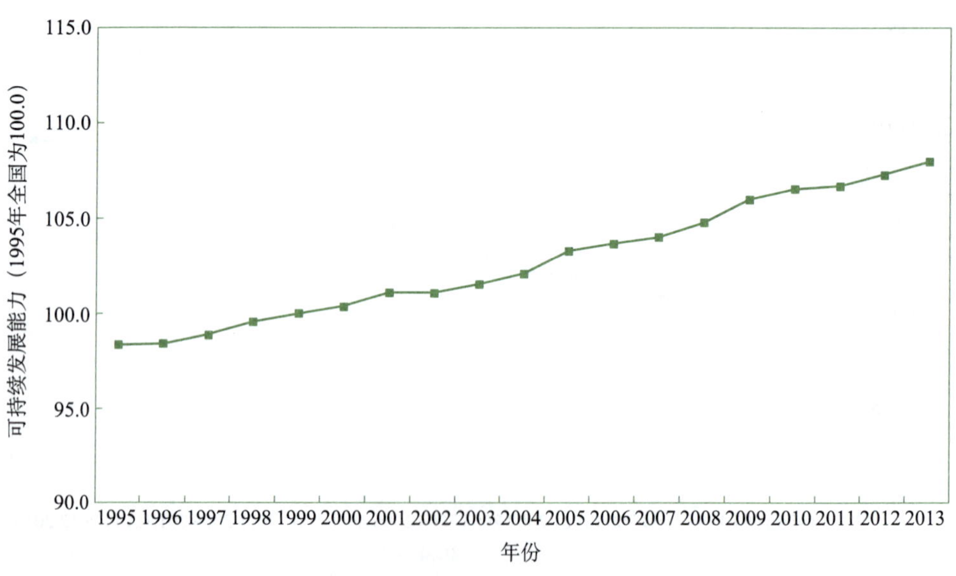

图 10.51　广西可持续发展能力变化趋势图（1995～2013 年）

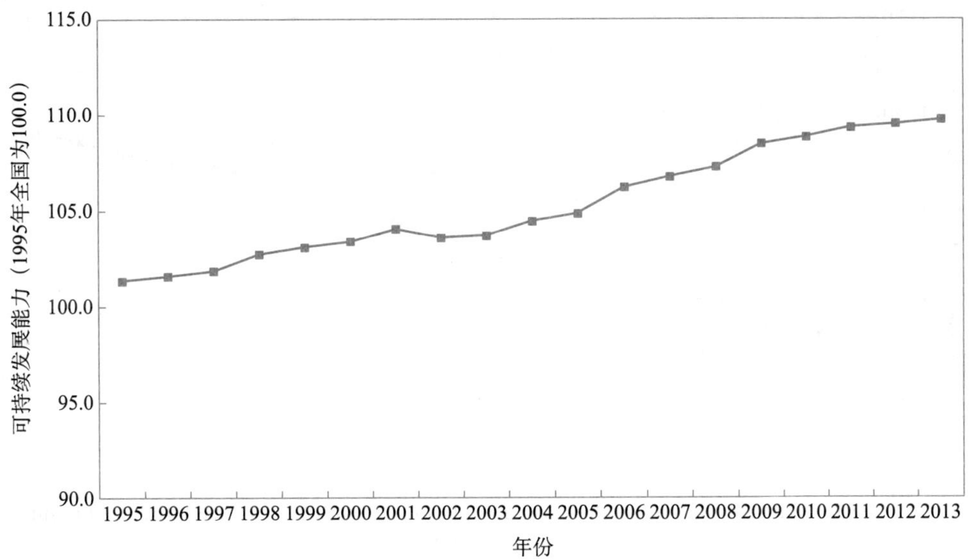

图 10.52　海南可持续发展能力变化趋势图（1995～2013 年）

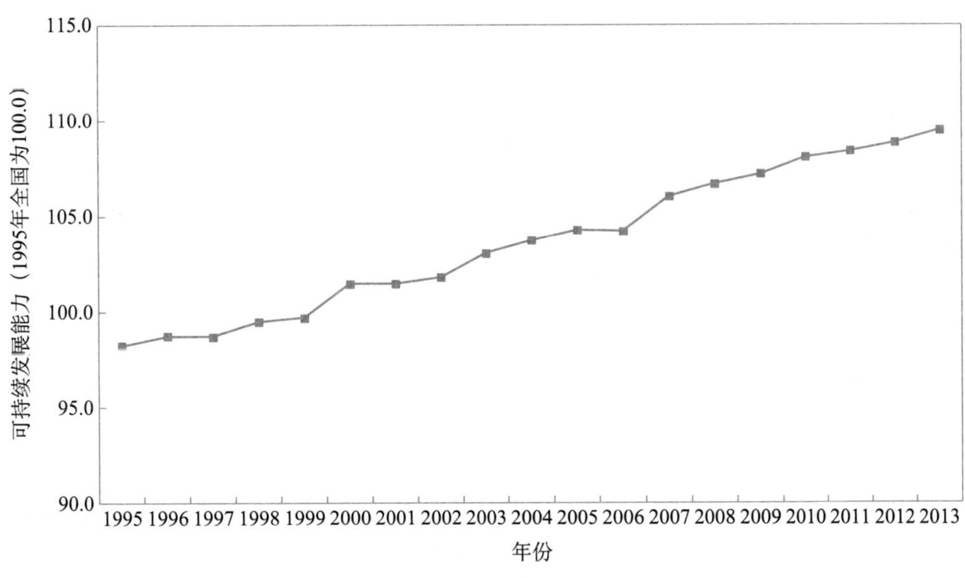

图 10.53　重庆可持续发展能力变化趋势图（1995～2013 年）

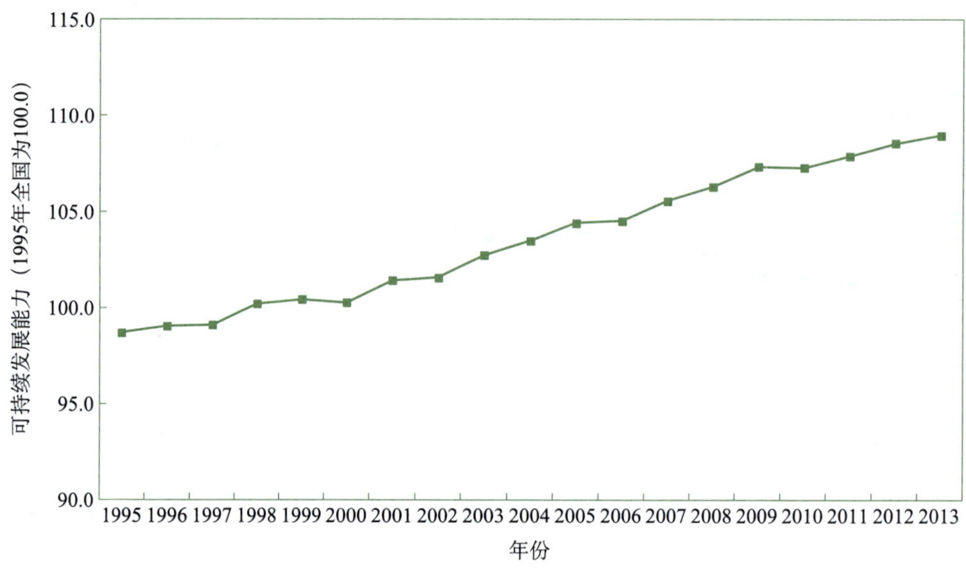

图 10.54　四川可持续发展能力变化趋势图（1995～2013 年）

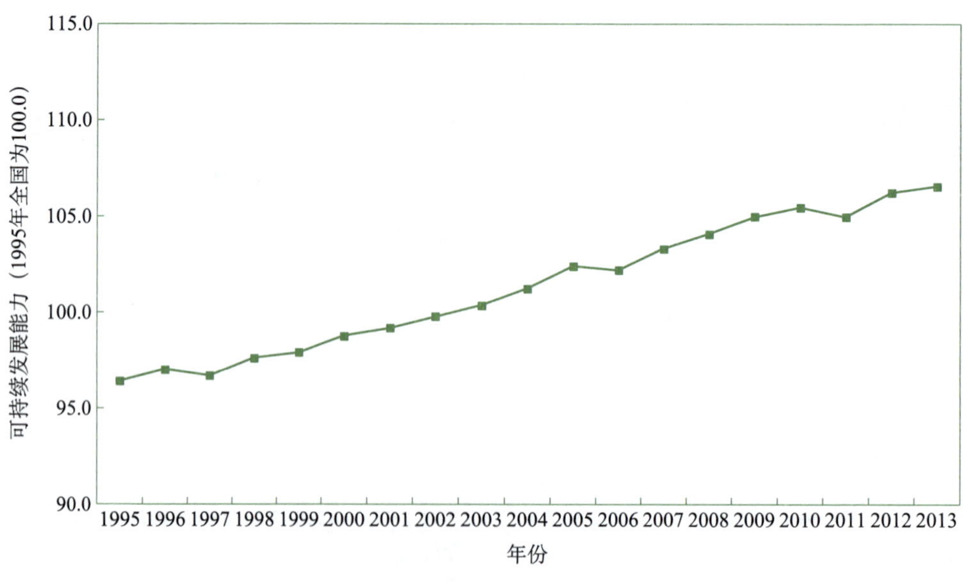

图 10.55　贵州可持续发展能力变化趋势图（1995～2013 年）

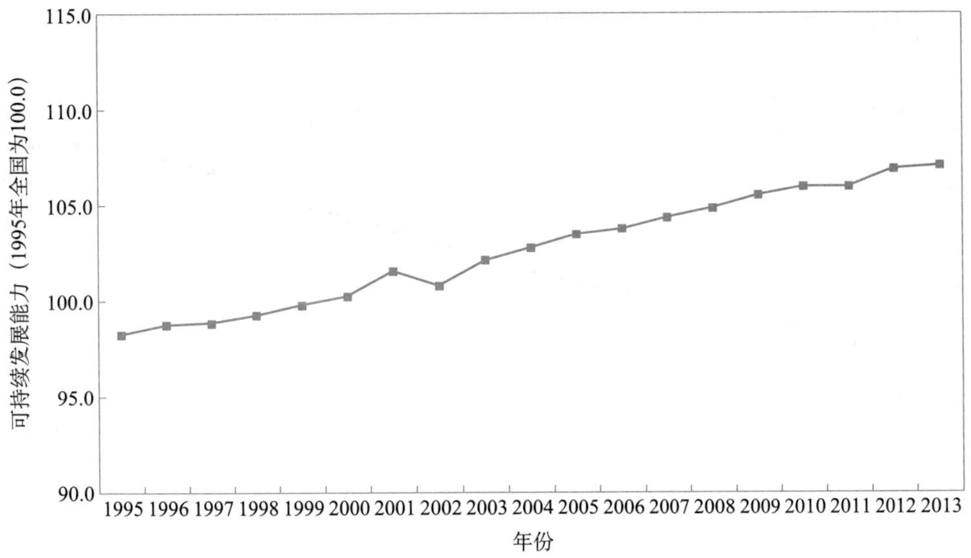

图 10.56　云南可持续发展能力变化趋势图（1995～2013 年）

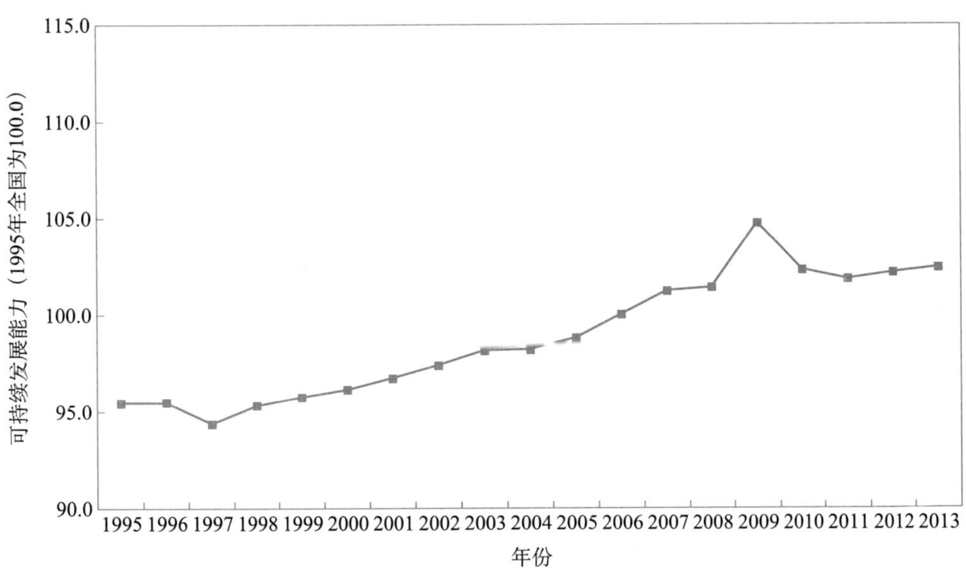

图 10.57　西藏可持续发展能力变化趋势图（1995～2013 年）

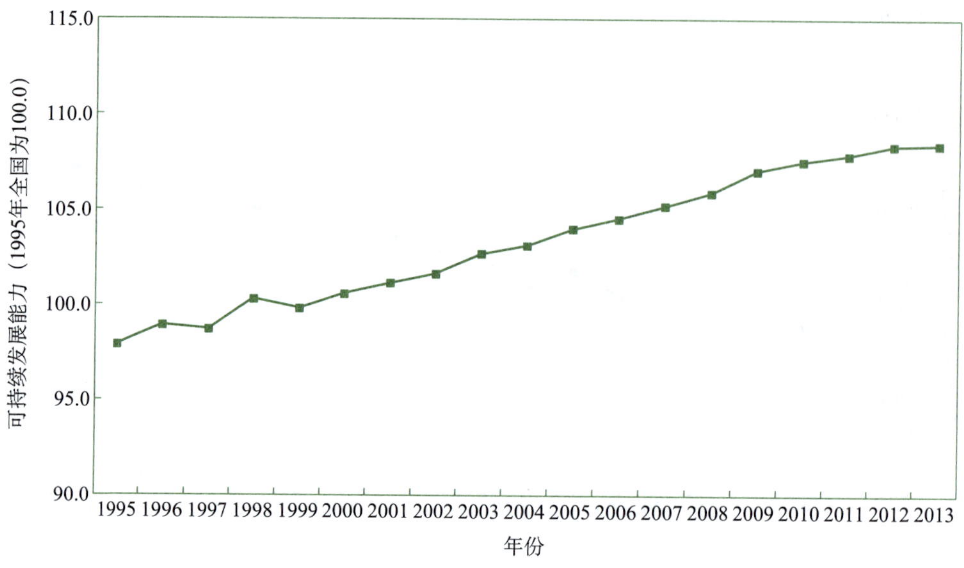

图 10.58　陕西可持续发展能力变化趋势图（1995～2013 年）

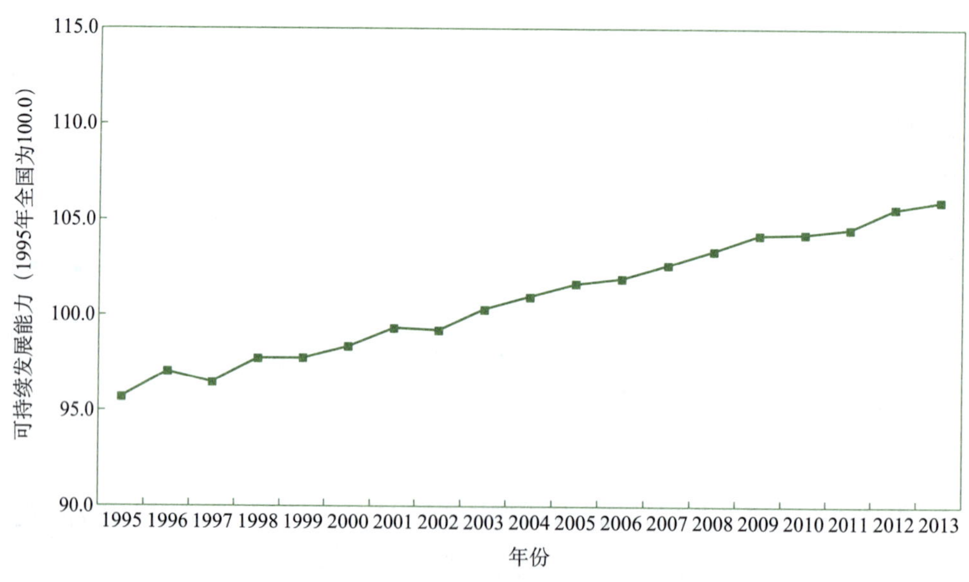

图 10.59　甘肃可持续发展能力变化趋势图（1995～2013 年）

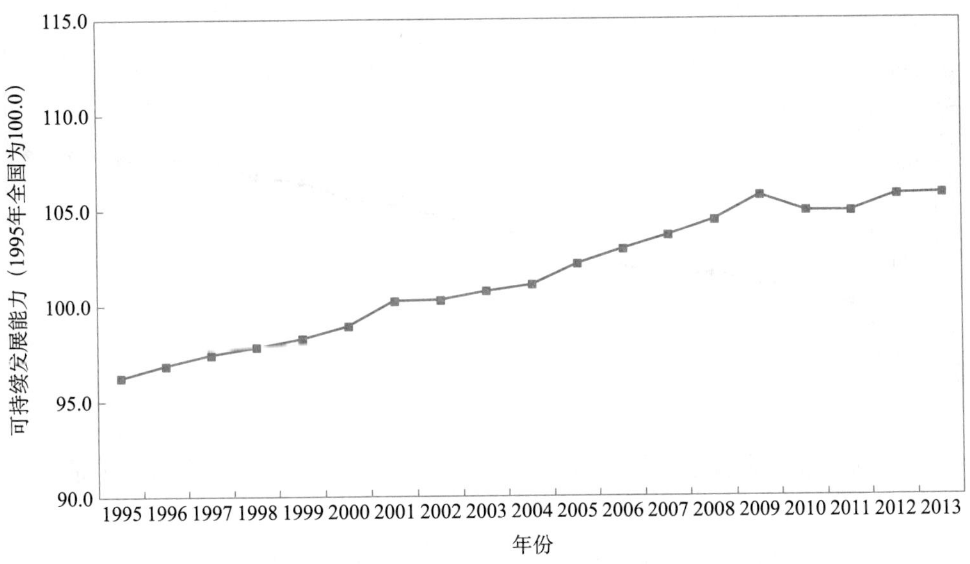

图 10.60　青海可持续发展能力变化趋势图（1995～2013 年）

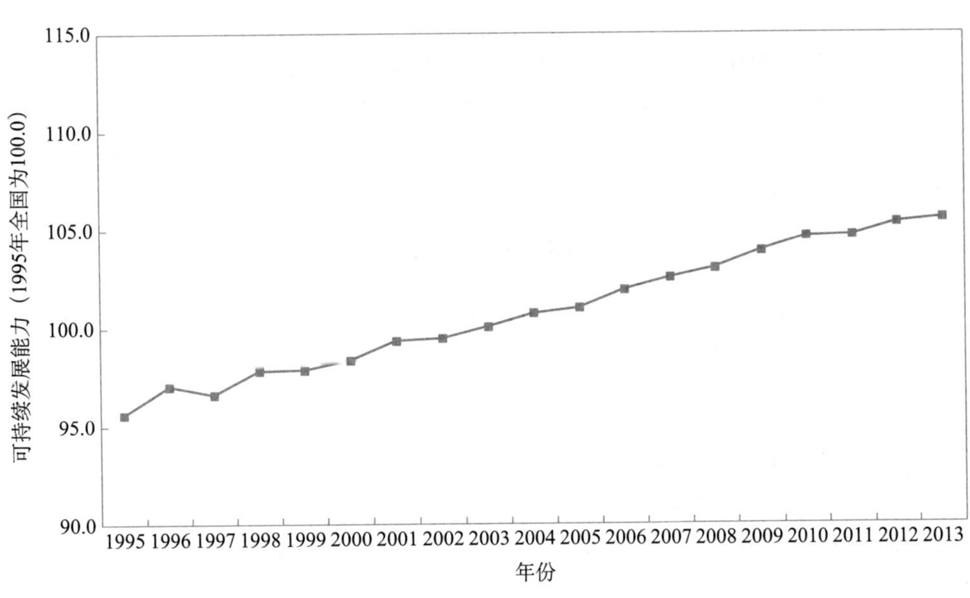

图 10.61　宁夏可持续发展能力变化趋势图（1995～2013 年）

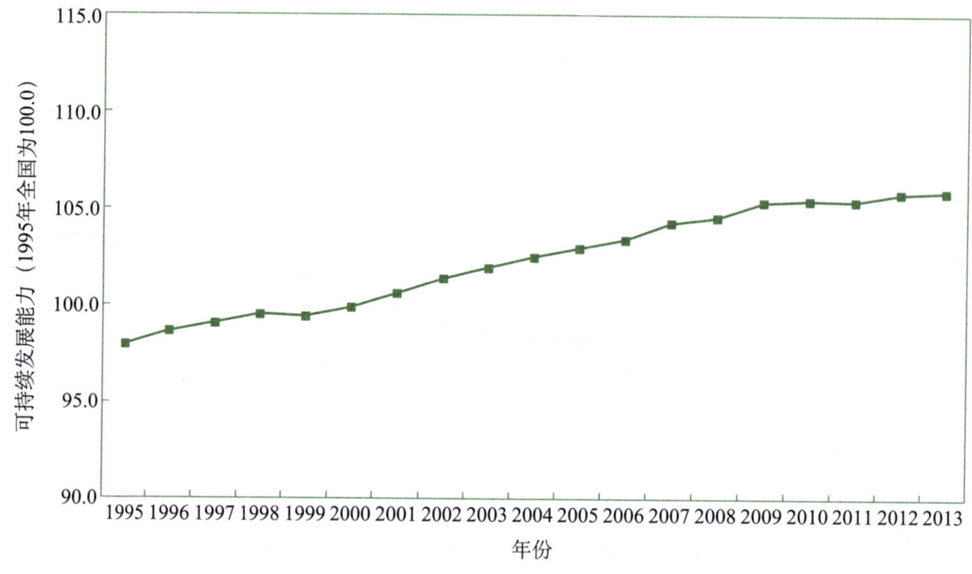

图 10.62　新疆可持续发展能力变化趋势图（1995～2013 年）

三、 中国可持续发展能力系统分解变化趋势 （1995～2013 年）

全国，各省（自治区、直辖市）和主要区域的可持续发展能力具体变化趋势及其空间差异，可通过对可持续发展能力进行层层分解加以考察和分析，具体见中国可持续发展研究网（http：// www. china-sds. org）和中国可持续发展数据库（http：// www. chinasd. csdb. cn）。

参考文献

国家统计局，科学技术部．1997～2014. 中国科技统计年鉴 1996～2014. 北京：中国统计出版社

国家统计局国民经济综合统计司．2005. 新中国五十五年统计资料汇编．北京：中国统计出版社

国家统计局农村社会经济调查总队．1996～2014. 中国农村统计年鉴 1996～2014. 北京：中国统计出版社

国家统计局人口和就业统计司，劳动和社会保障部规划财务司．1996～2014. 中国劳动统计年鉴 1996～2014. 北京：中国统计出版社

国家统计局人口和社会科技统计司．1995～2007. 中国人口统计年鉴 1995～2007. 北京：中国统计出版社

《中国国土资源年鉴》编辑部．1999～2012. 中国国土资源年鉴 1999～2012. 北京：《中国国土资源年鉴》编辑部

《中国环境年鉴》编委会．1996～2014. 中国环境年鉴 1996～2014. 北京:中国环境年鉴社
中国交通运输协会．1996～2013. 中国交通年鉴 1996～2013. 北京:中国交通年鉴社
《中国农业年鉴》编辑委员会．1995～2013. 中国农业年鉴 1995～2013. 北京:中国农业出版社
《中国水利年鉴》编纂委员会．1996～2013. 中国水利年鉴 1996～2013. 北京:中国水利水电出版社
《中国卫生年鉴》编辑委员会．1996～2003. 中国卫生年鉴 1996～2003. 北京:人民卫生出版社
中国有色金属工业协会,《中国有色金属工业年鉴》编委会．1996～2013. 中国有色金属工业年鉴 1996～2013. 北京:《中国有色金属工业年鉴》编辑部
中华人民共和国国家统计局．1995～2014. 中国统计年鉴 1995～2014. 北京:中国统计出版社
中华人民共和国科学技术部．2007. 中国科学技术指标 2006. 北京:科学技术文献出版社
中华人民共和国科学技术部．2011. 中国科学技术指标 2010. 北京:科学技术文献出版社
中华人民共和国科学技术部．2014. 中国科学技术指标 2012. 北京:科学技术文献出版社

第十一章　中国资源环境综合绩效评估（2000～2013年）*

一、资源环境综合绩效评估方法——资源环境综合绩效指数

提高资源环境绩效是减缓或控制资源消耗和污染物排放增长速度、促进实现绿色发展乃至于可持续发展目标的重要前提和基础。为了对国家和各地区的资源消耗和污染排放的绩效进行监测和评价，以便反映建设节约型社会进展和绿色发展状况及检验各种政策措施的综合实施效果，中国科学院可持续发展战略研究组（2006）提出了节约指数或资源环境综合绩效指数（resource and environmental performance index，REPI）方法。

自2009年之后，中国科学院可持续发展战略研究组（2009～2014）又对原有表达式进行了部分调整，即将原来的“强度”表达式变换成“生产率”表达式，也就是把单位GDP资源消耗或污染物排放改变为单位资源消耗或污染物排放产生的GDP。这种改变虽然在含义上更贴近“绩效”概念，但是经过多年的评估实践和反复对比，发现调整后的方法存在着可能过分夸大某种资源或污染物排放生产率的作用及拉大不同地区资源环境绩效差距的缺陷，尤其是当一个地区的某种资源消耗或污染物排放出现明显下降的情形时。有鉴于此，本次评估采用资源环境综合绩效指数原有的表达式，即

$$\mathrm{REPI}_j = \frac{1}{n}\sum_{i}^{n} w_i \frac{x_{ij}/g_j}{X_{i0}/G_0} \tag{11.1}$$

在式（11.1）中，REPI_j 是第 j 个省（自治区、直辖市）的资源环境综合绩效指数；w_i 为第 i 种资源消耗或污染排放绩效的权重，x_{ij} 为第 j 个省（自治区、直辖市）第 i 种资源消耗或污染物排放总量，g_j 为第 j 个省（自治区、直辖市）的GDP总量，X_{i0} 为全国第 i 种资源消耗或污染物排放总量，G_0 为全国的GDP总量。那么，$\frac{x}{g}$ 和 $\frac{X}{G}$ 实际上分别表征的是各省（自治区、直辖市）和全国资源消耗或污染物排放强度。n 为所消耗的资源或所排放的污染物的种类数。换言之，资源环境综合绩效指数实质上

* 本章由陈劭锋、刘扬执笔，作者工作单位为中国科学院科技政策与管理科学研究所。

表达的是一个地区 n 种资源消耗或污染物排放强度与全国相应资源消耗或污染物排放强度比值的加权平均。该指数越大，表明资源环境综合绩效水平越低；该指数越小，表明资源环境综合绩效水平越高。在实证研究中，为简化起见，我们不妨假定各资源消耗和污染物排放绩效的权重相同。

二、中国资源环境综合绩效评估（2000～2013年）

通过资源环境综合绩效指数（REPI），本报告对2000～2013年中国各省（自治区、直辖市）[①] 资源环境综合绩效及其变化趋势进行评估。同时考虑到我国区域战略调整的可能性，报告也对主要区域的资源环境综合绩效进行评估。为了对接“十二五”规划中的资源环境目标指标，本次评估选择了4个资源消耗指标和5个环境指标。其中，资源消耗指标包括能源消费总量、用水总量、建设用地规模（表征对土地资源的占用）、固定资产投资（间接表达对水泥、钢材等基础原材料的消耗）。环境指标包括氨氮和化学需氧量（COD）排放量（表征对水环境的压力）、二氧化硫和烟粉尘排放量（表达对大气环境的压力）及工业固体废物产生量。需要说明的是，由于二氧化碳指标缺少公开统计数据，氮氧化物列入统计的时间较短，因此在本次评估中暂未考虑。从2011年起，中国部分环境指标的统计口径发生了一定的变化，考虑到年际之间的可比性，我们仍然按照原口径对指标进行了调整，可能会对评估结果产生一定的影响。GDP和固定资产投资均按2005年价计算。西藏由于数据不完整，未参与综合评估，但部分指标在附表中列出。

基于上述9个资源环境指标，采用式（11.1）对中国各省（自治区、直辖市）2000～2013年的资源环境综合绩效进行评估，结果如表11.1～表11.3所示。

表11.1 中国各省（自治区、直辖市）的资源环境综合绩效指数（2000～2013年）

地区	2000年	2001年	2002年	2003年	2004年	2005年	2006年	2007年	2008年	2009年	2010年	2011年	2012年	2013年
全国	100.0	94.6	90.7	89.2	88.4	87.4	83.2	78.2	74.9	75.2	74.7	76.3	76.2	75.9
北京	52.4	51.5	50.2	49.3	46.1	42.1	39.6	36.6	32.0	32.4	31.5	29.2	28.2	27.8
天津	72.1	61.6	57.4	56.3	50.9	51.4	47.4	45.4	44.4	45.3	46.8	42.1	39.9	38.7
河北	114.4	110.5	105.2	100.2	108.0	101.4	92.3	89.9	84.7	86.6	90.8	96.6	92.4	88.7
山西	206.7	191.1	188.7	183.9	170.9	163.3	151.1	139.6	131.4	126.8	123.8	134.3	129.9	127.9
内蒙古	161.8	149.2	145.9	159.6	151.3	161.2	142.4	130.9	115.2	110.2	113.4	113.6	107.2	100.0
辽宁	134.2	122.5	114.4	104.3	99.8	107.3	104.7	98.5	93.3	89.9	86.0	89.4	86.8	83.5
吉林	130.5	117.1	105.8	100.4	94.7	97.4	95.8	89.7	85.2	84.4	81.7	72.7	69.3	65.2
黑龙江	128.3	118.9	106.6	100.5	95.2	92.5	88.2	82.5	77.4	76.8	73.3	70.6	70.0	65.7

① 由于数据限制，本次评估未包括我国港澳台地区。

续表

地区	2000年	2001年	2002年	2003年	2004年	2005年	2006年	2007年	2008年	2009年	2010年	2011年	2012年	2013年
上海	66.7	65.3	61.1	56.6	52.5	52.5	50.2	45.3	41.6	39.0	35.9	33.4	31.2	29.7
江苏	68.0	66.6	61.6	61.0	59.5	59.7	56.6	52.1	48.7	47.7	46.3	46.0	44.7	44.6
浙江	69.9	64.9	60.7	61.0	57.3	54.5	50.9	46.2	42.3	41.2	39.1	39.7	40.0	40.3
安徽	110.9	105.7	100.4	100.2	95.5	96.0	95.3	91.6	90.7	92.1	88.2	84.7	83.1	81.8
福建	67.8	73.8	66.6	64.0	62.2	64.0	60.5	56.5	53.6	53.1	53.7	50.3	53.3	54.0
江西	137.6	118.9	121.6	121.2	118.6	114.8	109.3	103.1	96.7	97.3	94.4	91.9	86.5	85.4
山东	82.9	75.5	73.0	71.8	67.5	67.6	64.3	58.5	55.0	54.3	53.1	53.2	51.2	50.1
河南	93.3	87.4	85.2	82.2	82.1	83.8	79.3	74.3	69.7	70.6	67.1	63.9	62.5	63.5
湖北	123.5	112.7	107.6	101.9	97.2	92.4	86.4	78.9	74.5	72.9	71.8	70.2	68.5	65.5
湖南	114.1	109.3	115.0	110.2	109.2	106.0	98.1	88.6	79.2	77.6	71.4	69.4	65.6	64.4
广东	60.6	57.7	54.0	52.0	48.6	47.1	42.3	41.1	39.3	38.9	37.0	35.5	33.4	31.7
广西	177.1	153.3	147.6	152.7	151.6	150.0	132.2	117.4	109.5	101.9	97.1	83.5	82.5	80.8
海南	98.5	76.8	73.2	72.7	74.1	77.5	73.6	68.5	67.1	59.5	58.2	61.8	62.5	65.0
重庆	104.7	96.8	94.1	93.2	91.4	93.5	88.9	82.1	75.4	74.7	71.6	66.2	60.9	58.6
四川	143.1	132.3	121.0	118.2	110.2	102.3	94.2	87.4	80.2	80.9	78.3	72.1	68.8	66.4
贵州	253.0	228.4	214.3	215.6	203.0	184.7	176.1	157.9	142.0	141.3	131.5	125.1	120.0	116.8
云南	114.9	106.1	100.5	98.6	97.6	101.9	103.6	102.9	99.4	97.8	94.8	114.5	105.2	101.0
陕西	123.9	112.4	105.6	104.8	104.7	102.3	97.0	91.1	85.5	79.4	78.5	77.2	75.3	75.9
甘肃	162.5	148.0	150.3	151.5	140.1	141.3	130.6	116.3	110.9	109.9	109.4	122.7	116.5	111.2
青海	151.0	140.8	127.3	130.2	140.3	150.8	147.5	140.0	132.6	126.9	128.9	268.1	252.8	241.2
宁夏	296.2	267.5	239.8	251.6	212.5	240.7	215.3	190.9	181.7	173.3	185.8	191.6	176.4	179.3
新疆	173.9	164.3	155.9	154.3	151.0	145.5	140.8	133.1	126.8	127.2	124.2	128.3	138.1	141.9

注：2000年全国为100.0；西藏由于资料不全，未列入评估

资料来源：1）《中国环境年鉴》编委会.2001～2014. 中国环境年鉴2001～2014. 中国环境年鉴社

2）中华人民共和国国家统计局.2001～2014. 中国统计年鉴2001～2014. 中国统计出版社

3）《中国国土资源年鉴》编辑部.2001～2009. 中国国土资源年鉴2001～2009.《中国国土资源年鉴》编辑部

4）国家统计局能源统计司，国家能源局.2005～2008. 中国能源统计年鉴2004～2007. 中国统计出版社

5）国家统计局能源统计司.2008～2014. 中国能源统计年鉴2008～2014. 中国统计出版社.

6）中华人民共和国住房和城乡建设部.2010～2013. 中国城市建设统计年鉴2009～2012. 中国计划出版社

表11.2　中国各省（自治区、直辖市）的资源环境综合绩效水平排序（2000～2013年）

地区	2000年	2001年	2002年	2003年	2004年	2005年	2006年	2007年	2008年	2009年	2010年	2011年	2012年	2013年
北京	1	1	1	1	1	1	1	1	1	1	1	1	1	1
天津	7	3	3	3	3	3	3	4	5	5	6	5	4	4
河北	14	15	14	14	19	16	14	17	16	18	20	22	22	22
山西	28	28	28	28	28	28	28	27	27	26	26	28	27	27
内蒙古	24	25	24	27	26	27	26	25	25	25	25	23	24	23
辽宁	20	21	19	18	17	21	21	20	20	19	18	20	21	20
吉林	19	18	16	15	12	15	17	16	17	17	17	16	15	13
黑龙江	18	19	17	16	13	12	12	13	13	13	14	14	16	15

续表

地区	2000年	2001年	2002年	2003年	2004年	2005年	2006年	2007年	2008年	2009年	2010年	2011年	2012年	2013年
上海	3	5	5	4	4	4	4	3	3	3	2	2	2	2
江苏	5	6	6	5	6	6	6	6	6	6	5	6	6	6
浙江	6	4	4	6	5	5	5	5	4	4	4	4	5	5
安徽	12	12	12	13	14	14	16	19	19	20	19	19	19	19
福建	4	7	7	7	7	7	7	7	7	7	8	7	8	8
江西	21	20	22	22	22	22	22	22	21	21	21	21	20	21
山东	8	8	8	8	8	8	8	8	8	8	7	8	7	7
河南	9	10	10	10	10	10	10	10	10	10	10	10	11	10
湖北	16	17	18	17	15	11	11	11	11	11	13	13	13	14
湖南	13	14	20	20	20	20	19	15	14	14	11	12	12	11
广东	2	2	2	2	2	2	2	2	2	2	3	3	3	3
广西	27	26	25	25	27	25	24	24	23	23	23	18	18	18
海南	10	9	9	9	9	9	9	9	9	9	9	9	10	12
重庆	11	11	11	11	11	13	13	12	12	12	12	11	9	9
四川	22	22	21	21	21	18	15	14	15	16	15	15	14	16
贵州	29	29	29	29	29	29	29	29	29	29	29	26	26	26
云南	15	13	13	12	16	17	20	21	22	22	22	24	23	24
陕西	17	16	15	19	18	19	18	18	18	15	16	17	17	17
甘肃	25	24	26	24	23	23	23	23	24	24	24	25	25	25
青海	23	23	23	23	24	26	27	28	28	27	28	30	30	30
宁夏	30	30	30	30	30	30	30	30	30	30	30	29	29	29
新疆	26	27	27	26	25	24	25	26	26	28	27	27	28	28

注：按资源环境综合绩效指数从小到大排序。因为西藏未参与评估，所以有 30 个省（自治区、直辖市）参与了排序

表 11.3　中国主要区域的资源环境综合绩效指数（2000～2013 年）

地区	2000年	2001年	2002年	2003年	2004年	2005年	2006年	2007年	2008年	2009年	2010年	2011年	2012年	2013年
东部地区	72.9	69.5	65.4	63.5	61.3	59.9	55.9	52.2	48.9	48.4	47.5	47.1	45.7	44.8
东北地区	131.5	120.1	110.0	102.3	97.2	100.4	97.6	91.6	86.6	84.7	81.2	80.0	77.8	74.0
中部地区	121.5	112.8	111.7	108.8	105.5	103.3	97.4	90.6	84.9	84.1	80.6	79.4	76.7	75.7
西部地区	152.9	139.6	132.2	133.5	128.4	127.5	118.7	109.6	101.4	98.6	96.4	97.3	93.4	90.7
北部沿海地区	84.9	79.1	75.8	73.6	72.4	70.0	65.4	61.2	57.3	57.4	58.0	58.5	56.1	54.4
东部沿海地区	68.3	65.7	61.2	60.0	57.2	56.4	53.3	48.7	45.1	43.8	41.8	41.4	40.5	40.2
南部沿海地区	63.6	62.2	57.5	55.4	52.4	51.7	47.2	45.3	43.3	42.7	41.4	39.7	39.0	38.1
黄河中游地区	129.2	119.8	117.0	117.4	114.1	115.2	106.8	99.6	92.0	89.4	88.0	88.3	85.3	84.0
长江中游地区	120.2	111.1	110.5	107.3	104.1	101.3	96.0	89.0	83.6	83.1	79.5	77.1	74.2	72.5
西南地区	149.0	135.3	127.2	126.8	121.9	118.2	110.5	102.0	94.4	92.6	88.5	84.9	80.6	78.1
大西北地区	180.9	167.6	160.3	161.6	153.0	154.8	146.1	134.4	128.1	126.5	126.8	148.3	147.1	146.1

续表

地区	2000年	2001年	2002年	2003年	2004年	2005年	2006年	2007年	2008年	2009年	2010年	2011年	2012年	2013年
长江经济带	99.5	92.9	88.4	86.1	82.3	80.1	75.8	69.9	65.2	64.6	62.0	61.2	59.1	58.0
环渤海地区（3省2市）	93.7	86.8	82.6	79.0	77.1	76.4	72.1	67.6	63.5	63.1	62.9	64.1	61.6	59.6
环渤海地区（5省2市）	106.0	98.2	94.3	92.0	89.2	89.0	83.2	77.9	72.7	71.5	71.5	73.3	70.5	68.0
京津冀地区	86.5	82.1	78.1	75.1	76.6	72.3	66.3	63.6	59.3	60.3	62.3	63.3	60.6	58.3
长三角地区	68.3	65.7	61.2	60.0	57.2	56.4	53.3	48.7	45.1	43.8	41.8	41.4	40.5	40.2
泛珠三角地区	104.0	96.6	92.0	89.8	86.0	83.4	77.0	71.8	67.2	66.4	63.8	61.8	59.7	58.4
珠江—西江经济带	79.8	73.2	69.0	67.6	64.2	62.5	55.7	52.5	50.0	48.7	46.5	43.2	41.5	39.9
东南沿海经济带	62.4	61.6	57.0	54.8	51.7	50.9	46.4	44.6	42.6	42.2	40.9	39.0	38.3	37.2
海峡西岸经济区	71.4	67.7	63.8	62.5	59.2	57.5	53.0	50.0	47.2	46.8	45.2	44.0	43.2	42.6
长城经济带	112.9	104.8	100.8	98.7	95.9	95.8	89.8	83.8	78.4	77.1	76.5	78.3	76.1	74.5
黄河经济区	118.3	109.1	105.6	105.3	100.7	101.3	94.7	87.5	81.7	79.8	78.7	81.4	79.2	78.1
一带一路西北6省	159.2	146.6	140.2	144.1	138.3	141.4	130.8	120.7	111.4	107.2	107.9	115.3	112.2	109.6
一带一路西南4省	133.9	120.1	115.4	116.3	115.0	116.8	109.5	101.6	95.3	91.8	87.8	86.6	81.6	79.0
一带一路东北3省	131.5	120.1	110.0	102.3	97.2	100.4	97.6	91.6	86.6	84.7	81.2	80.0	77.8	74.0
一带一路东部5省	65.8	63.4	59.0	57.1	53.7	52.5	48.6	45.5	42.7	41.7	39.9	38.6	38.0	37.3
一带一路18个重点省	99.9	92.8	86.8	84.7	80.8	81.5	76.3	71.2	67.0	65.5	63.7	64.2	62.7	61.0

注：2000年全国为100.0。各区域的划分见第十章。由于西藏数据不全，因此该表中的大西北地区、一带一路西南4省、一带一路18个重点省的资源环境绩效指数均未包括西藏。以下图表均相同

资料来源：1)《中国环境年鉴》编委会. 2001～2014. 中国环境年鉴2001～2014. 中国环境年鉴社

2) 中华人民共和国国家统计局. 2001～2014. 中国统计年鉴2001～2014. 中国统计出版社

3)《中国国土资源年鉴》编辑部. 2001～2009. 中国国土资源年鉴2001～2009.《中国国土资源年鉴》编辑部

4) 国家统计局能源统计司，国家能源局. 2005～2008. 中国能源统计年鉴2004～2007. 中国统计出版社

5) 国家统计局能源统计司. 2008～2014. 中国能源统计年鉴2008～2014. 中国统计出版社

6) 中华人民共和国住房和城乡建设部. 2010～2013. 中国城市建设统计年鉴2009～2012. 中国计划出版社

根据表11.1～表11.3，可以对中国各省（自治区、直辖市）和主要区域的资源环境综合绩效水平进行纵向和横向上的对比分析。

三、中国各省（自治区、直辖市）和主要区域的资源环境综合绩效评估结果分析（2000～2013 年）

（一）2013 年中国各省（自治区、直辖市）和主要区域的资源环境综合绩效水平分析

从各省来看，2013 年，北京市的资源环境综合绩效水平稳居全国之首，而青海则是全国资源环境综合绩效水平最低的省份，如图 11.1 所示。北京、上海、广东、天津、浙江、江苏、山东、福建、重庆、河南依次在全国资源环境综合绩效水平排行榜中位列前十位，其资源环境综合绩效综合指数低于全国平均水平，分别是全国平均水平的 0.37～0.84 倍。这些省（自治区、直辖市）除重庆和河南外，均分布在东部地区。资源环境综合绩效水平位列全国后十位的省（自治区、直辖市）依次为江西、河北、内蒙古、云南、甘肃、贵州、山西、新疆、宁夏、青海，其资源环境综合绩效指数分别为全国平均水平的 1.12～3.18 倍。这些省市主要分布在中西部地区，尤其以西部地区居多。由此可见，中国的资源环境综合绩效水平呈现出比较明显的空间差异特征，这也可以从表 11.3 和图 11.2 来进一步揭示。

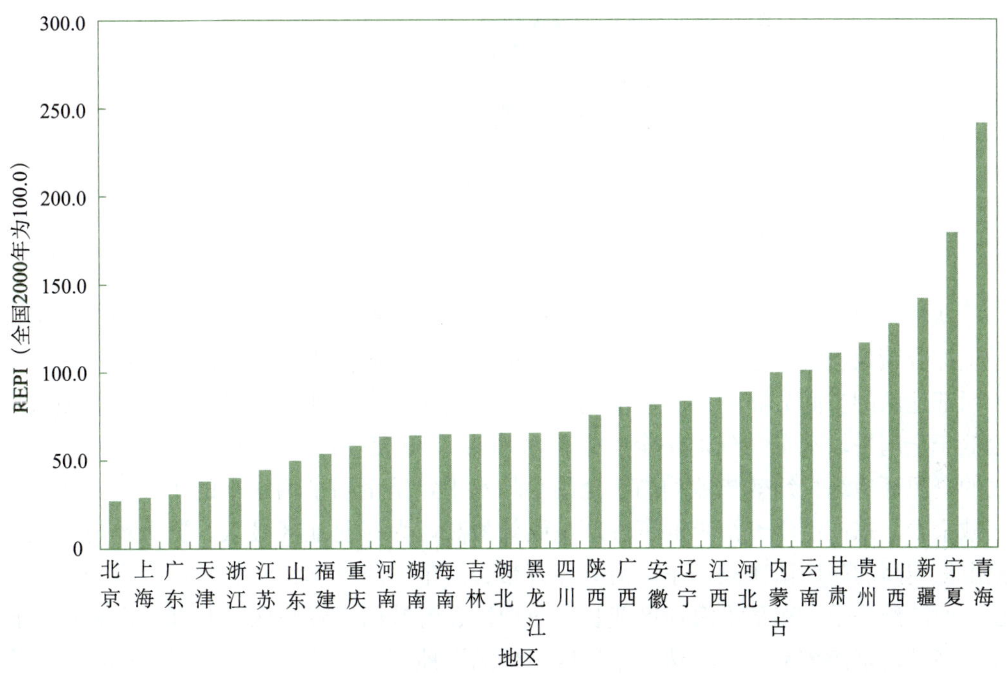

图 11.1 2013 年中国各省（自治区、直辖市）资源环境综合绩效指数排序图

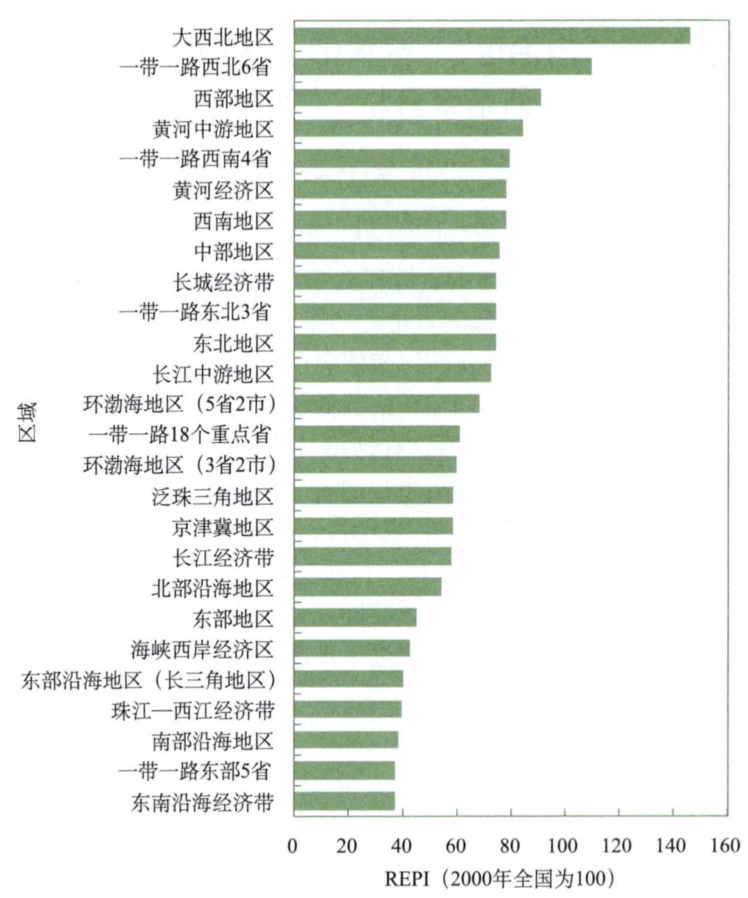

图 11.2　2013 年中国主要区域的资源环境综合绩效水平比较图

从各主要区域来看，由表 11.3 和图 11.2 可知，在中国的四大区域板块中，资源环境综合绩效呈现出东部地区高于东北地区、东北地区高于中部地区、中部地区又高于西部地区的空间分布格局。东部地区、东北地区和中部地区的资源环境综合绩效指数低于全国平均水平，分别是全国平均水平的 0.59 倍、0.98 倍和近 1 倍。而西部地区的资源环境综合绩效指数均高于全国平均水平，是全国平均水平的 1.2 倍。从其他区域来看，东南沿海经济带的资源环境绩效最高，大西北地区最低。资源环境绩效指数由低到高的顺序依次是：东南沿海经济带、一带一路东部 5 省、南部沿海地区、珠江—西江经济带、东部沿海地区或长三角地区、海峡西岸经济区、北部沿海地区、长江经济带、京津冀地区、泛珠三角地区、环渤海地区（3 省 2 市）、一带一路 18 个重点省、环渤海地区（5 省 2 市）、长江中游地区、一带一路东北 3 省、长城经济带、西南地区、黄河经济区、一带一路西南 4 省、黄河中游地区、一带一路西北 6 省和大西北地区，其资源环境绩效指数是全国平均水平的 0.49～1.92 倍。

与 2012 年相比，就全国而言，资源环境绩效指数下降了 0.4%。全国除了浙江、福建、河南、海南、陕西、宁夏、新疆 7 省的资源环境绩效指数有所上升外，其余各省（自治区、直辖市）的资源环境综合绩效水平均有不同程度的下降（图 11.3）。其中，内蒙古的降幅最大，为 6.7%，江苏的降幅最小，只有 0.1%。降幅位居全国前十位的依次是内蒙古、黑龙江、吉林、广东、上海、青海、甘肃、湖北、河北、云南，而降幅位居全国后十位的依次是天津、贵州、山东、广西、湖南、安徽、山西、北京、江西、江苏。

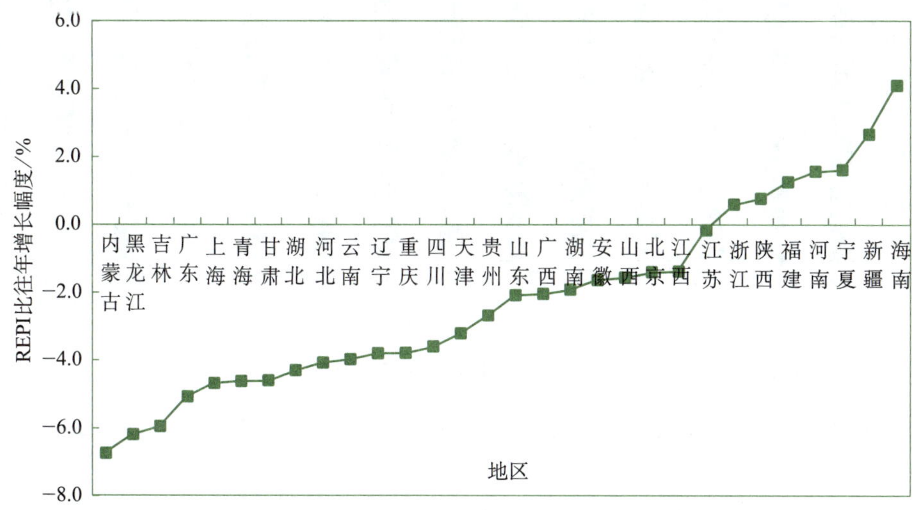

图 11.3　2013 年中国各省（自治区、直辖市）资源环境综合绩效指数比 2012 年增长幅度排序图

与 2012 年相比，北京、天津、河北、山西、上海、江苏、浙江、安徽、福建、山东、广东、广西、重庆、贵州、陕西、甘肃、青海、宁夏、新疆的位序保持不变，内蒙古、辽宁、黑龙江、河南、湖南比往年上升 1 位，吉林上升 2 位，江西、湖北、云南比往年下降 1 位，海南、四川比往年下降 2 位。

（二）中国各省（自治区、直辖市）和主要区域的资源环境综合绩效水平变化趋势分析（2000～2013 年）

1. 中国的资源环境综合绩效水平变化趋势分析（2000～2013 年）

自 2000 年以来，全国的资源环境综合绩效指数总体上呈下降趋势（图 11.4），平均每年下降 2.1%，说明全国的资源环境综合绩效水平比 2000 年有了比较显著的提高，同时也反映了我国在资源节约型社会建设、节能减排等领域取得明显的成效。

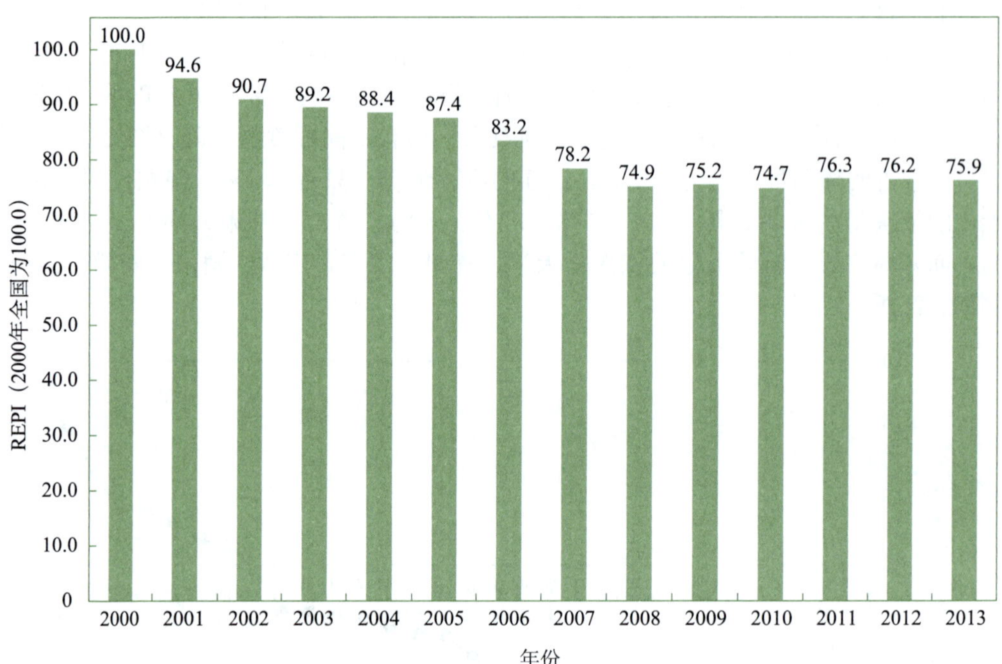

图 11.4 中国的资源环境综合绩效指数变化趋势图（2000～2013 年）

2. 中国各省（自治区、直辖市）的资源环境综合绩效水平变化趋势分析（2000～2013 年）

从表 11.4 来看，2000～2013 年中国各省（自治区、直辖市）的资源环境综合绩效指数除青海外，其他省份基本上呈下降趋势，其中下降幅度最大的前十位省份依次是上海、广西、贵州、四川、吉林、黑龙江、广东、北京、湖北、天津。降幅度排在后十位的省份依次是江西、江苏、海南、河南、甘肃、安徽、河北、福建、新疆、云南。

表 11.4 中国各省（自治区、直辖市）**资源环境综合绩效指数的变化情况**（2000～2013 年）

地区	2001 年较上年增幅/%	2002 年较上年增幅/%	2003 年较上年增幅/%	2004 年较上年增幅/%	2005 年较上年增幅/%	2006 年较上年增幅/%	2007 年较上年增幅/%	2008 年较上年增幅/%	2009 年较上年增幅/%	2010 年较上年增幅/%	2011 年较上年增幅/%	2012 年较上年增幅/%	2013 年较上年增幅/%	2000～2013 年平均增幅/%
全国	−5.4	−4.0	−1.7	−0.9	−1.1	−4.9	−5.9	−4.3	0.5	−0.7	2.1	−0.1	−0.4	−2.1
北京	−1.7	−2.6	−1.8	−6.5	−8.6	−6.1	−7.4	−12.6	1.3	−2.7	−7.3	−3.6	−1.4	−4.8

续表

地区	2001 年较上年增幅/%	2002 年较上年增幅/%	2003 年较上年增幅/%	2004 年较上年增幅/%	2005 年较上年增幅/%	2006 年较上年增幅/%	2007 年较上年增幅/%	2008 年较上年增幅/%	2009 年较上年增幅/%	2010 年较上年增幅/%	2011 年较上年增幅/%	2012 年较上年增幅/%	2013 年较上年增幅/%	2000～2013 年平均增幅/%
天津	−14.5	−6.8	−2.0	−9.5	0.9	−7.8	−4.2	−2.3	2.0	3.4	−10.0	−5.1	−3.2	−4.7
河北	−3.4	−4.8	−4.8	7.8	−6.2	−8.9	−2.6	−5.8	2.3	4.9	6.3	−4.3	−4.1	−1.9
山西	−7.6	−1.3	−2.6	−7.1	−4.4	−7.5	−7.6	−5.9	−3.6	−2.4	8.5	−3.3	−1.5	−3.6
内蒙古	−7.8	−2.2	9.4	−5.2	6.5	−11.6	−8.1	−12.0	−4.3	2.9	0.2	−5.6	−6.7	−3.6
辽宁	−8.7	−6.5	−8.8	−4.4	7.5	−2.4	−5.9	−5.3	−3.6	−4.4	4.0	−2.9	−3.8	−3.6
吉林	−10.3	−9.7	−5.1	−5.7	2.9	−1.6	−6.4	−4.9	−1.0	−3.3	−10.9	−4.7	−5.9	−5.2
黑龙江	−7.4	−10.3	−5.7	−5.3	−2.9	−4.6	−6.5	−6.2	−0.7	−4.6	−3.7	−0.8	−6.2	−5.0
上海	−2.2	−6.4	−7.3	−7.2	−0.1	−4.3	−9.8	−8.3	−6.0	−8.1	−7.0	−6.6	−4.7	−6.0
江苏	−2.1	−7.4	−1.1	−2.4	0.4	−5.2	−8.0	−6.5	−2.0	−2.9	−0.7	−2.8	−0.1	−3.2
浙江	−7.2	−6.4	0.5	−6.0	−5.0	−6.7	−9.1	−8.5	−2.5	−5.2	1.6	0.8	0.6	−4.1
安徽	−4.7	−5.0	−0.2	−4.6	0.5	−0.8	−3.8	−1.0	1.6	−4.3	−3.9	−1.9	−1.6	−2.3
福建	8.8	−9.8	−3.8	−2.9	2.9	−5.5	−6.5	−5.2	−0.9	1.0	−6.4	6.0	1.3	−1.7
江西	−13.6	2.3	−0.4	−2.1	−3.2	−4.8	−5.6	−6.2	0.6	−3.0	−2.6	−5.8	−1.4	−3.6
山东	−8.9	−3.2	−1.7	−6.0	0.0	−4.8	−9.1	−5.9	−1.4	−2.1	0.1	−3.8	−2.1	−3.8
河南	−6.3	−2.6	−3.5	−0.1	2.0	−5.4	−6.2	−6.3	1.2	−5.0	−4.7	−2.2	1.6	−2.9
湖北	−8.7	−4.6	−5.3	−4.6	−4.9	−6.5	−8.7	−5.6	−2.2	−1.4	−2.3	−2.5	−4.3	−4.8
湖南	−4.2	5.2	−4.2	−1.0	−2.9	−7.4	−9.7	−10.6	−2.0	−8.0	−2.9	−5.4	−1.9	−4.3
广东	−4.7	−6.5	−3.6	−6.6	−3.1	−10.2	−2.9	−4.4	−1.1	−4.9	−4.1	−5.9	−5.1	−4.9
广西	−13.4	−3.7	3.4	−0.7	−1.1	−11.9	−11.1	−6.7	−6.9	−4.7	−14.0	−1.2	−2.0	−5.9
海南	−22.0	−4.6	−0.6	1.9	4.5	−4.9	−7.0	−2.0	−11.4	−2.1	6.2	1.0	4.1	−3.1
重庆	−7.5	−2.8	−0.9	−1.9	2.3	−4.9	−7.7	−8.1	−0.9	−4.3	−7.4	−8.0	−3.8	−4.4
四川	−7.5	−8.5	−2.3	−6.8	−7.1	−7.9	−7.2	−8.2	0.9	−3.2	−7.9	−4.5	−3.6	−5.7
贵州	−9.7	−6.2	0.6	−5.8	−9.0	−4.7	−10.3	−10.1	−0.5	−6.9	−4.9	−4.0	−2.7	−5.8
云南	−7.6	−5.3	−1.9	−1.0	4.4	1.6	−0.7	−3.4	−1.6	−3.1	20.8	−8.2	−4.0	−1.0
陕西	−9.3	−6.1	−0.7	−0.1	−2.3	−5.2	−6.1	−6.2	−7.1	−1.2	−1.6	−2.4	0.8	−3.7
甘肃	−8.9	1.5	0.8	−7.5	0.9	−7.6	−11.0	−4.6	−0.9	−0.5	12.2	−5.0	−4.6	−2.9
青海	−6.8	−9.6	2.3	7.8	7.5	−2.2	−5.1	−5.3	−4.3	1.6	107.9	−5.7	−4.6	3.7
宁夏	−9.7	−10.3	4.9	−15.5	13.3	−10.6	−11.3	−4.8	−4.6	7.3	3.1	−7.9	1.6	−3.8
新疆	−5.6	−5.1	−1.0	−2.2	−3.7	−3.2	−5.5	−4.8	0.3	−2.3	3.3	7.7	2.7	−1.6

资料来源：1）《中国环境年鉴》编委会．2001～2014．中国环境年鉴 2001～2014．中国环境年鉴社

2）中华人民共和国国家统计局．2001～2014．中国统计年鉴 2001～2014．中国统计出版社

3）《中国国土资源年鉴》编辑部．2001～2009．中国国土资源年鉴 2001～2009．《中国国土资源年鉴》编辑部

4）国家统计局能源统计司，国家能源局．2005～2008．中国能源统计年鉴 2004～2007．中国统计出版社

5）国家统计局能源统计司．2008～2014．中国能源统计年鉴 2008～2014．中国统计出版社

6）中华人民共和国住房和城乡建设部．2010～2013．中国城市建设统计年鉴 2009～2012．中国计划出版社

3. 中国主要区域的资源环境综合绩效水平变化趋势分析（2000～2013 年）

从表 11.3、表 11.5 和图 11.5 来看，就中国四大区域板块而言，东、中、西部和东北地区的资源环境综合绩效指数自 2000 年以来基本上呈稳定下降趋势。再从表 11.5 来看，2000～2013 年，东北地区的资源环境综合绩效指数下降幅度最大，平均每年下降 4.3%；其次为西部地区，平均每年下降 3.9%；再次为东部地区，平均每年下降 3.7%；最后为中部地区，平均每年增加 3.6%。但是就资源环境综合绩效水平的空间格局而言，由 2002 年以前的东部地区依次高于中部地区、东北地区、西部地区转变为 2002 年后东部地区依次高于东北地区、中部地区和西部地区。

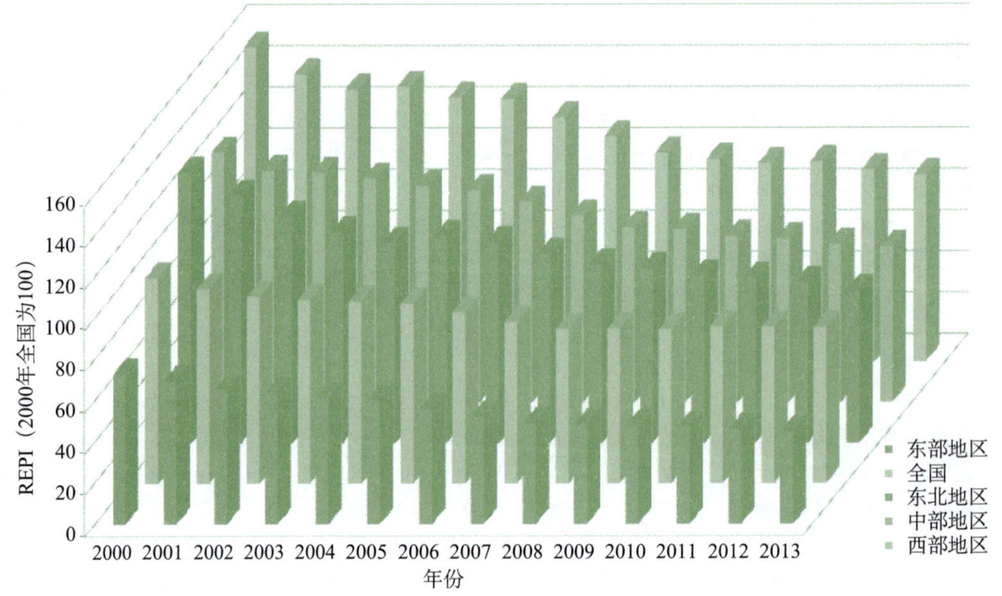

图 11.5 中国东、中、西部和东北地区资源环境综合绩效指数变化趋势（2000～2013 年）

就其他区域而言（表 11.5），自 2000 年以来，珠江—西江经济带的资源环境绩效指数降幅最大，平均每年下降 5.19%，大西北地区降幅最小，平均每年为 1.63%。降幅由大到小的区域依次是：珠江—西江经济带、西南地区、泛珠三角地区、一带一路东北 3 省、一带一路东部 5 省、长江经济带、东部沿海地区或长三角地区、一带一路西南 4 省、东南沿海经济带、海峡西岸经济区、南部沿海地区、长江中游地区、东部沿海地区、一带一路 18 个重点省、环渤海地区（3 省 2 市）、北部沿海地区、环渤海地区（5 省 2 市）、黄河中游地区、长城经济带、黄河经济区、京津冀地区、一带一路西北 6 省、大西北地区。

表 11.5　中国主要区域资源环境综合绩效指数的变化情况（2000～2012 年）

地区	2001 年较上年增幅/%	2002 年较上年增幅/%	2003 年较上年增幅/%	2004 年较上年增幅/%	2005 年较上年增幅/%	2006 年较上年增幅/%	2007 年较上年增幅/%	2008 年较上年增幅/%	2009 年较上年增幅/%	2010 年较上年增幅/%	2011 年较上年增幅/%	2012 年较上年增幅/%	2013 年较上年增幅/%	2000～2013 年平均增幅/%
东部地区	−4.6	−5.9	−2.8	−3.5	−2.2	−6.7	−6.8	−6.3	−1.1	−1.8	−0.8	−2.9	−2.1	−3.7
东北地区	−8.6	−8.4	−7.1	−5.0	3.3	−2.9	−6.1	−5.5	−2.2	−4.2	−1.5	−2.8	−4.8	−4.3
中部地区	−7.2	−0.9	−2.6	−3.1	−2.0	−5.7	−7.0	−6.3	−0.9	−4.1	−1.5	−3.3	−1.4	−3.6
西部地区	−8.7	−5.3	1.0	−3.9	−0.7	−6.9	−7.7	−7.4	−2.8	−2.2	0.9	−4.0	−2.8	−3.9
北部沿海地区	−6.7	−4.2	−2.9	−1.6	−3.3	−6.6	−6.5	−6.4	0.3	0.9	1.0	−4.1	−3.1	−3.4
东部沿海地区	−3.8	−6.9	−1.9	−4.6	−1.5	−5.5	−8.7	−7.4	−2.8	−4.5	−1.1	−2.2	−0.6	−4.0
南部沿海地区	−2.2	−7.5	−3.7	−5.4	−1.4	−8.7	−4.0	−4.3	−1.4	−3.0	−4.1	−1.8	−2.3	−3.9
黄河中游地区	−7.3	−2.3	0.3	−2.8	1.0	−7.3	−6.8	−7.6	−2.8	−1.7	0.4	−3.4	−1.5	−3.3
长江中游地区	−7.6	−0.6	−2.8	−3.0	−2.7	−5.2	−7.3	−6.1	−0.6	−4.3	−3.0	−3.8	−2.3	−3.8
西南地区	−9.2	−5.9	−0.3	−3.8	−3.0	−6.6	−7.7	−7.4	−2.0	−4.4	−4.0	−5.1	−3.1	−4.9
大西北地区	−7.4	−4.4	0.8	−5.4	1.2	−5.6	−8.0	−4.7	−1.2	0.2	17.0	−0.7	−0.7	−1.6
东部沿海地区	−6.0	−6.1	−3.2	−3.5	−0.9	−6.7	−6.9	−5.8	−1.8	−2.2	−0.9	−2.7	−2.3	−3.8
长江经济带	−6.6	−4.9	−2.6	−4.4	−2.7	−5.4	−7.7	−6.8	−0.9	−4.1	−1.2	−3.4	−1.8	−4.1
环渤海地区（3 省 2 市）	−7.3	−4.9	−4.4	−2.3	−1.0	−5.7	−6.2	−6.0	−0.6	−0.3	1.8	−3.8	−3.3	−3.4
环渤海地区（5 省 2 市）	−7.4	−3.9	−2.5	−3.1	−0.2	−6.5	−6.4	−6.7	−1.6	0.0	2.6	−3.9	−3.5	−3.4
京津冀地区	−5.1	−4.9	−3.8	2.0	−5.7	−8.2	−4.2	−6.7	1.7	3.4	1.6	−4.3	−3.8	−3.0
长三角地区	−3.8	−6.9	−1.9	−4.6	−1.5	−5.5	−8.7	−7.4	−2.8	−4.5	−1.1	−2.2	−0.6	−4.0
泛珠三角地区	−7.2	−4.7	−2.5	−4.2	−3.1	−7.7	−6.7	−6.5	−1.1	−4.0	−3.0	−3.4	−2.2	−4.3
珠江—西江经济带	−8.2	−5.8	−2.0	−5.1	−2.5	−11.0	−5.8	−4.8	−2.5	−4.5	−7.1	−4.0	−3.8	−5.2
东南沿海经济带	−1.2	−7.5	−3.8	−5.7	−1.6	−8.9	−3.9	−4.5	−1.0	−3.1	−4.6	−1.9	−2.7	−3.9
海峡西岸经济区	−5.1	−5.8	−2.1	−5.3	−2.9	−7.7	−5.7	−5.6	−0.8	−3.5	−2.6	−1.8	−1.5	−3.9
长城经济带	−7.1	−3.8	−2.1	−2.8	−0.1	−6.3	−6.7	−6.4	−1.6	−0.8	2.4	−2.9	−2.0	−3.1
黄河经济区	−7.8	−3.2	−0.3	−4.4	0.6	−6.5	−7.6	−6.6	−2.3	−1.4	3.5	−2.7	−1.4	−3.1
一带一路（西北 6 省）	−7.9	−4.3	2.8	−4.1	2.3	−7.5	−7.7	−7.7	−3.8	0.7	6.9	−2.7	−2.3	−2.8
一带一路（西南 4 省）	−10.3	−3.9	0.8	−1.1	1.5	−6.3	−7.2	−6.1	−3.7	−4.3	−1.4	−5.8	−3.2	−4.0
一带一路（东北 3 省）	−8.6	−8.4	−7.1	−5.0	3.3	−2.9	−6.1	−5.5	−2.2	−4.2	−1.5	−2.8	−4.8	−4.3
一带一路（东部 5 省）	−3.6	−7.0	−3.2	−5.9	−2.1	−7.4	−6.4	−6.1	−2.4	−4.3	−3.2	−1.7	−1.8	−4.3
一带一路（18 个重点省）	−7.1	−6.5	−2.5	−4.6	0.9	−6.3	−6.8	−5.8	−2.3	−2.8	0.8	−2.3	−2.7	−3.7

资料来源：1）《中国环境年鉴》编委会 . 2001～2013. 中国环境年鉴 2001～2013. 中国环境年鉴社
2）中华人民共和国国家统计局 . 2001～2013. 中国统计年鉴 2001～2013. 中国统计出版社
3）《中国国土资源年鉴》编辑部 . 2001～2009. 中国国土资源年鉴 2001～2009.《中国国土资源年鉴》编辑部
4）国家统计局能源统计司，国家能源局 . 2005～2008. 中国能源统计年鉴 2004～2007. 中国统计出版社
5）国家统计局能源统计司 . 2008～2014. 中国能源统计年鉴 2008～2014. 中国统计出版社
6）中华人民共和国住房和城乡建设部 . 2010～2013. 中国城市建设统计年鉴 2009～2012. 中国计划出版社

四、中国各省（自治区、直辖市）资源环境综合绩效影响因素实证分析（2000～2013年）

资源环境综合绩效指数作为国家或区域生态效率的一种衡量指标，其大小在一定程度上反映了国家或区域之间资源利用技术水平的相对高低和经济发展对资源环境产生压力的相对大小。它在一定时期内的发展变化也在某种程度上反映了国家或区域资源利用的广义科技进步状况。资源环境综合绩效受多种因素的影响，包括经济发展水平、经济结构、技术水平、产品结构等。为了从宏观上揭示中国资源环境综合绩效的影响因素，我们拟从经济发展水平和经济结构的角度对其进行实证分析。

1. 中国各省（自治区、直辖市）资源环境综合绩效指数与经济发展水平之间的关系（2000～2013年）

基于2000～2013年面板数据，可以得到该时期中国各省（自治区、直辖市）资源环境综合绩效指数与其经济发展水平即人均GDP之间的关系图（图11.6）。由图可知，随着人均GDP的不断提高，资源环境综合绩效指数呈下降趋势，这说明资源环境综合绩效水平与经济发展水平和发展阶段有关。总体而言，人均GDP每增加1%，资源环境综合绩效指数平均下降0.515%。尽管资源环境综合绩效水平与经济发展阶段有关，但并不意味着单纯依靠经济增长就可以自发地实现资源环境绩效水平的提升。

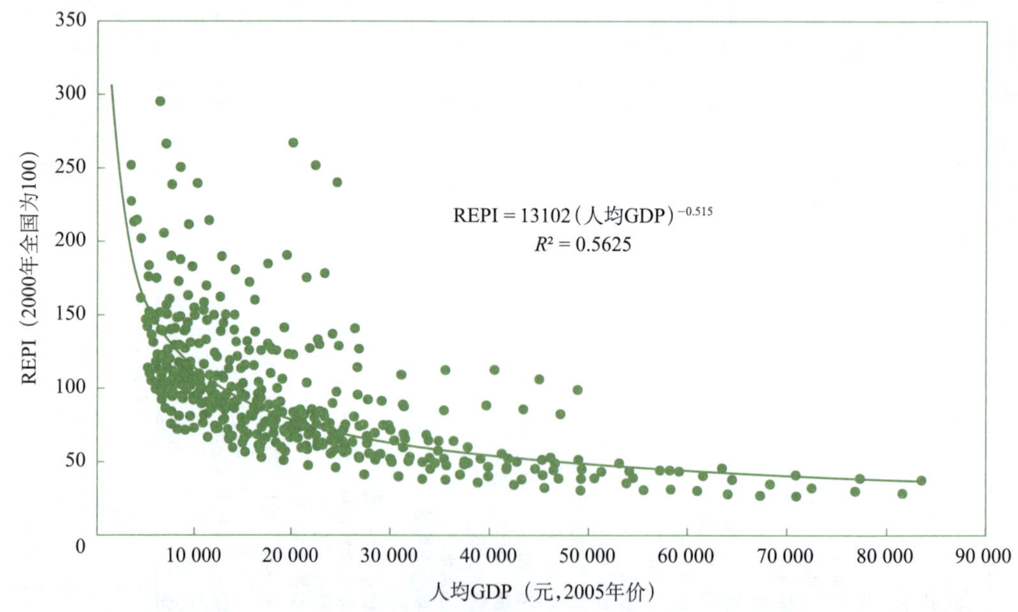

图11.6 中国各省（自治区、直辖市）REPI与其人均GDP之间的关系（2000～2013年）

2. 中国各省（自治区、直辖市）资源环境综合绩效指数与经济结构之间的关系（2000～2013 年）

在不同的发展阶段下，产业或经济结构不同，资源环境绩效也会有所不同。工业化阶段尤其是工业化中期阶段往往是资源消耗最大、污染最严重的发展阶段，同时也是资源环境综合绩效最差的阶段。研究经济结构与 REPI 之间的关系，可以采用两种途径进行。一种是分别用第二产业占 GDP 的比例作为经济结构的衡量指标；另一种途径采用第三产业与第一产业增加值之比形成的产业结构指数来反映整个国民经济结构的变化。从人类社会经济发展的一般演化规律来看，第一产业在国民经济的中所占的比重逐步趋于下降，第二产业所占的比重呈现出先增加后下降的趋势，即倒 U 形或钟形发展趋势，第三产业所占的比重则呈现出 S 形的演化趋势。

图 11.7 展示了 2000～2013 年中国各省（自治区、直辖市）资源环境绩效指数与其第二产业占 GDP 的比例之间的关系。从图中可以发现 REPI 随着第二产业比例的增加大体呈现出两边低、中间高的趋势。第二产业比例在 40%～60% 的地区，也是资源环境绩效相对较差的地区。

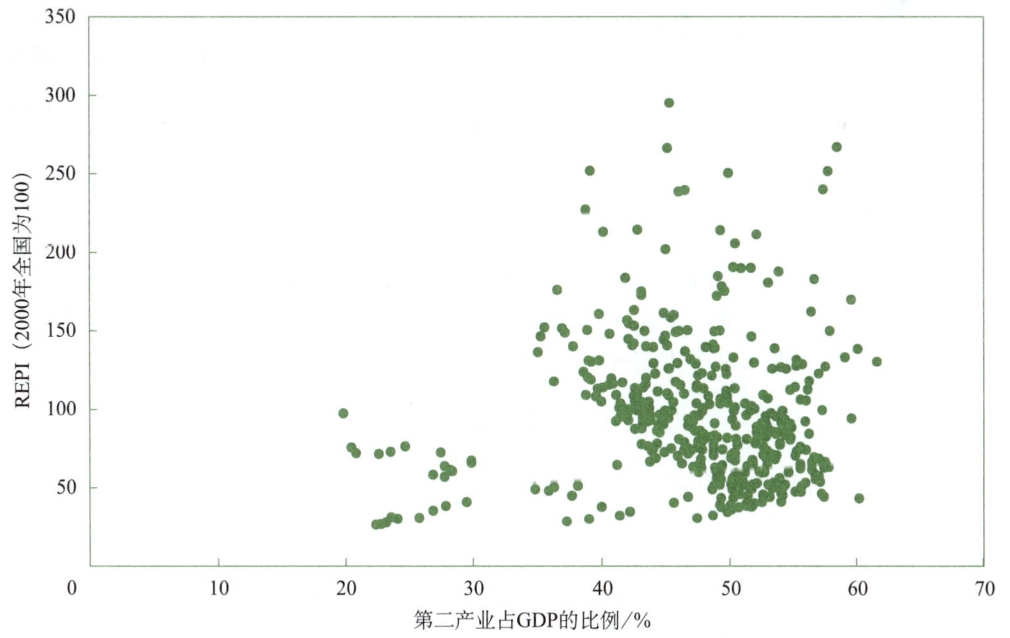

图 11.7　中国各省（自治区、直辖市）REPI 与其第二产业占 GDP 比例之间的关系（2000～2013 年）

如果采用经济结构指数来衡量经济结构状况，那么其与 REPI 之间的关系如图

11.8所示。由图可知，二者之间大体呈现出幂函数关系。总体上看，REPI随着产业结构指数的增加呈下降态势。产业结构指数每提高1%，则资源环境绩效指数平均下降0.316%。由此可见，通过大力发展第三产业，优化和调整经济结构有助于显著提升国家或地区的资源环境绩效。

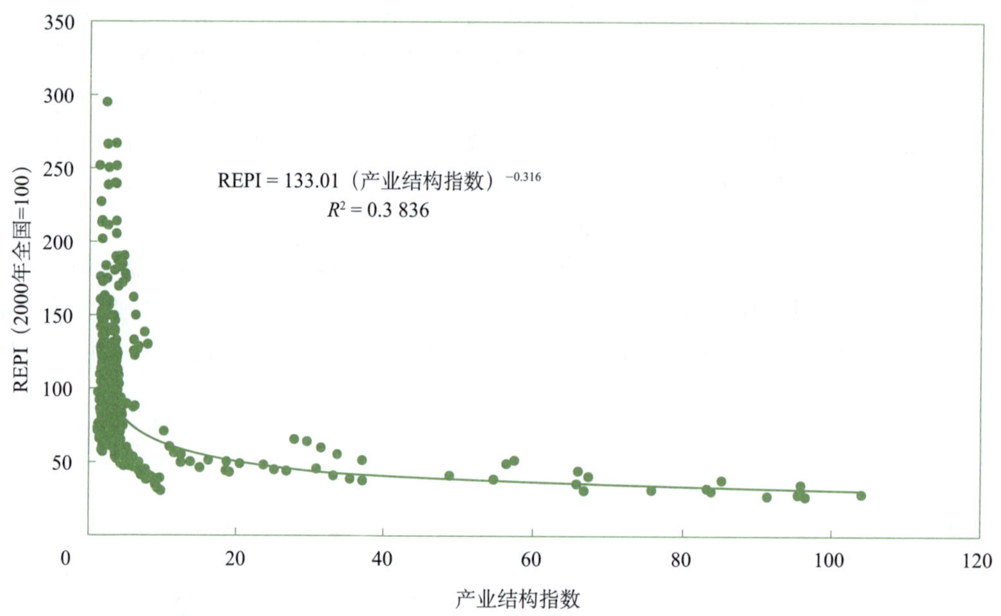

图11.8　中国各省（自治区、直辖市）REPI与其产业结构指数之间的关系（2000～2013年）

总之，提高资源环境综合绩效并不意味着通过加速经济增长来就可以解决，而是要在促进增长的同时，通过采用多种综合配套措施包括加大结构调整力度、增强科技创新能力和提高管理水平等来实现。

参考文献

国家统计局工业交通统计司，国家发展和改革委员会能源局．2005～2008．中国能源统计年鉴2004～2007．中国统计出版社

国家统计局能源统计司．2008．中国能源统计年鉴2008．北京：中国统计出版社

国家统计局能源统计司．2010．中国能源统计年鉴2009．北京：中国统计出版社

国家统计局能源统计司．2011．中国能源统计年鉴2010．北京：中国统计出版社

国家统计局能源统计司．2011．中国能源统计年鉴2011．北京：中国统计出版社

国家统计局能源统计司．2012．中国能源统计年鉴2012．北京：中国统计出版社

国家统计局能源统计司．2013．中国能源统计年鉴2013．中国统计出版社

中国科学院可持续发展战略研究组．2006．2006中国可持续发展战略报告——建设资源节约型和环

境友好型社会．北京:科学出版社
中国科学院可持续发展战略研究组．2009. 2009中国可持续发展战略报告——探索中国特色的低碳道路．北京:科学出版社
中国科学院可持续发展战略研究组．2010. 2010中国可持续发展战略报告——绿色发展与创新．北京:科学出版社
中国科学院可持续发展战略研究组．2011. 2011中国可持续发展战略报告——实现绿色的经济转型．北京:科学出版社
中国科学院可持续发展战略研究组．2012. 2012中国可持续发展战略报告——全球视野下的中国可持续发展．北京:科学出版社
中国科学院可持续发展战略研究组．2013. 2013中国可持续发展战略报告——未来十年的生态文明之路．北京:科学出版社
中国科学院可持续发展战略研究组．2014. 2014中国可持续发展战略报告——创建生态文明的制度体系．北京:科学出版社
《中国国土资源年鉴》编辑部．2001～2009. 中国国土资源年鉴2001～2009. 中国国土资源部
《中国环境年鉴》编委会．2001～2014. 中国环境年鉴2001～2014. 北京:中国环境年鉴社
中华人民共和国国家统计局．2001～2014. 中国统计年鉴2001～2014. 北京:中国统计出版社
中华人民共和国住房和城乡建设部．2010～2012. 中国城市建设统计年鉴2009～2011. 北京:中国计划出版社
中华人民共和国住房和城乡建设部．2012. 中国城市建设统计年鉴2012. 北京:中国计划出版社

第十二章　世界主要国家资源环境综合绩效评估（1990～2012年）*

近年来，在全球气候变化和世界金融危机等多重全球性问题的冲击和挑战下，促进绿色发展、实现绿色转型已成为世界性的潮流和趋势（中国科学院可持续发展战略研究组，2009，2010，2011）。从欧洲到亚洲，无论是发达国家还是发展中国家，各国均纷纷制定绿色经济战略、政策和行动，努力加快全球转型，推动实现一个低碳、资源节约和社会包容的绿色未来（UNEP，2011）。

当前，联合国正协调各国制定一套全球可持续发展目标（SDGs），试图将其纳入“2015年后联合国发展议程”，接替今年即将到期的千年发展目标。这将对加快全球绿色发展和转型的步伐，深化全球可持续发展进程产生广泛而又深远的影响。可持续发展涉及经济、社会、环境三个维度，涵盖的范围较广，但是无论未来全球可持续发展目标如何设定，资源、能源的可持续利用及环境的可持续性始终是不能避开的议题，因为它们关系到整个人类的长远生存和发展（中国科学院可持续发展战略研究组，2014）。

提高资源环境绩效则是推进绿色发展和转型的基础、核心和关键。从绿色发展的本质来看，尽管绿色发展的内涵在不同的语境和条件下有所区别，而且是动态变化的，但是无论如何表述，它们在狭义上基本趋于一致，都是相对于传统的、以牺牲资源环境为代价的“黑色”或“褐色”发展模式而言的，强调经济发展与资源环境保护相协调，即在追求经济增长的同时，不仅不能增加其资源环境影响，更要将其资源环境影响削减至一定的限度内或者实现经济增长与资源消耗和污染物排放的脱钩，从而达到环境与发展的协调和双赢。这凸显了提高资源环境绩效在促进绿色发展和转型中的地位和作用。

提高资源环境绩效也是我国生态环境制度和治理体系建设努力的方向。生态环境治理实质上就是要通过法治手段、制度建设、提高国家治理能力来改善环境，从根本上制定更加公平、包容和面向长远的社会规范，改变我们的行为，降低社会成本，提高环境保护行动的效率（中国科学院可持续发展战略研究组，2014）。围绕绿色发展的目标治理也需要发展相应的资源环境绩效监测指标或指标体系来对目标的实现程度和推进过程进行监测和评估，以衡量绿色发展的进步状况、评判和诊断相关政策合理

* 本章由陈劭锋、郝亮、陈卓执笔，作者工作单位为中国科学院科技政策与管理科学研究所。

与否及整个过程是否在朝着绿色发展的目标迈进，从而为绿色发展的决策、引导和控制提供有力的信息和技术支持。

为了反映里约会议后20多年来世界各国实施可持续发展战略和推进绿色发展所取得的成效，我们从资源环境绩效的角度，运用资源环境综合绩效指数法对同时期世界上主要国家的绿色发展水平进行综合评估，并通过横向和纵向上的比较分析，试图反映出该时期包括中国在内的世界主要国家绿色发展水平的动态变化及各自在世界上所处的位置。同时，为了配合中国的“一带一路”战略的推进，我们也特别对“一带一路”沿线主要国家的绿色发展水平进行了评估。

一、中国主要资源消耗和污染物排放的国际地位

目前中国是世界第二大经济体，同时又是世界资源消耗和污染物排放大国。中国快速扩大的经济规模、长期以来一直沿用的粗放型经济增长模式和“大进大出”的贸易发展模式不仅加剧了中国国内的资源供求矛盾和环境污染，而且对全球的资源和环境产生冲击和影响，从而面临着巨大的国际压力。

依据世界权威数据库（包括WB数据库、FAO统计数据库、UNEP数据库等）和国际组织的公开出版物提供的数据，我们对中国和世界主要资源消耗和污染物排放进行了比较全面的统计，以体现中国在国际上的地位，具体如表12.1所示。

由表12.1可知，2013年中国的GDP占世界的12.2%，人口占世界的19.1%，却消费了世界22.4%的一次能源（包括世界50.3%的煤炭、24.1%的水电），46.8%的粗钢和48.4%的成品钢材，64.3%铁矿石，58.8%的水泥，46.8%的常用有色金属，26.1%的纸和纸板，14.2%的淡水，35%左右的化肥，53.7%的臭氧层消耗物质，排放了27.1%的二氧化碳（化石燃料燃烧产生）。

目前，中国的一次能源（包括煤炭和水电）、钢材和铁矿石、水泥、常用有色金属（包括精炼铜、精炼铝、锌锭、精炼铅、精炼镍、精炼锡）、纸和纸板、原木和人造纤维板、化肥、渔产品和国内物质等消费量，来自化石燃料的二氧化碳、温室气体（如氮氧化物和甲烷）等排放量等均居世界首位。

这种失衡无疑暴露出中国经济的粗放型特征，同时也凸显了中国加快促进生态文明建设、实现绿色发展和转型的国际意义。正如联合国副秘书长、联合国环境署执行主任阿齐姆·施泰纳先生在为《中国资源效率：经济学与展望》撰写的前言中写道：“考虑到中国对全球市场及可持续性的影响，在某种程度上可以说，中国的发展路径也是世界的发展路径”（West et al.，2013）。这意味着中国的命运已经与世界可持续发展的命运紧密地联系在一起，甚至未来将决定和主导世界的可持续发展进程和方向。

表 12.1 中国主要资源消耗和污染物排放在世界上的地位

GDP 及主要资源消耗或污染物排放类别		中国	世界	中国占世界比重/%	在世界排位
	GDP 总量/亿美元（2013）[1)]	92 402.7	756 218.6	12.2	2
	人口总量/亿人（2013）[1)]	13.57	71.25	19.1	1
能源消费	一次能源消费/百万吨油当量（2013）[2)]	2 852.4	12 730.4	22.4	1
	其中：石油（2013）[2)]	507.4	4 185.1	12.1	2
	天然气/百万吨油当量（2013）[2)]	145.5	3 020.4	4.8	4
	煤炭/百万吨油当量（2013）[2)]	1 925.3	3 826.7	50.3	1
	核能/百万吨油当量（2013）[2)]	25.0	563.2	4.4	5
	水电/百万吨油当量（2013）[2)]	206.3	855.8	24.1	1
	可再生能源/百万吨油当量（2013）[2)]	42.9	279.3	15.4	2
	太阳能/百万吨油当量（2013）[2)]	2.7	28.2	9.6	4
	风能/百万吨油当量（2013）[2)]	29.8	142.2	21.0	2
	地热能、生物质能和其他能源/百万吨油当量（2013）[2)]	10.4	108.9	9.6	4
钢铁消费	钢铁表观使用量（粗钢当量）/千吨（2013）[3)]	771 729	1 648 127	46.8	1
	钢铁表观使用量（成品钢材）/千吨（2013）[3)]	740 860	1 532 204	48.4	1
铁矿石消费	铁矿石表观消费量/千吨（2013）[3)]	1 089 375	1 865 595	58.4	1
	铁矿石进口量/千吨（2013）[3)]	820 175	1 276 152	64.3	1
水泥消费	水泥产量/亿吨（2013）[4)]	24.2	40.8	59.3	1
	水泥消费量/亿吨（2013））[4),5)]	24.06	40.89	58.8	1
有色金属消费	常用有色金属（7 种）消费总量/千吨（2013）[6)]	43 329.5	92 615.05	46.8	1
	其中：精炼铝消费量/千吨（2013）[6)]	21 955	46 064.2	47.7	1
	精炼铜消费量/千吨（2013）[6)]	9 830.1	20 993.1	46.8	1
	锌锭消费量/千吨（2013）[6)]	5 994.8	12 989.5	46.2	1
	精炼铅消费量/千吨（2013）[6)]	4 466.8	10 391.4	43.0	1
	精炼镍消费量/千吨（2013）[6)]	909.2	1 799	50.5	1
	精炼锡消费量/千吨（2013）[6)]	168.2	361.3	46.6	1
	精炼镉消费量/吨（2013）[6)]	5 407	16 549.2	32.7	1
纸和纸板消费	纸和纸板消费量/千吨（2013）[7)]	103 129.1	395 231.3	26.1	1
	回收纸/千吨（2013）[7)]	78 072.0	216 474.1	36.1	1
木质品消费	原木/千立方米（2013）[7)]	393 445.2	3 587 637.5	11.0	1
	工业用原木/千立方米（2013）[7)]	214 606.8	1 735 363.6	12.4	2
	木质燃料/千立方米（2013）[7)]	178 838.5	1 852 273.9	9.7	2
	锯材/千立方米（2013）[7)]	87 832.5	418 159.7	21.0	1
	人造木质纤维板/千立方米（2013）[7)]	159 626.4	355 685.3	44.9	1
	木浆/千吨（2013）[7)]	27 133.7	172 954.9	15.7	2
水资源使用	年度淡水取用量/10 亿立方米）（2013）[1)]	554.1	3 906.7	14.2	2
	农业用水量/10 亿立方米（2013）[1)]	358.0	2 763.1	13.0	2
	工业用水量/10 亿立方米（2013）[1)]	128.6	691.3	18.6	2
	生活用水量/10 亿立方米（2013）[1)]	67.5	452.3	14.9	1

续表

	GDP 及主要资源消耗或污染物排放类别	中　国	世　界	中国占世界比重/%	在世界排位
化肥施用	化肥施用量 /（N+ P_2O_5 + K_2O 营养物吨）(2012)[7]	68 596 126	194 615 662	35.2	1
	氮肥施用量/N 营养物吨（2012）[7]	44 976 034	119 734 107	37.6	1
	磷肥施用量/P_2O_5营养物吨（2012）[7]	16 588 655	46 397 366	35.8	1
	钾肥施用量/K_2O 营养物吨（2012）[7]	7 031 437	28 484 189	24.7	1
农药施用	农药施用量/万吨（2013）[8]	180.62			1
	耕地或永久作物用地活性成分/（吨/千公顷）(2010)[7]	17.81			
渔业生产与消费	渔业生产量/吨（2012）[9]	57 275 749	157 969 483	36.3	1
	其中：捕捞量/吨（2012）[9]	16 167 443	91 336 230	17.7	1
	水产养殖量/吨（2012）[9]	41 108 306	66 633 253	61.7	1
	渔产品表观消费量/吨（2011）[9]	45 895 962	132 059 737	34.8	1
臭氧物质消耗消费	臭氧层消耗物质消费量/ODP 吨（2013）[10]	15 690.57	29 219.03	53.7	1
污染物和温室气体排放	人为 SO_2 排放量/千吨（2005）[11]	32 673.4	115 507.1	28.3	1
	化石能源消费 CO_2 排放量/百万吨（2013）[2]	9 524.3	35 094.4	27.1	1
	化石能源使用和工业过程 CO_2 排放量/千吨（2013）[12]	10 281 178	35 274 106	29.1	1
	温室气体排放总量/千吨 CO_2 当量（2012）[12]	12 454 710.61	53 526 302.83	23.3	1
	甲烷排放总量/千吨 CO_2 当量（2010）[1]	1 642 258	7 515 150	21.9	1
	氧化亚氮（N_2O）排放量/千吨 CO_2 当量（2010）[1]	550 296.8	2 859 834	19.2	1
	其他温室气体排放（包括 HFC，PFC，SF6）/ 千吨 CO_2 当量（2010）[1]	249 362	1 015 443	24.6	2
	农业温室气体排放/千吨 CO_2 当量（2012）[7]	835 348.95	5 381 510.21	15.5	1
	农业甲烷排放/千吨 CO_2 当量（2012）[7]	341 287.13	2 970 207.44	11.5	2
	农业 N_2O 排放/千吨 CO2 当量（2012）[7]	494 061.82	2 411 302.77	20.5	1
	土地利用 N_2O 排放/千吨 CO_2 当量（2012）[7]	173.25	59 612.82	0.29	30
	土地利用甲烷排放/千吨 CO_2 当量（2012）[7]	326	144 641.51	0.23	36
	氮氧化物（NO_X）排放量/千吨（模型估算，2008）[13]	21 684	106 422.37	20.4	1
	二氧化硫排放量/千吨（模型估算，2008）[13]	41 566	116 978.99	35.5	1
	非甲烷挥发性有机物（NMVOC）排放量/千吨（模型估算，2008）[13]	22 745	158 981.29	14.3	1
土地退化	人为导致的土地退化面积/千平方公里（20 世纪 90 年代中期左右）[7]	6 886	88 841	7.8	3
	荒漠化土地面积/万平方公里[14]	262.2（1994）	3 618.4（90 年代初期）	7.2	
	年土壤侵蚀量/亿吨[15]	45.2	20（左右）		
	年土壤侵蚀量/亿吨[16]	45.2	240	18.8	
	陆生生态系统年土壤侵蚀量/亿吨[17]	55.0	750	7.3	2**
	平均土地退化度/度（1991）[7]	7.87	2.11		1
	平均土壤侵蚀度/度（1991）[7]	0.49	0.85		94

续表

	GDP及主要资源消耗或污染物排放类别	中 国	世 界	中国占世界比重/%	在世界排位
水足迹	水足迹/（千兆立方米/年）(1996～2005)[13]	1 368 003.61	8 504 545.67	16.1	1
	农产品消费的水足迹/（千兆立方米/年）（1996～2005)[13]	1 258 254.61	7 799 192.76	16.1	1
	工业品消费的水足迹/（千兆立方米/年）（1996～2005)[13]	49 463.48	385 922.51	12.8	2
	生活用水消费的水足迹/（千兆立方米/年）（1996～2005)[13]	60 285.519	319 430.40	18.9	1
	国家生产的蓝水足迹（千兆立方米/年）（1996～2005)[13]	141 972	1 024 406.99	13.9	2
	国家生产的绿水足迹/（千兆立方米/年）（1996～2005)[13]	705 662	6 681 628.23	10.6	3
	国家生产的灰水足迹/（千兆立方米/年）（1996～2005)[13]	359 758	1 377 699.75	26.1	1
	消费的水足迹/十亿立方米（2010）[18]	951	8 059	11.8	NA
生态足迹	生态足迹总量/百万全球公顷（2011）[19]	3 484.2	18 515.7	18.8	1
	其中：作物用地生态足迹总量/百万全球公顷（2011）[19]	713.6	3 918.9	18.2	1
	放牧生态足迹总量/百万全球公顷（2011）[19]	167.9	1 469.6	11.4	1
	林产品生态足迹总量/百万全球公顷（2011）[19]	251.9	1 819.5	13.8	1
	渔生态足迹总量/百万全球公顷（2011）[19]	98.0	559.8	17.5	1
	碳足迹总量/百万全球公顷（2011）[19]	2 084.9	10 217.1	20.4	1
	建设用地生态足迹总量/百万全球公顷（2011）[19]	167.9	489.9	34.3	1
	消费的温室气体（GHG）足迹/十亿吨CO_2当量[18]	10.7	54.4	19.7	NA
生态承载力	总生物生产力/百万全球公顷（2011）[19]	1 301.3	12 008.3	10.8	2
能源足迹	消费的能源足迹/拍焦（2010）[18]	75.8	449	16.9	NA
物质足迹	国内物质消费总量/亿吨（2010）[18]	235.9	700.5	33.7	1
	消费的物质足迹/亿吨（2010）[18]	200.7	700.5	28.7	1
受威胁动植物物种	受威胁哺乳类物种/种（2014）[1]	73	3 246	2.2	6
	受威胁鸟类/种（2014）[1]	79	3 625	2.2	6
	受威胁鱼类/种（2014）[1]	122	6 870	1.8	7
	受威胁高等植物/种（2014）[1]	501	13 583	3.7	4

资料来源：1）World Bank Group. 2015-04-20. Database. http：//data. worldbank. org/indicator/SP. POP. TOTL

2）BP. 2014. BP Statistical Review of World Energy. http：//www. bp. com/statisticalreview

3）World Steel Association. 2014. Steel Statistical Yearbook 2014，Brussels

4）USGS. 2015-04-28. Mineral Commodity Summaries. http：//minerals. usgs. gov/minerals/pubs/commodity/cement/mcs-2015-cemen. pdf

5）UN Comtrade. 2015. International Trade Statistics Database. http：//comtrade. un. org/

6）World Bureau of Metal Statistics. 2014. World Metal Statistics Yearbook 2014，1st May 2014

7）FAO. 2015-05-05. ForesSTAT. http：//faostat. fao. org/site/626/default. aspx＃ancor

8）国家统计局农村社会经济调查司．2014. 2014中国农村统计年鉴．中国统计出版社

9）FAO Fisheries and Aquaculture Department. 2014-05-06. Fishery and Aquacultuce Statistics 2012. http：//www. fao. org/3/a-i3740t/index. html

10）UNEP Ozone Secretariat. 2015-4-20. DATA ACCESS CENTRE. http：//ozone. unep. org/en/ods _ data _ access _ centre. php

11）Smith S J，van Aardenne J，Klimont Z，et al. 2010. Anthropogenic Sulfur Dioxide Emissions：1850-2005. submitted to ACP. http：//www. atmos-chem-phys-discuss. net/10/16111/2010/acpd-10-16111-2010. html

12）European Commission，Joint Research Centre（JRC）/PBL Netherlands Environmental Assessment Agency. 2014. Emission Database for Global Atmospheric Research（EDGAR），release version 4. 2. http://edgar. jrc. ec. europe. eu

13）UNEP. 2015-05-08. UNEP Environmental Data Explorer-The Environmental Database. http：// geodata. grid. unep. ch/results. php

14）慈龙骏，等 . 2005. 中国的荒漠化及其防治 . 北京：高等教育出版社

15）孙鸿烈 . 2011. 我国水土流失问题与防治对策 . 中国水利（6）：16

16）Crosson P. 1997. Will erosion threaten agricultural productivity? Environment，39（8）：4-9，21，29-31

17）Pimentel D，Kounang N. 1998. Ecology of soil erosion in ecosystems. Ecosystems，(1)：416-426

18）Schandl H，West J，Baynes T，et al. 2015. Indicators for a resource efficient and green Asia：measuring progress of SCP，green economy and resource efficiency policies in the Asia-Pacific region. UNEP，CSIRO，ANU，University of Sydney. 其中，国内物质消费包括生物质、化石燃料、金属、工业和建筑材料

19）计算自：Global Footprint Network. 2015-05-10. Global Footprint Network's National Footprint Accounts 2015 Public Data Package. http://footprintnetwork. org/en/index. php/GFN/page/public _ data _ package

* * 此排位是基于 Pimentel 等（1998）提供的数据：印度为 66 亿吨，中国为 55 亿吨，美国为 40 亿吨。该文作者认为文献 16）的 240 亿吨全球土壤侵蚀量偏小，即使是 750 亿吨也是保守估计

二、世界主要国家资源环境综合绩效评估

1. 评估方法和指标选择

正如第十一章所述，中国科学院可持续发展战略研究组（2006）提出了资源环境综合绩效指数（REPI），对中国及 31 个省（自治区、直辖市）的资源环境绩效进行综合评估，以反映和监测建设节约型社会的进展状况。该指数比较直观地体现了经济发展与资源环境代价之间的关系，数据可得性强，可以灵活地运用于国际、国内各区域、行业和企业等多个层面的资源环境绩效比较，包括横向和纵向比较。鉴于资源环境绩效又是绿色发展的核心和关键，因此该指数完全可以作为绿色发展的衡量方法之一。

资源环境综合绩效指数（REPI）表达式为

$$\mathrm{REPI}_j = \frac{1}{n}\sum_{i}^{n} w_i \frac{x_{ij}/g_j}{X_{i0}/G_0} \tag{12.1}$$

在式（12.1）中，REPI_j 是第 j 个国家的资源环境综合绩效指数；w_i 为第 i 种资源消耗或污染物排放绩效的权重，x_{ij} 为第 j 个国家第 i 种资源消耗或污染物排放总量，g_j 为第 j 个国家的 GDP 总量，X_{i0} 为世界第 i 种资源消耗或污染物排放总量，G_0 为世界的 GDP 总量。那么，$\frac{x}{g}$ 和 $\frac{X}{G}$ 实际上分别表征的是各国和世界的资源消耗或污染物排放强度。

根据国际上资源环境数据的可得性和可靠性，我们遴选了7类资源消费和污染物排放指标，对世界上81个主要国家的资源环境综合绩效开展评估，以反映各国资源环境绩效或绿色发展水平的相对高低和动态变化。2012年，这81个主要国家的GDP（2005年价，美元）占世界的95.9%，具有较强的代表性。选取的7类指标包括：一次能源消费量、水泥消费量、成品钢材消费量、常用有色金属消费量、原木消费量、臭氧层消耗物质消费量、能源使用二氧化碳排放量。其中，一次能源消费量、水泥消费量、成品钢材消费量、常用有色金属消费量、原木消费量5个指标分别侧重表征对能源、矿产资源及森林资源利用绩效，臭氧层消耗物质消费量和能源使用二氧化碳排放量2个指标侧重表征对气候环境的影响绩效。

2. 世界主要国家资源环境综合绩效评估结果及分析（1990～2012年）

根据式（12.1），对1990～2012年世界和世界81个主要国家的资源环境综合绩效进行评估，结果如表12.2和表12.3所示。在此基础上对各国的资源环境环境绩效或绿色发展水平进行分析。

（1）2012年世界主要国家资源环境综合绩效分析

2012年，爱尔兰的资源环境综合绩效最高（表12.2，表12.3，图12.1），其资源环境综合绩效指数只有世界平均水平的0.14倍左右，越南资源环境绩效最差，其资源环境综合绩效指数是世界平均水平的5.2倍。资源环境综合绩效排在前十位的国家依次是：爱尔兰、英国、丹麦、瑞士、荷兰、法国、挪威、美国、西班牙、日本，其资源环境综合绩效指数是世界平均水平的0.14～0.36倍。排在后十位的国家依次是：肯尼亚、巴林、乌克兰、伊朗、埃及、津巴布韦、乌兹别克斯坦、中国、加纳、越南，其资源环境综合绩效指数是世界平均水平的2.6～5.2倍。2012年，中国在参与排序的79个国家中排第77位，其资源环境综合绩效指数是世界平均水平的5.0倍，资源环境综合绩效总体较差。

（2）世界主要国家各年资源环境综合绩效排序分析（1990～2012年）

由于各年数据可得性的限制，参与评估的国家数有所不同，因此各年的排序可能相差较大，年际之间排名不具可比性。只有2000年后大体可以比较。尽管如此，由表12.3可以看到，发达国家各年的资源环境绩效排名基本上稳居前列。爱尔兰位于1～5名，丹麦位于1～3名。瑞士在1～4名，英国在1～4名，目前基本稳定在第2名。美国则位于8～15名，瑞典在13～20名，挪威在6～7名，相对比较稳定。荷兰在4～5名，也相对比较稳定。日本在9～18名，法国在6～7名，德国在8～13名。中国的资源环境综合绩效各年均排位靠后，其各年资源环境综合绩效指数是世界平均水平的5～6倍。

表 12.2　世界主要国家资源环境综合绩效指数(1990～2012 年)(1990 年世界为 1.000)

国家	1990	1991	1992	1993	1994	1995	1996	1997	1998	1999	2000	2001	2002	2003	2004	2005	2006	2007	2008	2009	2010	2011	2012
阿尔巴尼亚	—	—	—	—	—	—	—	—	—	—	1.365	1.591	1.711	1.765	1.706	1.746	1.706	1.631	1.484	1.508	1.404	1.394	1.321
阿尔及利亚	—	—	—	—	—	—	—	—	—	1.229	1.326	1.294	1.349	1.362	1.224	1.255	1.343	1.328	1.437	1.506	1.398	1.477	1.578
阿根廷	0.793	1.079	1.068	0.356	0.943	1.004	0.861	0.859	0.875	0.852	0.804	0.767	0.730	0.805	0.861	0.818	0.835	0.781	0.763	0.698	0.720	0.704	0.670
澳大利亚	0.670	0.692	0.703	0.684	0.675	0.645	0.609	0.596	0.595	0.572	0.560	0.540	0.538	0.547	0.543	0.536	0.527	0.512	0.495	0.445	0.457	0.440	0.413
奥地利	0.604	0.600	0.566	0.521	0.543	0.518	0.488	0.490	0.488	0.462	0.455	0.463	0.476	0.497	0.495	0.486	0.518	0.514	0.499	0.429	0.468	0.476	0.458
巴林	—	—	—	2.843	2.420	2.323	2.092	2.279	3.233	2.905	3.303	3.416	3.284	3.207	—	—	3.397	3.223	3.104	2.936	2.886	2.743	2.616
白俄罗斯	—	—	—	—	—	—	—	—	—	—	2.326	1.910	1.939	2.155	2.070	2.044	2.030	1.993	1.880	1.738	1.860	1.786	1.988
比利时	0.733	0.747	0.711	0.631	0.749	0.734	0.726	0.697	0.721	0.684	0.725	0.703	0.637	0.621	0.665	0.653	0.662	0.666	0.639	0.528	0.586	0.557	0.527
玻利维亚	—	—	—	—	—	—	—	—	—	—	1.632	1.583	1.547	1.633	1.628	1.642	1.687	1.732	1.734	1.741	1.774	1.844	1.863
波黑	—	—	—	—	—	—	—	—	2.105	2.020	2.393	2.324	2.375	2.133	2.040	2.068	2.237	1.970	1.982	1.857	1.944	1.973	1.898
巴西	1.317	1.109	1.228	1.238	1.110	1.128	1.155	1.139	1.194	1.232	1.218	1.180	1.124	1.139	1.106	1.063	1.057	1.074	1.076	1.002	1.083	1.107	1.136
保加利亚	3.769	2.643	2.647	2.426	2.223	2.768	2.094	1.996	1.922	1.942	2.025	1.869	1.908	1.988	1.944	2.096	2.231	2.259	2.225	1.701	1.615	1.683	1.501
喀麦隆	1.655	1.768	1.723	1.944	1.848	1.907	1.853	1.738	1.661	1.636	1.693	1.743	1.610	1.548	1.477	1.430	1.456	1.438	1.381	1.396	1.394	1.448	1.465
加拿大	0.876	0.877	0.892	0.883	0.897	0.897	0.883	0.874	0.842	0.845	0.831	0.766	0.770	0.735	0.772	0.740	0.717	0.638	0.591	0.522	0.565	0.568	0.561
智利	1.170	1.158	1.224	1.255	1.217	1.212	1.089	1.075	1.109	1.087	1.113	1.123	1.093	1.083	1.127	1.117	1.106	1.119	1.127	1.008	0.972	1.044	1.041
中国	5.855	5.862	6.014	6.166	5.579	5.355	5.079	4.779	4.890	4.572	4.398	4.328	4.462	4.829	4.934	5.053	4.965	4.893	4.721	5.061	4.966	5.109	4.979
哥伦比亚	—	—	—	—	—	—	—	—	—	0.673	0.751	0.708	0.672	0.669	0.673	0.733	0.706	0.708	0.652	0.622	0.640	0.656	0.656
哥斯达黎加	—	—	—	—	—	—	—	—	—	—	1.171	1.171	1.085	1.061	1.045	1.034	0.927	0.910	1.000	0.837	0.790	0.796	0.761
克罗地亚	—	—	—	—	—	0.727	0.716	0.749	0.793	0.819	0.810	0.812	0.856	0.855	0.898	0.879	0.850	0.877	0.888	0.797	0.776	0.743	0.798
古巴	1.047	0.769	0.642	0.673	0.744	—	—	—	—	—	0.669	0.628	0.667	0.623	0.585	0.490	0.436	0.393	0.382	0.426	0.404	0.412	0.406
捷克	—	—	—	1.154	1.143	1.116	1.037	1.115	1.138	1.071	1.152	1.135	1.138	1.126	1.155	1.097	1.102	1.103	1.047	0.898	0.993	0.978	0.963
丹麦	0.247	0.257	0.251	0.233	0.236	0.243	0.243	0.243	0.240	0.211	0.211	0.205	0.218	0.218	0.212	0.202	0.216	0.212	0.200	0.159	0.165	0.176	0.165
埃及	3.407	3.400	3.278	3.309	3.138	3.239	3.121	3.320	3.268	3.182	3.187	3.278	3.237	3.003	2.763	3.050	2.914	3.000	3.158	3.477	3.331	3.002	3.347
爱沙尼亚	—	—	—	—	—	—	—	—	—	—	—	—	—	—	—	1.176	1.251	1.087	0.981	0.936	1.095	1.043	0.982
芬兰	0.957	0.850	0.883	0.952	0.985	0.984	0.930	0.922	0.940	0.900	0.886	0.865	0.845	0.861	0.831	0.785	0.764	0.754	0.686	0.570	0.651	0.621	0.651

续表

国家	1990	1991	1992	1993	1994	1995	1996	1997	1998	1999	2000	2001	2002	2003	2004	2005	2006	2007	2008	2009	2010	2011	2012
法国	0.419	0.414	0.396	0.371	0.385	0.391	0.370	0.375	0.378	0.371	0.372	0.349	0.341	0.328	0.326	0.313	0.310	0.305	0.295	0.252	0.257	0.258	0.245
德国	—	0.495	0.472	0.459	0.490	0.485	0.453	0.469	0.475	0.457	0.464	0.437	0.430	0.443	0.441	0.426	0.443	0.446	0.432	0.362	0.410	0.414	0.398
加纳	4.373	3.798	4.596	5.232	5.606	5.922	5.869	5.883	5.841	5.773	5.698	5.713	5.697	5.783	5.645	5.624	5.465	5.339	5.309	5.249	5.075	5.143	5.046
希腊	0.613	0.611	0.572	0.581	0.573	0.611	0.626	0.655	0.621	0.659	0.705	1.061	0.686	0.658	0.616	0.613	0.630	0.617	0.569	0.474	0.488	0.457	0.429
危地马拉	—	—	—	—	—	—	—	—	—	—	1.676	1.700	1.669	1.579	1.633	1.653	1.587	1.581	1.445	1.399	1.366	1.388	1.417
匈牙利	—	1.114	0.990	1.004	0.956	0.908	0.909	0.915	0.904	0.916	0.942	0.936	0.934	0.923	0.855	0.816	0.809	0.807	0.796	0.649	0.772	0.745	0.688
冰岛	—	—	—	—	—	0.472	0.441	—	—	—	—	—	—	—	—	—	—	—	—	—	—	—	—
印度	—	—	3.025	2.973	2.937	2.863	2.799	2.783	2.736	2.741	2.638	2.516	2.661	2.585	2.486	2.407	2.399	2.317	2.322	2.320	2.228	2.274	2.291
印度尼西亚	—	2.390	2.413	2.320	2.307	2.276	2.157	2.133	2.026	2.054	2.063	2.059	2.030	1.957	1.987	1.912	1.770	1.743	1.953	1.657	1.663	1.717	1.755
伊朗	2.039	2.137	2.173	2.150	2.233	2.132	2.132	2.343	2.312	2.324	2.449	2.549	2.642	2.709	2.537	2.515	2.470	2.655	2.448	2.515	2.614	2.645	2.727
爱尔兰	0.303	0.293	0.283	0.269	0.282	0.250	0.260	0.276	0.287	0.278	0.298	0.280	0.275	0.268	0.280	0.279	0.282	0.272	0.253	0.185	0.178	0.139	0.140
以色列	—	—	—	—	—	—	—	—	—	0.607	0.548	0.526	0.554	0.517	0.491	0.463	0.421	0.403	0.387	0.386	0.367	0.423	0.425
意大利	0.493	0.482	0.476	0.437	0.447	0.473	0.427	0.454	0.470	0.472	0.476	0.467	0.474	0.493	0.508	0.495	0.514	0.507	0.466	0.376	0.424	0.425	0.386
日本	0.719	0.761	0.629	0.577	0.527	0.546	0.509	0.501	0.459	0.461	0.474	0.448	0.437	0.437	0.436	0.426	0.426	0.415	0.402	0.333	0.364	0.360	0.358
哈萨克斯坦	—	—	—	3.811	—	—	2.638	2.269	2.445	2.181	2.114	1.951	1.985	1.919	2.035	2.075	2.082	2.060	1.850	1.656	1.668	1.736	1.755
肯尼亚	—	—	—	—	—	—	—	—	—	2.592	2.616	2.530	2.551	2.512	2.491	2.716	2.706	2.578	2.583	2.673	2.542	2.759	2.570
韩国	—	—	1.877	1.755	1.783	1.741	1.701	1.654	1.319	1.469	1.463	1.391	1.430	1.428	1.380	1.286	1.259	1.238	1.226	1.111	1.106	1.090	1.053
科威特	—	—	—	—	—	—	—	—	—	—	0.685	0.703	0.734	0.639	0.700	0.695	0.657	0.638	0.687	0.709	0.738	0.612	0.592
马其顿	—	—	—	—	—	—	2.299	2.414	1.757	1.805	1.623	1.764	1.947	1.845	1.968	2.062	2.072	1.943	1.469	1.492	1.509	1.522	1.263
马来西亚	2.406	2.549	2.611	2.573	2.549	2.679	2.588	2.628	1.979	2.039	2.118	2.148	2.879	1.940	1.976	1.909	1.847	1.845	1.799	1.704	1.705	1.752	1.697
墨西哥	0.817	0.778	0.746	0.729	0.745	0.632	0.645	0.685	0.713	0.708	0.730	0.702	0.711	0.707	0.720	0.705	0.686	0.673	0.649	0.640	0.656	0.642	0.635
摩洛哥	1.396	1.439	1.602	1.516	1.520	1.674	1.360	1.526	1.469	1.450	1.473	1.524	1.490	1.420	1.470	1.471	1.426	1.472	1.535	1.461	1.426	1.495	1.382
荷兰	0.353	0.348	0.337	0.328	0.333	0.344	0.335	0.336	0.328	0.305	0.291	0.288	0.282	0.270	0.276	0.261	0.254	0.245	0.248	0.227	0.230	0.229	0.227
新西兰	—	—	—	0.603	0.579	0.580	0.555	0.541	0.532	0.532	0.547	0.541	0.555	0.531	0.537	0.524	0.499	0.505	0.492	0.438	0.468	0.440	0.433
尼日利亚	—	—	—	2.467	2.293	2.334	2.549	2.537	2.473	2.542	2.516	2.610	2.453	2.246	1.661	1.604	1.469	1.419	1.400	1.336	1.232	1.177	1.208
挪威	0.455	0.422	0.416	0.403	0.396	0.371	0.349	0.347	0.328	0.323	0.331	0.313	0.313	0.308	0.304	0.316	0.303	0.299	0.285	0.249	0.256	0.262	0.257
巴基斯坦	1.831	1.810	1.741	1.801	1.800	1.809	1.796	1.807	1.725	1.808	1.800	1.774	1.789	1.790	1.652	1.646	1.678	1.791	1.716	1.725	1.705	1.659	1.672
秘鲁	1.118	1.059	1.003	1.049	1.067	1.050	0.981	1.021	1.113	1.083	1.049	1.042	0.999	0.941	1.006	0.953	0.976	0.972	0.971	0.881	0.976	0.957	0.951
菲律宾	1.760	1.675	1.866	1.990	2.040	2.228	2.341	2.267	1.956	1.948	1.848	1.710	1.748	1.618	1.478	1.360	1.270	1.243	1.221	1.237	1.234	1.268	1.363
波兰	1.688	1.376	1.463	1.475	1.450	1.437	1.310	1.303	1.277	1.234	1.206	1.115	1.110	1.122	1.135	3.733	1.158	1.175	1.099	0.921	0.997	1.015	0.940
葡萄牙	0.655	0.624	0.656	0.586	0.599	0.629	0.594	0.625	0.630	0.639	0.656	0.610	0.629	0.602	0.607	0.583	0.560	0.545	0.521	0.452	0.453	0.395	0.391

续表

国家	1990	1991	1992	1993	1994	1995	1996	1997	1998	1999	2000	2001	2002	2003	2004	2005	2006	2007	2008	2009	2010	2011	2012
罗马尼亚	2.087	1.923	1.654	1.653	1.811	1.514	1.593	1.586	1.662	1.393	1.515	1.466	1.467	1.499	1.450	1.459	1.512	1.601	1.431	1.097	1.167	1.206	1.153
俄罗斯	—	—	3.212	2.744	2.467	2.599	2.275	2.243	2.332	2.365	2.447	2.213	2.167	2.079	2.027	1.963	1.956	1.921	1.746	1.582	1.713	1.798	1.799
沙特	—	—	0.906	0.957	1.051	0.987	0.979	0.969	0.977	0.975	0.964	1.063	1.125	1.115	1.114	1.115	1.059	1.049	1.087	1.118	1.116	1.130	1.157
塞尔维亚	—	—	—	—	—	—	—	—	—	—	—	—	—	—	—	—	—	1.790	1.720	1.724	1.762	1.864	1.712
新加坡	—	—	—	—	1.141	1.081	1.082	1.089	1.022	0.845	0.777	0.797	0.770	0.739	0.691	0.667	0.579	0.613	0.649	0.624	0.549	0.583	0.570
斯洛伐克	—	—	—	1.274	1.153	1.118	1.066	0.935	0.981	0.946	0.962	1.020	0.960	0.912	0.935	0.927	0.890	0.834	0.799	1.190	0.714	0.782	0.730
斯洛文尼亚	—	—	—	—	—	—	1.059	1.104	1.147	1.133	1.165	1.249	1.082	1.104	1.184	1.101	1.095	1.103	1.014	1.079	1.053	1.000	0.989
南非	1.788	1.475	1.574	1.462	1.450	1.413	1.312	1.385	1.345	1.276	1.302	1.256	1.282	1.281	1.309	1.260	1.267	1.217	1.246	1.178	1.129	1.107	1.114
西班牙	0.534	0.525	0.496	0.467	0.500	0.530	0.514	0.542	0.571	0.595	0.598	0.609	0.619	0.608	0.628	0.625	0.629	0.618	0.513	0.412	0.413	0.401	0.345
瑞典	0.658	0.627	0.639	0.660	0.679	0.694	0.632	0.656	0.671	0.626	0.628	0.596	0.581	0.577	0.574	0.641	0.513	0.544	0.534	0.448	0.500	0.490	0.466
瑞士	0.329	0.301	0.276	0.251	0.263	0.251	0.220	0.229	0.230	0.226	0.233	0.223	0.209	0.212	0.214	0.212	0.218	0.210	0.205	0.187	0.209	0.214	0.208
叙利亚	—	—	—	—	—	—	—	—	—	—	—	—	—	—	2.354	2.296	2.231	2.232	—	—	—	—	—
泰国	2.826	3.003	3.051	2.934	2.815	2.990	2.880	2.749	2.117	2.214	2.225	2.312	2.492	2.571	2.671	2.653	2.448	2.221	2.296	2.108	2.222	2.260	2.302
突尼斯	1.756	1.781	1.690	1.721	1.534	1.616	1.529	1.539	1.506	1.502	1.556	1.544	1.462	1.419	1.399	1.386	1.332	1.272	1.289	1.194	1.221	1.161	1.175
土耳其	1.046	1.031	1.053	1.115	0.998	1.101	1.106	1.087	1.118	1.057	1.067	0.960	1.000	1.056	1.028	1.069	1.123	1.181	1.130	1.112	1.162	1.206	1.235
乌克兰	—	—	—	—	—	4.412	4.432	4.205	4.507	3.940	3.880	3.671	3.465	3.503	3.096	3.088	3.055	3.108	2.892	2.417	2.664	2.771	2.687
阿联酋	—	—	—	—	—	—	—	—	—	0.703	0.648	0.687	0.741	0.749	0.743	0.879	0.935	1.058	1.334	1.113	1.242	1.304	1.281
英国	0.341	0.321	0.319	0.312	0.310	0.309	0.314	0.307	0.294	0.275	0.268	0.255	0.244	0.226	0.230	0.206	0.208	0.195	0.185	0.157	0.166	0.153	0.153
美国	0.693	0.667	0.653	0.650	0.608	0.562	0.545	0.528	0.533	0.512	0.498	0.471	0.461	0.447	0.449	0.429	0.422	0.398	0.372	0.320	0.335	0.335	0.333
乌拉圭	—	—	—	—	—	—	—	—	—	—	—	—	—	—	—	—	—	—	—	—	1.000	0.855	0.782
乌兹别克斯坦	—	—	—	—	—	—	—	—	6.333	6.126	6.017	6.072	6.120	6.071	5.896	5.405	5.351	5.155	5.018	4.412	3.955	4.080	3.864
委内瑞拉	1.216	1.144	1.125	1.046	1.060	1.164	1.092	1.112	1.103	1.153	1.062	1.093	1.067	1.088	1.121	1.017	1.051	0.972	0.999	1.004	0.909	0.907	0.863
越南	—	—	—	—	—	—	—	—	—	3.295	3.511	3.936	4.393	4.359	4.418	4.524	4.482	4.993	4.856	5.449	5.468	5.402	5.151
赞比亚	—	—	—	—	—	—	—	—	—	—	—	—	—	—	—	—	2.220	2.155	2.089	1.920	1.711	1.645	1.555
津巴布韦	—	—	—	—	—	—	—	—	—	—	—	—	—	—	—	—	3.529	3.590	4.147	4.047	3.919	3.780	3.459
一带一路国家（含日本）	1.543	1.523	1.704	1.683	1.610	1.621	1.568	1.551	1.541	1.542	1.546	1.545	1.611	1.684	1.709	1.817	1.781	1.822	1.827	1.928	1.962	2.049	2.056
一带一路国家（不含日本）	2.265	2.192	2.633	2.612	2.498	2.458	2.370	2.318	2.306	2.269	2.237	2.227	2.304	2.388	2.392	2.521	2.425	2.450	2.425	2.546	2.565	2.647	2.639
世界	1.000	0.968	0.975	0.955	0.913	0.903	0.877	0.868	0.858	0.848	0.845	0.826	0.842	0.867	0.798	0.890	0.904	0.915	0.907	0.916	0.950	0.993	0.995

注：GDP 为 2005 年价美元，以下表均同

表 12.3　世界主要国家资源环境综合绩效指数排序（1990～2012 年）（按由小到大顺序排列）

国家	1990 排序	1991 排序	1992 排序	1993 排序	1994 排序	1995 排序	1996 排序	1997 排序	1998 排序	1999 排序	2000 排序	2001 排序	2002 排序	2003 排序	2004 排序	2005 排序	2006 排序	2007 排序	2008 排序	2009 排序	2010 排序	2011 排序	2012 排序
阿尔巴尼亚	—	—	—	—	—	—	—	—	—	—	45	50	52	53	55	55	56	54	54	55	54	52	51
阿尔及利亚	—	—	—	—	—	—	—	—	—	38	44	44	44	44	43	43	48	48	51	54	53	54	58
阿根廷	18	25	27	22	23	27	23	22	23	27	27	26	24	28	30	29	29	28	28	28	28	28	28
澳大利亚	14	16	18	20	17	19	17	15	15	14	15	14	13	15	15	16	17	15	15	17	16	17	15
奥地利	10	11	11	11	12	11	11	10	11	10	8	10	12	12	12	12	16	16	16	15	18	19	19
巴林	—	—	—	49	48	47	45	49	56	61	69	69	69	69	—	—	73	74	72	72	73	71	71
白俄罗斯	—	—	—	—	—	—	—	—	—	—	61	57	56	62	63	59	60	63	62	63	66	63	67
比利时	17	17	19	19	21	22	22	20	20	21	23	22	19	19	21	21	23	24	22	22	23	21	21
玻利维亚	—	—	—	—	—	—	—	—	—	—	51	49	49	52	51	52	55	55	58	64	65	65	65
波黑	—	—	—	—	—	—	—	—	49	51	62	63	61	61	62	61	66	62	64	65	67	67	66
巴西	27	26	30	31	30	33	36	35	35	39	42	41	40	42	36	36	36	37	38	36	40	43	43
保加利亚	40	41	43	45	44	51	46	44	45	49	56	56	55	59	56	63	64	68	66	59	57	59	56
喀麦隆	29	34	36	41	42	43	44	42	41	46	53	53	50	49	49	48	50	50	48	50	52	53	55
加拿大	20	22	22	23	22	23	24	23	22	25	29	25	27	25	27	26	26	22	21	21	22	22	22
智利	25	29	29	32	34	35	33	29	30	35	37	38	38	36	39	41	40	41	41	38	34	40	40
中国	42	45	49	55	54	56	59	58	59	65	72	72	72	72	72	73	76	76	75	76	77	77	77
哥伦比亚	—	—	—	—	—	—	—	—	—	20	25	24	21	23	22	25	25	26	25	24	24	27	27
哥斯达黎加	—	—	—	—	—	—	—	—	—	—	40	40	37	35	35	35	32	32	35	31	32	32	31
克罗地亚	—	—	—	—	—	21	21	21	21	24	28	28	30	29	31	30	30	31	31	30	31	29	33
古巴	23	19	15	18	19	—	—	—	—	—	20	19	20	20	17	13	11	8	9	14	11	12	14
捷克	—	—	—	30	32	31	29	34	33	33	38	39	42	41	41	38	39	40	37	33	36	36	37
丹麦	1	1	1	1	1	1	2	2	2	1	1	1	2	2	1	1	2	3	2	2	1	3	3
埃及	39	43	47	52	53	54	57	56	57	62	68	68	68	68	69	69	71	72	73	73	74	74	74
爱沙尼亚	—	—	—	—	—	—	—	—	—	—	—	—	—	—	—	42	43	38	33	35	41	39	38
芬兰	21	21	21	24	25	25	26	25	25	28	30	29	29	30	28	27	27	27	26	23	25	25	26
法国	6	6	6	6	6	7	7	7	7	7	7	7	7	7	7	6	7	7	7	7	7	6	6
德国	—	9	8	9	9	10	10	9	10	8	9	8	8	9	9	8	12	12	12	10	12	13	13

续表

国家	1990排序	1991排序	1992排序	1993排序	1994排序	1995排序	1996排序	1997排序	1998排序	1999排序	2000排序	2001排序	2002排序	2003排序	2004排序	2005排序	2006排序	2007排序	2008排序	2009排序	2010排序	2011排序	2012排序
加纳	41	44	48	54	55	57	60	59	60	66	73	73	73	73	73	75	78	79	78	77	78	78	78
希腊	11	12	12	13	13	16	18	17	16	19	22	34	22	22	19	18	21	20	20	20	19	18	17
危地马拉	—	—	—	—	—	—	—	—	—	—	52	51	51	50	52	54	53	52	52	51	51	51	54
匈牙利	—	27	24	26	24	24	25	24	24	29	31	30	31	32	29	28	28	29	29	27	30	30	29
冰岛	—	—	—	—	—	8	9	—	—	—	—	—	—	—	—	—	—	—	—	—	—	—	—
印度	—	—	44	51	52	52	55	55	55	60	67	64	66	66	65	65	67	69	68	68	69	69	68
印度尼西亚	—	39	41	44	47	46	48	45	48	53	57	59	59	58	59	57	57	56	63	58	58	60	62
伊朗	35	38	40	43	45	44	47	50	51	56	64	66	65	67	67	66	69	71	69	70	71	70	73
爱尔兰	2	2	3	3	3	2	3	3	3	4	5	4	4	4	5	5	5	5	5	3	3	1	1
以色列	—	—	—	—	—	—	—	—	—	16	14	13	14	13	11	11	8	10	10	12	10	14	16
意大利	8	8	9	8	8	9	8	8	9	11	11	11	11	11	13	14	15	14	13	11	14	15	11
日本	16	18	13	12	11	13	12	11	8	9	10	9	9	8	8	9	10	11	11	9	9	9	10
哈萨克斯坦	—	—	—	53	—	—	54	48	53	54	58	58	58	56	61	62	52	64	61	57	59	61	63
肯尼亚	—	—	—	—	—	—	—	—	—	59	66	65	64	64	66	68	70	70	70	71	70	72	70
韩国	—	—	39	39	39	41	42	41	37	44	46	45	45	47	45	45	44	45	44	41	42	41	41
科威特	—	—	—	—	—	—	—	—	—	—	21	23	25	21	24	23	22	23	27	29	29	24	24
马其顿	—	—	—	—	—	—	50	51	44	47	50	54	57	55	57	60	61	61	53	53	56	56	49
马来西亚	37	40	42	47	50	50	53	53	47	52	59	60	67	57	58	56	58	59	60	60	60	62	60
墨西哥	19	20	20	21	20	18	20	19	19	23	24	21	23	24	25	24	24	25	24	26	26	26	25
摩洛哥	28	31	33	36	37	40	39	38	39	43	47	47	48	46	48	50	49	51	55	52	55	55	53
荷兰	5	5	5	5	5	5	5	5	5	5	4	5	5	5	4	4	4	4	4	5	5	5	5
新西兰	—	—	—	15	14	15	15	13	12	13	13	15	15	14	14	15	13	13	14	16	17	16	18
尼日利亚	—	—	—	46	46	48	52	52	54	58	65	67	62	63	54	51	51	49	49	49	48	46	47
挪威	7	7	7	7	7	6	6	6	6	6	6	6	6	6	6	7	6	6	6	6	6	7	7
巴基斯坦	34	36	37	40	40	42	43	43	43	48	54	55	54	54	53	53	54	58	56	62	61	58	59
秘鲁	24	24	25	28	29	28	28	28	31	34	34	33	33	33	33	33	34	34	32	32	35	35	36
菲律宾	32	33	38	42	43	45	51	47	46	50	55	52	53	51	50	46	46	46	43	48	49	49	52

续表

国家	1990 排序	1991 排序	1992 排序	1993 排序	1994 排序	1995 排序	1996 排序	1997 排序	1998 排序	1999 排序	2000 排序	2001 排序	2002 排序	2003 排序	2004 排序	2005 排序	2006 排序	2007 排序	2008 排序	2009 排序	2010 排序	2011 排序	2012 排序
波兰	30	30	31	35	36	37	37	36	36	40	41	37	39	40	40	71	42	42	40	34	37	38	35
葡萄牙	12	13	17	14	15	17	16	16	17	18	19	18	18	17	18	17	18	18	18	19	15	10	12
罗马尼亚	36	37	34	37	41	38	41	40	42	42	48	46	47	48	47	49	52	53	50	40	46	48	44
俄罗斯	—	—	46	48	49	49	49	46	52	57	63	61	60	60	60	58	59	60	59	56	63	64	64
沙特	—	—	23	25	27	26	27	27	26	31	33	35	41	39	37	40	37	35	39	44	43	44	45
塞尔维亚	—	—	—	—	—	—	—	—	—	—	—	—	—	—	—	—	—	57	57	61	64	66	61
新加坡	—	—	—	—	31	29	32	31	28	26	26	27	28	26	23	22	19	19	23	25	21	23	23
斯洛伐克	—	—	—	33	33	32	31	26	27	30	32	32	32	31	32	32	31	30	30	46	27	31	30
斯洛文尼亚	—	—	—	—	—	—	30	32	34	36	39	42	36	38	42	39	38	39	36	39	39	37	39
南非	33	32	32	34	35	36	38	37	38	41	43	43	43	43	44	44	45	44	45	45	44	42	42
西班牙	9	10	10	10	10	12	13	14	14	15	16	17	17	18	20	19	20	21	17	13	13	11	9
瑞典	13	14	14	17	18	20	19	18	18	17	17	16	16	16	16	20	14	17	19	18	20	20	20
瑞士	3	3	2	2	2	3	1	1	1	2	2	2	1	1	2	3	3	2	3	4	4	4	4
叙利亚	—	—	—	—	—	—	—	—	—	—	—	—	—	—	64	64	65	67	—	—	—	—	—
泰国	38	42	45	50	51	53	56	54	50	55	60	62	63	65	68	67	68	66	67	67	68	68	69
突尼斯	31	35	35	38	38	39	40	39	40	45	49	48	46	45	46	47	47	47	46	47	47	45	46
土耳其	22	23	26	29	26	30	35	30	32	32	36	31	34	34	34	37	41	43	42	42	45	47	48
乌克兰	—	—	—	—	—	55	58	57	58	64	71	70	70	70	70	70	72	73	71	69	72	73	72
阿联酋	—	—	—	—	—	—	—	—	—	22	18	20	26	27	26	31	33	36	47	43	50	50	50
英国	4	4	4	4	4	4	4	4	4	3	3	3	3	3	3	2	1	1	1	1	2	2	2
美国	15	15	16	16	16	14	14	12	13	12	12	12	10	10	10	10	9	9	8	8	8	8	8
乌拉圭	—	—	—	—	—	—	—	—	—	—	—	—	—	—	—	—	—	—	—	—	38	33	32
乌兹别克斯坦	—	—	—	—	—	—	—	—	61	67	74	74	74	74	74	74	77	78	77	75	76	76	76
委内瑞拉	26	28	28	27	28	34	34	33	29	37	35	36	35	37	38	34	35	33	34	37	33	34	34
越南	—	—	—	—	—	—	—	—	—	63	70	71	71	71	71	72	75	77	76	78	79	79	79
赞比亚	—	—	—	—	—	—	—	—	—	—	—	—	—	—	—	—	63	65	65	66	62	57	57
津巴布韦	—	—	—	—	—	—	—	—	—	—	—	—	—	—	—	—	74	75	74	74	75	75	75

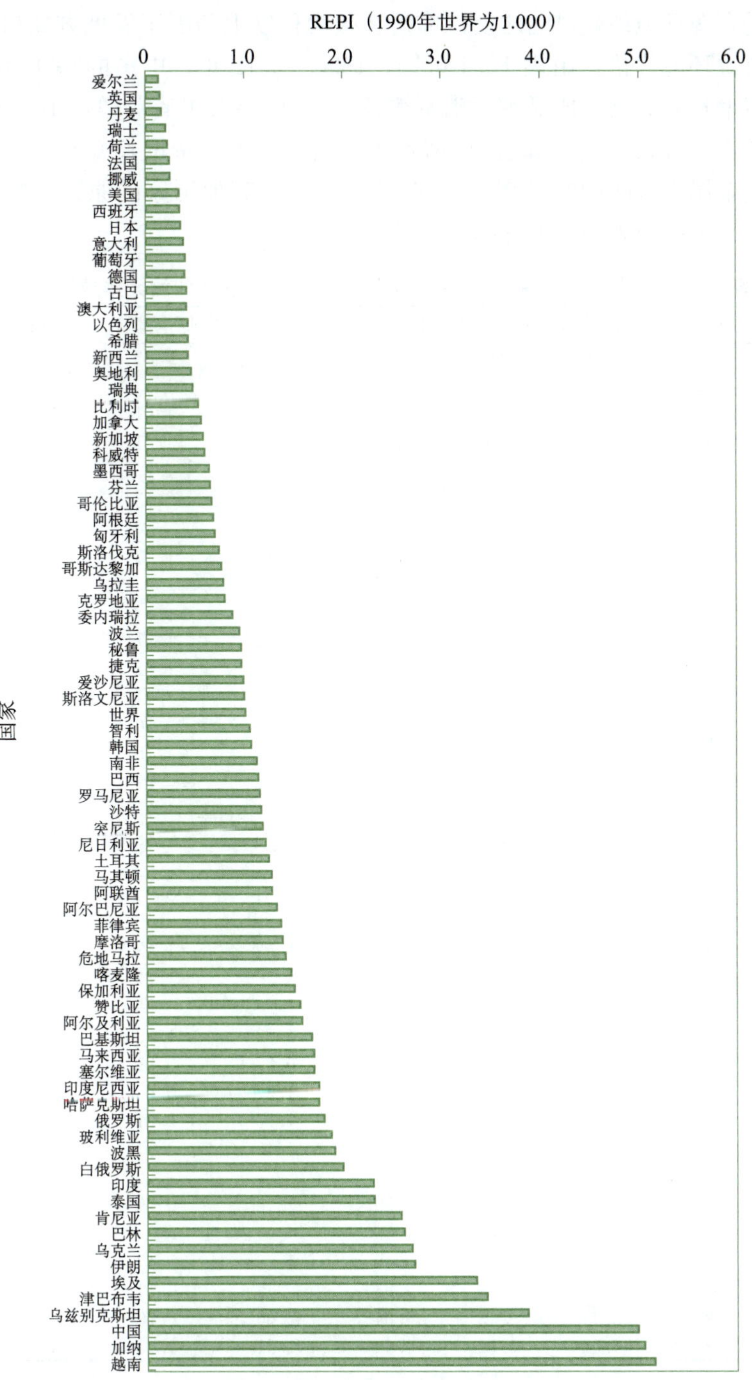

图 12.1　2012 年世界及主要国家资源环境综合绩效指数排序图

中国的资源环境绩效排名之所以靠后在很大程度上归因于发展方式粗放等所带来的沉重的资源环境代价。由表 12.4 可知，1990～2012 年，中国的 GDP 增长 8.6 倍，而能源消费增长 3.9 倍、成品钢材消费增长 12.4 倍、水泥消费增长 10.8 倍、有色金属消费增长 18.5 倍、二氧化碳排放增长 4.0 倍、原木消费增长 0.99 倍。其中钢材、水泥和有色金属消费的增幅远高于 GDP 增幅。至于其他国家的原因诊断或障碍因素分析可进一步借助附表 10～附表 16 展开。

表 12.4　世界主要国家 1990～2009 年 GDP、资源消费和污染排放增长倍数

国家	GDP	能源消费	钢材消费	水泥消费	有色金属消费	原木消费	二氧化碳排放	ODS 消费
阿尔巴尼亚	1.99	0.98	4.99	2.04	0.11	0.53	0.74	—
阿尔及利亚	1.85	1.80	2.93	2.56	—	1.43	1.82	—
阿根廷	2.49	1.96	3.60	3.10	1.90	1.61	1.70	0.57
澳大利亚	1.98	1.61	1.33	1.81	1.02	1.31	1.48	0.00
奥地利	1.56	1.28	1.43	1.05	1.33	1.25	1.20	0.00
巴林	3.06	2.28	8.12	—	3.53	2.53	2.20	0.42
白俄罗斯	1.94	—	—	0.81	—	—	0.75	0.01
比利时	1.48	1.20	1.38	1.18	0.90	1.33	0.98	—
玻利维亚	2.33	3.16	2.55	5.51	—	1.43	2.59	—
波黑	—	—	—	—	—	—	1.11	0.29
巴西	1.90	2.10	2.84	2.77	2.82	1.37	2.20	0.04
保加利亚	1.39	0.64	0.70	0.42	0.58	1.32	0.61	0.00
喀麦隆	1.73	1.41	3.95	4.86	1.15	1.14	0.91	0.50
加拿大	1.67	1.22	1.51	1.32	1.06	0.90	1.22	0.01
智利	3.02	2.39	4.28	3.17	2.42	2.78	2.53	0.27
中国	8.60	3.92	12.42	10.82	18.48	0.99	3.99	0.36
哥伦比亚	2.15	1.74	3.23	2.05	—	1.16	1.54	0.13
哥斯达黎加	2.80	2.68	4.44	1.52	—	0.98	2.51	—
克罗地亚	—	—	—	0.87	—	—	0.91	0.00
古巴	1.52	0.79	0.19	0.56	1.61	0.54	1.25	0.02
捷克	1.45	—	—	0.58	—	—	0.70	—
丹麦	1.40	0.96	0.86	0.92	1.53	1.18	0.73	—
埃及	2.54	2.47	2.71	3.48	3.20	1.27	2.40	0.14
爱沙尼亚	—	—	—	—	—	—	0.55	—
芬兰	1.50	1.09	1.10	1.08	1.03	1.19	0.94	0.00
法国	1.42	1.17	0.82	0.89	0.57	0.81	0.92	—
德国	1.38	—	1.04	0.98	1.31	0.68	0.81	—
加纳	3.36	2.05	12.72	11.88	1.76	2.91	3.69	0.24
希腊	1.29	1.18	0.59	0.44	1.50	0.81	1.10	—
危地马拉	2.23	3.02	3.82	3.52	—	1.70	3.49	0.41
匈牙利	—	0.81	1.01	0.59	1.15	0.99	0.67	0.00
冰岛	1.75	2.65	1.06	1.85	—	—	1.92	0.00
印度	3.98	3.04	4.28	5.49	4.16	1.17	3.01	—
印度尼西亚	2.85	2.78	2.99	3.93	4.48	0.71	3.01	—
伊朗	2.54	3.11	4.18	4.64	2.66	0.70	1.95	0.27
爱尔兰	2.60	1.58	0.92	0.92	1.21	1.61	1.21	—

续表

国家	GDP	能源消费	钢材消费	水泥消费	有色金属消费	原木消费	二氧化碳排放	ODS 消费
以色列	3.02	2.16	2.70	1.90	—	0.08	2.12	—
意大利	1.19	1.07	0.84	0.81	1.10	0.79	0.97	—
日本	1.22	1.08	0.69	0.55	0.72	0.40	1.18	0.00
哈萨克斯坦	1.74	—	—	0.90	—	—	0.97	0.01
肯尼亚	2.04	1.92	1.98	4.18	—	1.48	1.90	0.09
韩国	3.08	3.00	2.70	1.15	2.86	0.72	2.45	—
科威特	—	3.54	4.78	3.46	—	0.99	3.31	—
马其顿	1.20	—	—	—	—	—	0.86	—
马来西亚	3.46	3.16	3.42	4.10	3.47	0.71	4.01	0.18
墨西哥	1.84	1.67	3.15	1.59	1.82	1.05	1.54	0.07
摩洛哥	2.31	1.95	1.97	3.03	4.88	1.02	2.97	0.15
荷兰	1.57	1.22	0.77	0.96	1.06	0.55	1.01	—
新西兰	1.83	1.21	1.60	—	1.53	1.19	1.57	0.01
尼日利亚	3.08	1.29	3.57	—	6.86	1.24	1.11	0.49
挪威	1.74	1.14	0.94	1.45	1.31	0.82	1.12	0.00
巴基斯坦	2.36	2.25	2.52	3.02	1.80	1.38	2.51	0.22
秘鲁	2.85	2.84	6.84	4.55	1.27	1.16	2.21	0.03
菲律宾	2.34	1.93	3.58	2.67	1.45	0.79	2.35	0.06
波兰	2.25	0.99	1.41	1.43	1.68	2.24	1.03	0.00
葡萄牙	1.36	1.31	0.84	0.44	0.80	0.98	1.16	—
罗马尼亚	1.32	0.52	0.50	1.05	1.85	1.26	0.47	—
俄罗斯	1.16	—	—	0.80	—	—	0.75	0.01
沙特	2.53	2.78	5.62	4.74	4.41	0.97	2.88	—
塞尔维亚	—	—	—	—	—	2.27	1.02	0.01
新加坡	3.80	3.86	1.40	2.12	2.12	—	1.46	0.04
斯洛伐克	—	—	—	0.93	—	—	0.63	—
斯洛文尼亚	—	—	—	—	—	—	1.12	0.00
南非	1.78	1.61	1.18	1.56	2.56	1.06	1.22	0.03
西班牙	1.60	1.54	0.95	0.34	1.85	0.82	1.22	—
瑞典	1.56	0.99	1.22	0.73	1.07	1.41	0.84	0.00
瑞士	1.39	1.08	1.08	0.91	1.17	0.73	0.99	0.00
叙利亚	1.99	1.63	1.30	1.93	—	1.10	1.31	0.06
泰国	1.85	4.11	2.74	1.55	3.61	1.26	2.92	0.17
突尼斯	2.49	1.66	1.37	2.15	5.79	1.79	1.84	0.05
土耳其	1.98	2.56	4.19	2.12	4.92	1.39	2.24	0.07
乌克兰	1.56	—	—	0.61	—	—	0.41	0.02
阿联酋	3.06	3.11	8.06	6.80	—	13.28	3.40	0.82
英国	1.94	0.93	0.62	0.51	0.46	1.46	0.83	—
美国	1.48	1.13	1.11	0.97	1.03	0.65	1.04	0.00
乌拉圭	2.33	1.26	2.61	1.55	—	2.35	1.70	—
乌兹别克斯坦	—	—	—	—	—	—	0.93	—
委内瑞拉	1.90	1.61	1.57	2.15	1.16	1.38	1.56	0.05
越南	1.39	8.29	61.55	20.19	—	0.90	7.66	—
赞比亚	1.67	1.35	—	2.75	1.43	1.50	1.20	0.25
津巴布韦	3.02	0.75	—	1.16	0.73	1.35	0.75	—
世界平均	1.73	1.51	2.78	3.47	2.11	1.01	1.53	0.05

(3) 世界主要国家资源环境综合绩效变化趋势分析 (1990～2012 年)

表 12.5 为 1990～2012 年世界主要国家资源环境综合绩效指数年均变化率。从表中可以看到，与 1990 年相比，2012 年世界主要国家中，除阿联酋、越南、阿尔及利亚、伊朗、沙特、玻利维亚、土耳其、加纳、克罗地亚这 9 个国家资源环境绩效指数增加外，绝大多数国家该时期资源环境综合绩效指数总体上呈下降趋势，说明这些国家的资源环境绩效水平或绿色发展水平得到不同程度的提高。1990～2012 年，世界 REPI 年平均下降率为 0.02%，中国则为 0.73%，说明其资源环境绩效的提高速度高于世界平均水平 (图 12.2)。

表 12.5　1990～2012 年世界主要国家资源环境综合绩效指数 (REPI) 年均变化率

国家	年平均变化率/%	REPI 分析时间段	国家	年平均变化率/%	REPI 分析时间段
阿尔巴尼亚	−0.28	2000～2012	韩国	−2.85	1992～2007
阿尔及利亚	1.94	1999～2012	科威特	−1.20	2000～2012
阿根廷	−0.76	1990～2012	马其顿	−3.67	1996～2012
澳大利亚	−2.17	1990～2012	马来西亚	−1.57	1990～2012
奥地利	−1.25	1990～2012	墨西哥	−1.14	1990～2012
巴林	−0.44	1993～2012	摩洛哥	−0.05	1990～2012
白俄罗斯	−1.30	1999～2012	荷兰	−1.99	1990～2012
比利时	−1.49	2000～2012	新西兰	−1.72	1993～2012
玻利维亚	1.11	2000～2012	尼日利亚	−3.69	1993～2012
波黑	−0.74	1998～2012	挪威	−2.56	1990～2012
巴西	−0.67	1990～2012	巴基斯坦	−0.41	1990～2012
保加利亚	−4.10	1990～2012	秘鲁	−0.73	1990～2012
喀麦隆	−0.55	1990～2012	菲律宾	−1.16	1990～2012
加拿大	−2.01	1990～2012	波兰	−2.63	1990～2012
智利	−0.53	1990～2012	葡萄牙	−2.31	1992～2012
中国	−0.73	1990～2012	罗马尼亚	−2.66	1990～2012
哥伦比亚	−0.20	1999～2012	俄罗斯	−2.86	1992～2012
哥斯达黎加	−3.52	1999～2012	沙特	1.23	1992～2012
克罗地亚	0.55	1995～2012	塞尔维亚	−0.89	2007～2012
古巴	−4.15	1995～2012	新加坡	−3.78	1994～2012
捷克	−0.95	1993～2012	斯洛伐克	−2.89	1993～2012
丹麦	−1.80	1993～2012	斯洛文尼亚	−0.43	1996～2012
埃及	−0.08	1990～2012	南非	−2.13	2004～2012
爱沙尼亚	−2.54	2005～2012	西班牙	−1.96	1990～2012
芬兰	−1.74	2000～2012	瑞典	−1.56	1990～2012
法国	−2.40	1990～2012	瑞士	−2.06	1990～2012
德国	−1.03	1991～2012	叙利亚	−1.32	2004～2008
加纳	0.65	1990～2012	泰国	−0.93	1999～2012
希腊	−1.61	1990～2012	突尼斯	−1.81	1990～2012
危地马拉	−1.39	2000～2012	土耳其	0.76	1990～2012
匈牙利	−2.27	1991～2012	乌克兰	−2.87	1995～2012

续表

国家	年平均变化率/%	REPI 分析时间段	国家	年平均变化率/%	REPI 分析时间段
冰岛	−6.60	1995～1996	阿联酋	4.73	1999～2012
印度	−1.38	1992～2012	英国	−3.59	1990～2012
印度尼西亚	−1.46	1991～2012	美国	−3.27	1990～2012
伊朗	1.33	1990～2012	乌拉圭	−11.55	2010～2012
爱尔兰	−3.47	1990～2012	乌兹别克斯坦	−3.52	1998～2012
以色列	−2.70	1999～2012	委内瑞拉	−1.55	1990～2012
意大利	−1.11	1999～2012	越南	3.50	1999～2012
日本	−3.12	1990～2012	赞比亚	−5.76	2006～2012
哈萨克斯坦	4.00	1993～2012	津巴布韦	−0.80	2006～2012
肯尼亚	−0.06	1999～2012	世界平均	−0.02	1990～2012

注：鉴于数据可得性，部分国家的数据起始年份不是 1990 年

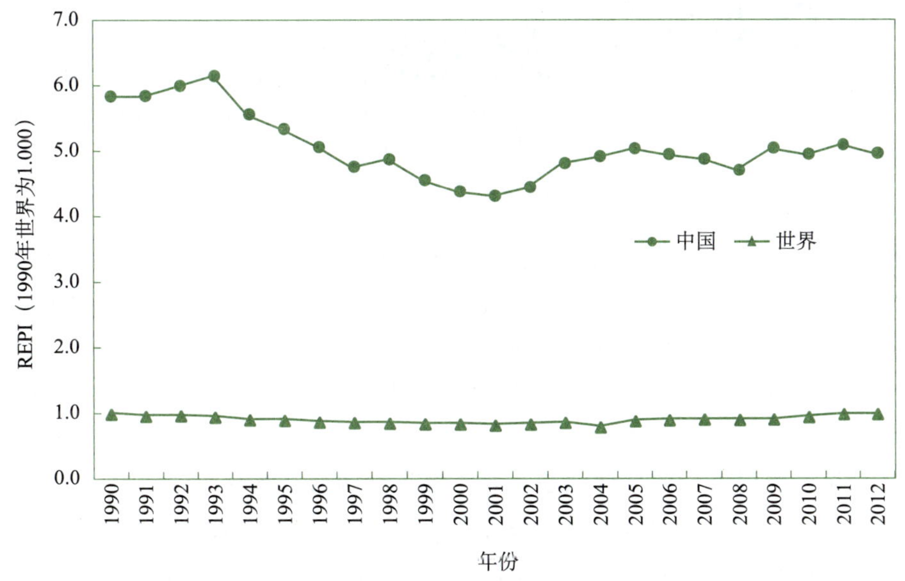

图 12.2　1990～2012 年中国与世界资源环境综合绩效指数变化趋势图

三、 世界主要国家资源环境综合绩效实证分析

1. 世界主要国家资源环境综合绩效与经济发展水平的关系分析

为了反映世界主要国家资源环境综合绩效与其经济发展水平之间的关系，我们采

用1990～2012年各国每年的REPI与其对应的人均GDP（表征经济发展水平）的横截面数据进行分析，结果如图12.3所示。

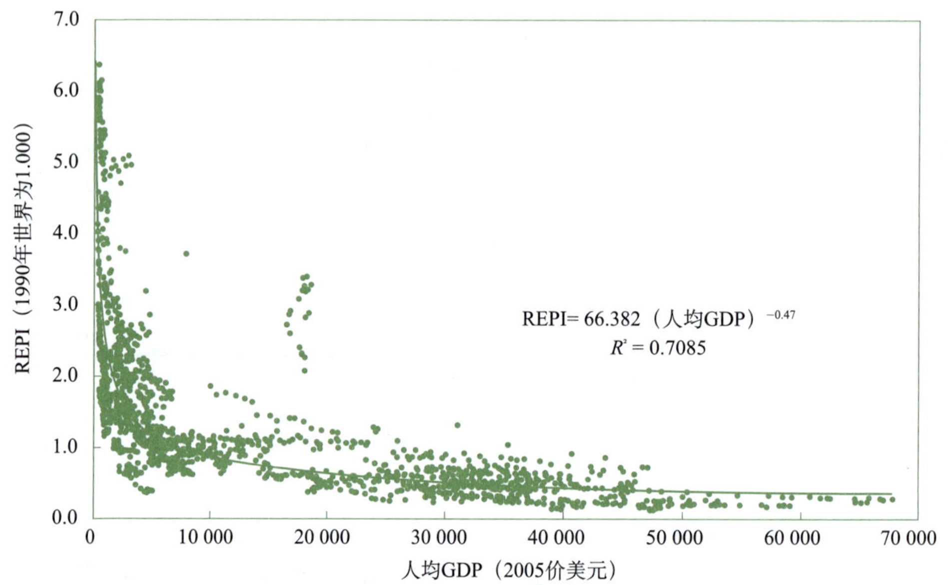

图12.3　1990～2012年世界主要国家资源环境综合绩效指数与人均GDP之间的关系

由图12.3可以看出，资源环境绩效综合指数随着经济发展水平的不断提高而呈明显的下降趋势，同时也基本上说明了发达国家的资源环境综合绩效水平要高于发展中国家。资源环境综合绩效指数高的国家，也就是资源环境绩效较差的国家大体处于人均GDP在5000美元（2005年价）以下。总体来看，人均GDP每增长1%，REPI平均下降0.47%。

2. 世界主要国家资源环境综合绩效与经济结构的关系分析

与第十一章类似，我们采用工业增加值占GDP比例和产业结构指数来反映各国的经济结构状况。图12.4反映了世界主要国家资源环境综合绩效指数与工业增加值占GDP比例之间的关系。从图上可以看出，资源环境绩效综合指数随着工业增加值比重的增加大体呈现出倒U形的发展趋势，即REPI最初随着工业增加值比重的增加而增加，而达到一定拐点后，则随着工业增加值比重的增加而减小，图中REPI高峰对应的工业增加值比重的拐点大致为40%左右。

图12.5揭示了世界主要国家资源环境综合绩效指数与经济结构指数之间的关系。可以看出两者关系类似于图12.3，呈现出幂函数关系。总体而言，产业结构指数每增长1%，REPI平均下降0.568%。由此也体现了经济结构升级、调整和优化在促进各

国提高资源环境绩效中的意义和作用。

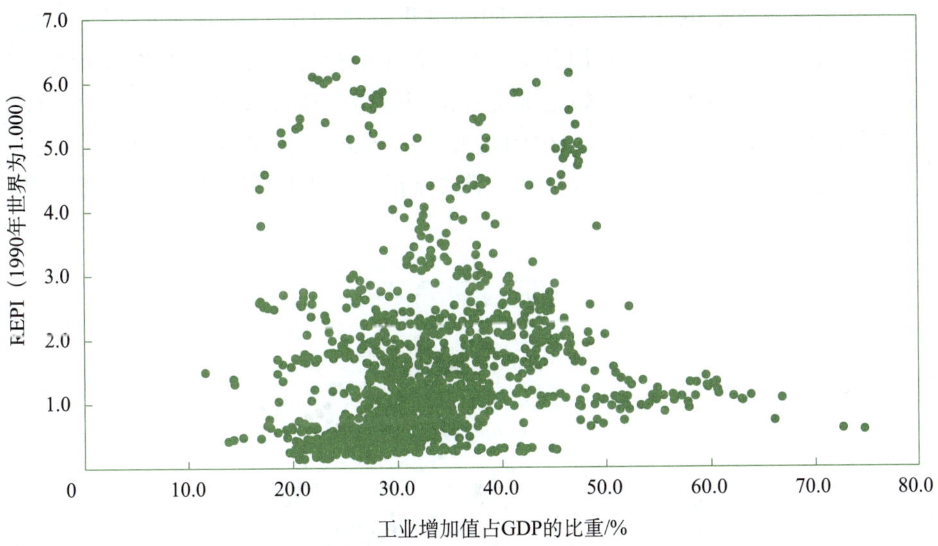

图 12.4 1990～2012 年世界主要国家资源环境综合绩效指数（REPI）与工业增加值占GDP 比重之间的关系

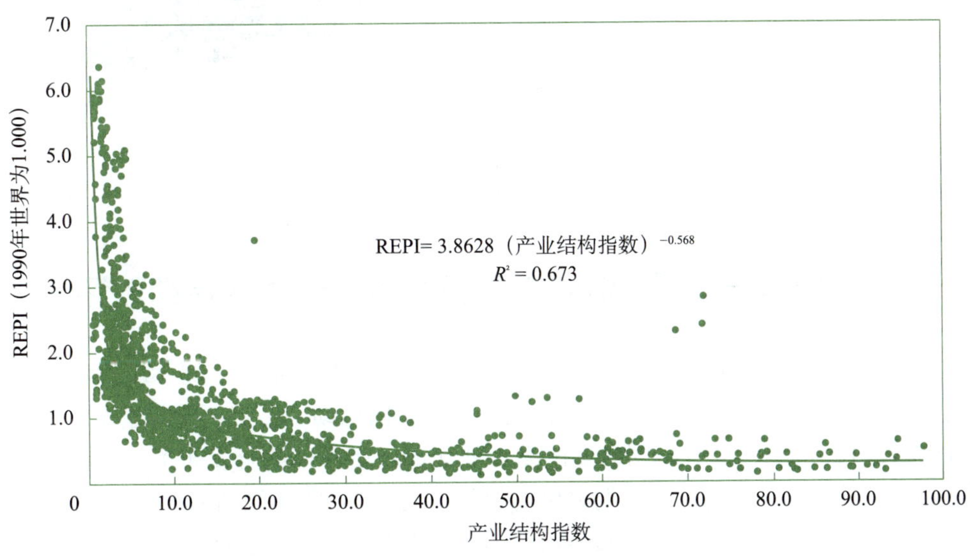

图 12.5 1990～2012 年世界主要国家资源环境综合绩效指数（REPI）与产业结构指数之间的关系

3. 世界主要国家资源环境综合绩效与人类发展之间的关系分析

资源环境绩效指数的变化与人类文明的进步息息相关。自 1990 年提出人类发展指数（HDI）以来，UNDP 每年用其综合衡量各国的社会全面发展和进步状况。尽管该指数的计算方法不断改进，但始终围绕着预期寿命、教育和收入三个方面。HDI 和 REPI 之间的关系如图 12.6 所示。由图可知，两者之间呈现出指数函数关系。随着 HDI 的不断增加，REPI 大体呈现指数下降的趋势。HDI 每提高 1%，REPI 平均下降 4.619%。

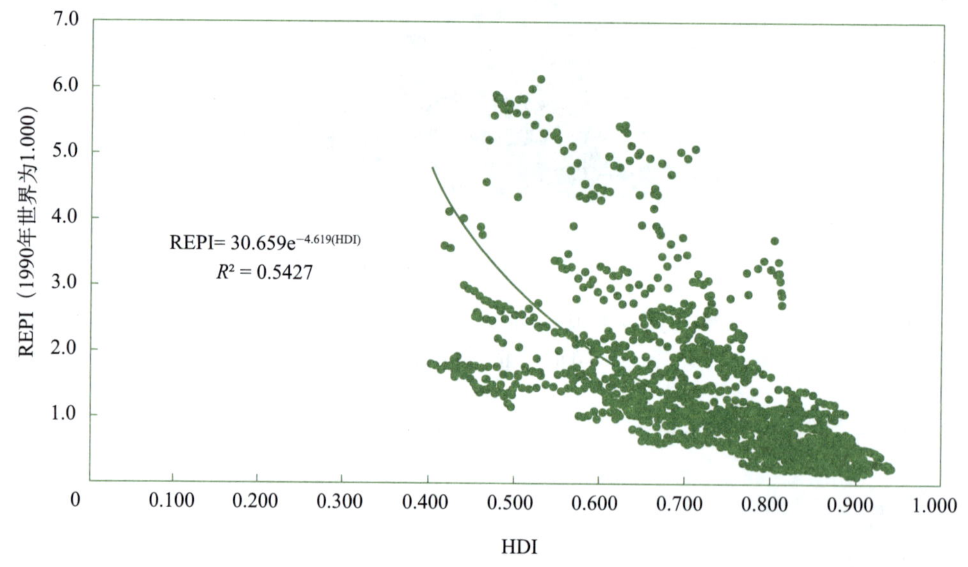

图 12.6 1990～2012 年世界主要国家资源环境综合绩效指数（REPI）与 HDI 之间的关系

四、“一带一路”沿线主要国家资源环境综合绩效评估

自 2013 年国家主席习近平先后提出共建“丝绸之路经济带”和“21 世纪海上丝绸之路”（简称“一带一路”）的重大倡议以来，我国推动“一带一路”建设的步伐明显加快。2015 年 3 月 28 日，国家发改委、外交部、商务部联合发布了《推动共建丝绸之路经济带和 21 世纪海上丝绸之路的愿景与行动》，提出要推动沿线各国开展更大范围、更高水平、更深层次的区域合作，共同打造开放、包容、均衡、普惠的区域经济合作架构，实现沿线各国多元、自主、平衡、可持续的发展。因此，“一带一路”的绿色化也是该倡议不可或缺的重要组成部分。为了配合推动我国“一带一路”重大战略的实施，本报告在世界主要国家资源环境绩效综合评估基础上，也专

门对“一带一路”沿线主要国家的资源环境绩效进行了评估。“一带一路”沿线国家原为 65 个国家，后来有所变动，目前尚未最终确定。本报告增加了韩国。由于日本还未完全明确，而且考虑到日本作为世界第三大经济体和发达国家可能会对整个评估结果产生较大影响，因此我们在“一带一路”沿线国家的总计中暂未考虑日本，但在沿线各国的资源环境绩效中予以考虑，将沿线国家分为包含日本和未包含日本两种情形。

1. “一带一路”沿线国家资源消耗和污染物排放情况

为了全面反映和了解“一带一路”沿线主要国家的总体现状，我们对“一带一路”沿线主要国家的经济发展和资源环境状况进行了比较详细的统计和计算，如表 12.6 所示。

表 12.6　“一带一路”沿线主要国家整体的社会经济发展和资源环境状况

	类别	“一带一路”沿线国家总计	世界	“一带一路”沿线主要国家总计占世界比重/%
社会经济发展指标	人口 /亿人（2013）[1)]	44.64	71.25	62.7
	人口密度/（人/平方公里）（2013）[1)]	89	55	161.8
	GDP/亿美元（2013）[1)]	230 636.5	756 218.6	30.5
	人均 GDP/美元（2013）[1)]	5 167	10 614	48.7
	GDP/（亿美元，2005 价）（2013）[1)]	137 941.7	565 287.6	24.4
	人均 GDP/（美元，2 005 价）（2013）[1)]	3 090	7 934	38.9
	GDP 年均增长率/%（1990～2013）[1)]	5.3	2.7	196.3
	GDP/（亿国际元，PPP）（2013）[1]	454 639.6	1 026 184.0	44.3
	人均 GDP/（国际元，PPP）（2013）[1)]	10 185	14 403	70.7
	GDP 总量/（亿国际元，PPP，2011 不变价）（2013）[1]	439 498.2	994 708.4	44.2
	人均 GDP/（国际元，PPP，2 011 不变价）（2013）[1)]	9 845	13 961	70.5
	农业增加值/亿美元（2012）[1)]	18 210.8	30 997.9	58.7
	农业增加值年均增长率/%（1997～2012）[1)]	2.7	2.4	112.5
	农业增加值占 GDP 比重/%（2012）[1)]	9.2	3.1	296.8
	工业增加值/亿美元（2012）[1)]	82 816.9	207 857.4	39.8
	工业增加值年均增长率/%（1997～2012）[1)]	6.7	2.7	248.1
	工业增加值占 GDP 比重/%（2012）[1)]	41.7	26.9	155.0
	服务业增加值/亿美元（2012）[1)]	97 413.8	447 837.5	21.8
	服务业增加值年均增长率/%（1997～2012）[1)]	6.1	2.7	225.9
	服务业增加值占 GDP 比重/%（2012）[1)]	49.1	70.0	70.1
	城市人口/亿人（2013）[1)]	20.82	37.63	55.3
	城市化率/%（2013）[1)]	46.6	53.0	87.9

续表

类别		“一带一路”沿线国家总计	世界	“一带一路”沿线主要国家总计占世界比重/%
能源生产	石油/百万吨（2013）[2]	2 390.6	4 130.2	57.9
	天然气/百万吨油当量（2013）[2]	1 648.9	3 041.3	54.2
	煤炭/百万吨油当量（2013）[2]	2 734.5	3 881.4	70.5
	生物燃料生产/千吨油当量（2013）[2]	5 826.8	65 348	8.9
	发电量/太瓦时（2013）[2]	11 079.2	23 127.0	47.9
	可再生能源地热装机容量/兆瓦（2013）[2]	3 542.5	8 041.0	44.1
	可再生能源太阳能装机容量/兆瓦（2013）[2]	30 601	139 637	21.9
	可再生能源风能装机容量/兆瓦（2013）[2]	19 538	319 907	6.1
能源消费	一次能源消费/百万吨油当量（2013）[2]	6 466.6	12 730.4	50.8
	其中：石油/百万吨（2013）[2]	1 718.3	4 185.1	41.1
	天然气/百万吨油当量（2013）[2]	1 422.1	3 020.4	47.1
	煤炭/百万吨油当量（2013）[2]	2 763.8	3 826.7	72.2
	核能/百万吨油当量（2013）[2]	143.8	563.2	25.5
	水电/百万吨油当量（2013）[2]	343.6	855.8	40.1
	可再生能源/百万吨油当量（2013）[2]	75.1	279.3	26.9
	可再生能源—风能/太瓦时（2013）[2]	196.2	628.2	31.2
	可再生能源—地热能/太瓦时（2013）[2]	113.4	481.3	23.6
	可再生能源—太阳能/太瓦时（2013）[2]	22.3	124.8	17.9
	人均一次能源消费量/吨油当量（2013）[2]	1.45	1.79	81.0
	单位GDP一次能源消费量/(吨油当量/万美元,现价)(2013)[2]	2.80	1.68	166.7
钢铁生产	铁矿石生产量/千吨（2013）[3]	691 163	1 928 610	35.8
	粗钢产量/千吨（2013）[3]	1 184 101	1 649 303	71.8
钢铁消费	钢铁表观使用量/千吨粗钢当量（2013）[3]	1 165 850	1 648 127	70.7
	人均钢铁表观使用量/公斤粗钢当量（2013）[3]	261	231	113.0
	单位GDP钢铁表观使用量/（公斤粗钢当量/万美元，现价）（2013）[3]	505	218	231.7
	钢铁表观使用量/（成品钢材，千吨）（2013）[3]	1 077 658	1 532 204	70.3
	人均钢铁表观使用量/（成品钢材，公斤）（2013）[3]	241	215	112.1
	单位GDP钢铁表观使用量/（公斤成品钢材/万美元，现价）（2013）[3]	467	203	230.0
水泥生产	水泥产量/百万吨（2012）[4]	3 134.7	3 830.0	81.8
	人均水泥产量/公斤（2012）[4]	709	544	130.3
水泥消费	水泥消费量/百万吨（2012））[4,5]	3 155.9	3 793.0	83.2
	人均水泥消费量/公斤（2012）[4]	714	539	132.5
	单位GDP水泥消费量/（公斤/万美元，现价）（2012）[4]	1 368	502	272.5
有色金属生产	精炼铝产量/千吨（2013）[6]	33 917.8	47 693.1	71.1
	精炼铜产量/千吨（2013）[6]	13 427.5	21 388.9	62.8
	精炼铅产量/千吨（2013）[6]	6 071.2	10 227.8	59.4
	精炼镍产量/千吨（2013）[6]	1 095.0	2 001.7	54.7
	精炼锡产量/千吨（2013）[6]	287.8	353.4	81.4
	精炼镉产量/吨（2013）[6]	14 410.6	22 589.2	63.8

续表

类别		“一带一路”沿线国家总计	世界	“一带一路”沿线主要国家总计占世界比重/%
有色金属消费	常用有色金属（7 种）消费总量/千吨（2013）[6]	59 370.8	92 615.05	64.1
	其中：精炼铝消费量/千吨（2013）[6]	30 038.5	46 064.2	65.2
	精炼铜消费量/千吨（2013）[6]	13 265.9	20 993.1	63.2
	锌锭消费量/千吨（2013）[6]	8 502.0	12 989.5	65.5
	精炼铅消费量/千吨（2013）[6]	6 227.9	10 391.4	59.9
	精炼镍消费量/千吨（2013）[6]	1 107.1	1 799	61.5
	精炼锡消费量/千吨（2013）[6]	223.4	361.3	61.8
	精炼镉消费量（吨）（2013）[6]	6 009.7	16 549.2	36.3
	人均常用有色金属（7 种）消费量/公斤（2013）[6]	13.3	13.0	102.3
	单位 GDP 常用有色金属（7 种）消费量/（公斤/万美元，现价）（2013）[6]	25.7	12.2	210.7
纸和纸板生产	纸和纸板生产量/千吨（2013）[7]	160 109.1	397 611.5	40.3
	回收纸生产量/千吨（2013）[7]	121 017.6	215 213.2	56.2
纸和纸板消费	纸和纸板消费量/千吨（2013）[7]	172 339.3	395 231.3	43.6
	人均纸和纸板消费量/公斤）（2013）[7]	38.6	55.5	69.5
	单位 GDP 纸和纸板消费量/（公斤/万美元，现价）（2013）[7]	74.7	52.3	142.8
	回收纸消费量/千吨（2013）[7]	183 146.757	216 474.1	84.6
原木生产	原木生产量/千立方米（2013）[7]	1 827 715.9	3 591 141.9	50.9
	工业用原木生产量/千立方米（2013）[7]	647 334.1	1 737 369.5	37.3
原木消费	原木消费量/千立方米（2013）[7]	1 880 931.5	3 587 637.5	52.4
	人均原木消费量（立方米）（2013）[7]	0.42	0.50	84.0
	单位 GDP 原木消费量/（立方米/万美元，现价）（2013）[7]	0.82	0.47	174.5
	工业用原木消费量/千立方米（2013）[7]	661 085.0	1 735 363.6	38.1
水资源	境内可更新水资源量/（10 亿立方米）（2013）[1]	15 343.4	42 921.0	35.7
	人均可更新水资源量/（立方米）（2013）[1]	3 437	6 024	57.1
水资源利用	年度淡水取用量/（10 亿立方米）（2013）[1]	2 598.4	3 906.7	66.5
	农业用水量/（10 亿立方米）（2013）[1]	2 056.2	2 763.1	74.4
	工业用水量/（10 亿立方米）（2013）[1]	298.6	691.3	43.2
	生活用水量/（10 亿立方米）（2013）[1]	243.0	452.3	53.7
	农业用水量占总用水量比例/%（2013）[1]	79.1	70.7	111.9
	工业用水量占总用水量比例/%（2013）[1]	11.5	17.7	65.0
	生活用水量占总用水量比例/%（2013）[1]	9.4	11.6	81.0
	人均年度淡水取用量/立方米（2013）[1]	582.1	548.3	106.2
	单位 GDP 淡水取用量/（立方米/万美元，现价）（2013）[1]	1 127	517	218.0
	年度淡水取用量占可更新水资源量比例/%（2013）[1]	16.9	9.1	185.7
化肥施用	化肥施用量（N＋ P_2O_5＋ K_2O 营养物吨）（2012）[7]	129 317 335	194 615 662	66.4
	氮肥施用量（N 营养物吨）（2012）[7]	83 672 738	119 734 107	69.9
	磷肥施用量（P_2O_5营养物吨）（2012）[7]	30 856 504	46 397 366	66.5
	钾肥施用量（K_2O 营养物吨）（2012）[7]		28 484 189	51.9

续表

类别		"一带一路"沿线国家总计	世界	"一带一路"沿线主要国家总计占世界比重/%
臭氧层消耗物质消费	臭氧层消耗物质消费量/ODP 吨（2013）[8]	25 850.88	29 219.03	88.5
	人均臭氧层消耗物质消费量/ODP 克（2013）[8]	5.8	4.1	141.5
	单位 GDP 臭氧层消耗物质消费量/（ODP 克/万美元，现价）（2013）[8]	11.2	3.9	287.2
污染物和温室气体排放	化石能源消费 CO_2 排放量/百万吨（2013）[2]	19 560.0	35 094.4	55.7
	人均化石能源消费 CO_2 排放量/吨（2013）[2]	4.4	4.9	89.8
	单位 GDP 化石能源消费 CO_2 排放量/（吨/万美元，现价）（2013）[2]	8.5	4.6	184.8
	化石能源使用和工业过程 CO_2 排放量/千吨（2013）[9]	20 201 897	35 274 106	57.3
	温室气体排放总量/千吨 CO_2 当量（2012）[9]	27 387 668.4	53 526 302.8	51.2
	甲烷排放总量/千吨 CO_2 当量（2010）[1]	4 656 445.2	7 515 150	62.0
	氧化亚氮（N_2O）排放量/千吨 CO_2 当量（2010）[1]	1 427 085.1	2 859 834	49.9
	其他温室气体排放（包括 HFC，PFC，SF6）/千吨 CO_2 当量（2010）[1]	400 389	1 015 443	39.4
	农业温室气体排放/千吨 CO_2 当量（2012）[7]	2 596 523.6	5 381 510.21	48.2
	农业甲烷排放/千吨 CO_2 当量（2012）[7]	1 412 707.4	2 970 207.44	47.6
	农业 N_2O 排放/千吨 CO_2 当量（2012）[7]	1 189 476.1	2 411 302.77	49.3
	土地利用 N_2O 排放/千吨 CO_2 当量（2012）[7]	26 864.6	59 612.82	45.1
	土地利用甲烷排放/千吨 CO_2 当量（2012）[7]	55 170.2	144 641.51	38.1
生态足迹	生态足迹总量/百万全球公顷（2011）[10]	8 276.9	18 515.7	44.7
	其中：作物用地生态足迹总量/百万全球公顷（2011）[10]	2 157.9	3 918.9	55.1
	放牧生态足迹总量/百万全球公顷（2011）[10]	308.8	1 469.6	21.0
	林产品生态足迹总量/百万全球公顷（2011）[10]	790.6	1 819.5	43.5
	渔生态足迹总量/百万全球公顷（2011）[10]	290.5	559.8	51.9
	碳足迹总量/百万全球公顷（2011）[10]	4 351.0	10 217.1	42.6
	建设用地生态足迹总量/百万全球公顷（2011）[10]	351.6	489.9	71.8
	人均生态足迹/全球公顷（2011）[10]	1.88	2.65	70.9
	单位 GDP 生态足迹/（全球公顷/万美元，现价）（2011）[10]	4.1	2.6	157.7
生态承载力	总生物生产力/百万全球公顷（2011）[10]	4 607.4	12 008.3	38.4
	人均生物生产力/全球公顷（2011）[10]	1.05	1.72	61.0
物质消费	国内物质消费总量/百万吨（2009）[11]	28 008.0	67 596.2	41.4
	人均国内物质消费/吨（2009）[11]	6.5	9.9	65.7
	单位 GDP 国内物质消费量/（吨/万美元）（2009）[11]	19.3	11.3	170.8
受威胁动植物物种	受威胁哺乳类物种/种（2014）[1]	1 269	3 246	39.1
	受威胁鸟类/种（2014）[1]	1 167	3 625	32.2
	受威胁鱼类/种（2014）[1]	1 983	6 870	28.9
	受威胁高等植物/种（2014）[1]	3 778	13 583	27.8

续表

类别		“一带一路”沿线国家总计	世界	“一带一路”沿线主要国家总计占世界比重/%
土地覆被	土地面积/平方公里[1)]	50 083 198	129 733 917	38.6
	森林面积/平方公里（2012）[1)]	14 414 350.6	39 430 117	36.6
	森林覆盖率/%（2012）[1)]	28.78	30.98	94.7

注：本表中的“一带一路”沿线涉及 67 个国家，除中国外，还包括东亚的蒙古、韩国（未包括日本），东盟 10 国（新加坡、马来西亚、印度尼西亚、缅甸、泰国、老挝、柬埔寨、越南、文莱和菲律宾），西亚北非 18 国（伊朗、伊拉克、土耳其、叙利亚、约旦、黎巴嫩、以色列、巴勒斯坦、沙特阿拉伯、也门、阿曼、阿联酋、卡塔尔、科威特、巴林、希腊、塞浦路斯和埃及），南亚 8 国（印度、巴基斯坦、孟加拉、阿富汗、斯里兰卡、马尔代夫、尼泊尔和不丹），中亚 5 国（哈萨克斯坦、乌兹别克斯坦、土库曼斯坦、塔吉克斯坦和吉尔吉斯斯坦），独联体 7 国（俄罗斯、乌克兰、白俄罗斯、格鲁吉亚、阿塞拜疆、亚美尼亚和摩尔多瓦）和中东欧 16 国（波兰、立陶宛、爱沙尼亚、拉脱维亚、捷克、斯洛伐克、匈牙利、斯洛文尼亚、克罗地亚、波黑、黑山、塞尔维亚、阿尔巴尼亚、罗马尼亚、保加利亚和马其顿）。由于部分国家缺乏数据，故本表中的“一带一路”沿线国家总计为约略数

资料来源：

1）World Bank Group. 2015-04-20. Database. http://data.worldbank.org/indicator/SP.POP.TOTL

2）BP. 2014. BP Statistical Review of World Energy. http://www.bp.com/statisticalreview

3）World steel Association. 2014. Steel Statistical Yearbook 2014，Brussels

4）USGS. 2015-04-28. Mineral Commodity Summaries. http://minerals.usgs.gov/minerals/pubs/commodity/cement/mcs-2015-cemen.pdf

5）UN Comtrade. 2015. International Trade Statistics Database. http://comtrade.un.org/

6）World Bureau of Metal Statistics. 2014. World Metal Statistics Yearbook 2014，1st May 2014

7）FAO. 2015-05-05. ForesSTAT. http://faostat.fao.org/site/626/default.aspx#ancor

8）UNEP Ozone Secretariat. 2015-04-20. DATA ACCESS CENTRE. http://ozone.unep.org/en/ods_data_access_centre.php

9）European Commission，Joint Research Centre (JRC) /PBL Netherlands Environmental Assessment Agency. 2014. Emission Database for Global Atmospheric Research (EDGAR)，release version 4.2. http://edgar.jrc.ec.europe.eu

10）Global Footprint Network. 2015-05-10. Global Footprint Network's National Footprint Accounts 2015 Public Data Package. http://footprintnetwork.org/en/index.php/GFN/page/public_data_package

11）Stefan Giljum，Monika Dittrich，Mirko Lieber，et al. 2014. Global Patterns of Material Flows and their Socio-Economic and Environmental Implications: A MFA Study on All Countries World-Wide from 1980 to 2009. Resources (3)：319-339

由表 12.6 可知，“一带一路”沿线国家整体上呈现出以下几方面的特点。

（1）既是发展水平落后区，又是发展方式粗放区

从总体上看，“一带一路”沿线国家经济发展水平较低。GDP 总量约占世界的1/3左右，人均 GDP 只有世界平均水平的一半左右。在经济结构中，农业和工业增加值比重明显高于世界平均水平，而服务业增加值比重则明显低于世界平均水平。但是该

地区在过去的二十余年里保持快速的增长态势，其 GDP 年均增长率约为世界平均增长率的 2 倍左右，成为世界经济比较有活力的地区。

与此同时，该地区的经济发展方式比较粗放。单位 GDP 能耗、原木消耗、物质消费和二氧化碳排放高出世界平均水平的一半以上，单位 GDP 钢材消耗、水泥消耗、有色金属消耗、水耗、臭氧层消耗物质是世界平均水平的 2 倍或 2 倍以上。

(2) 既是自然资源集中生产区，又是自然资源集中消费区

“一带一路”沿线既是世界矿产资源的集中生产区，也是世界矿产资源的集中消费区。该地区总体上矿产资源比较丰富，互补性较强。就能源供应和消费而言，该地区提供了世界 57.9% 的石油、54.2% 的天然气和 70.5% 的煤炭、47.9% 的发电量。但是该地区也消费了世界 50.8% 的一次能源，包括 41.1% 的原油、47.1% 的天然气、72.2% 的煤炭、40.1% 的水电。就钢铁而言，该地区生产了世界 71.8% 的粗钢，但消费了世界 70.7% 的粗钢和 70.3% 的成品钢材。就水泥而言，该地区生产量占世界的 81.8%，而消费量则占世界的 83.2%。就有色金属而言，该地区生产了世界 71.1% 的精炼铝、62.8% 的精炼铜、59.4% 的精炼铅、54.7% 的精炼镍、81.4% 的精炼锡和 63.8% 的精炼镉，与之对应的消费比例则分别为 65.2%、63.2%、59.9%、61.5%、61.8% 和 36.3%。另外，该地区分别生产和消费了世界 40.3% 和 43.6% 的纸和纸板，50.9% 和 52.4% 的原木。

(3) 既是人类活动强烈区，又是生态环境脆弱区

“一带一路”沿线是人类活动比较集中和强烈的地区。该地区土地面积不到世界的 40%，人口却占世界的 70% 以上。人口密度比世界平均水平高出一半以上。除了是世界上自然资源的集中生产区外，该地区年境内水资源量只有世界的 35.7%，但年水资源开采量占世界的 66.5%，同时用去了世界 60% 以上的化肥，因此对水资源和水环境的压力高于世界平均水平。该地区还排放了世界 55% 以上的二氧化碳和温室气体。

该地区的生态环境也比较脆弱。其中有不少国家处于干旱、半干旱环境。其森林覆盖率低于世界平均水平。有世界 39.1% 的哺乳类物种、32.2% 的鸟类、28.9% 的鱼类和 27.8% 的高等植物受到威胁。该地区的人均生态足迹虽然低于世界平均水平，但也超出了生态承载力的 80% 以上。

总之，该地区经济发展较为落后、经济发展方式比较粗放、生态环境相对脆弱的现实已成为该地区可持续发展的瓶颈，但也同时为该地区开展绿色发展领域的经济技术国际合作提供了难得的契机、巨大的潜力和广阔的空间。

2. “一带一路”沿线主要国家资源环境综合绩效评估结果及分析

在上面世界 81 个国家资源环境综合绩效评估中，有 38 个为“一带一路”沿线国家。其综合评估结果如图 12.7、表 12.7 和表 12.8 所示。

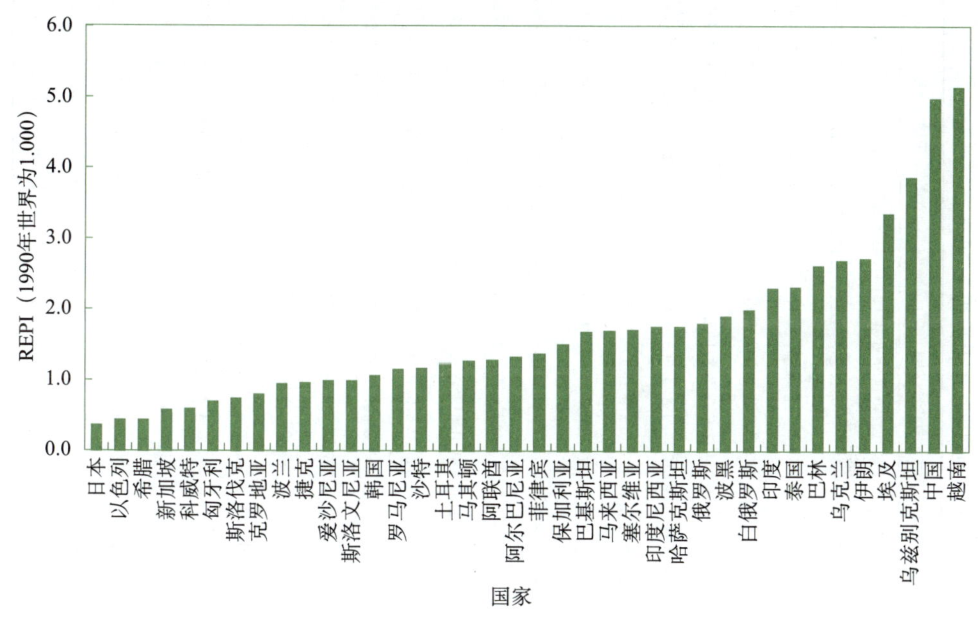

图 12.7　2012 年“一带一路”主要国家资源环境综合绩效指数排序图

(1) 2012 年“一带一路”沿线主要国家资源环境综合绩效分析

2012 年，在“一带一路”沿线 38 个国家中，日本的资源环境综合绩效最高（表 12.7，表 12.8，图 12.7），越南的资源环境综合绩效最差。中国排在倒数第二。资源环境综合绩效位于前 5 名的依次是日本、以色列、希腊、新加坡、科威特，其资源环境综合绩效指数分别为世界平均水平 0.36～0.97 倍。资源环境综合绩效排在后 5 名的依次是：伊朗、埃及、乌兹别克斯坦、中国、越南，其资源环境绩效指数分别为世界平均水平的 2.7～5.2 倍。而在 81 个国家排序中，前 10 名中，仅有日本 1 个国家为“一带一路”沿线国家，而且仅排在第十位。而后 10 名中却有 7 个国家为“一带一路”沿线国家。至于各具体的资源消耗或污染物排放绩效比较可通过附表 10～附表 16 进行。

从“一带一路”沿线国家整体来看，其资源环境综合绩效指数远高于世界平均水平（表 12.7）。如果包含日本在内，则“一带一路”沿线国家的资源环境综合绩效指数是世界平均水平的 2.1 倍。如果不包含日本，则是世界平均水平的 2.7 倍。

因此，无论是从各国的排名还是从整体来看，均反映了“一带一路”沿线国家经济发展方式的粗放型特征。

表 12.7 “一带一路”主要国家资源环境综合绩效指数（1990～2012 年）（1990 年世界为 1.000）

国家	1990	1991	1992	1993	1994	1995	1996	1997	1998	1999	2000	2001	2002	2003	2004	2005	2006	2007	2008	2009	2010	2011	2012
阿尔巴尼亚	—	—	—	—	—	—	—	—	—	—	1.365	1.591	1.711	1.765	1.706	1.746	1.706	1.631	1.484	1.508	1.404	1.394	1.321
巴林	—	—	—	2.843	2.420	2.323	2.092	2.279	3.233	2.905	3.303	3.416	3.284	3.207	—	—	3.397	3.223	3.104	2.936	2.886	2.743	2.616
白俄罗斯	—	—	—	—	—	—	—	—	—	—	2.326	1.910	1.939	2.155	2.070	2.044	2.030	1.993	1.880	1.738	1.860	1.786	1.988
波黑	—	—	—	—	—	—	—	—	2.105	2.020	2.393	2.324	2.375	2.133	2.040	2.068	2.237	1.970	1.982	1.857	1.944	1.973	1.898
保加利亚	3.769	2.643	2.647	2.426	2.223	2.768	2.094	1.996	1.922	1.942	2.025	1.869	1.908	1.988	1.944	2.096	2.231	2.259	2.225	1.701	1.615	1.683	1.501
中国	5.855	5.862	6.014	6.166	5.579	5.355	5.079	4.779	4.890	4.572	4.398	4.328	4.462	4.829	3.015	5.053	4.965	4.893	4.721	5.061	4.966	5.109	4.979
克罗地亚	—	—	—	—	—	0.727	0.716	0.749	0.793	0.819	0.810	0.812	0.856	0.855	0.898	0.879	0.850	0.877	0.888	0.797	0.776	0.743	0.798
捷克	—	—	—	1.154	1.143	1.116	1.037	1.115	1.138	1.071	1.152	1.135	1.138	1.126	1.155	1.097	1.102	1.103	1.047	0.898	0.993	0.978	0.963
埃及	3.407	3.400	3.278	3.309	3.138	3.239	3.121	3.320	3.268	3.182	3.187	3.278	3.237	3.003	2.763	3.050	2.914	3.000	3.158	3.477	3.331	3.002	3.347
爱沙尼亚	—	—	—	—	—	—	—	—	—	—	—	—	—	—	—	1.176	1.251	1.087	0.981	0.936	1.095	1.043	0.982
希腊	0.613	0.611	0.572	0.581	0.573	0.611	0.626	0.655	0.621	0.659	0.705	1.061	0.686	0.658	0.616	0.613	0.630	0.617	0.569	0.474	0.488	0.457	0.429
匈牙利	—	1.114	0.990	1.004	0.956	0.908	0.909	0.915	0.904	0.916	0.942	0.936	0.934	0.923	0.855	0.816	0.809	0.807	0.796	0.649	0.772	0.745	0.688
印度	—	—	3.025	2.973	2.937	2.863	2.799	2.783	2.736	2.741	2.638	2.516	2.661	2.585	2.486	2.407	2.399	2.317	2.322	2.320	2.228	2.274	2.291
印度尼西亚	—	2.390	2.413	2.320	2.307	2.276	2.157	2.133	2.026	2.054	2.063	2.059	2.030	1.957	1.987	1.912	1.770	1.743	1.953	1.657	1.663	1.717	1.755
伊朗	2.039	2.137	2.173	2.150	2.233	2.132	2.132	2.343	2.312	2.324	2.449	2.549	2.642	2.709	2.537	2.515	2.470	2.655	2.448	2.515	2.614	2.645	2.727
以色列	—	—	—	—	—	—	—	—	—	0.607	0.548	0.526	0.554	0.517	0.491	0.463	0.421	0.403	0.387	0.386	0.367	0.423	0.425
日本	0.719	0.761	0.629	0.577	0.527	0.546	0.509	0.501	0.459	0.461	0.474	0.448	0.437	0.437	0.436	0.426	0.426	0.415	0.402	0.333	0.364	0.360	0.358
哈萨克斯坦	—	—	—	3.811	—	—	2.638	2.269	2.445	2.181	2.114	1.951	1.985	1.919	2.035	2.075	2.082	2.060	1.850	1.656	1.668	1.736	1.755
韩国	—	—	1.877	1.755	1.783	1.741	1.701	1.654	1.319	1.469	1.463	1.391	1.430	1.428	1.380	1.286	1.259	1.238	1.226	1.111	1.106	1.090	1.053
科威特	—	—	—	—	—	—	—	—	—	—	0.685	0.703	0.734	0.639	0.700	0.695	0.657	0.638	0.687	0.709	0.738	0.612	0.592
马其顿	—	—	—	—	—	—	2.299	2.414	1.757	1.805	1.623	1.764	1.947	1.845	1.968	2.062	2.072	1.943	1.469	1.492	1.509	1.522	1.263

续表

国家	1990	1991	1992	1993	1994	1995	1996	1997	1998	1999	2000	2001	2002	2003	2004	2005	2006	2007	2008	2009	2010	2011	2012
马来西亚	2.406	2.549	2.611	2.573	2.549	2.679	2.588	2.628	1.979	2.039	2.118	2.148	2.879	1.940	1.976	1.909	1.847	1.845	1.799	1.704	1.705	1.752	1.697
巴基斯坦	1.831	1.810	1.741	1.801	1.800	1.809	1.796	1.807	1.725	1.808	1.800	1.774	1.789	1.790	1.652	1.646	1.678	1.791	1.716	1.725	1.705	1.659	1.672
菲律宾	1.760	1.675	1.866	1.990	2.040	2.228	2.341	2.267	1.956	1.948	1.848	1.710	1.748	1.618	1.478	1.360	1.270	1.243	1.221	1.237	1.234	1.268	1.363
罗马尼亚	2.087	1.923	1.654	1.653	1.811	1.514	1.593	1.586	1.662	1.393	1.515	1.466	1.467	1.499	1.450	1.459	1.512	1.601	1.431	1.097	1.167	1.206	1.153
俄罗斯	—	—	3.212	2.744	2.467	2.599	2.275	2.243	2.332	2.365	2.447	2.213	2.167	2.079	2.027	1.963	1.956	1.921	1.746	1.582	1.713	1.798	1.799
沙特	—	—	0.906	0.957	1.051	0.987	0.979	0.969	0.977	0.975	0.964	1.063	1.125	1.115	1.114	1.115	1.059	1.049	1.087	1.118	1.116	1.130	1.157
塞尔维亚	—	—	—	—	—	—	—	—	—	—	—	—	—	—	—	—	—	1.790	1.720	1.724	1.762	1.864	1.712
新加坡	—	—	—	—	1.141	1.081	1.082	1.089	1.022	0.845	0.777	0.797	0.770	0.739	0.691	0.667	0.579	0.613	0.649	0.624	0.549	0.583	0.570
斯洛伐克	—	—	—	1.274	1.153	1.118	1.066	0.935	0.981	0.946	0.962	1.020	0.960	0.912	0.935	0.927	0.830	0.834	0.799	1.190	0.714	0.782	0.730
斯洛文尼亚	—	—	—	—	—	—	1.059	1.104	1.147	1.133	1.165	1.249	1.082	1.104	1.184	1.101	1.035	1.103	1.014	1.079	1.053	1.000	0.989
叙利亚	—	—	—	—	—	—	—	—	—	—	—	—	—	—	2.354	2.296	2.231	2.232	—	—	—	—	—
泰国	2.826	3.003	3.051	2.934	2.815	2.990	2.880	2.749	2.117	2.214	2.225	2.312	2.492	2.571	2.671	2.653	2.448	2.221	2.296	2.108	2.222	2.260	2.302
土耳其	1.046	1.031	1.053	1.115	0.998	1.101	1.106	1.087	1.118	1.057	1.067	0.960	1.000	1.056	1.028	1.069	1.123	1.181	1.130	1.112	1.162	1.206	1.235
乌克兰	—	—	—	—	—	4.412	4.432	4.205	4.507	3.940	3.880	3.671	3.465	3.503	3.096	3.088	3.055	3.108	2.892	2.417	2.664	2.771	2.687
阿联酋	—	—	—	—	—	—	—	—	—	0.703	0.648	0.687	0.741	0.749	0.743	0.879	0.935	1.058	1.334	1.113	1.242	1.304	1.281
乌兹别克斯坦	—	—	—	—	—	—	—	—	6.383	6.126	6.017	6.072	6.120	6.071	5.896	5.405	5.351	5.155	5.018	4.412	3.955	4.080	3.864
越南	—	—	—	—	—	—	—	—	—	3.295	3.511	3.936	4.393	4.359	4.418	4.524	4.482	4.993	4.856	5.449	5.468	5.402	5.151
一带一路国家（含日本）	1.543	1.523	1.704	1.683	1.610	1.621	1.568	1.551	1.541	1.542	1.546	1.545	1.611	1.684	1.709	1.817	1.781	1.822	1.827	1.928	1.962	2.049	2.056
一带一路国家（不含日本）	2.265	2.192	2.633	2.612	2.498	2.458	2.370	2.318	2.306	2.269	2.237	2.227	2.304	2.388	2.392	2.521	2.425	2.450	2.425	2.546	2.565	2.647	2.639
世界	1.000	0.968	0.975	0.955	0.913	0.903	0.877	0.868	0.853	0.848	0.845	0.826	0.842	0.867	0.798	0.890	0.904	0.915	0.907	0.916	0.950	0.993	0.995

表 12.8 “一带一路”主要国家资源环境综合绩效指数的世界排序(1990～2012 年)(按由小到大顺序排列)

国家	1990 排序	1991 排序	1992 排序	1993 排序	1994 排序	1995 排序	1996 排序	1997 排序	1998 排序	1999 排序	2000 排序	2001 排序	2002 排序	2003 排序	2004 排序	2005 排序	2006 排序	2007 排序	2008 排序	2009 排序	2010 排序	2011 排序	2012 排序
阿尔巴尼亚	—	—	—	—	—	—	—	—	—	—	45	50	52	53	55	55	56	54	54	55	54	52	51
巴林	—	—	—	49	48	47	45	49	56	61	69	69	69	69	—	—	73	74	72	72	73	71	71
白俄罗斯	—	—	—	—	—	—	—	—	—	—	61	57	56	62	63	59	60	63	62	63	66	63	67
波黑	—	—	—	—	—	—	—	—	49	51	62	63	61	61	62	61	66	62	64	65	67	67	66
保加利亚	40	41	43	45	44	51	46	44	45	49	56	56	55	59	56	63	64	68	66	59	57	59	56
中国	42	45	49	55	54	56	59	58	59	65	72	72	72	72	72	73	76	76	75	76	77	77	77
克罗地亚	—	—	—	—	—	21	21	21	21	24	28	28	30	29	31	30	30	31	31	30	31	29	33
捷克	—	—	—	30	32	31	29	34	33	33	38	39	42	41	41	38	39	40	37	33	36	36	37
埃及	39	43	47	52	53	54	57	56	57	62	68	68	68	68	69	69	71	72	73	73	74	74	74
爱沙尼亚	—	—	—	—	—	—	—	—	—	—	—	—	—	—	—	42	43	38	33	35	41	39	38
希腊	11	12	12	13	13	16	18	17	16	19	22	34	22	22	19	18	21	20	20	20	19	18	17
匈牙利	—	27	24	26	24	24	25	24	24	29	31	30	31	32	29	28	28	29	29	27	30	30	29
印度	—	—	44	51	52	52	55	55	55	60	67	64	66	66	65	65	67	69	68	68	69	69	68
印度尼西亚	—	39	41	44	47	46	48	45	48	53	57	59	59	58	59	57	57	56	63	58	58	60	62
伊朗	35	38	40	43	45	44	47	50	51	56	64	66	65	67	67	66	69	71	69	70	71	70	73
以色列	—	—	—	—	—	—	—	—	—	16	14	13	14	13	11	11	8	10	10	12	10	14	16
日本	16	18	13	12	11	13	12	11	8	9	10	9	9	8	8	9	10	11	11	9	9	9	10
哈萨克斯坦	—	—	—	53	—	—	54	48	53	54	58	58	58	56	61	62	62	64	61	57	59	61	63
韩国	—	—	39	39	39	41	42	41	37	44	46	45	45	47	45	45	44	45	44	41	42	41	41
科威特	—	—	—	—	—	—	—	—	—	—	21	23	25	21	24	23	22	23	27	29	29	24	24
马其顿	—	—	—	—	—	—	50	51	44	47	50	54	57	55	57	60	61	61	53	53	56	56	49
马来西亚	37	40	42	47	50	50	53	53	47	52	59	60	67	57	58	56	58	59	60	60	60	62	60
巴基斯坦	34	36	37	40	40	42	43	43	43	48	54	55	54	54	53	53	54	58	56	62	61	58	59
菲律宾	32	33	38	42	43	45	51	47	46	50	55	52	53	51	50	46	46	46	43	48	49	49	52
波兰	30	30	31	35	36	37	37	36	36	40	41	37	39	40	40	71	42	42	40	34	37	38	35
罗马尼亚	36	37	34	37	41	38	41	40	42	42	48	46	47	48	47	49	52	53	50	40	46	48	44
俄罗斯	—	—	46	48	49	49	49	46	52	57	63	61	60	60	60	58	59	60	59	56	63	64	64
沙特	—	—	23	25	27	26	27	27	26	31	33	35	41	39	37	40	37	35	39	44	43	44	45
塞尔维亚	—	—	—	—	—	—	—	—	—	—	—	—	—	—	—	—	—	57	57	61	64	66	61
新加坡	—	—	—	—	31	29	32	31	28	26	26	27	28	26	23	22	19	19	23	25	21	23	23
斯洛伐克	—	—	—	33	33	32	31	26	27	30	32	32	32	31	32	32	31	30	30	46	27	31	30
斯洛文尼亚	—	—	—	—	—	—	30	32	34	36	39	42	36	38	42	39	38	39	36	39	39	37	39
叙利亚	—	—	—	—	—	—	—	—	—	—	—	—	—	—	64	64	65	67	—	—	—	—	—
泰国	38	42	45	50	51	53	56	54	50	55	60	62	63	65	68	67	68	66	67	67	68	68	69
土耳其	22	23	26	29	26	30	35	30	32	32	36	31	34	34	34	37	41	43	42	42	45	47	48
乌克兰	—	—	—	—	—	55	58	57	58	64	71	70	70	70	70	70	72	73	71	69	72	73	72
阿联酋	—	—	—	—	—	—	—	—	—	22	18	20	26	27	26	31	33	36	47	43	50	50	50
乌兹别克斯坦	—	—	—	—	—	—	—	—	61	67	74	74	74	74	74	74	77	78	77	75	76	76	76
越南	—	—	—	—	—	—	—	—	—	63	70	71	71	71	71	72	75	77	76	78	79	79	79

(2)“一带一路”沿线主要国家资源环境综合绩效变化趋势分析（1990～2012年）

表12.9揭示了1990～2012年“一带一路”沿线主要国家资源环境综合绩效指数年均变化情况。由表可以发现，在不同的分析时间段内，克罗地亚、伊朗、沙特、土耳其、阿联酋、越南的资源环境综合绩效指数保持上升态势。其他国家则有不同程度的下降，降幅最大的是保加利亚。

表12.9　1990～2012年“一带一路”沿线主要国家资源环境综合绩效指数（REPI）年均变化率

国家	年平均变化率/%	REPI分析时间段	国家	年平均变化率/%	REPI分析时间段
阿尔巴尼亚	−0.28	2000～2012	马来西亚	−1.57	1990～2012
巴林	−0.44	1993～2012	巴基斯坦	−0.41	1990～2012
白俄罗斯	−1.30	1999～2012	菲律宾	−1.16	1990～2012
波黑	−0.74	1998～2012	波兰	−2.63	1990～2012
保加利亚	−4.10	1990～2012	罗马尼亚	−2.66	1990～2012
中国	−0.73	1990～2012	俄罗斯	−2.86	1992～2012
克罗地亚	0.55	1995～2012	沙特	1.23	1992～2012
捷克	−0.95	1993～2012	塞尔维亚	−0.89	2007～2012
埃及	−0.08	1990～2012	新加坡	−3.78	1994～2012
爱沙尼亚	−2.54	2005～2012	斯洛伐克	−2.89	1993～2012
希腊	−1.61	1990～2012	斯洛文尼亚	−0.43	1996～2012
匈牙利	−2.27	1991～2012	叙利亚	−1.32	2004～2008
印度	−1.38	1992～2011	泰国	−0.93	1999～2012
印度尼西亚	−1.46	1991～2012	土耳其	0.76	1990～2012
伊朗	1.33	1990～2012	乌克兰	−2.87	1995～2012
以色列	−2.70	1999～2012	阿联酋	4.73	1999～2012
日本	−3.12	1990～2012	乌兹别克斯坦	−3.52	1998～2012
哈萨克斯坦	−4.00	1993～2012	越南	3.50	1999～2012
韩国	−2.85	1992～2007	一带一路国家（含日本）	1.31	1990～2012
科威特	−1.20	2000～2012	一带一路国家（不含日本）	0.70	1990～2012
马其顿	−3.67	1996～2012	世界	−0.02	1990～2012

从“一带一路”沿线国家整体来看，其资源环境绩效指数呈现出上升态势（图12.8）。其年均变化率，如果考虑到日本则为1.31%，如果不考虑日本则是0.70%。这在很大程度上反映了“一带一路”沿线国家总体上还处于物质化阶段抑或是经济增长与资源消耗和污染物排放处于挂钩阶段，资源消耗和污染物排放总量依旧保持快速增长的势头，资源环境压力仍在不断加大，可持续发展面临的形势非常严峻。

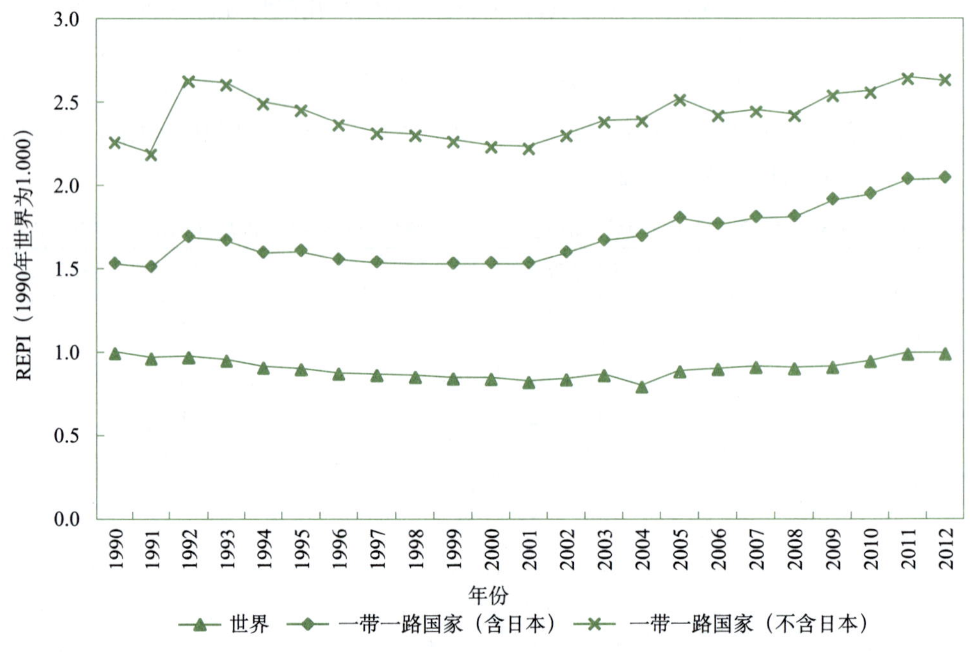

图 12.8　2012 年“一带一路”主要国家整体资源环境综合绩效指数变化趋势图

参 考 文 献

中国科学院可持续发展战略研究组．2006. 2006 中国可持续发展战略报告——建设资源节约型、环境友好型社会．北京:科学出版社

中国科学院可持续发展战略研究组．2009. 2009 中国可持续发展战略报告——探索中国特色的低碳道路．北京:科学出版社

中国科学院可持续发展战略研究组．2010. 2010 中国可持续发展战略报告——绿色发展与创新．北京:科学出版社

中国科学院可持续发展战略研究组．2011. 2011 中国可持续发展战略报告——实现绿色的经济转型．北京:科学出版社

中国科学院可持续发展战略研究组．2014. 2014 中国可持续发展战略报告——创建生态文明的制度体系．北京:科学出版社

中国有色金属工业协会,中国有色金属工业年鉴编委会．2000～2008. 中国有色金属工业年鉴 2000～2008. 北京:中国有色金属工业年鉴社

International Cement Review. 2011. The Global Cement Report (9th Edition)

Stefan Giljum, Monika Dittrich, Mirko Lieber, et al. 2014. Global Patterns of Material Flows and their Socio-Economic and Environmental Implications: A MFA Study on All Countries World-Wide from 1980 to 2009. Resources, (3): 319-339

UNDP. 2002. China Human Development Report 2002: Making Green Development a Choice. New York: Oxford University Press

UNEP. 2011. Towards a Green Economy-Pathways to Sustainable Development and Poverty Eradication. UNEP

West J, Schandl H, Heyenga S, et al. 2013. Resource Efficiency: Economics and Outlook for China. UNEP, Bangkok, Thailand

World Bureau of Metal Statistics. 2010. World Metal Statistics Yearbook2011, May 5th 2010

World Bureau of Metal Statistics. 2014. World Metal Statistics Yearbook2014, May 4th 2014

World steel Association. 2002. Steel Statistical Yearbook 2002, Brussels

World steel Association. 2014. Steel Statistical Yearbook 2014, Brussels

附　　录

附表 1　中国各省（自治区、直辖市）和主要区域能源绩效指数（2000～2013 年）

地区	2000 年	2005 年	2006 年	2007 年	2008 年	2009 年	2010 年	2011 年	2012 年	2013 年
全国	100.0	101.8	99.0	94.0	89.1	85.9	82.4	80.8	78.0	75.0
北京	83.9	63.2	59.8	55.6	51.3	48.4	46.4	43.2	41.1	39.1
天津	110.0	83.4	80.2	76.2	71.0	66.7	66.0	63.2	60.0	57.3
河北	151.9	158.1	153.2	146.9	137.6	130.8	126.2	121.5	113.7	108.3
山西	237.0	240.5	235.7	225.1	208.4	196.5	186.2	179.5	172.1	165.7
内蒙古	159.8	197.5	192.5	183.9	172.3	160.4	152.9	149.0	141.1	148.2
辽宁	179.9	135.0	130.1	124.9	118.5	112.5	108.0	104.3	98.7	88.6
吉林	137.7	117.1	113.2	108.2	102.8	96.4	91.3	88.1	81.6	73.1
黑龙江	147.6	116.5	112.7	108.1	102.9	96.9	92.2	88.6	84.8	59.8
上海	83.4	71.0	68.0	64.3	61.8	58.0	56.9	52.9	49.6	47.4
江苏	67.9	73.6	71.1	68.1	64.1	60.8	58.7	56.6	53.7	51.5
浙江	72.0	71.5	69.0	66.1	62.5	59.1	57.2	55.5	52.1	50.1
安徽	119.5	97.0	93.7	89.8	85.8	81.2	77.3	74.1	71.1	68.4
福建	70.3	74.8	72.4	69.8	67.2	64.7	62.5	60.4	56.9	54.8
江西	85.5	84.3	81.6	78.2	73.6	70.2	67.4	65.3	61.4	59.2
山东	91.3	105.0	101.3	96.8	90.5	85.6	81.8	78.7	75.1	71.9
河南	102.4	110.2	106.9	102.5	97.3	91.3	88.1	84.7	78.9	75.8
湖北	123.4	122.1	118.2	113.3	105.7	99.4	95.6	92.0	88.1	60.3
湖南	80.6	117.4	113.5	108.4	101.2	96.0	93.5	90.0	83.8	79.8
广东	62.4	63.4	61.5	59.6	57.0	54.6	53.0	51.0	48.2	39.1
广西	89.2	97.5	95.0	91.9	88.2	84.3	82.7	79.9	76.5	74.0
海南	69.0	73.1	72.2	71.6	69.8	67.8	64.5	67.8	65.5	62.8
重庆	93.8	113.7	109.9	105.0	99.8	94.4	90.1	86.6	80.4	68.9
四川	119.6	127.7	123.6	118.2	113.4	106.8	101.7	97.3	90.3	70.9
贵州	279.3	224.4	217.7	208.9	195.6	187.5	179.6	173.2	166.1	159.6
云南	122.7	138.8	136.7	131.3	125.0	119.2	114.7	110.9	107.4	103.9
西藏	—	—	—	—	—	—	—	—	—	—
陕西	97.0	113.0	109.2	104.2	98.0	93.6	90.1	87.0	83.9	84.1
甘肃	206.9	180.2	175.5	168.3	160.0	148.7	143.7	140.1	134.2	128.1
青海	232.6	245.3	246.7	239.2	229.3	214.6	203.5	222.7	219.1	214.4
宁夏	259.0	330.3	327.0	315.6	294.1	275.7	263.9	276.1	261.7	274.8
新疆	164.6	168.7	166.9	161.8	156.7	154.3	153.7	164.3	174.8	203.5
东部地区	83.1	83.7	80.8	77.2	72.8	69.2	66.8	64.3	60.9	56.9
东北地区	160.4	125.3	121.0	116.1	110.3	104.2	99.5	96.0	90.6	76.5
中部地区	116.8	123.6	120.0	115.1	107.5	100.8	96.8	93.2	88.1	80.0
西部地区	137.6	147.6	144.2	138.3	131.4	124.3	119.3	116.9	112.2	108.3
北部沿海地区	108.0	109.0	105.1	100.0	93.3	88.2	84.9	81.5	77.2	73.6

续表

地区	2000年	2005年	2006年	2007年	2008年	2009年	2010年	2011年	2012年	2013年
东部沿海地区	72.8	72.4	69.7	66.6	63.1	59.7	57.8	55.5	52.4	50.2
南部沿海地区	64.5	66.2	64.2	62.2	59.7	57.3	55.5	53.7	50.8	43.6
黄河中游地区	134.1	150.1	146.2	140.3	131.3	123.0	117.9	114.1	108.1	107.1
长江中游地区	103.4	108.0	104.5	100.1	94.0	89.0	85.7	82.6	78.2	67.8
西南地区	125.8	130.8	127.1	121.8	116.0	109.9	105.2	101.3	95.7	85.0
大西北地区	194.9	197.3	195.0	188.3	180.2	172.2	168.1	175.0	175.5	187.0
长江经济带	95.1	96.0	92.7	88.6	83.9	79.7	76.9	74.3	70.5	63.7
环渤海地区（3省2市）	120.9	113.4	109.3	104.3	97.7	92.4	89.0	85.6	81.0	76.3
环渤海地区（5省2市）	131.7	129.0	124.9	119.5	111.9	105.4	101.2	97.7	92.8	89.0
京津冀地区	122.1	112.5	108.4	102.9	95.9	90.5	87.6	84.0	79.0	75.2
长三角地区	72.8	72.4	69.7	66.6	63.1	59.7	57.8	55.5	52.4	50.2
泛珠三角地区	88.8	93.3	90.3	86.8	82.7	79.2	76.5	74.2	70.4	63.1
珠江—西江经济带	66.9	68.5	66.5	64.4	61.8	59.2	57.7	55.7	52.9	45.0
东南沿海经济带	64.4	65.9	64.0	61.9	59.4	56.9	55.2	53.3	50.4	43.0
海峡西岸经济区	68.4	69.2	66.9	64.5	61.5	58.7	56.9	55.0	51.9	46.5
长城经济带	131.0	132.4	128.4	122.9	115.6	109.1	105.0	102.2	97.7	95.5
黄河经济区	125.7	138.1	134.3	128.8	121.0	113.9	109.4	107.2	103.1	102.8
一带一路西北6省	157.1	172.9	169.4	162.5	153.5	145.0	139.8	139.9	136.4	143.0
一带一路西南4省	101.9	115.8	112.9	108.2	103.1	98.1	94.5	91.2	86.9	81.0
一带一路东北3省	160.4	125.3	121.0	116.1	110.3	104.2	99.5	96.0	90.6	76.5
一带一路东部5省	69.8	68.4	66.1	63.5	60.8	57.9	56.2	54.0	50.9	45.9
一带一路18个重点省	103.3	99.2	96.3	92.5	88.5	84.4	81.6	79.8	76.5	71.6

注：2000年全国为100.0，下表均同。其中，GDP均按2005年价格计算，2013年能源数据来自各省统计年鉴

资料来源：1）国家统计局能源统计司．2005～2013．中国能源统计年鉴2004～2013．中国统计出版社；

2）中华人民共和国国家统计局．2014．2014中国统计年鉴．中国统计出版社

附表2　中国各省（自治区、直辖市）和主要区域用水绩效指数（2000～2013年）

地区	2000年	2005年	2006年	2007年	2008年	2009年	2010年	2011年	2012年	2013年
全国	100.0	64.3	58.7	51.6	47.9	44.2	40.4	37.5	35.0	32.8
北京	21.6	10.5	9.2	8.2	7.5	6.9	6.2	5.9	5.4	5.1
天津	23.6	12.5	10.8	9.5	7.8	7.0	5.8	5.1	4.5	4.1
河北	76.2	42.6	38.0	33.4	29.2	26.4	23.5	21.4	19.4	17.6
山西	52.5	27.8	26.2	22.4	20.0	18.8	18.7	19.3	17.3	16.0
内蒙古	205.3	94.5	81.2	68.6	56.9	50.1	43.8	38.9	34.8	31.7
辽宁	60.9	35.0	32.5	28.6	25.2	22.3	19.6	17.6	15.8	14.5
吉林	109.8	57.4	52.2	44.0	39.2	36.8	35.0	33.6	29.7	27.8
黑龙江	188.1	104.0	97.8	88.9	81.1	77.5	70.6	68.2	63.2	59.0
上海	43.5	27.7	24.0	21.1	19.2	18.6	17.0	15.5	13.4	13.2
江苏	93.0	59.0	54.0	48.0	42.6	37.3	33.3	30.2	27.2	25.9
浙江	58.4	33.0	28.8	25.4	23.7	19.9	18.2	16.4	15.1	14.0
安徽	114.5	82.1	84.9	71.3	72.6	70.5	61.8	54.7	48.5	44.4
福建	94.7	60.2	52.6	47.8	42.7	38.7	34.1	31.3	27.0	24.9
江西	196.6	108.3	95.4	96.2	84.7	77.2	67.3	65.6	54.5	54.0
山东	51.9	24.3	22.6	19.3	17.2	15.4	13.8	12.6	11.3	10.2

续表

地区	2000年	2005年	2006年	2007年	2008年	2009年	2010年	2011年	2012年	2013年
河南	70.1	39.5	39.6	31.8	30.9	28.6	24.4	22.3	21.1	19.5
湖北	141.0	81.2	73.3	63.9	59.0	54.0	48.2	43.6	39.5	35.0
湖南	165.7	105.2	93.0	80.0	70.1	61.4	54.1	48.1	43.6	40.0
广东	75.2	43.0	37.5	32.8	29.7	27.2	24.5	22.0	19.8	17.9
广西	258.8	165.9	146.7	125.9	111.5	95.7	83.3	74.3	67.0	61.8
海南	167.5	103.7	96.6	83.8	76.3	64.8	55.7	49.9	46.6	40.3
重庆	57.6	43.4	39.7	36.2	33.8	30.3	26.2	22.6	19.0	17.1
四川	101.3	60.7	54.2	47.1	41.2	38.7	34.6	30.5	28.6	25.6
贵州	145.4	102.4	93.4	79.7	74.5	65.8	59.0	48.5	44.9	36.4
云南	137.8	89.6	79.2	73.1	67.5	60.0	51.6	45.2	41.4	36.4
西藏	413.8	281.8	262.2	241.2	224.0	163.9	166.5	130.1	111.9	101.5
陕西	73.9	42.3	39.6	33.2	29.9	26.0	22.4	20.7	18.4	16.8
甘肃	223.2	134.3	119.8	106.8	96.8	86.6	78.3	70.2	62.4	55.8
青海	191.3	119.3	110.5	94.0	91.5	69.6	64.6	57.5	45.1	41.9
宁夏	507.2	269.3	237.4	192.7	178.8	155.6	137.4	124.6	105.3	99.8
新疆	628.4	412.4	375.1	337.2	309.9	288.1	262.6	229.4	230.9	207.2
东部地区	66.6	38.4	34.3	30.3	27.2	24.3	21.8	19.8	17.8	16.5
东北地区	112.7	61.9	57.3	50.6	45.3	42.2	38.3	36.3	33.1	30.8
中部地区	118.6	70.7	65.8	57.3	53.4	49.4	43.6	40.0	35.8	33.2
西部地区	188.0	114.5	102.0	88.7	79.4	70.3	61.8	54.1	50.1	45.0
北部沿海地区	50.3	25.3	23.0	19.9	17.5	15.7	14.0	12.7	11.5	10.4
东部沿海地区	70.4	43.6	39.2	34.7	31.4	27.8	25.1	22.8	20.6	19.6
南部沿海地区	82.9	48.6	42.5	37.6	34.0	30.9	27.6	25.0	22.3	20.3
黄河中游地区	86.8	47.3	44.6	37.1	33.8	30.8	27.0	24.9	22.8	20.9
长江中游地区	151.5	93.3	85.7	76.1	70.0	64.1	56.4	51.4	45.4	42.0
西南地区	135.7	87.4	78.1	68.4	61.5	54.7	47.8	41.6	37.8	33.7
大西北地区	440.0	274.6	247.9	219.5	202.0	183.0	165.3	145.4	139.8	126.3
长江经济带	102.0	62.6	56.7	50.2	45.9	41.6	37.0	33.5	30.2	27.9
环渤海地区（3省2市）	52.2	27.0	24.6	21.4	18.9	16.8	15.0	13.6	12.3	11.1
环渤海地区（5省2市）	61.1	31.8	28.9	25.0	22.0	19.8	17.7	16.2	14.6	13.3
京津冀地区	49.1	26.2	23.3	20.4	17.8	16.0	14.1	12.9	11.7	10.6
长三角地区	70.4	43.6	39.2	34.7	31.4	27.8	25.1	22.8	20.6	19.6
泛珠三角地区	122.1	73.3	64.6	57.3	51.4	46.3	41.0	37.0	33.2	30.4
珠江—西江经济带	105.5	61.4	53.7	46.7	42.1	37.9	33.8	30.4	27.6	25.3
东南沿海经济带	80.0	46.9	40.9	36.2	32.7	29.9	26.7	24.2	21.5	19.6
海峡西岸经济区	84.5	48.2	42.1	38.2	34.6	31.2	28.0	25.8	22.8	21.3
长城经济带	96.7	53.3	48.6	41.8	37.8	34.1	30.3	27.4	25.8	23.6
黄河经济区	120.5	65.9	60.1	51.4	46.7	41.9	37.3	33.6	31.7	28.9
一带一路西北6省	274.1	155.1	137.5	118.6	105.1	92.8	82.2	72.3	68.2	61.9
一带一路西南4省	156.2	102.7	91.5	80.8	72.8	63.5	54.8	48.0	42.8	38.7
一带一路东北3省	112.7	61.9	57.3	50.6	45.3	42.2	38.3	36.3	33.1	30.8
一带一路东部5省	69.7	40.9	35.8	31.7	28.8	26.0	23.5	21.3	19.1	17.6
一带一路18个重点省	117.3	68.3	60.8	53.3	48.2	43.5	38.9	35.3	32.5	29.8

资料来源：中华人民共和国国家统计局．2003～2014．中国统计年鉴2003～2014．中国统计出版社

2）中华人民共和国水利部．2001～2002．中国水资源公报2000～2001．中国水利水电出版社

附表 3　中国各省（自治区、直辖市）和主要区域建设用地绩效指数（2000～2013 年）

地区	2000 年	2005 年	2006 年	2007 年	2008 年	2009 年	2010 年	2011 年	2012 年	2013 年
全国	100.0	84.1	80.0	80.2	78.8	71.4	66.4	63.9	64.9	62.0
北京	65.3	94.5	83.6	75.1	70.0	65.4	60.9	57.9	54.5	52.7
天津	100.0	71.3	63.3	58.0	55.8	49.5	43.7	38.9	34.7	31.5
河北	82.6	65.8	60.8	55.7	53.4	50.8	47.4	44.1	39.8	37.8
山西	131.8	83.9	80.9	74.6	65.8	69.2	61.7	56.7	55.3	52.3
内蒙古	165.6	107.0	87.9	74.8	69.3	62.3	67.2	61.7	56.3	51.1
辽宁	159.1	108.4	105.6	93.9	89.4	80.7	73.7	68.0	62.4	61.2
吉林	169.9	123.4	115.4	105.5	99.8	94.3	84.9	76.3	68.8	66.3
黑龙江	199.0	140.1	127.0	116.9	110.1	102.5	93.9	82.9	76.5	71.4
上海	145.4	120.0	121.0	106.2	96.8	93.9	89.1	86.0	83.4	77.7
江苏	64.7	68.2	61.0	57.8	56.8	53.5	51.3	47.9	45.4	43.3
浙江	62.8	67.7	59.6	56.7	55.1	52.7	50.1	46.4	42.6	42.3
安徽	136.2	122.8	100.1	93.4	93.3	87.2	80.7	72.2	69.3	65.8
福建	57.9	53.1	50.1	48.1	44.1	42.1	42.7	40.2	37.7	35.5
江西	116.6	86.8	87.5	84.0	76.3	70.6	67.4	61.2	57.8	55.1
山东	80.3	75.4	71.0	66.0	62.2	58.1	54.5	51.3	49.0	44.4
河南	83.7	70.9	65.8	62.4	59.4	55.6	52.7	48.8	45.7	43.2
湖北	166.4	111.9	95.1	84.1	87.7	77.8	81.8	74.6	69.8	61.5
湖南	103.7	88.8	84.1	73.3	66.0	68.2	60.3	54.1	47.1	43.2
广东	69.1	71.7	59.5	62.3	63.0	68.3	61.9	48.6	44.5	40.2
广西	119.1	100.7	86.4	78.9	89.9	66.4	62.4	57.0	56.6	54.8
海南	239.0	180.7	161.1	156.6	143.2	74.0	81.4	74.7	64.7	67.0
重庆	73.6	86.9	83.6	76.2	70.5	68.0	64.6	61.3	49.0	46.8
四川	114.4	94.6	75.8	70.8	68.1	63.4	60.2	56.8	53.6	52.6
贵州	128.9	116.8	108.0	95.3	86.2	81.0	69.0	65.9	61.5	59.1
云南	73.4	68.3	72.9	84.2	79.5	73.8	72.5	67.7	57.3	47.8
西藏	250.7	155.8	144.9	128.6	117.2	104.6	97.0	41.9	103.6	92.4
陕西	101.4	77.5	76.6	67.0	64.3	51.1	47.1	41.4	40.3	41.4
甘肃	164.2	142.7	123.0	111.7	105.3	101.2	94.9	87.4	81.0	74.8
青海	155.7	101.6	91.9	81.9	72.2	67.3	59.2	55.9	49.9	55.2
宁夏	167.2	203.1	201.3	139.2	179.5	177.6	134.2	131.7	125.7	122.6
新疆	161.8	122.3	127.8	113.0	114.3	112.6	104.0	101.6	92.8	92.0
东部地区	78.9	75.9	68.8	65.1	62.4	60.2	56.5	51.0	47.6	44.5
东北地区	174.4	121.7	114.4	103.5	98.0	90.3	82.2	74.3	68.1	65.4
中部地区	118.6	91.9	83.1	76.2	72.9	69.5	65.9	60.0	56.2	52.1
西部地区	118.4	99.6	90.1	81.9	80.1	72.0	67.9	63.4	58.1	55.5
北部沿海地区	80.1	75.9	69.9	64.2	60.7	56.6	52.6	49.1	45.8	42.4
东部沿海地区	82.8	79.6	73.8	68.2	65.0	61.9	58.9	55.4	52.3	50.0
南部沿海地区	72.1	70.9	60.4	62.0	61.2	62.5	58.1	47.5	43.5	39.9
黄河中游地区	107.3	80.7	74.4	67.7	63.3	58.4	56.1	51.4	48.5	46.0
长江中游地区	132.2	103.2	91.7	83.1	80.6	75.9	72.7	65.6	60.9	56.0
西南地区	102.3	92.2	81.9	78.0	76.5	68.2	64.2	60.2	54.7	51.8

续表

地区	2000年	2005年	2006年	2007年	2008年	2009年	2010年	2011年	2012年	2013年
大西北地区	162.6	135.9	130.7	112.4	114.3	111.5	99.7	95.4	88.0	85.8
长江经济带	100.8	88.4	80.3	74.3	71.1	67.3	64.1	59.6	55.3	52.0
环渤海地区（3省2市）	94.2	81.5	75.9	69.3	65.7	60.8	56.4	52.5	48.8	45.8
环渤海地区（5省2市）	101.1	83.4	77.2	70.1	66.0	61.5	57.7	53.6	49.9	46.7
京津冀地区	79.8	76.4	68.9	62.6	59.3	55.2	50.9	47.1	43.0	40.7
长三角地区	82.8	79.6	73.8	68.2	65.0	61.9	58.9	55.4	52.3	50.0
泛珠三角地区	90.2	80.6	71.1	69.5	67.6	65.4	60.8	53.0	48.8	45.4
珠江—西江经济带	77.4	76.1	63.5	64.8	67.1	68.0	62.0	50.0	46.5	42.6
东南沿海经济带	66.4	67.5	57.3	59.1	58.7	62.2	57.4	46.6	42.8	39.0
海峡西岸经济区	69.9	69.2	60.6	60.5	59.2	60.3	56.2	47.9	44.2	41.4
长城经济带	103.4	86.0	80.3	72.6	69.1	64.5	60.3	56.2	52.6	49.9
黄河经济区	104.3	85.3	79.7	72.2	68.7	64.3	60.4	56.3	53.2	49.9
一带一路西北6省	144.9	110.6	102.2	87.6	85.2	77.4	73.2	67.9	63.0	60.9
一带一路西南4省	89.7	86.0	81.2	79.7	80.4	69.1	66.1	61.6	54.2	49.9
一带一路东北3省	174.4	121.7	114.4	103.5	98.0	90.3	82.2	74.3	68.1	65.4
一带一路东部5省	83.1	78.7	70.7	68.3	65.8	65.4	61.3	53.5	49.8	46.6
一带一路18个重点省	110.0	92.0	84.4	78.8	76.3	72.3	67.6	60.7	55.9	52.8

注：建设用地指的是城市建设用地

资料来源：1）中华人民共和国国家统计局．2014. 2014中国统计年鉴．中国统计出版社

2）《中国国土资源年鉴》编辑部．2001～2009. 中国国土资源年鉴2001～2009. 中国国土资源年鉴编辑部

3）中华人民共和国住房和城乡建设部．2010～2013. 中国城市建设统计年鉴2009～2012. 中国计划出版社

附表4 中国各省（自治区、直辖市）和主要固定资产投资绩效指数（2000～2013年）

地区	2000年	2005年	2006年	2007年	2008年	2009年	2010年	2011年	2012年	2013年
全国	100.0	153.7	166.4	175.1	184.7	225.2	243.8	234.4	258.9	285.6
北京	112.7	129.9	133.4	134.4	111.6	126.2	130.6	118.1	118.6	123.5
天津	106.7	122.5	129.2	140.9	159.6	196.1	215.8	197.5	194.9	200.4
河北	109.5	132.4	151.6	163.0	173.9	226.8	239.6	221.7	242.0	264.0
山西	88.3	138.2	149.1	156.7	157.4	213.1	221.4	216.6	243.7	277.3
内蒙古	87.0	216.7	224.1	235.5	231.5	269.4	270.5	258.7	261.6	288.6
辽宁	95.9	167.1	194.1	211.5	230.3	257.6	284.9	263.1	293.1	310.0
吉林	97.2	153.9	195.2	227.7	252.6	284.6	299.7	235.9	268.2	259.9
黑龙江	88.1	100.9	113.4	122.8	130.1	164.5	188.0	170.9	199.9	218.4
上海	126.6	121.5	119.7	113.8	104.9	104.5	92.5	78.0	75.2	77.0
江苏	95.9	140.5	149.0	150.7	151.5	170.9	176.5	171.4	182.4	195.3
浙江	114.8	155.5	156.6	145.1	133.5	146.0	143.7	140.6	163.2	177.6
安徽	88.1	151.1	184.4	220.6	237.2	291.6	310.1	272.7	298.4	325.8
福建	94.8	113.1	124.4	146.6	148.8	161.7	180.9	183.4	206.0	228.5
江西	79.2	171.7	182.7	188.4	216.7	279.1	308.5	262.2	277.3	299.1
山东	95.1	162.2	165.8	157.6	160.9	182.4	191.7	185.9	196.2	209.9
河南	82.1	130.4	153.6	173.8	186.4	227.7	236.8	211.2	229.2	256.0
湖北	118.2	130.0	140.9	153.0	160.9	199.8	217.0	217.4	238.1	266.7
湖南	91.9	127.6	132.5	142.5	151.7	186.3	196.2	199.4	215.3	237.1

续表

地区	2000年	2005年	2006年	2007年	2008年	2009年	2010年	2011年	2012年	2013年
广东	92.0	99.0	97.9	97.0	94.6	106.1	110.7	104.2	104.2	112.8
广西	86.4	133.5	153.7	174.5	183.3	229.1	262.4	249.1	273.1	300.7
海南	124.6	130.9	132.2	127.5	143.3	183.9	200.8	212.0	246.5	284.2
重庆	99.6	178.5	194.4	206.6	208.3	242.8	260.6	236.1	238.8	252.7
四川	120.7	155.4	163.8	174.6	176.7	250.4	244.9	219.6	231.2	249.8
贵州	113.7	159.3	167.6	175.4	181.3	209.5	232.7	261.9	306.7	348.2
云南	113.2	164.4	179.8	192.1	201.5	241.3	255.5	240.5	265.5	298.4
西藏	147.6	233.4	262.5	269.3	280.4	304.5	331.6	328.4	381.4	444.5
陕西	108.4	153.2	172.7	197.5	209.3	251.1	269.6	264.6	291.8	318.4
甘肃	122.1	144.1	145.8	161.1	180.1	222.0	256.4	273.3	308.6	352.1
青海	174.2	194.3	207.5	207.3	199.7	246.0	261.8	305.8	349.4	389.4
宁夏	155.4	231.6	228.3	236.0	265.8	307.8	349.2	330.0	371.7	428.9
新疆	138.2	164.6	169.8	171.2	169.4	192.8	209.4	236.3	279.0	314.0
东部地区	102.8	132.1	136.8	136.3	135.1	154.2	160.2	153.1	163.1	175.7
东北地区	93.6	143.1	168.8	187.5	204.6	235.5	259.2	229.4	259.6	271.3
中部地区	91.7	138.1	154.7	170.9	182.9	228.4	242.5	225.2	245.1	271.7
西部地区	111.6	165.2	177.2	190.6	196.1	242.1	255.7	246.9	267.1	294.3
北部沿海地区	103.3	144.9	152.9	153.1	155.4	185.2	195.9	185.0	194.8	208.1
东部沿海地区	109.1	141.1	145.0	140.7	135.5	148.8	148.3	142.2	154.4	165.7
南部沿海地区	93.8	103.1	104.7	108.7	108.1	121.0	129.6	126.0	132.9	146.1
黄河中游地区	88.7	150.7	168.7	186.1	194.0	237.9	247.1	231.6	250.0	278.0
长江中游地区	96.6	141.8	156.2	172.1	185.9	231.2	248.7	232.8	252.4	277.6
西南地区	108.4	157.0	170.1	183.0	188.1	239.4	251.8	235.7	253.4	277.4
大西北地区	137.8	167.7	171.7	178.4	186.7	221.0	246.8	266.8	307.0	347.8
长江经济带	106.4	145.7	154.0	158.4	160.6	191.5	198.3	188.1	203.9	222.4
环渤海地区（3省2市）	101.9	148.7	159.9	163.2	168.5	197.9	211.7	199.0	212.4	226.2
环渤海地区（5省2市）	100.1	152.7	163.8	168.2	172.7	204.9	217.4	205.4	218.9	235.3
京津冀地区	110.1	129.7	141.4	149.2	150.6	187.7	199.7	184.2	193.5	206.5
长三角地区	109.1	141.1	145.0	140.7	135.5	148.8	148.3	142.2	154.4	165.7
泛珠三角地区	97.6	125.2	130.8	138.2	142.6	174.4	185.7	177.4	191.1	210.4
珠江—西江经济带	91.1	104.2	106.2	108.5	108.0	125.4	134.8	127.6	132.2	144.2
东南沿海经济带	92.7	102.2	103.8	108.2	107.0	119.1	127.3	123.2	129.2	141.6
海峡西岸经济区	97.7	123.6	125.7	125.5	124.0	140.8	148.1	140.7	152.3	166.3
长城经济带	100.1	151.9	165.0	172.7	178.5	212.5	225.4	214.3	232.4	253.6
黄河经济区	97.7	157.3	167.9	174.0	180.2	214.2	225.4	217.9	235.8	259.9
一带一路西北6省	116.9	177.6	187.7	201.6	207.6	245.9	261.5	263.4	287.3	319.4
一带一路西南4省	99.4	157.6	174.8	190.2	196.9	237.3	259.8	242.1	259.0	283.2
一带一路东北3省	93.6	143.1	168.8	187.5	204.6	235.5	259.2	229.4	259.6	271.3
一带一路东部5省	105.0	119.7	120.5	118.8	113.9	124.5	126.9	121.7	130.9	142.7
一带一路18个重点省	103.8	136.6	145.2	151.4	154.0	176.7	187.9	178.7	196.1	213.0

注：固定资产投资按2005年价格计算

资料来源：中华人民共和国国家统计局．2001～2014．中国统计年鉴2001～2014．中国统计出版社

附表5　中国各省（自治区、直辖市）和主要区域二氧化硫排放绩效指数（2000～2013年）

地区	2000年	2005年	2006年	2007年	2008年	2009年	2010年	2011年	2012年	2013年
全国	100.0	80.2	72.3	60.3	51.8	45.2	40.4	37.5	33.3	29.8
北京	33.1	15.9	13.0	9.8	7.3	6.4	5.6	4.4	3.9	3.4
天津	94.8	39.5	33.1	27.5	23.2	19.6	16.6	14.0	12.0	10.3
河北	130.7	87.0	79.2	67.8	55.5	47.0	41.3	42.4	36.8	32.5
山西	308.7	208.6	180.3	145.9	126.9	116.7	100.9	100.0	84.5	74.9
内蒙古	218.0	217.0	194.8	152.8	127.5	106.6	92.4	81.7	72.0	64.8
辽宁	114.8	86.6	79.7	67.9	54.9	45.1	38.4	37.7	32.4	28.9
吉林	76.2	61.4	57.2	48.0	39.2	33.2	28.6	29.1	25.4	22.2
黑龙江	51.8	53.6	48.8	43.3	38.1	33.1	29.4	27.8	24.9	22.0
上海	51.4	32.3	28.4	24.1	19.7	15.5	13.3	8.2	7.3	6.4
江苏	69.1	43.0	35.5	28.9	23.8	20.1	17.4	15.8	13.5	11.7
浙江	47.4	37.3	32.7	26.5	22.3	19.4	16.8	15.0	13.2	11.5
安徽	70.6	62.1	56.5	48.4	41.7	35.8	30.9	27.1	23.7	20.7
福建	33.3	40.9	36.3	29.9	25.5	22.2	19.0	16.1	13.8	12.1
江西	80.4	87.9	81.0	70.1	58.1	49.7	43.1	40.1	35.2	31.4
山东	105.2	63.5	54.2	44.1	36.5	30.6	26.4	28.3	24.6	21.1
河南	82.7	89.3	78.0	65.6	54.3	45.7	40.1	36.7	31.0	28.0
湖北	80.5	63.3	59.3	48.2	40.2	34.0	29.1	27.0	22.6	19.8
湖南	111.6	81.1	73.1	61.5	50.2	42.6	36.7	27.8	23.5	21.3
广东	43.6	33.4	28.5	23.5	20.1	17.3	15.1	11.1	9.6	8.5
广西	202.4	149.4	127.8	108.8	91.6	77.4	68.8	35.3	30.7	26.1
海南	21.4	14.3	13.7	12.7	9.7	8.8	10.0	10.2	9.7	8.4
重庆	236.5	140.5	128.4	106.4	88.0	73.1	60.2	42.2	35.7	30.8
四川	163.7	102.4	88.9	71.5	62.7	54.2	46.9	32.5	27.7	23.8
贵州	690.5	394.1	376.9	308.2	248.8	212.5	184.1	153.8	127.7	107.5
云南	99.6	87.8	83.0	71.7	60.9	54.1	48.3	58.7	50.5	44.4
西藏	3.4	4.7	4.1	3.4	3.3	2.9	5.0	4.6	4.3	3.9
陕西	161.4	136.4	127.4	104.0	85.7	68.2	57.6	59.6	48.6	41.8
甘肃	184.7	169.4	147.4	125.8	109.5	99.0	97.7	98.2	80.0	70.9
青海	60.5	132.8	122.9	111.6	98.9	90.5	82.9	79.5	69.8	64.1
宁夏	329.7	325.9	322.9	276.6	231.4	186.5	162.5	191.8	170.2	148.5
新疆	112.0	116.0	110.5	104.1	94.6	88.2	79.6	92.1	85.8	80.6
东部地区	67.6	44.6	38.6	31.8	26.4	22.4	19.4	17.8	15.5	13.5
东北地区	86.1	70.7	65.1	56.0	46.3	38.8	33.5	32.8	28.6	25.3
中部地区	108.7	92.7	82.6	69.0	57.7	49.4	42.8	38.8	33.0	29.3
西部地区	204.4	154.2	140.9	117.1	99.0	84.2	73.5	63.8	54.7	48.1
北部沿海地区	98.1	58.6	51.2	42.3	34.8	29.3	25.4	26.1	22.7	19.7
东部沿海地区	58.0	38.7	33.0	27.0	22.4	18.9	16.3	14.0	12.1	10.5
南部沿海地区	40.4	34.5	29.7	24.6	21.0	18.2	15.8	12.2	10.6	9.3
黄河中游地区	157.3	141.8	126.2	103.0	86.6	73.8	64.0	60.7	51.6	45.9
长江中游地区	87.3	72.6	66.5	56.0	46.7	39.8	34.2	29.5	25.3	22.5
西南地区	224.1	144.4	130.7	108.3	91.0	77.4	66.9	50.5	42.9	37.0

续表

地区	2000年	2005年	2006年	2007年	2008年	2009年	2010年	2011年	2012年	2013年
大西北地区	154.9	158.3	147.3	131.0	115.2	103.2	95.6	104.2	91.7	83.2
长江经济带	103.4	69.6	62.3	51.5	43.1	36.9	31.9	27.1	23.4	20.5
环渤海地区（3省2市）	101.1	63.4	56.0	46.7	38.3	32.1	27.7	28.2	24.4	21.3
环渤海地区（5省2市）	123.3	85.3	75.6	62.3	52.0	44.2	38.3	37.9	32.9	29.0
京津冀地区	92.1	54.4	48.5	40.7	33.2	28.1	24.5	24.2	21.0	18.4
长三角地区	58.0	38.7	33.0	27.0	22.4	18.9	16.3	14.0	12.1	10.5
泛珠三角地区	107.7	76.0	67.7	56.3	47.4	40.9	35.8	28.1	24.3	21.3
珠江—西江经济带	69.8	50.8	43.3	36.2	31.0	26.7	23.6	15.0	13.1	11.4
东南沿海经济带	41.1	35.1	30.2	25.0	21.4	18.4	16.0	12.3	10.7	9.4
海峡西岸经济区	46.5	40.3	35.3	29.2	24.8	21.5	18.7	15.6	13.6	12.0
长城经济带	123.8	96.7	86.4	72.0	60.4	51.4	45.0	45.3	39.2	34.9
黄河经济区	136.9	113.0	100.3	83.1	70.4	60.1	52.8	53.0	45.8	40.7
一带一路西北6省	171.8	168.9	155.8	129.9	110.4	94.0	83.2	83.3	72.2	64.6
一带一路西南4省	178.4	127.0	113.9	96.6	81.1	69.0	59.9	44.5	38.2	33.1
一带一路东北3省	86.1	70.7	65.1	56.0	46.3	38.8	33.5	32.8	28.6	25.3
一带一路东部5省	44.2	34.8	30.3	25.0	21.1	18.0	15.6	12.2	10.7	9.4
一带一路18个重点省	86.8	71.3	64.3	54.0	45.9	39.3	34.5	31.1	27.2	24.2

资料来源：1）中华人民共和国国家统计局．2001～2014．中国统计年鉴2001～2014．中国统计出版社
2）《中国环境年鉴》编委会．2001～2014．中国环境年鉴2001～2014．中国环境年鉴社

附表6 中国各省（自治区、直辖市）和主要区域烟粉尘排放绩效指数（2000～2013年）

地区	2000年	2005年	2006年	2007年	2008年	2009年	2010年	2011年	2012年	2013年
全国	100.0	58.2	46.8	36.4	29.3	24.8	20.9	18.2	16.3	15.7
北京	25.4	6.7	5.2	3.8	3.3	2.9	2.8	2.4	2.3	1.9
天津	53.2	14.5	10.3	8.3	6.6	5.8	4.6	3.7	3.6	3.4
河北	140.0	74.2	62.0	46.4	39.2	31.4	24.3	33.6	28.6	28.3
山西	338.1	220.9	183.7	142.1	103.1	87.4	70.4	69.9	60.2	52.9
内蒙古	191.5	162.5	103.0	80.2	62.1	44.3	47.3	36.4	37.0	33.4
辽宁	133.5	76.6	63.5	54.9	41.2	31.9	26.6	19.6	18.8	16.0
吉林	114.7	78.3	67.3	52.5	40.6	36.3	25.1	25.8	13.7	15.5
黑龙江	94.4	62.7	55.3	48.3	39.1	31.9	25.4	29.7	28.8	27.6
上海	16.4	7.0	6.1	4.9	4.5	4.0	3.7	2.4	2.2	1.9
江苏	33.2	22.3	17.6	13.4	10.0	8.2	7.1	6.6	5.0	5.2
浙江	52.6	17.0	14.3	11.3	9.2	8.8	6.8	6.2	4.4	5.2
安徽	89.3	73.1	61.4	45.9	40.7	33.2	26.6	19.3	17.7	14.5
福建	39.5	25.4	21.9	18.1	15.1	12.6	11.5	7.9	8.0	7.4
江西	128.3	75.6	65.3	53.1	42.6	33.3	26.5	22.4	18.1	16.4
山东	73.5	27.8	22.1	16.4	13.5	10.9	8.8	10.0	8.0	7.4
河南	129.4	79.3	57.8	41.8	29.8	25.2	20.5	14.6	11.5	11.6
湖北	98.2	52.1	43.6	31.5	23.7	18.7	13.8	11.8	10.7	10.0
湖南	138.1	102.0	84.7	66.2	49.2	42.5	28.6	13.3	10.5	10.1
广东	36.5	13.7	11.1	9.0	8.2	5.8	5.3	3.2	3.0	3.0

续表

地区	2000年	2005年	2006年	2007年	2008年	2009年	2010年	2011年	2012年	2013年
广西	251.4	142.8	104.4	73.5	57.9	55.8	39.0	16.3	15.2	13.4
海南	28.8	12.6	10.6	9.2	7.1	6.4	4.6	3.3	3.1	3.3
重庆	107.9	63.6	54.6	43.3	33.5	25.9	21.6	11.0	9.8	9.2
四川	173.2	81.8	57.7	35.1	22.5	16.8	17.7	11.8	7.9	7.2
贵州	383.7	142.4	94.8	87.4	81.0	86.1	47.9	36.2	30.9	28.1
云南	93.3	56.8	48.6	41.3	35.1	26.8	19.6	27.5	24.8	21.9
西藏	11.8	8.3	1.8	3.2	2.9	3.9	3.5	5.1	1.8	1.6
陕西	180.4	96.0	74.7	61.0	41.3	26.2	22.8	25.3	22.3	24.0
甘肃	138.5	87.2	76.3	49.1	42.8	43.0	40.1	31.8	24.6	24.3
青海	206.6	160.9	134.5	110.4	99.2	85.4	89.4	61.2	61.5	61.8
宁夏	402.3	178.8	150.5	123.6	89.2	70.3	107.7	85.8	70.3	74.8
新疆	101.3	87.7	81.3	75.7	70.2	66.4	63.2	54.5	64.2	63.0
东部地区	52.1	23.1	18.9	14.4	12.0	9.7	8.1	8.2	6.9	6.8
东北地区	116.8	72.5	61.7	52.3	40.4	32.9	25.9	24.0	20.6	19.4
中部地区	140.6	93.2	75.5	57.5	43.1	35.7	27.5	21.1	17.8	16.2
西部地区	179.0	102.9	77.4	59.3	46.8	38.9	34.0	25.9	23.9	22.7
北部沿海地区	80.8	34.6	28.1	20.9	17.4	13.9	11.1	13.8	11.6	11.0
东部沿海地区	35.5	17.2	14.0	10.8	8.6	7.5	6.3	5.6	4.2	4.5
南部沿海地区	36.9	16.2	13.5	11.0	9.7	7.4	6.7	4.3	4.2	4.1
黄河中游地区	185.4	123.0	91.9	70.6	50.9	39.6	34.7	30.3	26.8	25.3
长江中游地区	113.0	75.9	63.7	48.9	38.5	31.7	23.4	15.8	13.6	12.2
西南地区	183.7	92.4	68.6	50.3	39.3	34.5	25.8	17.3	14.5	13.1
大西北地区	155.0	104.3	92.3	75.3	66.0	60.8	63.2	51.1	51.1	51.0
长江经济带	86.7	46.5	37.2	28.3	22.3	18.9	14.6	11.2	9.2	8.7
环渤海地区（3省2市）	90.2	41.7	34.1	26.7	21.5	17.1	13.8	14.8	12.9	11.9
环渤海地区（5省2市）	114.5	63.9	50.4	39.6	30.8	24.3	20.6	20.6	18.4	16.7
京津冀地区	87.0	40.5	33.4	24.9	20.9	16.7	13.1	17.2	14.8	14.3
长三角地区	35.5	17.2	14.0	10.8	8.6	7.5	6.3	5.6	4.2	4.5
泛珠三角地区	105.6	54.3	42.0	32.0	25.5	21.9	16.6	11.0	9.4	8.8
珠江—西江经济带	71.9	33.1	25.0	18.6	15.8	13.6	10.6	5.3	5.0	4.8
东南沿海经济带	37.2	16.3	13.6	11.1	9.8	7.4	6.7	4.3	4.2	4.1
海峡西岸经济区	49.9	21.7	18.2	14.7	12.5	10.1	8.5	6.5	5.6	5.6
长城经济带	126.4	73.2	57.7	45.0	34.8	27.9	24.4	23.1	20.7	19.6
黄河经济区	138.3	83.3	64.4	49.9	38.0	30.7	27.7	24.8	22.4	21.4
一带一路西北6省	171.3	118.7	90.4	72.6	57.5	45.2	45.8	38.4	37.7	37.0
一带一路西南4省	154.1	90.4	71.1	53.8	43.1	37.3	27.5	17.7	16.1	14.4
一带一路东北3省	116.8	72.5	61.7	52.3	40.4	32.9	25.9	24.0	20.6	19.4
一带一路东部5省	37.2	14.8	12.4	10.0	8.7	7.1	6.2	4.4	3.9	4.0
一带一路18个重点省	85.8	49.0	39.3	31.7	25.7	21.2	18.4	15.0	14.0	13.5

资料来源：1）中华人民共和国国家统计局．2001～2014．中国统计年鉴2001～2014．中国统计出版社
2）《中国环境年鉴》编委会．2001～2014．中国环境年鉴2001～2014．中国环境年鉴社

附表 7　中国各省（自治区、直辖市）和主要区域化学需氧量（COD）排放绩效指数（2000～2013 年）

地区	2000 年	2005 年	2006 年	2007 年	2008 年	2009 年	2010 年	2011 年	2012 年	2013 年
全国	100.0	61.4	55.1	46.7	40.7	36.0	31.6	30.2	27.2	24.4
北京	36.4	13.4	11.2	9.5	8.3	7.3	6.2	6.6	5.9	5.1
天津	73.8	30.1	25.7	21.3	17.7	15.2	12.9	10.0	8.5	7.3
河北	96.5	53.0	48.7	41.9	34.5	29.5	25.2	18.3	16.0	14.3
山西	112.3	73.5	65.2	54.4	48.1	43.8	37.2	29.8	26.3	23.4
内蒙古	116.1	61.2	51.5	41.7	34.5	29.3	25.2	21.5	18.8	16.6
辽宁	119.3	64.3	56.1	47.7	39.2	33.4	28.1	20.9	18.4	15.4
吉林	175.3	90.3	80.5	66.5	53.6	45.5	39.0	27.7	23.6	20.7
黑龙江	125.9	73.4	64.7	56.7	49.4	43.1	36.8	34.4	29.8	25.1
上海	48.7	26.4	23.3	19.7	16.3	13.7	11.2	9.9	9.0	8.1
江苏	51.9	41.7	35.0	29.2	24.7	21.2	18.1	17.4	15.1	13.1
浙江	69.2	35.6	31.2	25.9	22.4	19.6	16.6	18.7	16.7	14.8
安徽	109.2	66.7	60.9	52.7	44.9	39.0	33.0	38.5	33.4	29.9
福建	65.7	48.3	42.2	35.5	31.0	27.4	23.9	25.7	22.7	19.7
江西	134.0	90.6	83.7	73.0	61.3	53.0	46.0	48.1	42.7	38.2
山东	80.8	33.7	28.9	24.0	20.2	17.2	14.7	12.8	11.1	9.7
河南	106.8	54.7	47.8	40.2	33.6	29.2	25.7	22.3	19.6	17.4
湖北	139.3	75.1	67.4	56.5	48.5	42.0	36.4	33.9	30.0	26.6
湖南	134.5	109.0	99.6	84.9	72.9	61.5	50.5	39.4	34.3	31.1
广东	63.3	37.7	32.6	27.5	23.6	20.3	17.0	22.5	19.8	17.5
广西	345.4	215.8	198.7	164.0	138.5	117.2	98.5	53.1	47.2	41.6
海南	122.9	85.1	78.3	69.2	62.3	55.6	44.1	38.8	36.2	32.7
重庆	102.7	62.4	54.4	44.7	37.6	32.4	27.1	28.7	24.3	21.0
四川	180.3	85.2	77.3	64.6	56.5	49.3	42.4	36.8	32.2	28.0
贵州	149.8	90.4	81.4	70.2	61.7	53.9	46.0	54.1	44.8	39.3
云南	105.9	66.1	61.1	53.8	47.0	40.8	35.7	54.8	47.8	42.7
西藏	231.4	45.0	43.7	38.5	35.0	31.1	51.8	35.1	31.0	27.4
陕西	116.8	71.6	63.7	53.4	44.2	37.3	31.4	31.3	26.5	23.0
甘肃	95.8	75.7	66.4	57.8	51.4	45.9	41.0	53.9	46.9	41.1
青海	86.7	105.9	97.6	87.2	75.6	70.1	66.3	56.3	49.7	44.8
宁夏	386.2	187.3	162.9	141.6	120.9	102.6	87.9	84.4	72.5	63.1
新疆	98.2	83.7	80.0	71.7	64.1	59.2	55.3	53.0	45.8	40.8
东部地区	66.2	37.1	32.2	27.1	23.0	19.9	16.9	17.1	15.0	13.2
东北地区	133.4	72.7	64.0	54.6	45.5	39.0	33.1	26.5	23.0	19.5
中部地区	121.6	75.6	68.0	57.8	49.4	42.9	36.6	33.5	29.4	26.3
西部地区	159.4	93.8	84.6	71.2	60.9	52.6	45.2	40.7	35.3	31.0
北部沿海地区	76.4	34.7	30.5	25.7	21.4	18.3	15.6	12.8	11.1	9.8
东部沿海地区	56.7	36.3	31.2	26.0	22.1	19.1	16.2	16.2	14.3	12.6
南部沿海地区	65.9	41.4	36.0	30.5	26.4	23.0	19.4	23.8	21.0	18.5
黄河中游地区	111.0	62.3	54.4	45.3	38.2	33.1	28.5	25.1	21.8	19.3
长江中游地区	129.8	85.8	78.2	66.9	57.1	49.0	41.5	39.1	34.2	30.7
西南地区	182.6	104.2	95.0	79.6	68.5	59.0	50.1	42.9	37.3	32.7

续表

地区	2000年	2005年	2006年	2007年	2008年	2009年	2010年	2011年	2012年	2013年
大西北地区	126.7	94.2	86.1	76.1	67.2	60.7	55.3	57.2	49.6	43.8
长江经济带	96.9	58.5	52.1	44.0	37.9	32.9	28.0	28.1	24.7	22.0
环渤海地区（3省2市）	84.0	39.7	34.8	29.5	24.5	20.9	17.8	14.2	12.4	10.8
环渤海地区（5省2市）	88.0	43.8	38.3	32.3	27.0	23.2	19.8	16.0	14.0	12.2
京津冀地区	72.6	35.5	31.9	27.1	22.5	19.3	16.5	12.8	11.2	9.8
长三角地区	56.7	36.3	31.2	26.0	22.1	19.1	16.2	16.2	14.3	12.6
泛珠三角地区	120.0	73.5	66.1	55.9	48.3	41.9	35.6	34.1	30.0	26.7
珠江—西江经济带	109.9	64.4	57.3	47.8	41.0	35.5	30.0	27.5	24.3	21.5
东南沿海经济带	63.9	40.1	34.7	29.3	25.3	22.0	18.7	23.3	20.5	18.0
海峡西岸经济区	71.8	43.2	37.9	32.0	27.6	24.1	20.5	24.3	21.5	19.0
长城经济带	96.6	51.3	45.1	38.2	32.3	27.9	24.1	21.0	18.4	16.2
黄河经济区	101.5	54.9	48.1	40.6	34.5	30.0	26.1	23.9	20.9	18.4
一带一路西北6省	121.2	78.1	69.2	58.9	50.0	43.4	38.2	37.5	32.4	28.5
一带一路西南4省	190.1	119.6	109.7	91.7	77.9	66.4	56.1	45.2	39.4	34.7
一带一路东北3省	133.4	72.7	64.0	54.6	45.5	39.0	33.1	26.5	23.0	19.5
一带一路东部5省	63.6	37.3	32.6	27.4	23.6	20.6	17.4	20.2	18.0	15.9
一带一路18个重点省	100.8	59.1	52.4	44.2	37.8	32.8	28.1	27.1	23.9	21.0

资料来源：1）《中国环境年鉴》编委会．2001～2014．中国环境年鉴2001～2014．中国环境年鉴社
2）中华人民共和国国家统计局．2014．2014中国统计年鉴．中国统计出版社

附表8　中国各省（自治区、直辖市）和主要区域氨氮排放绩效指数（2000～2013年）

地区	2000年	2005年	2006年	2007年	2008年	2009年	2010年	2011年	2012年	2013年
全国	100.0	79.7	66.7	54.7	47.9	42.4	37.6	50.3	45.5	41.0
北京	52.4	19.8	16.2	13.1	12.0	11.8	10.0	12.2	10.7	9.5
天津	53.4	47.9	33.0	28.5	22.9	16.8	23.6	20.5	17.5	15.2
河北	72.0	67.8	58.9	46.1	39.1	34.9	30.9	34.6	30.2	27.2
山西	108.6	100.0	86.6	80.1	68.9	63.8	56.8	55.6	48.4	43.3
内蒙古	122.2	126.0	80.4	58.6	51.2	43.8	45.5	40.2	35.4	31.5
辽宁	116.6	111.3	79.3	64.3	52.6	45.0	35.7	41.9	37.5	32.8
吉林	189.4	97.9	85.1	63.1	52.7	44.8	40.3	45.3	39.7	35.8
黑龙江	144.7	98.2	84.4	72.5	63.6	54.8	43.9	54.1	47.6	41.2
上海	48.6	36.2	33.1	27.9	25.4	20.7	17.2	27.2	23.5	21.1
江苏	93.4	45.0	38.2	30.1	24.9	20.6	17.7	29.6	26.0	22.8
浙江	124.5	46.2	36.7	29.8	24.0	19.2	16.6	33.8	30.1	26.6
安徽	148.0	97.5	96.5	78.8	61.0	52.9	43.5	60.6	52.0	46.0
福建	75.1	78.1	64.1	34.1	30.1	26.8	23.4	42.7	37.4	33.0
江西	126.3	82.5	75.6	70.6	57.3	50.7	45.2	70.9	63.4	56.5
山东	90.2	45.0	38.8	31.5	25.6	21.8	19.3	25.4	22.4	19.6
河南	98.9	96.7	76.4	60.3	48.1	42.8	36.7	39.0	34.8	31.1
湖北	145.7	116.5	97.6	81.7	71.1	58.1	47.9	56.1	49.6	43.7
湖南	117.3	150.7	132.3	104.7	85.8	74.6	58.3	68.0	60.0	53.4
广东	83.1	43.6	35.3	39.7	36.6	31.4	26.0	37.8	33.6	30.0

续表

地区	2000年	2005年	2006年	2007年	2008年	2009年	2010年	2011年	2012年	2013年
广西	115.5	219.9	154.4	115.3	93.8	70.6	61.1	63.1	57.2	51.0
海南	88.7	76.7	77.5	66.9	68.2	54.3	45.1	67.9	63.2	60.6
重庆	81.0	79.5	70.7	54.5	43.8	44.7	35.6	49.8	43.1	37.6
四川	160.7	89.3	77.5	61.5	57.3	48.4	42.5	51.8	44.7	39.6
贵州	120.8	88.3	78.3	68.2	61.3	52.0	44.7	73.1	62.6	54.8
云南	87.3	54.0	51.0	45.4	41.1	34.8	33.8	66.0	57.4	50.8
西藏	70.8	39.6	34.9	30.6	27.8	24.7	39.0	58.7	47.2	40.6
陕西	109.5	65.1	57.1	49.3	52.2	45.9	40.4	51.7	44.4	38.5
甘肃	118.6	173.0	150.6	89.4	81.2	90.4	70.4	98.5	83.2	71.5
青海	95.9	126.8	111.9	98.6	86.9	78.9	80.7	77.5	66.7	60.2
宁夏	270.9	273.1	142.6	101.2	89.9	80.3	114.5	118.4	107.6	96.0
新疆	97.6	83.1	78.3	69.8	65.6	65.8	60.9	69.4	62.3	55.2
东部地区	83.4	46.9	39.3	32.9	28.4	24.0	21.0	31.0	27.3	24.2
东北地区	141.3	104.3	82.1	66.6	56.0	47.9	39.2	46.3	41.0	35.9
中部地区	122.0	108.7	93.9	77.9	64.0	55.8	46.7	55.7	49.2	43.7
西部地区	120.1	109.7	87.1	67.6	60.4	53.0	47.9	58.8	51.4	45.3
北部沿海地区	75.0	46.6	39.3	31.6	26.3	22.7	21.0	24.9	21.8	19.3
东部沿海地区	93.0	43.4	36.6	29.5	24.7	20.2	17.3	30.4	26.8	23.6
南部沿海地区	81.4	52.1	42.9	39.3	36.1	31.1	26.0	39.9	35.4	31.7
黄河中游地区	105.9	96.9	75.7	61.7	53.1	47.0	42.5	44.3	39.0	34.6
长江中游地区	134.6	115.9	103.5	85.8	70.6	60.5	49.5	63.3	55.6	49.3
西南地区	121.0	107.1	87.1	69.0	60.0	50.3	43.8	57.9	50.5	44.7
大西北地区	122.8	138.3	113.1	82.7	75.7	77.1	72.3	85.7	75.0	65.9
长江经济带	111.6	71.2	62.2	50.9	43.1	36.9	31.2	45.6	40.2	35.6
环渤海地区（3省2市）	82.4	57.6	46.1	37.2	30.9	26.7	23.6	27.9	24.6	21.7
环渤海地区（5省2市）	86.7	65.7	51.7	42.1	35.3	30.7	27.8	31.0	27.3	24.1
京津冀地区	62.3	48.1	39.9	31.7	26.9	23.6	22.6	24.4	21.3	19.0
长三角地区	93.0	43.4	36.6	29.5	24.7	20.2	17.3	30.4	26.8	23.6
泛珠三角地区	103.6	83.4	69.2	58.4	51.2	43.6	37.0	51.4	45.5	40.6
珠江—西江经济带	88.5	70.1	53.1	51.0	45.2	37.5	31.6	41.9	37.5	33.5
东南沿海经济带	81.2	51.4	41.8	38.4	35.1	30.3	25.4	39.0	34.5	30.8
海峡西岸经济区	97.6	52.6	43.2	38.7	33.8	29.0	24.7	40.4	36.0	32.1
长城经济带	94.6	76.6	61.1	48.7	41.6	37.3	33.1	37.8	33.4	29.6
黄河经济区	102.1	81.5	65.6	52.3	44.9	40.5	36.8	41.6	36.7	32.4
一带一路西北6省	118.7	113.5	87.1	65.5	61.0	56.9	53.9	60.2	52.6	46.2
一带一路西南4省	95.4	122.7	95.3	74.2	61.5	51.4	44.5	59.4	52.3	46.3
一带一路东北3省	141.3	104.3	82.1	66.6	56.0	47.9	39.2	46.3	41.0	35.9
一带一路东部5省	86.3	47.8	39.6	34.9	31.2	26.3	22.2	36.3	32.1	28.7
一带一路18个重点省	102.4	76.2	60.5	49.5	43.6	37.9	32.8	44.7	39.6	35.1

资料来源：1）《中国环境年鉴》编委会．2001～2014．中国环境年鉴2001～2014．中国环境年鉴社

2）中华人民共和国国家统计局．2014．2014中国统计年鉴．中国统计出版社

附表9　中国各省（自治区、直辖市）和主要区域工业固体废物产生绩效指数（2000～2013年）

地区	2000年	2005年	2006年	2007年	2008年	2009年	2010年	2011年	2012年	2013年
全国	100.0	103.4	103.5	105.0	103.7	101.9	109.0	133.6	126.5	116.9
北京	41.1	25.3	24.5	20.1	16.7	16.3	15.1	12.4	11.3	9.9
天津	33.0	40.9	41.0	38.5	34.9	30.7	32.1	26.0	23.7	18.4
河北	170.0	231.3	178.3	207.6	199.5	201.6	259.1	331.5	305.5	268.2
山西	483.3	376.1	352.3	355.5	384.4	331.7	360.8	481.6	460.9	444.9
内蒙古	190.8	268.3	266.5	281.6	231.4	225.7	275.4	334.4	308.1	234.3
辽宁	227.7	181.1	201.5	193.1	188.1	180.8	158.8	231.6	204.1	184.2
吉林	104.6	96.6	95.8	91.6	86.7	88.0	91.1	92.8	72.9	65.3
黑龙江	115.0	82.8	90.1	84.9	82.2	87.1	79.1	78.5	74.8	66.9
上海	36.6	30.2	28.2	25.7	25.4	22.5	22.2	20.4	17.1	14.8
江苏	42.7	44.0	47.9	42.6	39.7	36.7	36.8	38.3	34.0	32.9
浙江	27.1	26.7	28.8	29.3	27.9	26.5	25.8	24.7	22.9	20.4
安徽	122.9	111.6	118.9	123.4	139.0	137.8	130.0	143.5	134.1	120.6
福建	79.3	81.9	80.1	79.0	78.0	82.1	85.0	44.6	70.1	69.8
江西	291.8	245.8	230.9	214.6	199.6	191.8	177.8	191.1	168.5	158.4
山东	77.5	71.1	74.4	70.6	68.6	66.5	67.2	73.8	63.1	57.1
河南	83.6	83.0	87.7	90.7	87.4	88.9	78.5	95.5	90.7	88.8
湖北	98.9	79.7	82.3	77.9	73.6	71.9	76.7	75.2	67.7	66.1
湖南	83.2	72.6	70.5	75.8	66.0	65.4	64.7	84.3	72.4	63.3
广东	20.0	18.3	16.8	18.4	20.9	18.7	19.2	18.7	17.6	16.1
广西	125.7	124.6	122.4	124.1	131.2	121.0	116.0	123.3	118.6	103.7
海南	24.4	20.1	20.6	19.1	24.1	19.7	17.9	31.8	26.7	26.1
重庆	89.9	72.9	64.4	65.7	63.6	61.1	58.0	57.9	48.2	43.5
四川	154.2	123.7	129.0	143.1	123.4	100.3	113.9	111.8	103.2	99.7
贵州	264.5	344.4	366.5	328.1	287.7	323.4	320.8	258.8	235.0	218.4
云南	201.1	191.6	220.0	233.0	237.0	229.6	221.4	359.5	294.3	262.6
西藏	17.4	4.6	4.5	2.4	2.4	4.0	3.5	85.2	92.5	81.7
陕西	166.2	166.0	152.2	150.3	144.2	115.0	124.7	113.1	101.5	95.0
甘肃	208.8	165.5	171.0	176.4	170.7	152.4	162.1	251.0	227.9	182.1
青海	155.8	170.0	203.9	230.0	239.9	219.6	252.0	1496.5	1364.1	1238.7
宁夏	187.6	167.0	164.7	191.2	185.6	202.9	315.2	381.5	302.9	305.3
新疆	63.3	70.8	77.8	93.7	96.4	117.2	129.4	154.0	207.7	220.4
东部地区	55.5	57.7	53.7	54.3	52.7	51.3	56.6	61.4	57.5	51.8
东北地区	164.8	131.8	143.7	137.6	133.3	131.8	119.8	154.5	135.4	122.1
中部地区	155.1	135.5	133.4	133.8	133.1	124.9	123.1	147.1	136.1	128.6
西部地区	157.3	160.1	164.5	171.3	158.7	149.8	162.1	204.8	187.6	166.5
北部沿海地区	91.7	100.8	88.6	92.8	88.5	87.0	101.1	120.8	108.8	95.4
东部沿海地区	36.3	35.3	37.3	34.5	32.8	30.4	30.2	30.3	27.1	25.3
南部沿海地区	34.2	32.2	30.7	31.7	33.8	33.1	34.2	25.1	30.4	29.4
黄河中游地区	186.4	184.1	179.3	184.7	177.2	161.4	173.9	212.1	198.9	178.6
长江中游地区	133.0	115.0	114.1	112.2	109.0	106.5	103.4	114.1	102.3	94.2
西南地区	157.4	148.6	155.5	159.2	149.1	139.7	140.7	156.8	138.6	127.2

续表

地区	2000年	2005年	2006年	2007年	2008年	2009年	2010年	2011年	2012年	2013年
大西北地区	133.7	122.7	131.1	145.7	145.5	149.1	174.5	353.5	346.6	323.7
长江经济带	92.5	82.0	84.4	83.2	78.7	75.6	75.6	83.6	74.7	69.6
环渤海地区（3省2市）	116.0	114.5	107.8	110.0	105.8	103.4	111.4	140.7	125.8	111.2
环渤海地区（5省2市）	147.6	145.3	137.9	141.8	136.4	129.5	142.8	181.7	165.7	145.7
京津冀地区	103.7	127.0	101.3	112.6	106.4	105.4	131.7	163.1	149.8	130.0
长三角地区	36.3	35.3	37.3	34.5	32.8	30.4	30.2	30.3	27.1	25.3
泛珠三角地区	100.5	90.6	90.9	91.8	87.7	84.4	84.9	90.3	84.8	78.9
珠江—西江经济带	37.4	34.2	32.5	34.2	37.7	34.7	34.5	35.6	34.3	30.8
东南沿海经济带	34.5	32.6	31.1	32.1	34.0	33.5	34.7	24.9	30.5	29.5
海峡西岸经济区	55.9	49.4	47.5	46.7	46.6	45.5	45.0	40.0	41.3	39.1
长城经济带	143.3	140.9	135.5	140.0	135.3	129.4	140.7	177.4	164.3	147.8
黄河经济区	137.5	132.2	132.2	135.4	131.2	122.8	132.3	174.5	163.6	148.6
一带一路西北6省	157.0	177.3	177.9	189.2	172.5	164.2	193.3	275.1	259.9	224.8
一带一路西南4省	140.0	129.4	134.7	138.9	141.1	133.7	127.3	169.6	145.5	129.4
一带一路东北3省	164.8	131.8	143.7	137.6	133.3	131.8	119.8	154.5	135.4	122.1
一带一路东部5省	32.9	30.5	29.8	30.1	30.8	29.7	30.1	24.2	26.4	24.8
一带一路18个重点省	88.9	81.4	83.8	85.0	83.3	81.2	83.2	105.4	98.8	88.4

资料来源：1）中华人民共和国国家统计局. 2001～2014. 中国统计年鉴2001～2014. 中国统计出版社
2）《中国环境年鉴》编委会. 2001～2014. 中国环境年鉴2001～2014. 中国环境年鉴社

附表 10　世界主要国家一次能源消费绩效指数(1990～2012 年)(1990 年世界为 1.000)

国家	1990	1991	1992	1993	1994	1995	1996	1997	1998	1999	2000	2001	2002	2003	2004	2005	2006	2007	2008	2009	2010	2011	2012
阿尔巴尼亚	1.712	2.091	2.023	1.305	1.415	1.376	1.404	1.424	1.365	1.405	1.331	1.184	1.196	1.354	1.308	1.287	1.201	0.986	0.920	0.971	1.050	0.863	0.840
阿尔及利亚	1.661	1.835	1.728	1.467	1.692	1.722	1.603	1.500	1.493	1.445	1.399	1.357	1.303	1.231	1.154	1.283	1.310	1.327	1.405	1.463	1.432	1.499	1.610
阿根廷	1.290	1.205	1.117	1.015	1.092	1.159	1.137	1.082	1.089	1.140	1.178	1.206	1.286	1.268	1.214	1.236	1.219	1.143	1.155	1.136	1.073	1.027	1.015
澳大利亚	0.775	0.777	0.795	0.785	0.756	0.749	0.752	0.782	0.754	0.752	0.729	0.740	0.735	0.733	0.733	0.749	0.736	0.713	0.695	0.687	0.665	0.672	0.631
奥地利	0.465	0.472	0.454	0.467	0.453	0.461	0.468	0.463	0.456	0.441	0.425	0.436	0.432	0.433	0.434	0.442	0.426	0.406	0.400	0.398	0.406	0.380	0.382
巴林	3.156	3.178	2.498	2.543	2.611	2.515	2.422	2.769	2.773	2.694	2.618	2.642	2.688	2.599	2.496	2.551	2.565	2.470	2.436	2.427	2.352	2.286	2.351
白俄罗斯	—	—	6.428	5.594	5.546	5.810	5.649	5.003	4.524	4.422	4.457	3.894	3.494	3.542	3.072	3.316	3.096	2.843	2.517	2.351	2.344	2.339	2.289
比利时	0.679	0.692	0.674	0.682	0.701	0.704	0.735	0.725	0.725	0.688	0.684	0.671	0.655	0.675	0.658	0.640	0.618	0.600	0.629	0.593	0.614	0.571	0.551
玻利维亚	1.457	1.362	1.441	1.190	1.459	1.587	1.495	1.592	1.405	1.573	1.760	1.548	1.637	2.011	1.970	1.841	1.848	2.005	1.929	1.853	1.811	1.713	1.972
波黑	—	—	—	—	4.448	6.223	2.139	2.221	2.240	2.101	2.328	2.205	2.193	2.066	2.174	2.227	2.143	1.869	2.020	2.214	2.371	2.457	2.388
巴西	0.857	0.880	0.896	0.706	0.885	0.899	0.934	0.953	0.983	0.998	0.989	0.966	0.953	0.952	0.937	0.937	0.923	0.917	0.912	0.908	0.931	0.941	0.947
保加利亚	4.221	3.566	3.798	3.451	3.546	3.761	3.811	3.722	3.329	3.211	3.405	3.418	3.165	3.044	2.820	2.730	2.625	2.198	2.057	1.891	1.955	2.011	1.954
喀麦隆	0.574	0.603	0.624	0.515	0.629	0.618	0.587	0.586	0.559	0.525	0.524	0.504	0.463	0.476	0.477	0.461	0.514	0.499	0.529	0.522	0.581	0.536	0.469
加拿大	1.264	1.307	1.336	1.330	1.306	1.292	1.306	1.262	1.183	1.183	1.130	1.095	1.083	1.094	1.088	1.057	1.023	1.002	0.977	0.970	0.933	0.939	0.920
智利	0.972	0.892	0.875	0.869	0.885	0.874	0.877	0.929	0.881	0.937	0.898	0.892	0.896	0.913	0.921	0.918	0.903	0.850	0.854	0.862	0.798	0.800	0.768
中国	4.579	4.376	3.981	3.507	3.513	3.292	3.174	2.847	2.677	2.525	2.501	2.393	2.315	2.418	2.546	2.544	2.467	2.298	2.210	2.205	2.203	2.201	2.089
哥伦比亚	0.841	0.893	0.858	0.859	0.893	0.845	0.899	0.897	0.901	0.895	0.856	0.835	0.809	0.804	0.774	0.772	0.752	0.700	0.687	0.678	0.669	0.689	0.679
哥斯达黎加	0.676	0.702	0.754	0.737	0.742	0.735	0.736	0.772	0.731	0.741	0.769	0.785	0.804	0.783	0.775	0.725	0.717	0.701	0.719	0.691	0.667	0.638	0.645
克罗地亚	—	—	—	—	—	0.995	0.951	0.908	0.936	0.950	0.918	0.908	0.839	0.835	0.834	0.797	0.763	0.711	0.706	0.742	0.749	0.666	0.797
古巴	1.160	1.199	1.198	1.276	1.406	1.397	1.325	1.421	1.350	1.292	1.227	1.206	1.191	1.139	1.208	0.942	0.663	0.647	0.586	0.683	0.643	0.641	0.600
捷克	—	—	—	1.520	1.420	1.358	1.376	1.226	1.196	1.105	1.109	1.111	1.092	1.102	1.048	1.010	0.972	0.948	0.917	0.909	0.931	0.900	0.903
丹麦	0.361	0.391	0.361	0.382	0.378	0.369	0.398	0.371	0.355	0.334	0.316	0.318	0.305	0.319	0.299	0.285	0.293	0.283	0.273	0.271	0.279	0.263	0.247
埃及	2.576	2.550	2.433	2.272	2.482	2.418	2.505	2.460	2.444	2.395	2.370	2.540	2.518	2.628	2.681	2.728	2.412	2.390	2.539	2.469	2.392	2.473	2.506
爱沙尼亚	—	—	—	—	—	0.976	0.993	0.967	1.126	0.874	0.751	0.809	0.791	0.706	0.692	0.540	0.539	0.501	0.538	0.564	0.522	0.466	0.528
芬兰	0.693	0.748	0.775	0.788	0.784	0.718	0.700	0.679	0.670	0.635	0.615	0.605	0.598	0.613	0.604	0.552	0.556	0.532	0.515	0.522	0.543	0.502	0.506
法国	0.493	0.521	0.522	0.519	0.506	0.509	0.526	0.506	0.500	0.489	0.477	0.478	0.469	0.469	0.465	0.460	0.450	0.433	0.436	0.427	0.429	0.413	0.406
德国	—	0.531	0.511	0.517	0.503	0.507	0.504	0.493	0.483	0.467	0.458	0.461	0.452	0.450	0.450	0.440	0.430	0.402	0.406	0.403	0.411	0.382	0.380
加纳	1.624	1.603	1.676	1.505	1.570	1.535	1.549	1.466	1.095	1.278	1.517	1.449	1.277	1.161	1.275	1.240	1.172	0.977	1.039	1.121	1.172	1.067	0.988
希腊	0.576	0.568	0.545	0.583	0.579	0.586	0.580	0.581	0.594	0.573	0.582	0.568	0.553	0.548	0.518	0.517	0.503	0.493	0.485	0.484	0.493	0.524	0.525

续表

国家	1990	1991	1992	1993	1994	1995	1996	1997	1998	1999	2000	2001	2002	2003	2004	2005	2006	2007	2008	2009	2010	2011	2012
危地马拉	0.456	0.429	0.446	0.425	0.500	0.504	0.508	0.528	0.582	0.601	0.599	0.631	0.603	0.643	0.639	0.642	0.621	0.607	0.576	0.613	0.583	0.637	0.617
匈牙利	—	1.290	1.222	1.214	1.175	1.173	1.211	1.143	1.106	1.072	1.001	0.998	0.958	0.946	0.901	0.921	0.877	0.847	0.835	0.838	0.845	0.807	0.760
冰岛	0.660	0.644	0.680	0.703	0.691	0.702	0.720	0.715	0.739	0.770	0.781	0.770	0.791	0.776	0.729	0.693	0.729	0.767	0.977	1.027	1.060	1.044	1.000
印度	2.005	2.109	2.114	1.994	2.143	2.293	2.013	2.039	2.010	1.977	1.972	1.952	1.863	1.784	1.796	1.761	1.727	1.698	1.688	1.704	1.638	1.578	1.530
印度尼西亚	1.371	1.382	1.341	1.316	1.339	1.319	1.334	1.309	1.456	1.592	1.527	1.481	1.494	1.437	1.456	1.422	1.470	1.506	1.434	1.471	1.479	1.399	1.339
伊朗	2.724	2.523	2.510	2.458	2.811	2.842	2.747	2.974	2.992	3.099	3.059	3.168	3.219	3.157	3.112	3.459	3.475	3.310	3.439	3.638	3.387	3.391	3.338
爱尔兰	0.392	0.402	0.397	0.398	0.394	0.368	0.358	0.344	0.345	0.333	0.323	0.321	0.302	0.290	0.289	0.282	0.281	0.265	0.273	0.261	0.268	0.242	0.239
以色列	0.685	0.650	0.619	0.714	0.710	0.600	0.581	0.581	0.566	0.552	0.560	0.548	0.587	0.593	0.577	0.517	0.519	0.503	0.480	0.466	0.480	0.482	0.490
意大利	0.399	0.402	0.396	0.399	0.385	0.392	0.388	0.387	0.392	0.392	0.382	0.377	0.378	0.390	0.393	0.391	0.381	0.370	0.371	0.365	0.374	0.364	0.356
日本	0.434	0.433	0.430	0.433	0.447	0.452	0.448	0.452	0.453	0.464	0.464	0.458	0.455	0.447	0.450	0.440	0.439	0.426	0.413	0.413	0.418	0.403	0.384
哈萨克斯坦	—	—	7.217	6.618	6.085	5.804	5.643	4.769	4.683	5.027	4.685	4.355	4.086	3.422	3.754	3.486	3.411	3.132	3.143	2.615	2.700	2.777	2.831
肯尼亚	0.851	0.776	0.841	0.826	0.875	0.882	0.880	0.819	0.874	0.815	0.815	0.796	0.822	0.859	0.859	0.877	0.908	0.853	0.796	0.804	0.835	0.796	0.800
韩国	0.904	0.933	0.979	1.030	1.025	1.025	1.016	1.043	1.040	1.017	0.980	0.973	0.936	0.942	0.920	0.914	0.881	0.869	0.861	0.862	0.878	0.885	0.881
科威特	—	—	0.956	0.846	1.081	1.065	1.340	1.392	1.423	1.475	1.489	1.434	1.401	1.292	1.223	1.265	1.169	1.125	1.158	1.234	1.393	1.415	1.378
马其顿	—	—	2.005	2.179	2.061	2.147	2.302	2.223	2.456	2.171	1.852	1.793	1.782	1.899	1.855	1.818	1.713	1.598	1.533	1.480	1.559	1.575	1.424
马来西亚	1.530	1.543	1.483	1.383	1.550	1.454	1.475	1.399	1.527	1.490	1.556	1.641	1.635	1.555	1.473	1.422	1.392	1.434	1.455	1.521	1.516	1.482	1.396
墨西哥	0.739	0.756	0.745	0.726	0.721	0.753	0.740	0.713	0.717	0.712	0.712	0.710	0.711	0.713	0.686	0.690	0.680	0.681	0.681	0.684	0.682	0.698	0.670
摩洛哥	0.812	0.781	0.823	0.774	0.889	0.911	0.847	0.873	0.810	0.848	0.853	0.854	0.839	0.794	0.759	0.768	0.744	0.744	0.805	0.791	0.863	0.776	0.687
荷兰	0.637	0.656	0.640	0.645	0.621	0.614	0.619	0.589	0.565	0.541	0.533	0.544	0.545	0.552	0.557	0.560	0.529	0.519	0.507	0.504	0.524	0.493	0.497
新西兰	0.908	0.928	0.908	0.881	0.889	0.858	0.821	0.812	0.790	0.787	0.788	0.771	0.743	0.702	0.704	0.663	0.648	0.629	0.647	0.622	0.636	0.624	0.598
尼日利亚	1.104	1.223	1.245	1.161	1.142	1.283	1.247	1.215	1.134	1.131	1.063	1.146	1.133	1.074	0.808	0.859	0.755	0.625	0.664	0.546	0.453	0.442	0.463
挪威	0.804	0.739	0.754	0.733	0.685	0.700	0.630	0.618	0.622	0.636	0.650	0.607	0.612	0.565	0.569	0.577	0.518	0.541	0.542	0.540	0.520	0.505	0.526
巴基斯坦	1.798	1.817	1.769	1.802	1.962	1.928	1.940	1.947	1.929	1.953	1.917	1.832	1.789	1.796	1.723	1.741	1.828	1.815	1.775	1.752	1.796	1.699	1.711
秘鲁	0.828	0.803	0.795	0.799	0.809	0.790	0.816	0.740	0.769	0.772	0.775	0.783	0.755	0.736	0.736	0.736	0.748	0.698	0.728	0.691	0.750	0.693	0.826
菲律宾	0.973	0.977	1.033	1.042	1.138	1.166	1.170	1.177	1.214	1.256	1.233	1.184	1.164	1.144	1.100	1.007	0.914	0.890	0.874	0.851	0.826	0.826	0.803
波兰	1.940	2.045	1.976	1.971	1.800	1.632	1.719	1.584	1.421	1.405	1.228	1.157	1.140	1.138	1.120	1.076	1.061	0.994	0.964	0.913	0.942	0.902	0.852
葡萄牙	0.469	0.449	0.450	0.466	0.486	0.484	0.488	0.487	0.495	0.501	0.505	0.502	0.497	0.517	0.506	0.503	0.483	0.482	0.464	0.477	0.490	0.476	0.451
罗马尼亚	2.831	2.550	2.597	2.332	2.241	2.256	2.208	2.322	2.091	1.941	1.893	1.938	1.811	1.666	1.583	1.495	1.384	1.293	1.205	1.087	1.106	1.154	1.112
俄罗斯	—	—	4.444	4.362	4.768	4.755	4.577	4.247	4.462	4.378	4.106	3.842	3.805	3.644	3.493	3.254	3.133	2.887	2.790	2.746	2.943	2.859	2.865

续表

国家	1990	1991	1992	1993	1994	1995	1996	1997	1998	1999	2000	2001	2002	2003	2004	2005	2006	2007	2008	2009	2010	2011	2012
沙特	1.508	1.445	1.446	1.148	1.529	1.497	1.553	1.610	1.630	1.663	1.672	1.761	1.843	1.832	1.807	1.771	1.759	1.672	1.658	1.685	1.701	1.668	1.657
塞尔维亚	—	—	—	—	—	—	—	—	—	—	—	—	—	—	—	—	2.500	2.411	2.101	2.081	2.112	2.135	2.131
新加坡	1.421	1.425	1.508	1.342	1.467	1.390	1.474	1.460	1.543	1.441	1.355	1.453	1.378	1.394	1.431	1.512	1.524	1.505	1.483	1.502	1.451	1.446	1.443
斯洛伐克	—	—	—	1.894	1.707	1.738	1.592	1.481	1.420	1.416	1.427	1.451	1.408	1.298	1.211	1.165	1.068	0.928	0.897	0.857	0.872	0.818	0.758
斯洛文尼亚	—	—	—	—	—	1.004	1.073	0.959	0.924	0.887	0.843	0.849	0.823	0.795	0.801	0.775	0.736	0.683	0.714	0.701	0.700	0.682	0.686
南非	1.760	1.856	1.940	1.872	2.016	1.968	1.912	2.039	1.936	1.941	1.913	1.888	1.777	1.856	1.898	1.771	1.731	1.690	1.768	1.727	1.684	1.626	1.598
西班牙	0.470	0.484	0.477	0.470	0.478	0.480	0.477	0.490	0.493	0.495	0.500	0.503	0.496	0.505	0.507	0.502	0.486	0.480	0.460	0.446	0.456	0.450	0.453
瑞典	0.715	0.722	0.740	0.755	0.731	0.718	0.696	0.690	0.686	0.647	0.592	0.618	0.573	0.532	0.548	0.536	0.488	0.477	0.470	0.462	0.466	0.442	0.456
瑞士	0.314	0.328	0.331	0.329	0.330	0.327	0.318	0.317	0.315	0.325	0.305	0.314	0.298	0.301	0.291	0.276	0.270	0.259	0.260	0.260	0.258	0.238	0.243
叙利亚	3.631	3.115	2.834	2.731	2.948	2.680	2.749	2.878	2.930	3.123	3.073	2.847	2.891	2.900	2.773	2.487	2.376	2.361	—	—	—	—	—
泰国	1.257	1.266	1.253	1.244	1.354	1.403	1.533	1.647	1.728	1.699	1.667	1.708	1.766	1.803	1.820	1.901	1.875	1.848	1.830	1.945	1.902	2.093	2.028
突尼斯	1.085	1.023	0.914	0.936	1.081	0.943	0.958	1.054	1.078	1.025	1.018	1.091	1.080	1.001	0.956	0.989	0.871	0.724	0.721	0.681	0.679	0.720	0.705
土耳其	0.650	0.675	0.662	0.673	0.676	0.700	0.719	0.712	0.712	0.715	0.727	0.705	0.721	0.721	0.698	0.684	0.697	0.718	0.695	0.731	0.708	0.702	0.718
乌克兰	—	—	6.742	7.415	8.332	9.375	9.579	9.396	9.257	9.121	8.609	7.733	7.586	7.482	6.646	6.456	5.531	5.588	5.332	4.593	4.968	5.013	4.711
阿联酋	1.241	1.493	1.564	1.399	1.335	1.348	1.323	1.298	1.343	1.324	1.196	1.195	1.270	1.196	1.151	1.276	1.227	1.332	1.457	1.533	1.568	1.567	1.526
英国	0.501	0.521	0.506	0.508	0.487	0.471	0.487	0.461	0.445	0.434	0.415	0.411	0.396	0.381	0.374	0.363	0.348	0.328	0.325	0.320	0.321	0.298	0.303
美国	0.915	0.915	0.898	0.891	0.872	0.868	0.863	0.831	0.800	0.776	0.762	0.735	0.733	0.715	0.705	0.683	0.661	0.660	0.649	0.636	0.639	0.629	0.599
乌拉圭	0.971	0.836	0.886	0.821	0.814	0.744	0.728	0.739	0.884	0.811	0.852	0.874	0.984	0.941	0.777	0.805	0.734	0.823	0.796	0.800	0.809	0.687	0.589
乌兹别克斯坦	—	—	14.938	15.312	16.939	18.301	18.097	17.168	16.190	15.682	15.845	15.907	15.680	15.269	15.014	13.462	12.928	11.805	10.865	8.992	8.167	8.384	8.056
委内瑞拉	1.783	1.722	1.628	1.515	1.827	1.781	1.862	1.808	1.933	1.907	1.924	2.036	2.163	2.170	1.984	1.840	1.810	1.502	1.528	1.558	1.648	1.588	1.561
越南	1.257	1.260	1.199	1.362	1.356	1.533	1.669	1.491	1.476	1.575	1.589	1.653	1.724	1.746	1.843	1.938	1.913	1.982	2.085	2.215	2.306	2.383	2.369
赞比亚	1.898	1.833	1.948	1.678	1.781	1.750	1.585	1.672	1.602	1.488	1.434	1.439	1.418	1.370	1.315	1.299	1.259	1.157	1.019	0.974	0.948	0.947	0.936
津巴布韦	2.890	2.903	3.118	2.701	2.373	2.353	2.186	2.088	2.029	2.328	2.238	2.074	2.281	2.712	2.570	2.853	2.925	2.925	3.061	2.894	2.754	2.500	2.402
一带一路国家（含日本）	0.943	0.941	1.120	1.114	1.172	1.167	1.159	1.132	1.133	1.127	1.119	1.113	1.108	1.130	1.155	1.168	1.165	1.144	1.143	1.176	1.191	1.202	1.176
一带一路国家（不含日本）	1.389	1.388	1.717	1.686	1.766	1.724	1.698	1.629	1.613	1.573	1.541	1.520	1.494	1.516	1.533	1.537	1.510	1.465	1.449	1.471	1.483	1.485	1.449
世界	1.000	0.990	0.971	0.941	0.948	0.943	0.936	0.910	0.893	0.882	0.871	0.860	0.858	0.863	0.867	0.864	0.852	0.839	0.839	0.847	0.861	0.858	0.845

资料来源：U. S. EIA. 2015-04-20. International Energy Statistics. http://www.eia.gov/cfapps/

附表 11 世界主要国家成品钢材消费绩效指数(1990～2012 年)(1990 年世界为 1.000)

国家	1990	1991	1992	1993	1994	1995	1996	1997	1998	1999	2000	2001	2002	2003	2004	2005	2006	2007	2008	2009	2010	2011	2012
阿尔巴尼亚	1.300	0.545	0.652	0.610	0.508	0.606	0.611	1.374	1.010	0.858	1.199	2.337	2.795	3.020	2.859	3.239	3.527	3.427	2.601	3.384	2.706	2.894	3.260
阿尔及利亚	1.422	1.518	1.754	1.651	2.268	1.515	1.223	0.762	1.262	1.070	1.426	1.631	1.746	1.971	1.665	1.638	1.771	1.605	2.000	2.278	1.574	1.894	2.248
阿根廷	0.629	0.809	0.962	0.881	1.020	0.933	1.028	1.098	1.083	0.918	0.881	0.794	0.608	0.909	1.050	0.994	1.113	1.061	1.066	0.713	0.942	1.003	0.912
澳大利亚	0.681	0.656	0.727	0.699	0.740	0.756	0.660	0.669	0.639	0.611	0.598	0.547	0.593	0.604	0.624	0.596	0.579	0.593	0.579	0.409	0.523	0.442	0.457
奥地利	0.703	0.685	0.704	0.642	0.724	0.727	0.544	0.609	0.635	0.589	0.604	0.620	0.631	0.626	0.641	0.662	0.756	0.737	0.700	0.588	0.650	0.686	0.645
巴林	0.215	0.290	0.300	0.439	0.341	0.244	0.155	0.250	0.228	0.254	0.203	0.136	0.300	0.386	0.909	0.975	1.046	0.976	0.961	0.726	0.913	0.580	0.571
白俄罗斯	—	—	1.416	4.321	2.781	3.668	4.016	3.635	3.755	3.542	3.376	1.547	2.137	3.701	3.668	3.452	3.720	3.824	3.727	2.741	3.596	3.296	3.393
比利时	0.681	0.728	0.710	0.588	0.718	0.740	0.709	0.721	0.779	0.681	0.962	0.903	0.737	0.659	0.751	0.712	0.829	0.849	0.776	0.559	0.668	0.719	0.637
玻利维亚	0.497	0.492	0.929	0.929	0.932	0.943	0.912	0.947	1.052	0.973	1.168	1.221	1.121	1.092	1.048	1.003	1.017	1.030	1.078	0.756	0.571	0.557	0.544
波黑	—	—	—	—	—	0.332	0.490	0.617	0.550	0.354	1.000	1.454	1.693	1.316	1.384	2.466	3.796	2.992	2.994	2.455	2.889	2.945	2.670
巴西	0.887	0.908	0.878	1.000	1.087	1.032	1.098	1.249	1.180	1.144	1.227	1.283	1.234	1.182	1.283	1.141	1.210	1.360	1.408	1.091	1.425	1.331	1.325
保加利亚	3.239	1.845	1.908	2.399	1.591	5.774	2.157	2.372	2.179	1.728	2.355	2.063	2.594	2.892	2.410	2.772	3.298	3.595	3.130	1.316	1.391	1.846	1.639
喀麦隆	0.293	0.676	0.240	0.266	0.176	0.267	0.244	0.261	0.324	0.162	0.468	1.011	0.626	0.429	0.369	0.433	0.521	0.505	0.504	0.546	0.497	0.466	0.669
加拿大	0.796	0.735	0.760	0.840	0.971	0.910	0.930	1.032	1.017	0.993	1.038	0.872	0.887	0.849	0.923	0.866	0.903	0.762	0.713	0.476	0.681	0.668	0.721
智利	0.796	0.767	1.026	1.079	0.922	1.030	1.073	1.083	1.002	0.794	0.867	1.010	0.983	0.954	1.057	0.999	1.061	1.047	1.154	0.750	0.966	0.974	1.127
中国	6.057	5.892	6.386	8.520	7.474	5.591	5.856	5.491	5.457	5.617	5.253	6.165	6.845	7.820	8.147	9.221	8.895	8.632	8.409	9.501	9.166	9.151	8.751
哥伦比亚	0.690	0.623	0.616	0.811	0.815	0.945	0.863	0.791	0.755	0.504	0.828	0.632	0.607	0.619	0.889	0.973	1.040	1.120	0.885	0.760	0.917	0.989	1.035
哥斯达黎加	0.940	0.732	1.221	0.944	1.153	0.690	0.739	1.138	1.211	1.269	1.429	0.943	1.057	0.894	1.223	1.413	1.244	1.283	1.706	1.183	1.216	1.358	1.490
克罗地亚	—	—	—	—	—	0.655	0.481	0.380	0.762	0.738	0.884	0.840	1.007	1.121	1.155	1.079	1.024	1.233	1.305	0.986	0.947	0.853	0.824
古巴	1.080	0.414	0.207	0.169	0.255	0.361	0.457	0.303	0.363	0.323	0.341	0.313	0.326	0.231	0.128	0.139	0.133	0.137	0.139	0.108	0.136	0.136	0.138
捷克	—	—	2.041	1.913	1.982	2.094	1.790	2.061	2.090	1.849	2.088	2.067	2.130	2.172	2.427	2.306	2.448	2.565	2.485	1.800	2.156	2.322	2.259
丹麦	0.523	0.506	0.552	0.425	0.439	0.530	0.445	0.479	0.535	0.413	0.432	0.431	0.476	0.426	0.432	0.389	0.446	0.439	0.389	0.212	0.238	0.318	0.320
埃及	3.559	3.600	2.985	2.961	3.769	4.057	3.223	4.397	3.666	3.603	3.515	4.089	4.149	3.038	2.682	3.320	2.881	3.190	3.567	4.871	4.264	3.661	3.801
爱沙尼亚	—	—	—	—	—	0.960	1.340	1.587	1.842	1.324	1.720	1.882	1.833	1.580	2.313	1.433	2.212	1.788	1.513	0.778	1.267	1.403	1.214
芬兰	0.726	0.532	0.596	0.642	0.742	0.836	0.774	0.817	0.797	0.668	0.779	0.701	0.654	0.626	0.650	0.615	0.670	0.680	0.615	0.453	0.395	0.306	0.534
法国	0.587	0.533	0.509	0.440	0.499	0.544	0.487	0.533	0.576	0.553	0.572	0.501	0.492	0.451	0.480	0.428	0.446	0.463	0.429	0.306	0.378	0.390	0.337
德国	0.943	0.867	0.845	0.694	0.825	0.830	0.758	0.831	0.848	0.802	0.842	0.786	0.747	0.756	0.765	0.739	0.792	0.836	0.820	0.579	0.714	0.775	0.711
加纳	0.631	0.682	0.924	0.777	0.569	0.829	0.683	0.768	0.942	0.955	0.978	1.365	1.018	1.485	1.253	1.937	1.385	1.301	2.154	1.905	2.027	2.817	2.386
希腊	0.648	0.771	0.588	0.620	0.612	0.734	0.722	0.858	0.837	0.795	0.953	0.881	0.945	0.886	0.716	0.832	0.937	0.921	0.804	0.591	0.474	0.391	0.297

续表

国家	1990	1991	1992	1993	1994	1995	1996	1997	1998	1999	2000	2001	2002	2003	2004	2005	2006	2007	2008	2009	2010	2011	2012
危地马拉	0.646	0.457	0.869	0.721	0.664	0.608	0.542	0.808	1.017	0.953	1.073	1.198	0.986	0.821	1.330	1.193	1.201	1.413	1.052	0.462	0.579	0.569	1.108
匈牙利	—	0.823	0.745	0.837	0.921	0.938	0.923	1.018	1.111	1.152	1.178	1.199	1.226	1.234	1.183	1.081	1.154	1.357	1.384	0.833	0.958	1.000	0.917
冰岛	0.198	0.204	0.206	0.191	0.173	0.168	0.240	0.244	0.258	0.243	0.197	0.139	0.168	0.229	0.329	0.378	0.181	0.355	0.265	0.097	0.114	0.111	0.120
印度	2.890	2.682	2.478	2.406	2.671	2.959	2.827	2.730	2.776	2.719	2.748	2.704	2.802	2.804	2.770	2.865	2.996	3.081	2.963	3.074	3.127	3.152	3.111
印度尼西亚	1.669	1.503	1.422	1.463	1.553	1.737	1.768	1.653	0.925	0.900	1.282	1.281	1.184	1.091	1.266	1.516	1.240	1.353	1.554	1.249	1.418	1.630	1.751
伊朗	2.705	2.720	2.978	2.342	2.595	2.503	2.933	3.225	2.892	3.048	3.929	4.206	4.143	5.048	3.810	4.121	3.749	5.062	4.037	4.491	4.824	5.017	4.461
爱尔兰	0.318	0.288	0.270	0.221	0.283	0.325	0.345	0.328	0.326	0.315	0.306	0.269	0.291	0.272	0.261	0.229	0.281	0.290	0.236	0.100	0.119	0.109	0.112
以色列	0.764	0.805	0.818	1.060	0.999	1.012	0.816	0.786	0.870	0.944	0.774	0.813	0.856	0.822	0.762	0.717	0.564	0.518	0.531	0.561	0.596	0.659	0.684
意大利	1.016	0.937	0.906	0.762	0.892	1.076	0.831	0.980	1.050	1.023	1.019	1.003	0.979	1.036	1.083	1.022	1.154	1.122	1.050	0.670	0.842	0.865	0.718
日本	1.443	1.402	1.180	1.105	1.106	1.160	1.138	1.141	0.997	0.979	1.058	1.014	0.990	0.997	1.019	1.005	1.018	1.023	0.993	0.712	0.819	0.830	0.813
哈萨克斯坦	—	—	4.417	4.137	3.069	1.458	1.250	0.976	1.745	1.065	1.547	1.362	1.332	1.765	2.098	2.417	2.257	2.605	2.018	2.194	1.632	1.668	2.151
肯尼亚	2.236	1.342	1.015	0.893	1.216	1.513	1.143	1.377	1.054	1.388	1.219	1.362	1.564	1.576	1.716	1.426	1.758	1.638	1.729	2.257	2.022	2.873	2.168
韩国	3.173	3.527	2.975	3.238	3.578	3.842	3.797	3.638	2.503	3.087	3.218	3.059	3.271	3.298	3.272	3.142	3.181	3.319	3.424	2.636	2.856	2.965	2.779
科威特	—	—	0.899	0.687	0.624	0.627	0.416	0.512	0.552	0.454	0.365	0.490	0.714	0.574	0.710	0.632	0.601	0.634	0.827	0.598	0.757	0.663	0.665
马其顿	—	—	—	—	1.498	1.627	0.742	1.122	0.000	0.000	0.000	1.631	2.516	1.639	3.028	3.912	5.058	4.703	1.873	2.339	2.390	1.762	1.089
马来西亚	2.729	3.479	3.492	3.815	3.628	5.184	4.772	4.536	2.484	3.231	3.268	3.869	3.506	2.907	3.137	2.848	2.679	2.860	3.011	2.393	2.787	2.625	2.691
墨西哥	0.707	0.776	0.771	0.711	0.796	0.564	0.726	0.942	1.024	1.009	1.061	0.985	1.077	1.110	1.141	1.056	1.128	1.143	1.094	0.977	1.116	1.196	1.215
摩洛哥	1.318	1.472	1.516	1.383	1.559	1.758	0.652	1.314	1.103	1.130	1.088	1.167	1.594	1.261	1.377	1.528	1.400	1.291	1.615	1.419	1.295	1.461	1.126
荷兰	0.567	0.526	0.496	0.445	0.487	0.556	0.516	0.506	0.579	0.507	0.444	0.435	0.370	0.316	0.321	0.323	0.302	0.286	0.347	0.239	0.261	0.295	0.280
新西兰	0.398	0.343	0.428	0.471	0.488	0.494	0.497	0.410	0.384	0.404	0.459	0.455	0.480	0.478	0.484	0.495	0.460	0.464	0.458	0.279	0.363	0.341	0.347
尼日利亚	0.548	0.726	1.081	0.607	0.389	0.332	0.314	0.499	0.425	0.769	0.794	1.198	1.045	1.160	0.703	0.904	0.623	0.581	0.746	0.757	0.540	0.664	0.634
挪威	0.337	0.352	0.417	0.412	0.392	0.403	0.401	0.390	0.401	0.243	0.239	0.235	0.240	0.237	0.226	0.283	0.248	0.227	0.223	0.177	0.161	0.199	0.183
巴基斯坦	1.057	1.059	1.099	1.166	1.107	1.195	1.020	0.961	0.986	0.998	0.995	1.029	1.098	1.242	1.284	1.422	1.352	1.309	0.970	1.109	1.072	1.008	1.128
秘鲁	0.565	0.547	0.577	0.704	0.786	1.018	0.777	0.988	1.101	0.704	0.813	0.862	1.043	0.918	0.796	0.867	1.031	1.056	1.348	0.984	1.386	1.302	1.358
菲律宾	1.618	1.836	1.965	2.353	2.228	2.944	3.707	3.261	2.330	2.497	2.212	2.205	2.547	2.334	1.852	1.787	1.745	1.759	1.768	1.688	1.826	2.251	2.479
波兰	2.407	0.476	1.503	1.634	1.645	2.166	1.805	1.907	1.863	1.688	1.731	1.511	1.710	1.746	1.833	1.697	2.124	2.233	1.936	1.276	1.508	1.628	1.508
葡萄牙	1.009	0.950	1.069	0.653	0.684	0.891	0.767	0.892	0.891	0.953	0.970	0.947	1.034	1.071	1.056	0.826	1.019	0.993	0.959	0.691	0.734	0.665	0.624
罗马尼亚	4.516	3.753	2.422	2.146	2.274	2.408	2.532	2.535	2.282	1.728	2.046	2.061	2.052	2.117	2.078	2.108	2.534	2.912	2.505	1.375	1.725	1.931	1.698
俄罗斯	—	—	4.013	2.958	1.801	2.516	1.946	1.825	1.903	2.074	2.571	2.701	2.391	2.264	2.192	2.293	2.531	2.697	2.247	1.717	2.347	2.581	2.584

续表

国家	1990	1991	1992	1993	1994	1995	1996	1997	1998	1999	2000	2001	2002	2003	2004	2005	2006	2007	2008	2009	2010	2011	2012
沙特	0.643	0.711	0.747	1.156	0.845	0.924	0.907	1.009	1.065	0.957	0.898	1.164	1.193	1.231	1.397	1.427	1.347	1.368	1.656	1.349	1.362	1.356	1.426
塞尔维亚	—	—	—	—	—	—	—	—	—	—	—	—	—	—	—	—	—	2.095	2.088	1.547	0.872	1.154	0.913
新加坡	3.199	3.289	2.998	3.177	2.813	3.181	2.747	3.022	2.522	1.921	1.778	1.691	1.734	1.603	1.516	1.410	0.864	1.148	1.320	1.097	0.910	1.247	1.180
斯洛伐克	—	—	1.573	0.725	1.211	1.427	1.702	1.542	1.113	1.347	1.534	1.518	1.526	1.574	1.750	1.575	1.731	1.817	1.615	1.107	1.371	1.367	1.342
斯洛文尼亚	—	—	—	—	—	1.679	1.568	1.503	1.720	1.751	1.923	1.963	1.915	1.760	1.985	1.725	1.876	2.036	1.762	1.340	1.499	1.541	1.388
南非	1.504	1.377	1.259	1.338	1.390	1.403	1.238	1.344	1.208	1.112	1.135	1.149	1.283	1.051	1.210	1.087	1.291	1.213	1.240	0.916	0.998	1.031	0.996
西班牙	0.886	0.829	0.788	0.708	0.821	0.934	0.844	0.961	1.049	1.127	1.064	1.111	1.125	1.161	1.133	1.082	1.174	1.171	0.852	0.584	0.642	0.648	0.529
瑞典	0.622	0.496	0.506	0.564	0.617	0.692	0.591	0.622	0.670	0.646	0.638	0.537	0.552	0.589	0.633	0.631	0.657	0.691	0.621	0.387	0.518	0.539	0.487
瑞士	0.447	0.377	0.361	0.327	0.365	0.372	0.300	0.332	0.331	0.316	0.356	0.337	0.296	0.286	0.302	0.314	0.337	0.345	0.325	0.263	0.324	0.341	0.345
叙利亚	2.332	2.857	2.379	3.171	3.127	0.982	1.283	1.291	1.193	2.157	2.986	3.404	4.127	4.196	3.434	3.763	3.653	4.194	—	—	—	—	—
泰国	4.029	3.873	4.350	4.123	3.885	4.034	3.696	3.248	1.824	2.888	2.872	3.212	4.044	4.159	4.498	4.712	4.069	3.913	4.077	3.306	4.015	4.146	4.334
突尼斯	2.015	1.748	2.340	2.192	1.467	1.783	1.199	1.126	1.325	1.382	1.611	1.472	1.359	1.627	1.450	1.401	1.248	1.225	1.551	1.089	1.315	1.145	1.084
土耳其	1.501	1.551	1.569	1.772	1.400	1.927	1.775	1.948	1.936	1.816	1.972	1.812	1.897	2.145	2.046	2.287	2.462	2.634	2.362	2.085	2.498	2.624	2.715
乌克兰	—	—	13.373	9.226	5.618	6.876	7.355	6.696	5.784	4.158	4.924	5.330	4.856	5.139	4.115	3.866	4.304	4.835	4.035	2.649	3.620	3.979	3.942
阿联酋	0.614	0.292	0.325	0.518	0.680	0.603	0.508	0.545	0.706	0.916	0.780	0.974	1.216	1.427	1.065	1.656	1.961	2.256	3.428	1.867	1.951	1.977	1.956
英国	0.509	0.447	0.424	0.417	0.434	0.428	0.430	0.445	0.447	0.405	0.387	0.377	0.343	0.322	0.336	0.267	0.308	0.302	0.278	0.173	0.212	0.215	0.204
美国	0.631	0.574	0.594	0.622	0.678	0.640	0.660	0.670	0.677	0.628	0.622	0.544	0.541	0.519	0.555	0.482	0.533	0.474	0.432	0.267	0.352	0.387	0.408
乌拉圭	0.457	0.507	0.614	0.623	0.605	0.658	0.456	0.315	0.736	0.512	0.522	0.471	0.392	0.389	0.419	0.593	0.600	0.314	0.438	0.320	0.395	0.507	0.576
乌兹别克斯坦	—	—	3.401	3.202	2.511	2.797	3.216	2.669	2.412	2.279	2.626	2.907	3.126	3.468	3.650	3.386	3.964	4.617	4.324	4.620	3.553	3.350	3.582
委内瑞拉	1.094	1.223	1.186	0.930	0.888	1.156	0.998	1.131	0.883	0.821	0.812	1.016	0.795	0.794	1.089	1.112	1.159	1.371	1.112	0.907	0.777	0.858	0.932
越南	0.536	0.600	1.054	1.859	1.012	1.325	2.822	2.666	3.131	3.587	3.909	5.075	6.207	5.756	5.937	5.882	5.971	8.447	7.023	8.893	8.088	6.984	7.496
赞比亚	—	—	—	—	—	—	—	—	—	—	—	—	—	—	—	—	0.600	0.769	0.702	0.575	0.549	0.748	0.618
津巴布韦	—	—	—	—	—	—	—	—	—	—	—	—	—	—	—	—	0.733	0.806	0.530	0.539	0.852	1.090	1.042
一带一路国家（含日本）	1.744	1.703	2.221	2.293	2.130	2.141	2.126	2.101	1.930	2.014	2.099	2.259	2.430	2.641	2.720	2.996	3.051	3.192	3.184	3.330	3.444	3.574	3.530
一带一路国家（不含日本）	2.008	1.967	3.120	3.290	2.969	2.906	2.874	2.802	2.589	2.709	2.770	3.033	3.281	3.568	3.632	4.004	4.017	4.160	4.105	4.343	4.435	4.545	4.464
世界	1.000	0.964	1.117	1.123	1.118	1.129	1.105	1.136	1.090	1.077	1.112	1.116	1.165	1.224	1.288	1.332	1.402	1.443	1.425	1.361	1.489	1.564	1.558

资料来源：1）World Steel Association. 2002. Steel Statistical Yearbook 2002，Brussels

2）World Steel Association. 2014. Steel Statistical Yearbook 2014，Brussels

附表 12 世界主要国家水泥消费绩效指数(1990~2012 年)(1990 年世界为 1.000)

国家	1990	1991	1992	1993	1994	1995	1996	1997	1998	1999	2000	2001	2002	2003	2004	2005	2006	2007	2008	2009	2010	2011	2012
阿尔巴尼亚	3.519	4.284	5.386	5.616	12.964	11.442	5.244	5.839	4.663	4.471	5.263	6.148	6.573	6.633	6.584	6.510	6.136	5.885	5.839	5.240	5.106	4.360	3.599
阿尔及利亚	3.606	3.405	3.787	3.868	3.582	3.769	3.406	3.000	2.625	2.786	3.223	3.252	3.404	3.478	3.265	3.485	4.092	4.192	4.467	4.573	4.608	4.781	4.974
阿根廷	0.742	0.837	0.870	0.915	0.972	0.858	0.768	0.955	0.976	1.012	0.870	0.798	0.631	0.749	0.839	0.942	1.036	1.040	1.024	0.968	0.977	1.049	0.924
澳大利亚	0.403	0.379	0.417	0.425	0.411	0.394	0.382	0.370	0.370	0.367	0.382	0.347	0.348	0.365	0.353	0.350	0.408	0.412	0.391	0.385	0.385	0.380	0.368
奥地利	0.621	0.622	0.632	0.629	0.640	0.584	0.543	0.532	0.528	0.485	0.440	0.428	0.456	0.452	0.477	0.478	0.485	0.481	0.490	0.403	0.371	0.430	0.418
巴林	—	—	—	1.469	1.636	1.574	1.350	1.231	1.200	1.198	1.138	1.110	1.564	1.677	—	—	2.327	2.609	2.614	2.620	2.619	2.054	1.659
白俄罗斯	6.680	6.255	7.212	2.453	2.451	2.371	—	—	2.497	2.486	2.149	1.923	2.051	2.224	2.231	2.320	2.466	2.740	2.593	2.801	2.764	2.827	2.791
比利时	0.553	0.539	0.554	0.535	0.555	0.524	0.526	0.499	0.470	0.492	0.487	0.451	0.428	0.425	0.427	0.424	0.430	0.411	0.413	0.388	0.372	0.413	0.442
玻利维亚	2.783	2.791	2.918	3.111	3.250	3.215	3.886	3.874	4.103	4.104	3.927	3.558	3.637	3.927	3.893	4.202	4.546	4.779	5.037	5.538	5.980	6.632	6.575
波黑	—	—	—	—	—	—	—	—	4.198	4.213	5.215	5.058	5.134	4.532	4.245	4.068	3.977	3.723	3.770	3.057	2.991	2.741	2.628
巴西	1.224	1.271	1.121	1.108	1.062	1.138	1.388	1.464	1.525	1.541	1.448	1.396	1.325	1.174	1.137	1.175	1.254	1.310	1.425	1.438	1.546	1.674	1.780
保加利亚	5.113	2.910	2.804	2.548	2.396	2.394	2.229	1.832	1.817	2.031	1.804	1.690	1.801	1.916	2.452	2.941	3.369	3.668	3.861	2.808	2.137	1.739	1.530
喀麦隆	1.054	0.974	1.005	0.955	0.759	0.765	0.856	0.929	1.351	1.469	1.635	1.760	1.692	1.536	1.760	1.669	1.815	1.758	1.786	1.981	2.066	2.651	2.964
加拿大	0.315	0.322	0.247	0.239	0.248	0.232	0.248	0.257	0.245	0.244	0.228	0.228	0.223	0.229	0.234	0.229	0.226	0.228	0.220	0.187	0.200	0.224	0.248
智利	1.064	1.043	1.126	1.216	1.147	1.138	0.976	1.154	1.145	0.908	0.968	0.969	0.965	0.984	0.964	0.995	0.927	0.970	0.969	0.842	0.825	1.046	1.116
中国	10.934	11.924	12.802	13.540	13.085	12.973	13.164	12.370	11.890	12.043	11.665	11.415	12.136	13.147	13.434	13.258	13.333	12.847	12.180	13.005	13.622	14.078	13.753
哥伦比亚	1.605	1.587	1.698	1.975	2.153	2.056	1.808	1.801	1.659	1.222	1.221	1.223	1.134	1.157	1.157	1.504	1.446	1.539	1.465	1.349	1.389	1.541	1.534
哥斯达黎加	2.073	1.824	1.877	2.102	2.165	1.971	1.831	1.941	2.069	2.035	1.791	2.010	1.953	1.953	1.948	1.953	1.587	1.567	1.877	1.422	1.242	1.422	1.127
克罗地亚	—	—	—	—	—	1.038	1.272	1.489	1.482	1.472	1.413	1.441	1.623	1.828	1.737	1.674	1.692	1.722	1.676	1.428	1.094	0.940	0.955
古巴	2.405	1.519	0.910	0.740	0.866	0.951	0.931	1.001	0.981	0.950	0.906	0.804	0.704	0.678	0.693	0.676	0.775	0.728	0.699	0.689	0.729	0.861	0.883
捷克	1.630	1.222	1.168	1.106	1.080	1.019	1.037	1.111	1.042	0.980	0.909	0.883	0.887	0.940	0.947	0.866	0.900	0.928	0.929	0.786	0.673	0.720	0.654
丹麦	0.202	0.185	0.184	0.154	0.164	0.162	0.157	0.177	0.184	0.174	0.178	0.170	0.179	0.172	0.175	0.176	0.185	0.190	0.190	0.129	0.120	0.142	0.133
埃及	8.683	8.771	7.826	8.045	8.445	9.041	9.016	9.401	9.971	10.739	9.855	9.663	9.616	9.113	7.768	8.979	8.849	9.500	9.875	11.771	11.587	9.734	11.892
爱沙尼亚	—	—	—	—	—	—	0.521	0.616	0.748	0.625	0.712	0.697	0.822	0.882	0.928	1.029	1.133	1.118	0.823	0.525	0.553	0.511	0.488
芬兰	0.368	0.303	0.257	0.231	0.235	0.219	0.227	0.256	0.260	0.264	0.266	0.247	0.235	0.236	0.237	0.236	0.251	0.260	0.239	0.185	0.198	0.271	0.265
法国	0.433	0.409	0.361	0.326	0.329	0.317	0.297	0.290	0.284	0.292	0.287	0.282	0.280	0.277	0.286	0.289	0.302	0.303	0.296	0.256	0.247	0.272	0.271
德国	0.340	0.388	0.423	0.429	0.465	0.425	0.394	0.373	0.398	0.402	0.361	0.305	0.290	0.292	0.289	0.266	0.276	0.251	0.252	0.246	0.229	0.235	0.241
加纳	3.077	3.410	3.752	5.367	5.629	6.238	6.361	6.487	6.560	6.283	5.891	5.664	6.536	6.919	6.831	6.845	6.879	7.019	7.095	6.844	6.794	9.815	10.872
希腊	1.332	1.295	1.289	1.229	1.153	1.108	1.156	1.138	1.231	1.218	1.255	1.269	1.371	1.329	1.224	1.152	1.254	1.177	1.072	0.842	0.717	0.695	0.457

续表

国家	1990	1991	1992	1993	1994	1995	1996	1997	1998	1999	2000	2001	2002	2003	2004	2005	2006	2007	2008	2009	2010	2011	2012
危地马拉	1.606	1.549	1.677	1.788	1.812	1.756	2.053	2.206	2.334	2.373	2.411	2.367	2.563	2.544	2.627	2.855	2.956	2.966	2.594	2.553	2.317	2.554	2.533
匈牙利	—	0.968	0.953	0.927	1.070	1.078	1.038	1.038	1.035	1.035	1.102	1.092	1.099	1.104	1.056	1.013	1.042	0.967	0.958	0.825	0.712	0.574	0.580
冰岛	0.297	0.292	0.269	0.235	0.219	0.200	0.222	0.260	0.265	0.283	0.320	0.305	0.232	0.276	0.357	0.437	0.581	0.559	0.305	0.123	0.111	0.258	0.313
印度	3.945	4.248	3.982	3.602	3.534	3.568	3.933	4.137	4.425	4.670	4.337	4.038	4.777	4.693	4.553	4.593	4.716	4.679	4.729	4.823	4.811	5.259	5.443
印度尼西亚	2.590	2.680	2.547	2.675	3.009	3.102	2.807	3.140	2.515	2.456	2.787	3.080	3.131	3.022	3.155	3.109	3.007	3.010	3.164	3.051	3.043	3.184	3.572
伊朗	4.203	3.732	3.651	3.903	3.868	3.839	3.923	3.956	3.768	4.163	4.056	4.356	4.679	4.853	4.842	4.782	4.947	5.315	5.702	5.671	6.519	6.482	7.682
爱尔兰	0.538	0.484	0.462	0.416	0.452	0.439	0.526	0.524	0.565	0.559	0.775	0.744	0.672	0.720	0.837	0.833	0.828	0.789	0.735	0.439	0.360	0.167	0.191
以色列	1.303	1.627	1.737	1.720	1.883	1.608	1.533	1.437	1.265	1.172	1.002	0.969	0.964	0.838	0.798	0.776	0.740	0.717	0.697	0.660	0.630	0.940	0.818
意大利	0.761	0.751	0.757	0.692	0.593	0.572	0.585	0.577	0.584	0.598	0.612	0.620	0.647	0.680	0.713	0.702	0.701	0.683	0.622	0.566	0.526	0.512	0.516
日本	0.617	0.614	0.583	0.555	0.559	0.544	0.548	0.516	0.479	0.475	0.474	0.448	0.421	0.385	0.363	0.365	0.356	0.332	0.306	0.280	0.243	0.258	0.275
哈萨克斯坦	4.640	4.853	4.264	2.859	3.237	3.526	1.014	0.913	0.822	0.969	1.045	1.397	1.541	1.766	2.084	2.622	2.815	3.118	2.185	1.923	2.067	2.872	2.407
肯尼亚	2.409	2.781	2.954	2.084	1.776	2.092	2.214	2.012	1.948	1.814	1.929	1.894	1.900	1.997	2.236	2.367	2.510	2.730	2.922	3.418	3.613	4.983	4.943
韩国	2.537	2.999	3.008	2.824	2.930	2.885	2.897	2.770	2.131	1.929	1.903	1.899	1.917	1.999	1.795	1.457	1.448	1.441	1.480	1.396	1.209	0.968	0.947
科威特	—	—	1.494	0.875	1.307	1.055	1.417	1.438	1.334	1.087	1.163	1.288	1.376	1.002	1.374	1.427	1.464	1.412	1.527	1.643	1.396	0.674	0.622
马其顿	—	—	—	—	—	—	3.140	2.992	2.811	3.339	3.021	2.736	3.672	3.613	3.399	3.446	3.101	2.794	2.784	2.728	2.572	3.318	2.265
马来西亚	2.712	3.195	3.389	3.338	3.452	3.683	4.330	4.645	3.168	2.547	2.923	2.913	2.799	3.368	3.284	3.061	2.955	2.782	2.838	2.727	2.616	3.187	3.207
墨西哥	1.076	1.125	1.188	1.186	1.226	0.952	0.964	0.973	1.002	1.024	1.054	1.008	1.049	1.055	1.092	1.109	1.115	1.102	1.042	1.078	1.091	0.970	0.933
摩洛哥	4.286	4.283	4.757	4.789	4.353	4.721	4.251	4.806	4.438	4.464	4.526	4.534	4.619	4.744	4.790	4.885	5.004	5.486	5.727	5.661	5.462	5.852	5.628
荷兰	0.337	0.317	0.304	0.283	0.297	0.288	0.284	0.284	0.278	0.289	0.279	0.257	0.237	0.210	0.220	0.221	0.234	0.233	0.235	0.211	0.185	0.204	0.207
新西兰	—	—	—	0.265	0.282	0.301	0.298	0.298	0.285	0.268	0.291	0.285	0.272	0.287	0.333	0.338	0.305	0.377	0.384	0.326	0.326	0.254	0.254
尼日利亚	—	—	—	2.605	1.899	2.008	1.954	1.810	1.983	2.281	2.499	3.350	3.113	2.925	2.396	2.547	2.582	2.896	2.746	2.836	2.843	2.480	2.811
挪威	0.201	0.175	0.165	0.136	0.149	0.149	0.164	0.169	0.165	0.139	0.132	0.126	0.126	0.128	0.142	0.164	0.163	0.181	0.176	0.143	0.138	0.161	0.169
巴基斯坦	3.847	3.879	3.682	3.606	3.557	3.698	3.516	3.485	3.241	3.292	3.259	3.199	3.434	3.669	3.478	3.816	4.109	4.875	4.807	4.899	4.939	4.864	4.924
秘鲁	1.506	1.367	1.462	1.545	1.777	1.942	1.943	2.065	2.076	1.794	1.694	1.570	1.656	1.615	1.663	1.711	1.802	1.906	2.075	2.123	2.290	2.355	2.406
菲律宾	3.344	3.171	3.325	3.696	4.108	4.533	5.001	5.467	4.764	4.406	4.093	3.778	4.054	3.715	3.504	3.180	3.050	3.179	3.101	3.370	3.381	3.248	3.825
波兰	1.757	1.767	1.704	1.545	1.606	1.488	1.457	1.502	1.545	1.586	1.536	1.215	1.183	1.122	1.103	1.132	1.268	1.367	1.343	1.172	1.135	1.378	1.118
葡萄牙	1.409	1.405	1.427	1.443	1.433	1.431	1.479	1.589	1.586	1.575	1.661	1.537	1.572	1.359	1.315	1.389	1.106	1.076	1.005	0.870	0.819	0.415	0.460
罗马尼亚	2.263	1.647	1.566	1.480	1.350	1.402	1.396	1.293	1.489	1.484	1.654	1.586	1.630	1.589	1.637	1.749	2.076	2.412	2.545	1.987	1.758	1.920	1.801
俄罗斯	2.656	2.637	2.457	2.191	1.857	1.905	1.498	1.430	1.515	1.556	1.524	1.578	1.624	1.623	1.633	1.701	1.785	1.922	1.820	1.422	1.544	1.719	1.835

续表

国家	1990	1991	1992	1993	1994	1995	1996	1997	1998	1999	2000	2001	2002	2003	2004	2005	2006	2007	2008	2009	2010	2011	2012
沙特	1.601	1.449	1.866	2.046	2.361	1.983	1.802	1.701	1.558	1.661	1.683	1.956	2.214	2.244	2.224	2.280	2.016	2.062	2.118	2.556	2.592	2.801	2.995
塞尔维亚	—	—	—	—	—	—	—	—	—	—	—	—	—	—	—	—	2.462	2.471	2.566	2.022	1.887	1.934	1.823
新加坡	1.165	1.486	1.574	1.644	1.506	1.370	1.877	2.035	1.789	1.594	1.312	1.191	1.091	0.992	0.756	0.690	0.636	0.719	0.835	0.893	0.705	0.664	0.648
斯洛伐克	—	—	2.356	1.079	0.960	0.857	0.803	0.933	0.978	0.919	0.940	0.901	0.890	0.868	0.937	1.055	0.966	0.963	0.967	4.445	0.791	1.266	1.153
斯洛文尼亚	—	—	—	—	—	—	1.069	1.066	1.091	1.165	1.150	1.063	1.007	1.139	1.019	0.987	1.023	1.108	1.046	0.867	0.714	0.532	0.765
南非	1.242	1.173	1.174	1.158	1.233	1.274	1.260	1.254	1.211	1.089	1.045	1.035	1.195	1.226	1.234	1.308	1.376	1.391	1.286	1.142	1.023	1.048	1.094
西班牙	1.085	1.067	0.935	0.843	0.870	0.897	0.849	0.887	0.983	1.052	1.109	1.169	1.189	1.208	1.215	1.258	1.310	1.265	0.954	0.670	0.569	0.438	0.232
瑞典	0.245	0.217	0.183	0.155	0.144	0.148	0.137	0.124	0.133	0.136	0.127	0.133	0.126	0.128	0.130	0.138	0.148	0.158	0.169	0.137	0.132	0.112	0.115
瑞士	0.464	0.423	0.381	0.366	0.386	0.359	0.312	0.298	0.292	0.291	0.294	0.309	0.295	0.283	0.299	0.308	0.304	0.291	0.290	0.300	0.286	0.316	0.303
叙利亚	4.234	5.914	5.245	5.953	6.431	6.836	7.078	7.199	5.834	6.227	5.232	5.684	5.658	6.113	6.239	6.227	6.443	6.352	—	—	—	—	—
泰国	5.719	6.469	6.418	6.379	6.631	7.060	7.298	7.095	4.833	4.046	3.676	3.727	4.163	4.180	4.408	4.502	4.051	3.617	3.648	3.383	3.295	3.287	3.491
突尼斯	5.332	5.279	5.110	5.243	5.073	5.136	4.998	4.989	4.892	4.927	5.304	5.327	5.057	4.894	5.098	5.190	5.385	5.186	5.026	4.923	4.872	4.607	4.508
土耳其	2.483	2.521	2.559	2.730	2.567	2.540	2.661	2.517	2.575	2.461	2.302	1.957	1.957	1.949	1.945	2.052	2.279	2.220	2.213	2.336	2.300	2.254	2.265
乌克兰	3.788	4.626	4.562	3.488	3.772	3.007	2.625	2.460	2.508	2.764	2.610	2.499	2.479	2.927	3.116	3.542	3.812	4.114	3.952	2.860	2.808	3.323	3.301
阿联酋	0.800	0.794	0.860	0.910	1.277	1.410	1.383	1.371	1.274	1.373	1.280	1.282	1.251	1.232	1.673	1.808	1.994	2.380	2.782	2.569	1.667	2.164	2.151
英国	0.287	0.231	0.218	0.211	0.204	0.207	0.223	0.222	0.213	0.212	0.191	0.185	0.188	0.177	0.180	0.173	0.167	0.175	0.152	0.120	0.125	0.098	0.096
美国	0.284	0.252	0.258	0.263	0.271	0.266	0.251	0.253	0.273	0.275	0.280	0.282	0.263	0.266	0.268	0.274	0.256	0.228	0.194	0.147	0.142	0.150	0.160
乌拉圭	0.964	0.975	1.088	1.097	1.056	1.106	1.080	1.116	1.184	1.160	1.232	1.196	1.148	1.194	0.787	0.830	0.938	0.954	1.095	0.936	0.987	0.657	0.722
乌兹别克斯坦	—	—	—	—	—	—	—	—	8.347	8.002	7.452	7.892	7.944	8.307	8.241	8.097	8.117	7.950	8.234	7.846	7.494	8.131	7.629
委内瑞拉	0.970	1.123	1.292	1.271	1.129	1.054	0.814	0.909	1.057	0.936	0.881	0.937	0.845	0.756	0.767	0.850	1.276	1.209	1.321	1.260	1.149	1.186	1.133
越南	3.906	4.182	4.775	6.279	6.818	6.847	7.269	7.434	7.810	8.258	9.355	10.884	12.456	13.823	13.709	14.708	14.546	15.362	16.275	17.554	18.123	19.797	17.925
赞比亚	1.619	1.620	1.374	1.353	1.424	1.291	1.226	1.201	1.186	1.171	1.283	1.262	1.415	1.479	1.818	1.865	1.571	1.885	2.099	2.045	2.011	1.694	1.624
津巴布韦	3.264	3.168	3.192	2.913	3.342	3.551	4.247	3.971	3.377	3.567	2.843	2.473	2.135	2.180	2.546	2.700	2.034	1.847	1.923	2.420	3.530	4.392	4.161
一带一路国家（含日本）	2.284	2.392	2.508	2.635	2.719	2.770	2.853	2.836	2.798	2.895	2.857	2.895	3.154	3.406	3.507	3.626	3.802	3.902	3.942	4.335	4.557	4.850	4.935
一带一路国家（不含日本）	3.742	3.957	4.171	4.381	4.492	4.504	4.599	4.533	4.437	4.521	4.393	4.415	4.769	5.112	5.192	5.278	5.439	5.495	5.470	5.906	6.185	6.475	6.536
世界	1.000	1.029	1.062	1.091	1.105	1.119	1.142	1.138	1.121	1.142	1.135	1.146	1.222	1.304	0.751	1.406	1.484	1.536	1.550	1.677	1.770	1.918	1.939

资料来源：1）International Cement Review. 2011. The Global Cement Report（9th Edition），2011

2）USGS. 2015-04-28. Mineral Commodity Summaries. http://minerals. usgs. gov/minerals/pubs/commodity/cement/mcs-2015-cemen. pdf

附表 13 世界主要国家常用有色金属消费绩效指数(1990～2012 年)(1990 年世界为 1.000)

国家	1990	1991	1992	1993	1994	1995	1996	1997	1998	1999	2000	2001	2002	2003	2004	2005	2006	2007	2008	2009	2010	2011	2012
阿尔巴尼亚	1.457	0.872	0.587	0.428	0.396	—	—	—	—	—	0.145	0.136	0.132	0.125	0.118	0.112	0.106	0.100	0.093	0.069	0.067	0.085	0.083
阿尔及利亚	—	—	—	—	—	—	—	—	—	0.302	0.314	0.210	0.209	0.185	0.167	0.189	0.166	0.150	0.155	0.179	0.187	0.200	0.205
阿根廷	0.700	0.887	0.997	0.941	0.882	0.791	0.758	0.801	0.863	0.700	0.702	0.536	0.563	0.632	0.818	0.714	0.724	0.698	0.699	0.713	0.716	0.611	0.536
澳大利亚	0.979	1.122	1.148	1.248	1.248	1.134	1.146	1.011	1.034	0.969	0.915	0.880	0.863	0.904	0.879	0.837	0.790	0.722	0.651	0.552	0.566	0.544	0.503
奥地利	0.978	0.964	0.944	0.833	0.306	0.840	0.815	0.799	0.845	0.752	0.765	0.828	0.853	0.920	0.858	0.782	0.874	0.898	0.858	0.662	0.866	0.877	0.832
巴林	10.303	9.441	10.430	13.035	9.873	9.500	8.239	9.124	15.971	13.905	16.996	17.904	16.331	15.784	19.380	18.223	15.984	14.713	13.848	12.910	12.460	12.479	11.904
白俄罗斯	—	—	—	—	—	—	—	—	—	—	0.338	0.333	0.317	0.296	0.265	0.243	0.240	0.203	0.233	0.184	0.171	0.162	0.159
比利时	2.455	2.536	2.335	2.249	2.525	2.445	2.401	2.253	2.373	2.247	2.287	2.238	2.055	1.980	2.230	2.228	2.203	2.254	2.117	1.637	1.891	1.640	1.504
玻利维亚	—	—	—	—	—	—	—	—	—	—	0.018	0.017	0.017	0.016	0.031	0.038	0.036	0.034	0.032	0.031	0.030	0.029	0.027
波黑	—	—	—	—	2.065	—	—	—	0.582	0.531	0.923	0.884	0.840	0.808	0.761	0.725	0.683	0.639	0.606	0.545	0.541	0.469	0.542
巴西	0.832	0.860	0.866	0.871	0.944	1.058	0.992	1.012	1.101	1.035	1.113	1.200	1.106	1.145	1.200	1.251	1.216	1.219	1.239	1.071	1.222	1.258	1.232
保加利亚	4.904	2.349	2.262	2.165	2.126	2.090	1.568	1.382	1.741	1.828	2.025	1.588	1.532	1.703	1.614	2.217	2.455	2.803	2.948	2.767	2.455	2.593	2.067
喀麦隆	1.209	1.244	0.990	1.318	1.149	1.371	1.158	1.460	1.403	1.196	1.258	1.248	1.305	1.255	0.851	0.832	0.806	0.780	0.758	0.744	0.721	0.811	0.806
加拿大	0.728	0.738	0.758	0.829	0.830	0.878	0.885	0.819	0.950	0.956	0.913	0.840	0.832	0.789	0.830	0.812	0.859	0.603	0.587	0.537	0.523	0.537	0.464
智利	0.662	0.659	0.781	0.818	0.908	0.830	0.709	0.605	0.685	0.742	0.817	0.836	0.770	0.823	0.819	0.786	0.819	0.704	0.668	0.600	0.620	0.583	0.530
中国	2.977	2.951	3.274	3.028	2.646	3.494	3.031	3.147	3.292	3.414	3.855	3.841	4.132	4.537	4.896	5.111	5.084	5.901	5.784	6.379	5.628	6.258	6.395
哥伦比亚	—	—	—	—	—	—	—	—	—	0.317	0.432	0.400	0.463	0.439	0.446	0.462	0.433	0.464	0.358	0.333	0.338	0.261	0.235
哥斯达黎加	—	—	—	—	—	—	—	—	—	—	0.400	0.492	0.241	0.373	0.160	0.119	0.159	0.190	0.251	0.217	0.184	0.159	0.167
克罗地亚	—	—	—	—	—	0.559	0.751	0.735	0.715	0.837	0.812	0.947	0.952	0.686	1.126	1.204	1.155	1.182	1.211	1.085	1.270	1.279	1.402
古巴	0.043	0.042	0.033	0.067	0.083	—	—	—	—	—	0.073	0.100	0.088	0.087	0.090	0.086	0.062	0.069	0.057	0.052	0.039	0.043	0.045
捷克	—	—	—	0.640	0.574	0.593	0.527	0.840	1.006	1.030	1.225	1.312	1.336	1.220	1.352	1.352	1.227	1.162	1.086	0.948	1.186	1.074	1.169
丹麦	0.161	0.167	0.165	0.152	0.148	0.142	0.136	0.180	0.176	0.159	0.163	0.167	0.210	0.213	0.226	0.209	0.221	0.230	0.223	0.161	0.178	0.198	0.176
埃及	1.162	1.308	0.951	1.129	1.085	1.002	1.022	1.125	1.024	0.000	1.194	1.429	1.345	1.360	1.374	1.561	1.734	1.653	2.160	1.393	1.377	1.475	1.463
爱沙尼亚	—	—	—	—	—	—	—	—	—	—	—	—	—	—	—	0.169	0.283	0.241	0.241	0.235	0.172	0.264	0.069
芬兰	0.856	0.850	0.860	0.972	0.845	0.901	1.024	0.889	1.014	1.012	1.009	1.017	0.887	0.947	0.898	0.803	0.753	0.694	0.596	0.498	0.648	0.652	0.587
法国	0.780	0.777	0.741	0.698	0.761	0.765	0.697	0.728	0.723	0.727	0.724	0.671	0.660	0.622	0.586	0.555	0.532	0.499	0.474	0.347	0.318	0.334	0.313
德国	0.998	1.019	0.896	0.942	1.005	1.012	0.891	0.985	1.009	0.973	1.000	0.958	0.977	1.021	1.001	0.969	1.031	1.046	1.014	0.781	0.981	0.993	0.945
加纳	1.330	1.214	1.193	1.137	1.101	1.703	1.628	1.562	1.511	1.447	1.370	1.317	1.260	1.348	1.418	1.473	1.510	1.655	1.701	1.636	1.514	0.760	0.698
希腊	0.922	0.851	0.801	0.849	0.906	1.097	1.172	1.258	0.934	1.279	1.389	3.973	1.241	1.167	1.206	1.153	1.123	1.125	1.038	0.837	1.163	0.973	1.069

续表

国家	1990	1991	1992	1993	1994	1995	1996	1997	1998	1999	2000	2001	2002	2003	2004	2005	2006	2007	2008	2009	2010	2011	2012
危地马拉	—	—	—	—	—	—	—	—	—	—	0.267	0.132	0.187	0.166	0.139	0.227	0.148	0.182	0.196	0.191	0.225	0.237	0.156
匈牙利	—	1.218	1.401	1.617	1.558	1.371	1.709	1.732	1.721	1.723	1.957	1.948	2.018	1.961	1.705	1.575	1.523	1.444	1.379	1.033	1.835	1.794	1.553
冰岛	—	—	—	—	—	1.898	1.549	—	—	—	—	—	—	—	—	—	—	—	—	—	—	—	—
印度	1.614	1.651	1.460	1.580	1.462	1.490	1.393	1.484	1.503	1.399	1.374	1.422	1.526	1.661	1.612	1.643	1.692	1.530	1.714	1.765	1.468	1.617	1.688
印度尼西亚	1.065	1.003	1.071	1.217	1.175	1.377	1.267	1.347	0.811	0.983	1.057	1.244	1.126	1.307	1.620	1.527	1.489	1.439	2.788	1.479	1.394	1.621	1.673
伊朗	1.348	1.265	1.287	1.250	1.205	1.252	1.225	0.694	1.291	1.372	1.609	1.663	1.637	1.547	1.726	1.627	1.654	1.573	1.532	1.425	1.321	1.384	1.415
爱尔兰	0.175	0.202	0.177	0.184	0.175	0.000	0.000	0.188	0.224	0.207	0.184	0.144	0.203	0.162	0.157	0.200	0.185	0.185	0.156	0.124	0.122	0.120	0.081
以色列	—	—	—	—	—	—	—	—	—	0.471	0.438	0.432	0.489	0.503	0.488	0.488	0.400	0.390	0.350	0.328	0.301	0.357	0.331
意大利	0.808	0.816	0.819	0.757	0.809	0.815	0.762	0.809	0.837	0.862	0.886	0.854	0.900	0.917	0.943	0.923	0.947	0.980	0.829	0.662	0.856	0.874	0.741
日本	1.010	0.998	0.906	0.863	0.879	0.881	0.887	0.861	0.767	0.776	0.803	0.721	0.709	0.747	0.755	0.725	0.730	0.688	0.684	0.517	0.659	0.604	0.596
哈萨克斯坦	—	—	3.894	2.149	3.592	2.837	1.685	1.582	1.626	1.730	1.471	1.274	1.908	1.540	1.370	1.245	1.408	1.135	1.140	1.030	1.087	0.905	0.963
肯尼亚	—	—	—	—	—	—	—	—	—	0.457	0.660	0.530	0.549	0.593	0.629	0.671	0.631	0.590	0.454	0.475	0.426	0.388	0.265
韩国	2.052	2.053	1.942	2.240	2.137	2.398	2.299	2.214	2.075	2.663	2.539	2.390	2.484	2.446	2.474	2.412	2.236	2.058	1.877	1.936	1.921	1.941	1.905
科威特	—	—	—	—	—	—	—	—	—	—	0.092	0.106	0.102	0.114	0.104	0.094	0.088	0.083	0.081	0.087	0.089	0.093	0.084
马其顿	—	—	—	2.189	2.168	1.952	1.915	3.102	2.576	2.021	2.089	2.134	2.008	1.927	1.992	1.873	1.394	1.680	1.334	1.098	1.258	1.194	1.209
马来西亚	2.094	2.319	2.489	2.540	2.510	2.677	2.604	2.986	2.466	3.106	3.267	2.959	8.843	2.392	2.555	2.795	2.892	2.828	2.469	2.675	2.509	2.540	2.099
墨西哥	0.581	0.529	0.577	0.569	0.533	0.492	0.517	0.663	0.783	0.823	0.895	0.883	0.841	0.784	0.795	0.826	0.735	0.642	0.603	0.591	0.589	0.548	0.576
摩洛哥	0.132	0.148	0.133	0.118	0.106	0.145	0.150	0.153	0.141	0.310	0.339	0.376	0.393	0.266	0.388	0.392	0.374	0.428	0.422	0.373	0.366	0.390	0.280
荷兰	0.432	0.430	0.424	0.423	0.441	0.472	0.446	0.523	0.441	0.400	0.394	0.388	0.432	0.413	0.445	0.347	0.363	0.344	0.325	0.304	0.296	0.295	0.292
新西兰	0.613	0.465	0.476	0.518	0.515	0.618	0.660	0.646	0.670	0.631	0.533	0.548	0.671	0.610	0.590	0.599	0.535	0.553	0.545	0.558	0.560	0.527	0.510
尼日利亚	0.080	0.108	0.107	0.186	0.180	0.091	0.086	0.083	0.081	0.166	0.344	0.331	0.319	0.265	0.184	0.133	0.134	0.165	0.160	0.178	0.150	0.150	0.178
挪威	0.640	0.688	0.733	0.762	0.807	0.601	0.610	0.624	0.477	0.632	0.727	0.654	0.671	0.671	0.641	0.630	0.668	0.615	0.554	0.442	0.475	0.484	0.481
巴基斯坦	0.311	0.165	0.120	0.268	0.258	0.167	0.214	0.212	0.207	0.371	0.373	0.388	0.416	0.382	0.366	0.361	0.349	0.311	0.305	0.305	0.232	0.226	0.236
秘鲁	1.954	1.930	1.652	1.782	1.575	1.370	1.225	1.288	1.649	2.118	1.872	2.151	1.661	1.570	2.056	1.663	1.687	1.664	1.277	1.032	1.122	1.092	0.872
菲律宾	0.855	0.926	1.139	1.301	1.162	1.715	1.600	1.396	1.145	1.377	1.141	1.042	1.062	0.919	0.849	0.740	0.711	0.642	0.568	0.547	0.568	0.576	0.530
波兰	1.621	1.372	1.295	1.408	1.369	1.464	1.326	1.464	1.585	1.535	1.538	1.582	1.427	1.470	1.474	19.875	1.380	1.410	1.357	1.096	1.389	1.238	1.206
葡萄牙	0.566	0.502	0.602	0.497	0.537	0.555	0.443	0.443	0.479	0.485	0.453	0.407	0.421	0.408	0.469	0.460	0.476	0.435	0.458	0.336	0.386	0.364	0.334
罗马尼亚	0.871	1.362	0.808	1.017	1.059	0.970	0.977	1.024	1.294	1.452	1.691	1.456	1.367	1.715	1.837	2.094	2.083	2.183	1.719	1.260	1.576	1.309	1.216
俄罗斯	—	—	2.378	1.588	1.321	1.373	0.979	1.225	1.324	1.365	1.541	1.568	1.885	1.696	1.853	1.843	1.765	1.601	1.549	1.109	1.069	1.223	1.197

续表

国家	1990	1991	1992	1993	1994	1995	1996	1997	1998	1999	2000	2001	2002	2003	2004	2005	2006	2007	2008	2009	2010	2011	2012
沙特	0.282	0.286	0.364	0.412	0.415	0.399	0.571	0.494	0.583	0.621	0.704	0.705	0.720	0.713	0.678	0.725	0.677	0.652	0.613	0.610	0.580	0.572	0.491
塞尔维亚	—	—	—	—	—	—	—	—	—	—	1.100	1.347	1.603	1.784	2.179	2.472	3.299	3.150	3.022	3.798	4.534	4.672	4.101
新加坡	0.680	0.626	0.792	0.996	0.910	0.490	0.715	0.472	0.590	0.321	0.417	0.672	0.645	0.668	0.633	0.581	0.544	0.499	0.490	0.474	0.411	0.388	0.378
斯洛伐克	—	—	—	1.153	1.142	1.062	1.004	0.473	1.217	0.852	0.814	1.186	1.056	0.793	0.776	0.734	0.742	0.577	0.541	0.415	0.398	0.573	0.512
斯洛文尼亚	—	—	—	—	—	2.465	2.131	2.573	2.778	2.663	2.788	3.437	2.445	2.611	3.119	2.896	2.689	2.765	2.459	3.514	3.330	3.077	2.948
南非	1.254	1.196	1.206	1.244	1.395	1.258	1.116	1.316	1.372	1.381	1.673	1.573	1.589	1.515	1.523	1.499	1.482	1.442	1.719	1.835	1.764	1.735	1.807
西班牙	0.668	0.677	0.650	0.658	0.724	0.775	0.839	0.860	0.876	0.897	0.928	0.908	0.937	0.807	0.968	0.963	0.896	0.882	0.833	0.741	0.790	0.840	0.777
瑞典	0.734	0.708	0.674	0.812	0.938	0.879	0.887	0.933	1.016	0.874	0.919	0.852	0.736	0.750	0.752	0.652	0.643	0.616	0.741	0.463	0.596	0.583	0.506
瑞士	0.430	0.415	0.383	0.371	0.392	0.382	0.344	0.396	0.413	0.386	0.381	0.380	0.350	0.365	0.368	0.344	0.376	0.349	0.336	0.260	0.369	0.396	0.361
叙利亚	—	—	—	—	—	—	—	—	—	—	—	—	—	—	0.003	0.002	0.002	0.002	—	—	—	—	—
泰国	2.256	2.465	2.525	2.717	2.490	2.986	2.928	2.724	1.807	2.292	2.731	2.883	3.257	3.561	3.886	3.566	3.576	2.839	3.264	2.849	3.196	3.149	3.196
突尼斯	0.104	0.100	0.186	0.110	0.088	0.000	0.000	0.000	0.000	0.354	0.352	0.335	0.298	0.210	0.238	0.225	0.158	0.208	0.197	0.164	0.211	0.226	0.236
土耳其	0.888	0.753	0.767	0.781	0.705	0.765	0.831	0.813	0.991	0.984	1.135	0.978	1.155	1.357	1.359	1.375	1.305	1.560	1.547	1.501	1.536	1.809	1.882
乌克兰	—	—	1.160	1.390	1.755	0.831	0.967	1.062	1.741	1.108	1.112	1.040	0.895	0.644	0.698	1.158	1.522	1.239	1.199	1.290	1.465	1.274	1.147
阿联酋	—	—	—	—	—	—	—	—	—	0.196	0.223	0.313	0.330	0.303	0.277	0.401	0.406	0.409	0.577	0.599	2.221	2.124	2.047
英国	0.571	0.516	0.564	0.558	0.572	0.592	0.593	0.588	0.537	0.473	0.497	0.422	0.407	0.337	0.368	0.297	0.298	0.236	0.227	0.182	0.190	0.175	0.171
美国	0.778	0.746	0.778	0.814	0.848	0.802	0.822	0.797	0.874	0.805	0.769	0.673	0.654	0.626	0.627	0.610	0.594	0.548	0.501	0.423	0.449	0.434	0.468
乌拉圭	—	—	—	—	—	—	—	—	—	—	—	—	—	—	—	—	—	—	—	—	0.091	0.155	0.099
乌兹别克斯坦	—	—	6.160	6.750	6.338	1.547	1.522	1.446	1.387	1.221	1.242	1.229	1.484	1.713	1.956	1.828	1.704	1.885	2.098	1.328	1.180	1.522	1.407
委内瑞拉	1.431	1.159	0.982	0.946	1.005	1.118	1.311	1.185	1.187	1.202	1.241	1.154	1.255	1.470	1.444	1.185	0.966	1.173	1.505	1.712	1.024	1.182	0.902
越南	—	—	—	—	—	—	—	—	—	0.682	1.096	1.647	2.192	2.202	2.384	2.577	2.689	3.017	2.510	3.457	3.748	2.950	2.861
赞比亚	1.578	1.799	2.641	2.669	2.720	1.934	1.808	2.133	2.141	2.046	2.027	2.213	2.117	1.980	1.850	1.725	2.030	1.918	1.999	1.667	0.915	0.882	0.826
津巴布韦	1.387	1.151	1.581	1.252	1.146	1.487	1.348	1.296	1.145	0.825	0.851	0.839	0.920	1.109	1.177	1.249	1.293	1.342	1.630	1.538	1.381	1.234	1.116
一带一路国家（含日本）	1.215	1.215	1.447	1.403	1.365	1.472	1.409	1.432	1.416	1.513	1.616	1.654	1.762	1.796	1.887	2.355	1.934	2.083	2.127	2.236	2.168	2.332	2.400
一带一路国家（不含日本）	1.394	1.406	1.915	1.857	1.763	1.933	1.804	1.850	1.875	2.008	2.139	2.234	2.384	2.388	2.494	3.180	2.506	2.706	2.733	2.902	2.738	2.943	3.020
世界	1.000	0.946	0.946	0.937	0.959	0.977	0.960	0.965	0.960	0.978	1.005	0.956	0.982	1.001	1.045	1.044	1.053	1.089	1.075	1.060	1.072	1.155	1.178

资料来源：1）中国有色金属工业办会，中国有色金属工业年鉴编委会．2000～2008. 2000～2008 中国有色金属工业年鉴．北京：中国有色金属工业年鉴社

2）World Bureau of Metal Statistics. 2014. World Metal Statistics Yearbook2014，May 4th 2014

附表 14　世界主要国家原木消费绩效指数(1990～2012 年)(1990 年世界为 1.000)

国家	1990	1991	1992	1993	1994	1995	1996	1997	1998	1999	2000	2001	2002	2003	2004	2005	2006	2007	2008	2009	2010	2011	2012
阿尔巴尼亚	3.232	5.650	6.087	1.288	0.819	0.723	0.662	0.750	0.044	0.335	0.607	0.316	0.257	0.280	0.264	0.251	0.239	0.351	0.327	0.316	0.305	0.931	0.866
阿尔及利亚	0.776	0.823	0.830	0.884	0.909	0.889	0.870	0.882	0.854	0.844	0.807	0.787	0.757	0.706	0.695	0.663	0.656	0.644	0.641	0.636	0.626	0.613	0.598
阿根廷	0.692	0.624	0.628	0.523	0.515	0.570	0.536	0.497	0.511	0.424	0.464	0.433	0.587	0.608	0.643	0.563	0.508	0.458	0.427	0.458	0.447	0.401	0.448
澳大利亚	0.425	0.416	0.420	0.427	0.432	0.437	0.421	0.439	0.445	0.411	0.445	0.437	0.398	0.411	0.402	0.394	0.376	0.368	0.368	0.327	0.318	0.316	0.280
奥地利	0.791	0.802	0.640	0.631	0.700	0.659	0.677	0.669	0.599	0.634	0.634	0.603	0.629	0.697	0.696	0.680	0.748	0.763	0.731	0.652	0.664	0.655	0.632
巴林	0.008	0.006	0.005	0.004	0.004	0.004	0.004	0.005	0.004	0.004	0.004	0.004	0.004	0.003	0.004	0.004	0.001	0.003	0.004	0.003	0.005	0.004	0.006
白俄罗斯	—	—	4.652	4.407	4.979	5.405	8.260	8.418	2.311	2.585	2.202	2.177	2.168	2.154	2.275	2.101	1.926	1.773	1.609	1.611	1.666	1.517	2.956
比利时	0.208	0.173	0.157	0.173	0.197	0.184	0.159	0.160	0.179	0.188	0.181	0.188	0.148	0.150	0.153	0.159	0.162	0.178	0.155	0.148	0.174	0.178	0.188
玻利维亚	3.554	3.514	3.690	3.760	3.786	3.625	3.553	3.412	3.195	2.860	2.782	2.855	2.791	2.843	2.825	2.802	2.777	2.672	2.523	2.461	2.384	2.274	2.176
波黑	—	—	—	—	0.168	0.139	0.073	5.432	4.880	4.453	4.376	3.737	3.927	3.544	3.007	2.739	2.805	2.386	2.421	2.001	2.073	2.134	2.135
巴西	2.843	2.856	2.925	2.840	2.733	2.638	2.606	2.531	2.532	2.743	2.670	2.502	2.516	2.766	2.488	2.296	2.194	2.114	1.958	1.945	1.878	1.965	2.050
保加利亚	1.379	1.375	1.469	1.404	1.087	1.103	1.169	1.111	1.147	1.706	1.745	1.413	1.662	1.578	1.773	1.598	1.550	1.296	1.454	1.140	1.313	1.378	1.312
喀麦隆	7.270	7.689	8.039	8.893	8.841	8.804	8.520	7.529	6.489	6.519	6.398	6.187	6.060	6.104	6.031	5.827	5.807	5.949	5.551	5.305	5.279	5.117	4.803
加拿大	1.835	1.859	1.977	1.997	1.993	2.010	1.989	1.930	1.710	1.772	1.749	1.587	1.634	1.448	1.628	1.530	1.354	1.191	1.001	0.862	1.007	1.010	0.992
智利	3.188	3.373	3.569	3.502	3.423	3.427	2.782	2.613	2.806	2.985	3.101	3.117	3.052	2.889	3.136	3.199	3.139	3.366	3.398	3.197	2.795	3.085	2.925
中国	6.420	5.795	4.992	4.316	3.745	3.339	3.051	2.752	2.521	2.303	2.095	1.912	1.763	1.599	1.438	1.290	1.139	1.024	0.975	0.928	0.879	0.812	0.737
哥伦比亚	0.969	0.952	0.842	0.812	0.758	0.719	0.708	0.686	0.722	0.788	0.930	0.876	0.793	0.786	0.650	0.711	0.585	0.546	0.562	0.624	0.591	0.544	0.523
哥斯达黎加	4.042	3.897	3.663	3.426	3.615	3.509	3.497	3.300	2.705	2.380	2.397	2.474	2.292	2.119	2.070	2.035	1.894	1.820	1.733	1.679	1.605	1.451	1.413
克罗地亚	—	—	—	—	—	0.654	0.629	0.724	0.797	0.813	0.763	0.694	0.702	0.706	0.672	0.681	0.665	0.599	0.644	0.648	0.690	0.791	0.917
古巴	0.726	0.838	0.979	1.195	1.192	1.164	1.068	1.039	1.029	0.442	0.477	0.431	0.696	0.636	0.573	0.529	0.472	0.376	0.315	0.383	0.276	0.268	0.256
捷克	—	—	—	0.875	0.926	0.883	0.817	0.919	1.000	0.994	1.042	0.974	0.969	0.903	0.905	0.866	0.963	0.963	0.831	0.779	0.910	0.762	0.728
丹麦	0.098	0.096	0.096	0.103	0.105	0.108	0.103	0.110	0.078	0.074	0.096	0.050	0.063	0.078	0.067	0.101	0.080	0.078	0.078	0.090	0.091	0.086	0.082
埃及	2.503	2.534	2.485	2.459	2.428	2.342	2.270	2.185	2.115	2.019	1.930	1.876	1.848	1.804	1.758	1.691	1.591	1.497	1.409	1.354	1.295	1.275	1.250
爱沙尼亚	—	—	—	—	—	1.341	2.409	2.540	2.397	2.968	4.254	5.898	6.089	5.882	4.001	3.411	3.143	2.302	2.145	2.865	3.223	2.727	2.828
芬兰	2.935	2.535	2.898	3.163	3.511	3.638	3.163	3.250	3.342	3.245	3.099	3.025	3.062	3.056	2.946	2.898	2.670	2.700	2.468	1.937	2.336	2.238	2.324
法国	0.312	0.315	0.313	0.300	0.301	0.298	0.276	0.272	0.260	0.249	0.267	0.238	0.218	0.209	0.205	0.201	0.200	0.202	0.193	0.196	0.191	0.185	0.178
德国	0.315	0.098	0.103	0.107	0.129	0.125	0.121	0.121	0.121	0.116	0.163	0.118	0.124	0.153	0.158	0.164	0.174	0.212	0.154	0.147	0.169	0.166	0.155
加纳	22.503	18.396	23.424	26.918	29.346	30.093	29.934	29.816	29.438	29.059	28.897	28.994	28.614	28.415	27.698	26.901	26.179	25.342	24.273	24.072	22.983	20.606	19.465
希腊	0.148	0.144	0.125	0.121	0.110	0.101	0.101	0.096	0.090	0.111	0.114	0.105	0.081	0.080	0.083	0.065	0.061	0.071	0.071	0.047	0.052	0.062	0.092

续表

国家	1990	1991	1992	1993	1994	1995	1996	1997	1998	1999	2000	2001	2002	2003	2004	2005	2006	2007	2008	2009	2010	2011	2012
危地马拉	6.334	6.377	6.249	6.438	6.368	6.157	5.956	5.813	5.653	5.688	5.602	5.585	5.521	5.453	5.419	5.348	5.199	4.993	4.938	5.102	5.036	4.965	4.837
匈牙利	—	0.579	0.421	0.472	0.459	0.432	0.342	0.392	0.317	0.427	0.448	0.427	0.407	0.390	0.389	0.404	0.373	0.364	0.352	0.366	0.404	0.418	0.395
冰岛	—	0.001	—	0.003	0.003	0.002	0.002	0.002	0.003	0.003	0.002	0.000	0.000	0.001	0.000	0.000	0.001	0.001	0.001	0.001	0.001	0.002	0.002
印度	7.808	7.864	7.519	7.244	6.833	6.375	5.747	5.536	5.236	4.825	4.657	4.457	4.608	4.318	4.032	3.715	3.410	3.127	3.022	2.804	2.556	2.405	2.287
印度尼西亚	9.584	8.705	7.922	7.203	6.416	5.735	5.312	5.016	5.914	5.818	5.259	4.792	4.741	4.458	4.152	3.791	3.428	3.146	3.072	2.709	2.638	2.566	2.405
伊朗	0.105	0.119	0.104	0.116	0.119	0.107	0.098	0.099	0.083	0.073	0.067	0.065	0.040	0.047	0.040	0.040	0.038	0.039	0.039	0.036	0.028	0.028	0.029
爱尔兰	0.169	0.144	0.164	0.163	0.179	0.163	0.156	0.138	0.146	0.158	0.144	0.125	0.126	0.115	0.110	0.106	0.101	0.100	0.089	0.096	0.099	0.098	0.105
以色列	0.059	0.053	0.050	0.036	0.027	0.018	0.025	0.021	0.024	0.025	0.008	0.003	0.003	0.002	0.002	0.002	0.002	0.002	0.002	0.002	0.002	0.002	0.002
意大利	0.083	0.087	0.080	0.078	0.088	0.081	0.069	0.074	0.078	0.084	0.077	0.067	0.062	0.064	0.067	0.067	0.066	0.060	0.059	0.057	0.057	0.057	0.055
日本	0.130	0.118	0.110	0.106	0.101	0.095	0.092	0.087	0.072	0.074	0.069	0.060	0.056	0.055	0.055	0.051	0.051	0.049	0.045	0.041	0.041	0.043	0.043
哈萨克斯坦	—	—	0.099	0.068	0.086	0.096	0.129	0.126	−0.001	0.123	0.041	0.058	0.124	0.085	0.106	0.157	0.033	0.048	0.043	0.045	0.049	0.078	0.057
肯尼亚	12.454	12.601	13.060	13.342	13.237	12.887	12.540	12.660	12.262	12.073	12.077	11.671	11.685	11.404	10.957	12.471	12.143	11.349	11.320	10.902	10.073	9.492	9.050
韩国	0.322	0.270	0.233	0.217	0.198	0.192	0.172	0.164	0.122	0.144	0.132	0.130	0.128	0.135	0.127	0.121	0.117	0.120	0.099	0.090	0.081	0.078	0.075
科威特	—	—	0.005	0.004	0.006	0.002	0.003	0.003	0.003	0.003	0.003	0.003	0.003	0.002	0.003	0.003	0.002	0.002	0.002	0.002	0.002	0.002	0.002
马其顿	—	—	—	1.513	1.407	1.390	1.398	1.373	1.202	1.355	1.721	1.232	1.184	1.279	1.263	1.150	1.135	0.806	0.881	0.889	0.918	0.791	0.963
马来西亚	4.151	3.605	3.976	3.764	3.362	3.061	2.498	2.418	1.914	1.712	1.663	1.473	1.300	1.444	1.494	1.367	1.236	1.257	1.106	0.986	0.864	0.806	0.848
墨西哥	0.654	0.625	0.605	0.573	0.552	0.598	0.575	0.550	0.533	0.524	0.500	0.498	0.484	0.482	0.472	0.452	0.431	0.420	0.415	0.424	0.403	0.386	0.375
摩洛哥	1.789	1.824	1.896	1.828	1.786	1.897	1.649	1.602	1.543	1.511	1.488	1.391	1.318	1.254	1.228	1.191	1.077	1.045	0.998	0.888	0.857	0.813	0.788
荷兰	0.026	0.023	0.024	0.021	0.020	0.022	0.018	0.020	0.019	0.018	0.016	0.012	0.013	0.012	0.009	0.012	0.011	0.009	0.011	0.010	0.010	0.011	0.009
新西兰	1.452	1.318	1.275	1.254	1.250	1.221	1.125	1.114	1.103	1.138	1.245	1.203	1.217	1.129	1.159	1.072	1.046	1.051	0.953	0.876	0.993	0.953	0.940
尼日利亚	9.176	9.359	9.495	9.480	9.619	9.836	9.530	9.492	9.254	9.273	8.866	8.535	8.268	7.533	5.662	5.507	5.115	4.811	4.552	4.281	3.992	3.826	3.688
挪威	0.564	0.521	0.454	0.428	0.438	0.474	0.384	0.373	0.378	0.362	0.353	0.357	0.335	0.335	0.338	0.357	0.325	0.335	0.311	0.252	0.306	0.300	0.266
巴基斯坦	3.560	3.410	3.221	3.165	3.064	2.913	3.368	3.568	3.570	3.567	3.457	3.448	3.329	3.177	2.485	2.358	2.230	2.348	2.324	2.253	2.215	2.155	2.080
秘鲁	1.602	1.582	1.624	1.620	1.587	1.313	1.259	1.256	1.375	1.353	1.337	1.233	1.189	1.098	1.107	1.063	1.005	0.944	0.836	0.788	0.727	0.701	0.651
菲律宾	2.874	2.726	2.642	2.519	2.385	2.261	2.138	1.995	1.957	1.916	1.833	1.735	1.639	1.551	1.463	1.391	1.317	1.215	1.196	1.170	1.063	1.042	0.969
波兰	0.830	0.837	0.901	0.878	0.815	0.882	0.833	0.825	0.838	0.849	0.879	0.841	0.879	0.954	0.972	0.960	0.913	0.950	0.868	0.839	0.823	0.844	0.824
葡萄牙	0.714	0.645	0.598	0.599	0.607	0.576	0.545	0.524	0.504	0.473	0.537	0.422	0.398	0.415	0.457	0.436	0.424	0.428	0.397	0.413	0.409	0.506	0.514
罗马尼亚	1.286	1.479	1.563	1.086	1.407	1.347	1.302	1.526	1.358	1.448	1.480	1.368	1.599	1.531	1.451	1.295	1.153	1.189	0.965	0.967	1.019	1.065	1.228
俄罗斯	—	—	2.785	2.246	1.627	1.649	1.409	1.987	1.878	1.959	1.952	1.943	1.785	1.789	1.676	1.539	1.483	1.533	1.162	1.374	1.485	1.574	1.554

续表

国家	1990	1991	1992	1993	1994	1995	1996	1997	1998	1999	2000	2001	2002	2003	2004	2005	2006	2007	2008	2009	2010	2011	2012
沙特	0.283	0.259	0.249	0.249	0.249	0.206	0.215	0.268	0.265	0.278	0.183	0.185	0.185	0.172	0.157	0.146	0.139	0.131	0.136	0.134	0.125	0.115	0.109
塞尔维亚	—	—	—	—	—	0.084	0.077	0.070	0.071	0.091	0.094	0.090	0.087	0.086	0.082	0.080	0.079	0.076	0.075	0.079	0.080	0.082	0.082
新加坡	—	—	—	—	0.004	0.006	0.005	0.002	0.002	0.003	0.002	0.002	0.002	0.001	0.001	0.001	0.001	0.001	0.001	0.001	0.001	0.001	0.001
斯洛伐克	—	—	—	1.177	0.957	0.953	0.949	0.779	0.888	0.847	0.835	0.952	0.764	0.834	0.933	1.060	0.908	0.817	0.860	0.813	0.855	0.777	0.712
斯洛文尼亚	—	—	—	—	—	0.708	0.707	0.729	0.662	0.668	0.702	0.663	0.630	0.702	0.678	0.655	0.695	0.518	0.517	0.542	0.532	0.592	0.559
南非	1.382	1.409	1.413	1.390	1.460	1.454	1.436	1.438	1.330	1.247	1.256	1.214	1.161	1.228	1.195	1.166	1.113	0.957	0.937	0.922	0.848	0.793	0.826
西班牙	0.211	0.199	0.184	0.174	0.185	0.194	0.184	0.177	0.181	0.166	0.158	0.162	0.158	0.154	0.149	0.143	0.139	0.126	0.130	0.107	0.119	0.112	0.108
瑞典	1.708	1.769	1.869	1.899	1.965	2.122	1.794	1.944	1.919	1.818	1.888	1.803	1.852	1.815	1.744	2.337	1.470	1.699	1.572	1.523	1.616	1.590	1.544
瑞士	0.143	0.098	0.101	0.098	0.105	0.103	0.086	0.091	0.087	0.093	0.134	0.062	0.067	0.085	0.079	0.087	0.090	0.086	0.080	0.087	0.085	0.079	0.075
叙利亚	0.031	0.048	0.041	0.026	0.031	0.027	0.023	0.023	0.021	0.021	0.020	0.019	0.018	0.028	0.020	0.019	0.015	0.019	—	—	—	—	—
泰国	2.646	2.356	2.199	1.962	1.797	1.617	1.492	1.513	1.649	1.593	1.737	1.744	1.698	1.923	1.819	1.732	1.644	1.561	1.508	1.539	1.423	1.415	1.307
突尼斯	1.121	1.100	0.993	1.006	1.008	0.994	0.932	0.891	0.856	0.809	0.772	0.744	0.734	0.700	0.680	0.663	0.630	0.594	0.554	0.536	0.521	0.524	0.787
土耳其	0.537	0.521	0.548	0.610	0.540	0.552	0.530	0.456	0.442	0.436	0.403	0.390	0.388	0.368	0.364	0.335	0.345	0.330	0.334	0.343	0.341	0.318	0.322
乌克兰	—	—	—	—	—	0.899	0.918	0.874	1.259	1.132	1.354	1.199	1.357	1.372	1.254	1.230	1.261	1.195	1.168	1.103	1.207	1.229	1.227
阿联酋	0.001	0.002	0.001	0.002	0.003	0.003	0.003	0.003	0.002	0.003	0.003	0.003	0.003	0.007	0.009	0.008	0.008	0.013	0.013	0.006	0.008	0.007	0.006
英国	0.034	0.034	0.035	0.036	0.039	0.039	0.038	0.037	0.035	0.034	0.033	0.033	0.032	0.032	0.030	0.030	0.028	0.030	0.028	0.031	0.033	0.033	0.032
美国	0.519	0.501	0.480	0.458	0.444	0.428	0.405	0.392	0.379	0.362	0.346	0.330	0.324	0.316	0.313	0.308	0.293	0.267	0.238	0.213	0.203	0.208	0.198
乌拉圭	2.727	2.720	2.567	2.636	2.527	2.386	2.344	2.215	2.119	2.339	1.066	1.095	1.343	1.347	1.880	1.983	2.119	2.411	3.783	3.368	4.342	3.586	3.095
乌兹别克斯坦	—	—	—	—	—	—	—	—	0.029	0.021	0.080	0.074	0.061	0.183	0.169	0.143	0.194	0.246	0.242	0.146	0.122	0.128	0.100
委内瑞拉	0.328	0.295	0.310	0.313	0.323	0.306	0.323	0.316	0.308	0.376	0.321	0.304	0.369	0.376	0.351	0.317	0.304	0.305	0.299	0.314	0.272	0.257	0.245
越南	13.532	12.955	11.904	11.002	10.135	9.354	8.567	7.848	7.355	6.832	6.535	6.151	5.775	4.648	4.341	3.963	3.763	3.694	3.616	3.382	3.235	2.945	2.774
赞比亚	11.898	12.243	12.785	12.316	14.138	13.905	13.042	12.658	12.920	12.563	11.894	11.088	10.987	10.625	10.325	9.913	9.632	9.008	8.470	7.855	7.223	6.878	6.526
津巴布韦	8.507	8.170	8.961	8.858	9.444	9.727	9.091	9.128	8.956	9.289	9.418	9.299	10.206	12.296	13.028	13.588	14.405	15.027	18.265	17.350	15.518	13.985	12.700
一带一路国家(含日本)	1.339	1.290	1.503	1.404	1.302	1.242	1.177	1.165	1.129	1.115	1.071	1.035	1.023	0.996	0.941	0.890	0.842	0.809	0.772	0.774	0.755	0.739	0.713
一带一路国家(不含日本)	2.397	2.321	2.707	2.493	2.287	2.135	2.000	1.953	1.876	1.815	1.716	1.640	1.595	1.527	1.416	1.314	1.217	1.149	1.078	1.058	1.024	0.985	0.943
世界	1.000	0.956	0.914	0.887	0.860	0.846	0.809	0.797	0.770	0.757	0.741	0.712	0.709	0.702	0.685	0.668	0.634	0.617	0.587	0.580	0.578	0.575	0.563

资料来源：FAO. 2015-05-05. ForesSTAT. http://faostat.fao.org/site/626/default.aspx#ancor

附表 15　世界主要国家臭氧层消耗物质消费绩效指数（1990～2012 年）（1990 年世界为 1.000）

国家	1990	1991	1992	1993	1994	1995	1996	1997	1998	1999	2000	2001	2002	2003	2004	2005	2006	2007	2008	2009	2010	2011	2012
阿尔巴尼亚	—	—	—	—	—	0.278	0.253	0.295	0.288	0.296	0.320	0.322	0.225	0.160	0.146	0.054	0.055	0.022	0.013	0.016	0.019	0.019	0.019
阿尔及利亚	—	—	—	1.137	1.138	1.179	1.192	0.893	0.754	0.712	0.683	0.470	0.713	0.665	0.371	0.293	0.129	0.093	0.078	0.049	0.018	0.018	0.015
阿根廷	0.370	2.150	1.955	0.801	1.223	1.787	0.834	0.683	0.657	0.770	0.530	0.629	0.439	0.479	0.431	0.313	0.290	0.145	0.077	0.046	0.084	0.082	0.084
澳大利亚	0.550	0.606	0.519	0.328	0.290	0.205	0.052	0.037	0.045	0.046	0.026	0.019	0.020	0.014	0.009	0.008	0.003	0.004	0.003	0.002	0.000	0.002	0.000
奥地利	0.284	0.260	0.230	0.091	0.131	0.000	0.000	0.000	0.000	0.000	0.000	0.000	0.000	0.000	0.000	0.000	0.000	0.000	0.000	0.000	0.000	0.000	0.000
巴林	0.781	0.633	0.849	0.610	0.357	0.659	0.708	0.758	0.618	0.500	0.454	0.371	0.331	0.285	0.180	0.170	0.114	0.075	0.082	0.088	0.089	0.085	0.108
白俄罗斯	2.071	1.957	1.733	1.875	1.842	1.215	1.191	0.746	0.458	0.331	0.025	0.013	0.004	0.006	0.004	0.001	0.001	0.001	0.000	0.008	0.007	0.006	0.006
比利时	0.000	0.000	0.000	0.000	0.000	0.000	0.000	0.000	0.000	0.000	0.000	0.000	0.000	0.000	0.000	0.000	0.000	0.000	0.000	0.000	0.000	0.000	0.000
玻利维亚	—	0.084	—	—	0.367	0.376	0.405	0.253	0.306	0.293	0.311	0.304	0.249	0.127	0.158	0.098	0.115	0.020	0.024	0.012	0.020	0.019	0.016
波黑	—	—	—	—	0.150	0.119	0.192	0.322	0.215	0.621	0.683	0.758	0.871	0.800	0.615	0.179	0.100	0.071	0.040	0.014	0.009	0.008	0.010
巴西	2.078	0.481	1.389	1.627	0.549	0.606	0.513	0.197	0.448	0.563	0.468	0.301	0.142	0.175	0.116	0.074	0.046	0.049	0.040	0.045	0.035	0.029	0.039
保加利亚	2.986	2.712	2.447	1.116	1.102	0.539	0.025	0.002	0.054	0.062	0.027	0.030	0.031	0.016	0.019	0.017	0.011	0.000	0.000	0.000	0.000	0.000	0.000
喀麦隆	0.328	0.323	0.290	0.652	0.639	0.812	0.913	0.742	0.837	0.962	0.935	0.883	0.551	0.472	0.312	0.269	0.233	0.076	0.063	0.175	0.111	0.104	0.095
加拿大	0.405	0.387	0.357	0.183	0.156	0.180	0.035	0.036	0.032	0.028	0.029	0.028	0.027	0.024	0.017	0.016	0.015	0.015	0.013	0.007	0.002	0.001	0.002
智利	0.590	0.565	0.442	0.566	0.471	0.446	0.416	0.286	0.353	0.266	0.275	0.233	0.175	0.212	0.154	0.119	0.106	0.063	0.068	0.059	0.056	0.056	0.052
中国	3.592	3.875	4.960	4.815	3.508	3.729	2.530	2.541	4.348	2.428	2.028	1.377	0.903	0.978	0.553	0.437	0.373	0.274	0.173	0.185	0.176	0.160	0.151
哥伦比亚	0.721	0.615	0.021	0.000	0.640	0.735	0.761	0.576	0.325	0.275	0.298	0.323	0.248	0.278	0.231	0.153	0.166	0.089	0.076	0.058	0.042	0.035	0.045
哥斯达黎加	—	1.725	1.409	0.593	1.249	1.011	1.903	1.165	0.509	1.202	0.976	1.038	0.791	0.861	0.686	0.577	0.462	0.380	0.311	0.281	0.229	0.155	0.122
克罗地亚	—	—	—	—	—	0.449	0.240	0.285	0.107	0.153	0.163	0.119	0.137	0.074	0.063	0.038	0.000	0.001	0.005	0.003	0.002	0.003	0.003
古巴	0.803	0.365	0.174	0.155	0.214	0.718	0.822	0.731	0.652	0.647	0.542	0.487	0.469	0.443	0.389	0.179	0.176	0.064	0.052	0.007	0.013	0.008	0.008
捷克	—	0.002	—	0.035	0.182	0.136	0.016	0.007	0.004	0.000	0.000	0.003	0.039	0.024	0.000	0.000	0.000	0.000	0.000	0.000	0.000	0.000	0.000
丹麦	0.000	0.000	0.000	0.000	0.000	0.000	0.000	0.000	0.000	0.000	0.000	0.000	0.000	0.000	0.000	0.000	0.000	0.000	0.000	0.000	0.000	0.000	0.000
埃及	2.857	2.516	3.795	3.879	1.547	1.556	1.515	1.358	1.320	1.215	1.152	1.095	0.769	0.637	0.606	0.475	0.360	0.265	0.209	0.217	0.184	0.125	0.158
爱沙尼亚	—	—	—	—	—	3.374	—	0.209	0.198	0.202	0.054	0.004	0.005	0.010	0.000	0.000	0.000	0.000	0.000	0.000	0.000	0.000	0.000
芬兰	0.576	0.402	0.225	0.279	0.139	0.000	0.000	0.000	0.000	0.000	0.000	0.000	0.000	0.000	0.000	0.000	0.000	0.000	0.000	0.000	0.000	0.000	0.000
法国	0.000	0.000	0.000	0.000	0.000	0.000	0.000	0.000	0.000	0.000	0.000	0.000	0.000	0.000	0.000	0.000	0.000	0.000	0.000	0.000	0.000	0.000	0.000
德国	0.000	0.000	0.000	0.000	0.000	0.000	0.000	0.000	0.000	0.000	0.000	0.000	0.000	0.000	0.000	0.000	0.000	0.000	0.000	0.000	0.000	0.000	0.000
加纳	0.658	0.584	0.410	0.141	0.226	0.226	0.070	0.220	0.225	0.214	0.214	0.149	0.083	0.124	0.148	0.074	0.095	0.061	0.052	0.186	0.079	0.057	0.046
希腊	0.000	0.000	0.000	0.000	0.000	0.000	0.000	0.000	0.000	0.000	0.000	0.000	0.000	0.000	0.000	0.000	0.000	0.000	0.000	0.000	0.000	0.000	0.000

续表

国家	1990	1991	1992	1993	1994	1995	1996	1997	1998	1999	2000	2001	2002	2003	2004	2005	2006	2007	2008	2009	2010	2011	2012
危地马拉	0.729	0.721	0.688	0.662	0.591	0.801	0.804	1.142	1.146	1.006	1.202	1.391	1.209	0.838	0.667	0.682	0.392	0.314	0.185	0.249	0.249	0.206	0.134
匈牙利	—	1.686	1.032	0.808	0.404	0.276	0.040	0.046	0.046	0.041	0.034	0.032	0.015	0.011	0.000	0.000	0.000	0.000	0.000	0.000	0.000	0.000	0.000
冰岛	0.516	0.379	0.274	0.212	0.114	0.022	0.021	0.024	0.018	0.016	0.015	0.016	0.006	0.006	0.004	0.003	0.004	0.004	0.004	0.003	0.000	0.000	0.000
印度	—	—	0.935	1.319	1.218	0.725	1.092	0.955	0.727	1.169	0.981	0.719	0.725	0.618	0.420	0.164	0.183	0.094	0.088	0.027	0.049	0.035	0.037
印度尼西亚	—	0.016	1.207	0.956	1.255	1.327	1.270	1.020	0.933	0.866	0.760	0.703	0.745	0.629	0.498	0.301	0.058	0.049	0.028	0.033	0.036	0.027	0.024
伊朗	0.434	1.899	1.909	2.175	1.857	1.236	0.928	2.340	2.067	1.347	1.231	1.210	1.662	1.223	1.066	0.403	0.178	0.108	0.073	0.064	0.055	0.048	0.046
爱尔兰	0.000	0.000	0.000	0.000	0.000	0.000	0.000	0.000	0.000	0.000	0.000	0.000	0.000	0.000	0.000	0.000	0.000	0.000	0.000	0.000	0.000	0.000	0.000
以色列	—	1.002	2.976	2.373	0.560	0.355	0.000	0.625	0.633	0.447	0.421	0.285	0.308	0.174	0.173	0.125	0.124	0.100	0.091	0.141	0.016	0.000	0.119
意大利	0.000	0.000	0.000	0.000	0.000	0.000	0.000	0.000	0.000	0.000	0.000	0.000	0.000	0.000	0.000	0.000	0.000	0.000	0.000	0.000	0.000	0.000	0.000
日本	0.986	1.363	0.796	0.580	0.183	0.276	0.044	0.054	0.052	0.052	0.044	0.038	0.018	0.026	0.014	0.007	0.007	0.007	0.007	0.005	0.002	0.002	0.001
哈萨克斯坦	1.483	1.616	—	2.697	—	—	1.774	1.546	2.014	0.826	0.542	0.276	0.107	0.043	0.028	0.022	0.040	0.056	0.057	0.057	0.045	0.037	0.008
肯尼亚	1.098	1.060	0.846	0.847	1.320	1.261	0.885	1.229	1.177	0.787	0.769	0.668	0.623	0.504	0.357	0.451	0.214	0.132	0.112	0.084	0.074	0.066	0.050
韩国	—	—	3.054	1.764	1.632	0.862	0.740	0.769	0.469	0.559	0.610	0.441	0.464	0.363	0.273	0.188	0.216	0.145	0.125	0.131	0.061	0.059	0.057
科威特	—	—	—	0.418	0.464	0.393	0.390	0.381	0.326	0.363	0.346	0.299	0.289	0.215	0.209	0.146	0.143	0.147	0.137	0.154	0.162	0.133	0.130
马其顿	—	0.067	—	—	1.608	3.975	3.647	3.458	0.495	1.324	0.445	0.460	0.256	0.319	0.075	0.072	0.046	0.006	0.009	0.010	0.006	0.004	0.003
马来西亚	2.314	2.267	2.067	1.796	2.000	1.384	1.054	1.087	0.846	0.714	0.676	0.659	0.515	0.376	0.344	0.230	0.201	0.130	0.107	0.115	0.096	0.082	0.117
墨西哥	1.210	0.885	0.605	0.643	0.687	0.342	0.296	0.274	0.241	0.201	0.240	0.186	0.157	0.148	0.211	0.139	0.056	0.065	0.066	0.062	0.053	0.050	0.044
摩洛哥	0.561	0.713	1.147	0.744	1.002	1.251	1.072	0.975	1.316	0.895	0.986	1.309	0.652	0.675	0.580	0.316	0.234	0.154	0.097	0.077	0.055	0.052	0.035
荷兰	0.000	0.000	0.000	0.000	0.000	0.000	0.000	0.000	0.000	0.000	0.000	0.000	0.000	0.000	0.000	0.000	0.000	0.000	0.000	0.000	0.000	0.000	0.000
新西兰	0.545	0.388	0.331	0.371	0.188	0.127	0.037	0.029	0.018	0.023	0.006	0.011	0.013	0.010	0.009	0.014	0.011	0.009	0.005	0.005	0.003	0.003	0.001
尼日利亚	0.523	0.590	0.615	1.188	1.065	0.941	2.661	2.787	2.700	2.439	2.242	1.924	1.691	1.216	0.738	0.140	0.127	0.028	0.072	0.072	0.073	0.076	0.082
挪威	0.366	0.235	0.132	0.084	0.039	0.013	0.009	0.009	0.006	0.000	0.002	0.000	0.000	0.000	0.000	0.000	0.000	0.000	0.002	0.000	0.000	0.000	0.000
巴基斯坦	0.789	0.926	0.856	1.076	1.111	1.198	0.930	0.853	0.537	0.783	0.958	0.872	0.821	0.596	0.491	0.175	0.199	0.092	0.091	0.061	0.062	0.066	0.075
秘鲁	0.681	0.529	0.223	0.212	0.311	0.254	0.144	0.147	0.183	0.165	0.201	0.098	0.100	0.090	0.072	0.063	0.039	0.016	0.009	0.009	0.008	0.009	0.007
菲律宾	1.770	1.189	1.975	1.960	2.042	1.696	1.458	1.222	0.955	0.889	1.176	0.826	0.646	0.556	0.505	0.378	0.236	0.089	0.104	0.105	0.054	0.038	0.043
波兰	0.918	0.658	0.482	0.524	0.697	0.275	0.108	0.061	0.058	0.041	0.034	0.039	0.041	0.030	0.000	0.000	0.000	0.000	0.000	0.000	0.000	0.000	0.000
葡萄牙	0.000	0.000	0.000	0.000	0.000	0.000	0.000	0.000	0.000	0.000	0.000	0.000	0.000	0.000	0.000	0.000	0.000	0.000	0.000	0.000	0.000	0.000	0.000
罗马尼亚	0.000	0.000	0.000	1.087	2.079	0.000	0.543	0.252	1.141	0.000	0.110	0.092	0.160	0.235	0.107	0.073	0.012	0.000	0.000	0.000	0.000	0.000	0.000
俄罗斯	4.897	2.043	2.261	1.507	1.498	1.427	0.877	0.744	0.815	0.941	1.435	0.040	0.045	0.044	0.049	0.032	0.046	0.049	0.049	0.044	0.036	0.038	0.031

续表

国家	1990	1991	1992	1993	1994	1995	1996	1997	1998	1999	2000	2001	2002	2003	2004	2005	2006	2007	2008	2009	2010	2011	2012
沙特	—	—	0.539	0.492	0.694	0.617	0.492	0.396	0.408	0.281	0.237	0.250	0.234	0.166	0.166	0.110	0.147	0.139	0.130	0.128	0.117	0.119	0.123
塞尔维亚	—	—	—	—	—	1.514	1.569	1.327	0.850	1.049	0.582	0.493	0.557	0.580	0.378	0.092	0.280	0.069	0.091	0.032	0.008	0.013	0.012
新加坡	3.043	1.071	1.292	1.385	0.512	0.411	0.067	0.000	0.045	0.064	0.053	0.050	0.045	0.053	0.058	0.037	0.075	0.034	0.035	0.047	0.037	0.019	0.028
斯洛伐克	—	—	0.807	1.121	0.515	0.300	0.001	0.007	0.008	0.002	0.003	0.004	0.003	0.002	0.000	0.000	0.000	0.000	0.000	0.000	0.000	0.000	0.000
斯洛文尼亚	—	—	—	—	—	0.536	0.014	0.011	0.009	0.006	0.008	0.009	0.006	0.006	0.000	0.000	0.000	0.000	0.000	0.000	0.000	0.000	0.000
南非	3.319	1.276	1.890	1.158	0.594	0.424	0.130	0.151	0.161	0.150	0.121	0.104	0.118	0.126	0.113	0.088	0.064	0.064	0.083	0.079	0.081	0.068	0.057
西班牙	0.000	0.000	0.000	0.000	0.000	0.000	0.000	0.000	0.000	0.000	0.000	0.000	0.000	0.000	0.000	0.000	0.000	0.000	0.000	0.000	0.000	0.000	0.000
瑞典	0.300	0.191	0.198	0.126	0.048	0.000	0.000	0.000	0.000	0.000	0.000	0.000	0.000	0.000	0.000	0.000	0.000	0.000	0.000	0.000	0.000	0.000	0.000
瑞士	0.320	0.274	0.181	0.151	0.089	0.036	0.001	0.001	0.001	0.002	0.003	0.002	0.002	0.001	0.000	0.000	0.001	0.001	0.001	0.001	0.000	0.000	0.000
叙利亚	3.006	3.096	2.906	2.919	4.699	4.777	4.583	4.119	2.406	2.590	2.387	2.636	2.195	2.057	1.515	1.205	0.742	0.368	—	—	—	—	—
泰国	2.483	3.172	3.174	2.602	1.995	2.192	1.476	1.232	1.192	1.197	1.174	1.171	0.772	0.629	0.474	0.415	0.250	0.224	0.190	0.164	0.164	0.125	0.164
突尼斯	1.415	2.008	1.101	1.356	0.844	1.280	1.488	1.613	1.298	0.929	0.750	0.755	0.625	0.473	0.361	0.279	0.093	0.049	0.049	0.054	0.034	0.032	0.029
土耳其	0.509	0.432	0.511	0.518	0.341	0.459	0.456	0.402	0.419	0.213	0.130	0.100	0.109	0.082	0.063	0.052	0.055	0.055	0.044	0.037	0.028	0.022	0.016
乌克兰	1.053	1.150	0.971	0.562	1.044	0.571	0.557	0.000	2.216	0.540	0.459	0.535	0.067	0.067	0.062	0.049	0.033	0.030	0.023	0.023	0.030	0.031	0.031
阿联酋	0.305	0.366	0.366	0.360	0.205	0.214	0.173	0.185	0.222	0.169	0.142	0.143	0.137	0.123	0.118	0.115	0.086	0.079	0.084	0.088	0.091	0.095	0.098
英国	0.000	0.000	0.000	0.000	0.000	0.000	0.000	0.000	0.000	0.000	0.000	0.000	0.000	0.000	0.000	0.000	0.000	0.000	0.000	0.000	0.000	0.000	0.000
美国	0.895	0.857	0.756	0.696	0.357	0.164	0.048	0.000	0.000	0.037	0.011	0.060	0.043	0.032	0.034	0.026	0.026	0.020	0.014	0.010	0.005	0.004	0.000
乌拉圭	—	1.153	0.751	0.540	0.710	0.547	0.375	0.413	0.386	0.258	0.260	0.290	0.209	0.266	0.226	0.217	0.186	0.091	0.083	0.055	0.042	0.030	0.042
乌兹别克斯坦	—	0.012	0.000	2.206	0.960	1.058	0.937	0.188	0.374	0.159	0.127	0.050	0.002	0.006	0.004	0.008	0.008	0.000	0.004	0.003	0.001	0.006	0.003
委内瑞拉	1.457	1.177	1.214	1.009	0.871	1.298	0.805	0.926	0.792	1.359	0.736	0.665	0.432	0.394	0.761	0.423	0.519	0.027	0.023	0.029	0.036	0.029	0.041
越南	—	0.645	—	—	0.559	0.750	0.734	0.716	0.485	0.381	0.283	0.255	0.303	0.257	0.247	0.252	0.236	0.143	0.126	0.124	0.126	0.111	0.098
赞比亚	0.209	0.159	0.196	0.180	0.403	0.307	0.351	0.352	0.322	0.295	0.273	0.130	0.112	0.100	0.090	0.078	0.047	0.035	0.021	0.011	0.028	0.022	0.019
津巴布韦	—	1.646	—	3.105	3.812	3.739	3.427	3.892	4.497	2.611	1.965	3.087	1.400	1.110	1.572	1.166	1.305	0.545	0.268	0.276	0.178	0.121	0.080
一带一路国家（含日本）	1.445	1.341	1.416	1.231	0.914	0.892	0.627	0.629	0.830	0.605	0.573	0.391	0.320	0.306	0.210	0.146	0.132	0.099	0.077	0.075	0.066	0.060	0.061
一带一路国家（不含日本）	1.847	1.321	1.952	1.777	1.514	1.371	1.068	1.049	1.380	0.976	0.914	0.610	0.498	0.465	0.315	0.216	0.191	0.140	0.106	0.103	0.090	0.081	0.082
世界	1.000	0.902	0.851	0.747	0.465	0.374	0.260	0.231	0.283	0.233	0.204	0.158	0.121	0.124	0.088	0.062	0.056	0.038	0.027	0.031	0.026	0.023	0.025

注：少数国家个别年份数据为负值，为方便计算均以零值处理

资料来源：UNEP Ozone Secretariat. 2015-04-20. DATA ACCESS CENTRE

附表 16 世界主要国家能源使用 CO_2 排放绩效指数（1990～2012 年）（1990 年世界为 1.000）

国家	1990	1991	1992	1993	1994	1995	1996	1997	1998	1999	2000	2001	2002	2003	2004	2005	2006	2007	2008	2009	2010	2011	2012
阿尔巴尼亚	1.552	1.469	0.869	0.741	0.732	0.572	0.524	0.450	0.460	0.718	0.693	0.695	0.798	0.783	0.661	0.770	0.681	0.649	0.595	0.557	0.572	0.603	0.578
阿尔及利亚	1.421	1.527	1.618	1.671	1.633	1.623	1.539	1.499	1.437	1.443	1.430	1.348	1.310	1.298	1.250	1.235	1.279	1.284	1.310	1.365	1.338	1.333	1.397
阿根廷	1.126	1.040	0.950	0.919	0.899	0.928	0.964	0.896	0.949	1.003	1.006	0.972	0.997	0.987	1.032	0.967	0.953	0.922	0.896	0.854	0.798	0.752	0.768
澳大利亚	0.876	0.885	0.894	0.873	0.848	0.839	0.850	0.863	0.876	0.851	0.823	0.813	0.808	0.795	0.803	0.815	0.800	0.775	0.775	0.756	0.742	0.727	0.655
奥地利	0.384	0.393	0.357	0.355	0.350	0.356	0.371	0.359	0.355	0.332	0.316	0.329	0.331	0.352	0.361	0.359	0.338	0.316	0.316	0.300	0.320	0.304	0.295
巴林	2.382	2.088	2.044	1.804	1.815	1.763	1.764	1.815	1.836	1.777	1.707	1.745	1.770	1.718	1.683	1.731	1.745	1.713	1.784	1.777	1.763	1.710	1.713
白俄罗斯	6.042	6.048	6.132	5.623	5.480	5.359	5.263	4.808	4.284	3.989	3.734	3.484	3.404	3.164	2.977	2.872	2.764	2.566	2.481	2.470	2.470	2.353	2.325
比利时	0.553	0.562	0.547	0.542	0.546	0.540	0.555	0.522	0.524	0.489	0.473	0.468	0.438	0.461	0.434	0.410	0.393	0.370	0.384	0.373	0.383	0.380	0.368
玻利维亚	1.559	1.635	1.724	1.869	2.086	1.899	1.771	1.818	1.677	1.609	1.457	1.577	1.380	1.413	1.469	1.513	1.473	1.586	1.517	1.539	1.624	1.686	1.733
波黑	—	—	—	—	2.292	2.018	1.315	1.900	2.070	1.864	2.226	2.173	1.967	1.863	2.096	2.071	2.152	2.111	2.024	2.714	2.736	3.055	2.913
巴西	0.498	0.510	0.519	0.515	0.508	0.524	0.556	0.570	0.587	0.603	0.613	0.612	0.595	0.576	0.578	0.565	0.555	0.548	0.547	0.513	0.542	0.553	0.578
保加利亚	4.538	3.742	3.843	3.900	3.716	3.712	3.702	3.548	3.186	3.027	2.817	2.884	2.574	2.768	2.521	2.394	2.309	2.254	2.126	1.984	2.053	2.213	2.005
喀麦隆	0.854	0.864	0.872	1.011	0.743	0.712	0.694	0.661	0.664	0.617	0.634	0.605	0.576	0.562	0.540	0.521	0.491	0.501	0.478	0.501	0.502	0.451	0.451
加拿大	0.789	0.794	0.809	0.782	0.776	0.775	0.785	0.779	0.758	0.737	0.731	0.709	0.701	0.714	0.685	0.671	0.633	0.663	0.625	0.617	0.609	0.596	0.578
智利	0.915	0.805	0.751	0.738	0.763	0.741	0.788	0.852	0.890	0.980	0.864	0.806	0.808	0.809	0.837	0.804	0.787	0.830	0.781	0.745	0.742	0.765	0.767
中国	6.424	6.220	5.706	5.434	5.085	5.068	4.744	4.302	4.048	3.676	3.389	3.193	3.143	3.302	3.524	3.512	3.467	3.273	3.317	3.222	3.089	3.102	2.980
哥伦比亚	0.753	0.759	0.749	0.773	0.733	0.729	0.726	0.745	0.756	0.707	0.693	0.669	0.653	0.597	0.567	0.557	0.523	0.500	0.530	0.552	0.537	0.535	0.538
哥斯达黎加	0.407	0.428	0.533	0.499	0.553	0.535	0.496	0.467	0.480	0.443	0.435	0.452	0.457	0.446	0.450	0.419	0.423	0.429	0.401	0.386	0.385	0.386	0.365
克罗地亚	—	—	—	—	—	0.738	0.691	0.719	0.752	0.769	0.715	0.732	0.732	0.737	0.699	0.677	0.651	0.694	0.671	0.685	0.678	0.666	0.685
古巴	1.112	1.009	0.990	1.112	1.194	1.253	1.201	1.248	1.265	1.156	1.116	1.052	1.194	1.145	1.012	0.876	0.768	0.728	0.828	1.057	0.993	0.925	0.910
捷克	2.140	2.203	2.080	1.987	1.834	1.726	1.694	1.644	1.627	1.541	1.692	1.592	1.514	1.522	1.409	1.281	1.202	1.157	1.079	1.067	1.096	1.066	1.029
丹麦	0.381	0.451	0.402	0.418	0.421	0.387	0.459	0.386	0.354	0.326	0.290	0.296	0.292	0.320	0.282	0.257	0.287	0.261	0.248	0.252	0.251	0.222	0.200
埃及	2.506	2.519	2.473	2.421	2.213	2.254	2.293	2.313	2.338	2.305	2.292	2.254	2.417	2.438	2.472	2.596	2.569	2.507	2.346	2.261	2.217	2.273	2.362
爱沙尼亚	—	—	—	—	—	3.048	3.040	2.665	2.414	2.255	2.016	1.940	2.418	1.866	1.800	1.649	1.450	1.657	1.610	1.587	1.925	1.932	1.749
芬兰	0.542	0.582	0.573	0.591	0.637	0.577	0.619	0.564	0.500	0.473	0.434	0.463	0.482	0.546	0.484	0.391	0.450	0.413	0.368	0.392	0.438	0.379	0.340
法国	0.325	0.340	0.327	0.312	0.301	0.301	0.307	0.294	0.300	0.286	0.274	0.274	0.267	0.269	0.260	0.255	0.243	0.233	0.234	0.233	0.233	0.212	0.211
德国	0.610	0.562	0.523	0.525	0.506	0.495	0.503	0.479	0.465	0.440	0.426	0.428	0.420	0.429	0.424	0.404	0.396	0.373	0.378	0.380	0.369	0.348	0.357
加纳	0.789	0.697	0.792	0.778	0.804	0.827	0.857	0.860	1.115	1.173	1.022	1.052	1.090	1.031	0.895	0.901	1.036	1.021	0.846	0.981	0.953	0.880	0.865
希腊	0.666	0.645	0.655	0.662	0.653	0.653	0.653	0.654	0.658	0.635	0.640	0.631	0.613	0.595	0.564	0.571	0.532	0.532	0.515	0.518	0.517	0.554	0.566

续表

国家	1990	1991	1992	1993	1994	1995	1996	1997	1998	1999	2000	2001	2002	2003	2004	2005	2006	2007	2008	2009	2010	2011	2012
危地马拉	0.343	0.350	0.393	0.419	0.438	0.487	0.459	0.468	0.556	0.534	0.576	0.594	0.617	0.591	0.609	0.625	0.590	0.592	0.574	0.621	0.573	0.549	0.536
匈牙利	—	1.236	1.155	1.156	1.104	1.085	1.100	1.034	0.989	0.965	0.876	0.857	0.812	0.813	0.751	0.721	0.694	0.671	0.666	0.649	0.653	0.619	0.612
冰岛	0.303	0.298	0.310	0.320	0.324	0.313	0.333	0.306	0.296	0.289	0.285	0.284	0.297	0.286	0.272	0.252	0.253	0.248	0.276	0.310	0.334	0.338	0.334
印度	2.568	2.703	2.690	2.664	2.645	2.634	2.586	2.597	2.475	2.429	2.398	2.322	2.329	2.219	2.217	2.105	2.066	2.013	2.049	2.040	1.949	1.874	1.942
印度尼西亚	1.440	1.443	1.379	1.410	1.373	1.332	1.344	1.447	1.625	1.764	1.770	1.830	1.789	1.757	1.763	1.716	1.697	1.698	1.633	1.605	1.630	1.595	1.520
伊朗	2.753	2.703	2.770	2.805	3.176	3.147	3.070	3.110	3.091	3.167	3.189	3.178	3.112	3.085	3.161	3.171	3.248	3.180	2.311	2.277	2.167	2.167	2.116
爱尔兰	0.532	0.530	0.513	0.499	0.490	0.454	0.438	0.407	0.403	0.377	0.357	0.359	0.333	0.317	0.307	0.301	0.295	0.274	0.284	0.274	0.275	0.240	0.249
以色列	0.757	0.716	0.726	0.755	0.757	0.664	0.668	0.668	0.647	0.639	0.633	0.633	0.671	0.685	0.639	0.617	0.600	0.592	0.557	0.542	0.546	0.519	0.532
意大利	0.386	0.379	0.375	0.372	0.362	0.372	0.355	0.349	0.348	0.347	0.355	0.347	0.353	0.364	0.358	0.357	0.352	0.335	0.328	0.311	0.312	0.306	0.314
日本	0.412	0.402	0.401	0.400	0.414	0.412	0.406	0.398	0.396	0.409	0.404	0.398	0.409	0.404	0.395	0.392	0.381	0.382	0.363	0.362	0.363	0.379	0.396
哈萨克斯坦	6.943	8.057	8.652	8.148	8.305	8.010	6.972	5.969	6.228	5.529	5.464	4.932	4.796	4.809	4.803	4.578	4.605	4.328	4.365	3.730	4.097	3.817	3.871
肯尼亚	0.768	0.720	0.758	0.791	0.810	0.792	0.814	0.785	0.793	0.809	0.842	0.787	0.717	0.648	0.682	0.751	0.781	0.751	0.747	0.773	0.750	0.714	0.716
韩国	0.910	0.919	0.945	0.975	0.982	0.984	0.985	0.982	0.896	0.884	0.858	0.845	0.811	0.811	0.799	0.766	0.736	0.711	0.719	0.725	0.734	0.736	0.724
科威特	—	—	1.286	1.138	1.241	1.253	1.232	1.269	1.345	1.419	1.337	1.304	1.254	1.271	1.278	1.298	1.134	1.063	1.079	1.245	1.370	1.304	1.266
马其顿	2.647	2.512	2.399	2.649	2.624	2.655	2.951	2.627	2.756	2.425	2.230	2.362	2.209	2.240	2.164	2.166	2.055	2.016	1.869	1.897	1.859	2.009	1.889
马来西亚	1.314	1.435	1.378	1.375	1.340	1.310	1.383	1.322	1.449	1.474	1.475	1.520	1.554	1.541	1.546	1.637	1.596	1.621	1.607	1.510	1.544	1.544	1.523
墨西哥	0.755	0.747	0.729	0.693	0.703	0.720	0.694	0.678	0.693	0.660	0.645	0.645	0.656	0.656	0.645	0.661	0.657	0.659	0.641	0.667	0.658	0.645	0.634
摩洛哥	0.874	0.853	0.940	0.976	0.948	1.033	0.899	0.958	0.930	0.991	1.030	1.036	1.013	0.946	1.165	1.219	1.149	1.154	1.079	1.019	1.083	1.124	1.127
荷兰	0.475	0.485	0.472	0.476	0.462	0.455	0.465	0.430	0.412	0.382	0.373	0.378	0.379	0.385	0.378	0.362	0.339	0.322	0.313	0.319	0.335	0.308	0.306
新西兰	0.450	0.463	0.501	0.462	0.441	0.438	0.446	0.475	0.476	0.476	0.505	0.515	0.490	0.503	0.480	0.486	0.486	0.451	0.452	0.401	0.393	0.376	0.384
尼日利亚	1.673	1.879	2.132	2.041	1.754	1.850	2.053	1.870	1.732	1.738	1.806	1.789	1.603	1.551	1.134	1.137	0.944	0.830	0.862	0.682	0.575	0.602	0.603
挪威	0.273	0.247	0.257	0.265	0.265	0.255	0.245	0.244	0.247	0.249	0.216	0.213	0.207	0.217	0.209	0.198	0.196	0.193	0.188	0.186	0.190	0.182	0.176
巴基斯坦	1.455	1.414	1.443	1.525	1.538	1.566	1.587	1.622	1.603	1.692	1.639	1.653	1.634	1.667	1.736	1.649	1.680	1.790	1.743	1.699	1.621	1.594	1.549
秘鲁	0.692	0.656	0.686	0.683	0.624	0.660	0.706	0.661	0.639	0.677	0.650	0.599	0.592	0.558	0.610	0.571	0.521	0.521	0.521	0.543	0.546	0.546	0.536
菲律宾	0.886	0.902	0.983	1.059	1.214	1.280	1.314	1.352	1.328	1.296	1.248	1.203	1.127	1.110	1.072	1.036	0.918	0.927	0.933	0.925	0.921	0.896	0.890
波兰	2.344	2.477	2.382	2.366	2.221	2.152	1.919	1.777	1.632	1.535	1.498	1.458	1.392	1.392	1.443	1.388	1.360	1.271	1.228	1.150	1.181	1.116	1.070
葡萄牙	0.415	0.416	0.446	0.443	0.449	0.469	0.437	0.440	0.452	0.489	0.465	0.452	0.478	0.447	0.448	0.466	0.412	0.398	0.367	0.377	0.330	0.338	0.354
罗马尼亚	2.843	2.672	2.623	2.420	2.270	2.215	2.190	2.150	1.979	1.697	1.731	1.759	1.653	1.637	1.458	1.398	1.344	1.220	1.079	1.000	0.982	1.064	1.013
俄罗斯	3.948	3.920	4.149	4.355	4.397	4.567	4.641	4.245	4.428	4.280	4.001	3.821	3.631	3.496	3.294	3.077	2.947	2.757	2.606	2.665	2.566	2.590	2.530

续表

国家	1990	1991	1992	1993	1994	1995	1996	1997	1998	1999	2000	2001	2002	2003	2004	2005	2006	2007	2008	2009	2010	2011	2012
沙特	1.141	1.095	1.129	1.198	1.265	1.284	1.315	1.302	1.329	1.366	1.369	1.422	1.487	1.450	1.367	1.344	1.326	1.322	1.299	1.361	1.333	1.280	1.299
塞尔维亚	—	—	—	—	—	3.262	3.755	3.826	3.729	3.003	2.994	3.018	3.035	3.093	3.163	1.314	1.294	2.261	2.100	2.507	2.842	3.055	2.921
新加坡	0.812	0.803	0.778	0.806	0.774	0.718	0.692	0.633	0.660	0.570	0.522	0.523	0.497	0.465	0.443	0.439	0.408	0.384	0.377	0.357	0.331	0.314	0.312
斯洛伐克	—	—	1.867	1.768	1.576	1.490	1.411	1.329	1.245	1.240	1.181	1.131	1.075	1.013	0.940	0.899	0.815	0.735	0.714	0.694	0.713	0.675	0.631
斯洛文尼亚	—	—	—	—	—	0.813	0.853	0.890	0.848	0.791	0.744	0.756	0.750	0.712	0.686	0.668	0.646	0.608	0.599	0.587	0.593	0.578	0.580
南非	2.058	2.036	2.134	2.077	2.064	2.110	2.092	2.152	2.195	2.009	1.968	1.828	1.850	1.962	1.992	1.898	1.809	1.765	1.687	1.622	1.503	1.448	1.419
西班牙	0.418	0.422	0.435	0.413	0.422	0.431	0.403	0.418	0.414	0.429	0.428	0.412	0.425	0.422	0.425	0.428	0.401	0.401	0.359	0.335	0.316	0.318	0.319
瑞典	0.283	0.289	0.306	0.311	0.310	0.297	0.318	0.279	0.276	0.258	0.231	0.228	0.230	0.226	0.210	0.193	0.182	0.167	0.164	0.162	0.171	0.161	0.152
瑞士	0.182	0.191	0.192	0.182	0.176	0.179	0.181	0.171	0.173	0.171	0.159	0.160	0.156	0.161	0.158	0.156	0.148	0.137	0.141	0.140	0.141	0.127	0.128
叙利亚	3.553	3.795	3.469	3.377	3.063	3.055	2.994	2.917	2.932	3.106	3.050	2.831	2.695	2.646	2.492	2.371	2.386	2.327	—	—	—	—	—
泰国	1.393	1.423	1.439	1.512	1.551	1.638	1.734	1.787	1.788	1.785	1.715	1.741	1.744	1.739	1.792	1.745	1.670	1.547	1.553	1.568	1.561	1.604	1.595
突尼斯	1.220	1.207	1.184	1.204	1.176	1.174	1.127	1.102	1.095	1.085	1.088	1.086	1.084	1.030	1.011	0.953	0.937	0.916	0.922	0.911	0.918	0.870	0.879
土耳其	0.752	0.761	0.753	0.721	0.756	0.762	0.773	0.758	0.751	0.773	0.797	0.776	0.770	0.769	0.721	0.695	0.720	0.752	0.714	0.750	0.725	0.710	0.726
乌克兰	7.655	7.724	7.537	7.666	8.199	9.327	9.025	8.946	8.785	8.757	8.090	7.363	7.015	6.889	5.779	5.313	4.925	4.754	4.537	4.400	4.550	4.548	4.453
阿联酋	0.881	0.970	0.913	0.944	0.964	0.961	0.999	0.908	0.939	0.937	0.909	0.899	0.981	0.953	0.911	0.892	0.862	0.938	0.996	1.128	1.190	1.191	1.184
英国	0.487	0.499	0.483	0.456	0.431	0.424	0.424	0.395	0.384	0.368	0.356	0.358	0.339	0.332	0.322	0.313	0.304	0.291	0.286	0.272	0.280	0.254	0.262
美国	0.827	0.822	0.808	0.808	0.788	0.767	0.765	0.750	0.727	0.700	0.693	0.673	0.669	0.656	0.639	0.618	0.593	0.590	0.574	0.547	0.552	0.531	0.499
乌拉圭	0.432	0.474	0.481	0.446	0.390	0.432	0.480	0.450	0.446	0.533	0.438	0.411	0.410	0.405	0.469	0.430	0.482	0.418	0.374	0.385	0.334	0.365	0.354
乌兹别克斯坦	15.092	15.576	16.443	16.850	16.812	15.144	15.103	14.595	15.939	15.521	14.745	14.447	14.541	13.553	12.238	10.908	10.544	9.581	9.360	7.948	7.167	7.038	6.268
委内瑞拉	1.448	1.308	1.266	1.337	1.377	1.434	1.531	1.512	1.559	1.470	1.518	1.539	1.610	1.654	1.452	1.394	1.320	1.217	1.202	1.250	1.456	1.248	1.227
越南	1.456	1.379	1.324	1.426	1.469	1.544	1.589	1.694	1.795	1.751	1.812	1.887	2.092	2.084	2.468	2.346	2.286	2.308	2.359	2.517	2.652	2.646	2.535
赞比亚	0.771	0.800	0.812	0.681	0.635	0.611	0.483	0.589	0.559	0.437	0.427	0.406	0.407	0.406	0.380	0.380	0.403	0.311	0.316	0.315	0.302	0.344	0.339
津巴布韦	3.294	3.438	3.797	3.446	2.955	2.909	2.538	2.319	2.286	2.600	2.280	2.154	2.249	2.422	2.387	2.747	2.710	2.640	3.352	3.311	3.217	3.139	2.714
一带一路国家（含日本）	1.832	1.777	1.713	1.703	1.666	1.662	1.623	1.560	1.554	1.528	1.489	1.471	1.478	1.511	1.543	1.538	1.542	1.526	1.542	1.572	1.554	1.585	1.577
一带一路国家（不含日本）	3.075	2.985	2.847	2.797	2.694	2.636	2.545	2.410	2.373	2.280	2.187	2.138	2.110	2.137	2.159	2.119	2.093	2.037	2.037	2.040	2.003	2.012	1.982
世界	1.000	0.987	0.965	0.958	0.936	0.936	0.929	0.902	0.887	0.865	0.849	0.836	0.839	0.852	0.859	0.852	0.846	0.843	0.845	0.853	0.856	0.859	0.854

资料来源：European Commission，Joint Research Centre（JRC）/PBL Netherlands Environmental Assessment Agency. 2014. Emission Database for Global Atmospheric Research（EDGAR），release version 4.2. http://edgar.jrc.ec.europe.eu